普通高等教育"十一五"国家级规划教材

国家工科物理教学基地　　国家级精品课程使用教材

大学物理教程
（下册）　第二版

上海交通大学物理教研室　组编

上海交通大学出版社
SHANGHAI JIAO TONG UNIVERSITY PRESS

内容提要

本书由上海交通大学物理教研室教师根据多年教学经验和实践编写而成。本书内容简练，重点突出，基础扎实。全书分为上、下两册。上册内容包括：力学、机械振动与机械波和热物理学；下册内容包括：电磁学、波动光学和量子物理学。

本书为非物理专业的大学物理教程，可作为高等院校工科各专业的大学物理教科书，也可作为综合性大学和师范院校非物理专业的教材或参考书。

读者联系邮箱：science@press.sjtu.edu.cn

图书在版编目(CIP)数据

大学物理教程. 下册/上海交通大学物理教研室组编. —2版. —上海：上海交通大学出版社，2014
ISBN 978-7-313-07229-0

Ⅰ. 大... Ⅱ. 上... Ⅲ. 物理学—高等学校—教材 Ⅳ. O4

中国版本图书馆 CIP 数据核字(2014)第 013670 号

大学物理教程(下册)(第二版)

组　　编：上海交通大学物理教研室	
出版发行：上海交通大学出版社	地　　址：上海市番禺路 951 号
邮政编码：200030	电　　话：021-64071208
出 版 人：韩建民	
印　　制：上海交大印务有限公司	经　　销：全国新华书店
开　　本：787mm×960mm　1/16	印　　张：23.75
字　　数：447 千字	
版　　次：2011 年 7 月第 1 版　2014 年 1 月第 2 版	印　　次：2014 年 1 月第 3 次印刷
书　　号：ISBN 978-7-313-07229-0/O	
定　　价：40.00 元	

版权所有　侵权必究
告读者：如发现本书有印装质量问题请与印刷厂质量科联系
联系电话：021-54742979

前 言 Foreword

根据 2010 年教育部颁发的"非物理类理工学科大学物理课程教学基本要求"，为了适应物理学和科学技术的发展，结合多年的教学实践，我们编写了这套大学物理教材。在编写过程中，我们借鉴了部分国内外新版优秀教材，力求贯彻理论体系的少而精、理论联系实际的原则，在做到加强理论基础的叙述、加强对学生分析与解决实际问题能力培养的同时，增加对近现代物理知识和观点的介绍。在教材编写过程中，我们注重把培养学生具有科学的思维能力、辩证分析的能力和科学的研究方法作为目标。同时，我们还注重加强工科大学生的科学素养的培养，拓宽学生的科学视野。

全书采用国际单位制，书中物理量的名称和表示符号尽量采用国家现行标准。

全书分为上、下两册。上册包括：力学、机械振动与机械波和热物理学。下册包括：电磁学、波动光学和量子物理学。本书另配有一套完整的电子教案，与主教材内容对应。电子教案提供 PowerPoint 格式的文件，在此基础上，可以进行二次开发并形成教师具有个人特色的电子教案。

本书内容全部讲授大约需要 140 学时，教师可以根据学时要求选讲其中部分内容。

本书由高景主编，参加编写工作的有：袁晓忠（第 1~3 章），高景（第 4,5 章和第 18~20 章），董占海（第 6~11 章和第 21~25 章），李铜忠（第 12~17 章和第 26 章）。

由于编者水平有限，编写时间仓促，书中存在的错误之处，期望广大读者提出宝贵意见。

编 者

2013 年 8 月

目 录 Contents

第 12 章　真空中的静电场 ··· 1
  12.1　电学基本概念 ··· 1
      12.1.1　电荷 ·· 1
      12.1.2　电荷守恒 ·· 2
      12.1.3　电荷量子化 ·· 2
      12.1.4　点电荷模型 ·· 3
      12.1.5　库仑定律 ·· 3
      12.1.6　电力叠加原理 ··· 4
  12.2　电场与电场强度 ··· 5
      12.2.1　电场 ·· 5
      12.2.2　电场强度 ·· 5
      12.2.3　电场强度的计算 ··· 6
  12.3　高斯定理 ·· 10
      12.3.1　电场线 ·· 10
      12.3.2　电通量 ·· 11
      12.3.3　高斯定理 ··· 12
  12.4　环流定理　电势 ·· 16
      12.4.1　电场力做功 ··· 16
      12.4.2　电势能和电势 ·· 17
      12.4.3　电势叠加原理 ·· 19
  12.5　电势与电场强度的微分关系 ·· 21
      12.5.1　等势面 ·· 21
      12.5.2　电势与电场强度的微分关系 ·· 22
  习题 12 ·· 25
  思考题 12 ·· 30

第13章 静电场与物质的相互作用 ································· 33
13.1 静电场中的导体 ································· 33
13.1.1 导体的静电平衡 ································· 34
13.1.2 导体电荷分布 ································· 34
13.2 静电场中的电介质 ································· 39
13.2.1 电介质与电场的相互作用 ································· 40
13.2.2 极化强度和极化电荷 ································· 41
13.2.3 介质中静电场的基本规律 ································· 44
13.2.4 介质交界面两侧电场的关系 ································· 47
13.3 电容和电容器 ································· 50
13.3.1 孤立导体的电容 ································· 50
13.3.2 电容器的电容 ································· 50
13.3.3 电容器的连接 ································· 52
13.4 静电场的能量 ································· 53
13.4.1 带电体系的静电能 ································· 53
13.4.2 点电荷系的静电能量 ································· 54
13.4.3 带电电容器的静电能 ································· 56
13.4.4 静电场的能量 ································· 57
习题 13 ································· 59
思考题 13 ································· 63

第14章 电流与磁场 ································· 66
14.1 电流与电源 ································· 66
14.1.1 电流、稳恒电场与电源 ································· 66
14.1.2 电流强度和电流密度 ································· 68
14.2 磁场的磁感应强度 ································· 70
14.3 毕奥-萨伐尔定律 ································· 70
14.4 磁场的基本规律 ································· 74
14.4.1 磁感应强度线与磁通量 ································· 74
14.4.2 磁场的高斯定理 ································· 75
14.4.3 安培环路定理 ································· 76
14.5 磁场对电流的作用 ································· 82
14.5.1 安培力公式 ································· 82
14.5.2 载流线圈在磁场中受到的作用 ································· 84

14.5.3 安培力的功 …………………………………………… 86
　14.6 带电粒子的运动 …………………………………………… 87
　　　14.6.1 运动带电粒子的磁场 …………………………………… 87
　　　14.6.2 带电粒子在匀强磁场中的运动 ………………………… 88
　　　14.6.3 霍尔效应 ………………………………………………… 90
　习题 14 ……………………………………………………………… 92
　思考题 14 …………………………………………………………… 98

第 15 章 磁场与物质的相互作用 …………………………………… 102
　15.1 抗磁性和顺磁性 …………………………………………… 103
　　　15.1.1 原子中电子的磁矩 ……………………………………… 103
　　　15.1.2 处于磁场中的核外电子 ………………………………… 103
　　　15.1.3 抗磁质和顺磁质 ………………………………………… 104
　15.2 磁化强度和磁化电流 ……………………………………… 105
　　　15.2.1 磁化强度矢量 …………………………………………… 105
　　　15.2.2 磁化电流 ………………………………………………… 106
　15.3 介质中磁场的基本规律 …………………………………… 108
　　　15.3.1 介质中磁场的高斯定理 ………………………………… 108
　　　15.3.2 介质中磁场的安培环路定理 …………………………… 108
　　　15.3.3 介质交界面两侧磁场的关系 …………………………… 111
　15.4 铁磁材料 …………………………………………………… 111
　　　15.4.1 铁磁材料的磁滞回线 …………………………………… 111
　　　15.4.2 铁磁现象的理论解释 …………………………………… 113
　　　15.4.3 铁磁材料的应用 ………………………………………… 114
　习题 15 ……………………………………………………………… 116
　思考题 15 …………………………………………………………… 118

第 16 章 电磁感应 …………………………………………………… 120
　16.1 电磁感应定律 ……………………………………………… 120
　　　16.1.1 电磁感应现象 …………………………………………… 120
　　　16.1.2 法拉第定律 ……………………………………………… 122
　16.2 动生电动势 ………………………………………………… 125
　16.3 感生电动势 ………………………………………………… 129
　　　16.3.1 感应电场与感生电动势 ………………………………… 129

16.3.2 电子感应加速器 …… 134
16.3.3 涡旋电场与涡电流 …… 135
16.4 自感和互感 …… 137
16.4.1 自感 …… 137
16.4.2 互感 …… 140
16.5 磁场能量 …… 143
习题 16 …… 147
思考题 16 …… 153

第 17 章 电磁场与电磁波 …… 156
17.1 麦克斯韦电磁理论 …… 156
17.1.1 位移电流 …… 156
17.1.2 麦克斯韦方程组 …… 160
17.2 电磁波 …… 161
17.2.1 电磁波波动方程 …… 161
17.2.2 电磁波的性质 …… 163
17.2.3 坡印廷矢量 …… 164
17.2.4 电磁场的物质性 …… 166
17.3 电磁波的产生 …… 169
17.3.1 LC 振荡电路 …… 169
17.3.2 电磁波的产生 …… 171
17.3.3 赫兹实验 …… 172
17.3.4 电磁波谱 …… 173
习题 17 …… 176
思考题 17 …… 177

第 18 章 光的传播 …… 179
18.1 光源 …… 179
18.1.1 光源的发光机理 …… 180
18.1.2 单色辐射和多色辐射 …… 180
18.2 与光的传播有关的一些基本概念 …… 181
18.2.1 光的直线传播和衍射 …… 181
18.2.2 光速与折射率 …… 182
18.2.3 波面与光程 …… 182

18.3 光的反射与折射 ··· 183
   18.3.1 费马原理 ··· 183
   18.3.2 费涅耳公式 ··· 187
18.4 光在光纤中的传播 ·· 190
习题 18 ·· 193
思考题 18 ·· 194

第 19 章 光的偏振 ·· 195
19.1 偏振光与自然光 ·· 195
   19.1.1 线偏振光 ··· 195
   19.1.2 椭圆偏振光与圆偏振光 ··································· 196
   19.1.3 自然光 ··· 196
   19.1.4 部分偏振光 ··· 197
19.2 偏振片、马吕斯定律 ·· 197
19.3 反射和折射时的偏振现象 ·· 199
19.4 晶体的双折射现象 ·· 200
19.5 偏振光的获得与检验 ·· 202
习题 19 ·· 204
思考题 19 ·· 205

第 20 章 光的干涉与衍射 ·· 208
20.1 光的相干性 ··· 208
20.2 惠更斯-菲涅耳原理 ··· 209
20.3 双缝干涉 ··· 211
   20.3.1 杨氏双缝实验 ··· 211
   20.3.2 光源宽度与单色性对干涉条纹的影响 ······················ 215
20.4 薄膜干涉 ··· 219
   20.4.1 等倾干涉条纹 ··· 219
   20.4.2 等厚干涉条纹 ··· 221
   20.4.3 迈克耳孙干涉仪 ··· 225
20.5 夫琅禾费衍射 ··· 227
   20.5.1 单缝夫琅禾费衍射 ··· 227
   20.5.2 双缝衍射 ··· 229
   20.5.3 圆孔衍射、光学仪器的分辨本领 ···························· 231

  20.5.4 光栅衍射 …………………………………………………… 233
  20.5.5 衍射与信息 …………………………………………………… 237
习题 20 …………………………………………………………………………… 241
思考题 20 ………………………………………………………………………… 247

第 21 章 量子力学的发展 …………………………………………………… 250
21.1 普朗克的能量子假说 …………………………………………………… 250
  21.1.1 热辐射现象 …………………………………………………… 250
  21.1.2 黑体辐射的基本规律 ………………………………………… 252
  21.1.3 普朗克的能量子假说 ………………………………………… 254
21.2 爱因斯坦的光量子假设 ………………………………………………… 255
  21.2.1 光电效应 ……………………………………………………… 255
  21.2.2 爱因斯坦的光量子假设 ……………………………………… 257
  21.2.3 康普顿效应 …………………………………………………… 259
21.3 氢原子光谱、玻耳理论 ………………………………………………… 263
  21.3.1 氢原子光谱实验规律 ………………………………………… 263
  21.3.2 经典原子模型的困难 ………………………………………… 265
  21.3.3 玻耳理论 ……………………………………………………… 265
习题 21 …………………………………………………………………………… 268
思考题 21 ………………………………………………………………………… 269

第 22 章 量子力学的基本原理 ……………………………………………… 273
22.1 波函数及统计解释 ……………………………………………………… 273
  22.1.1 德布罗意物质波假设 ………………………………………… 273
  22.1.2 物质波的实验验证 …………………………………………… 275
  22.1.3 波函数 ………………………………………………………… 276
22.2 不确定关系 ……………………………………………………………… 278
  22.2.1 位置和动量不确定关系 ……………………………………… 279
  22.2.2 能量和时间的不确定关系 …………………………………… 282
22.3 态叠加原理 ……………………………………………………………… 283
22.4 薛定谔方程 ……………………………………………………………… 283
  22.4.1 薛定谔方程的建立 …………………………………………… 284
  22.4.2 定态薛定谔方程 ……………………………………………… 286
22.5 力学量的算符表示 ……………………………………………………… 287

22.5.1　力学量的算符表示 …………………………………………… 287
　　22.5.2　算符的本征值问题 …………………………………………… 288
习题 22 ……………………………………………………………………… 289
思考题 22 …………………………………………………………………… 290

第 23 章　定态问题 …………………………………………………………… 292
23.1　一维定态问题 …………………………………………………………… 292
　　23.1.1　一维无限深势阱中的粒子 …………………………………… 292
　　23.1.2　一维谐振子(抛物线势阱) …………………………………… 297
　　23.1.3　一维散射问题 ………………………………………………… 299
23.2　氢原子量子理论 ………………………………………………………… 301
　　23.2.1　氢原子的能量和角动量 ……………………………………… 302
　　23.2.2　氢原子电子概率密度 ………………………………………… 305
　　23.2.3　电子的自旋、泡利不相容原理 ……………………………… 306
习题 23 ……………………………………………………………………… 309
思考题 23 …………………………………………………………………… 311

第 24 章　量子力学的应用 …………………………………………………… 313
24.1　量子力学的基本公设 …………………………………………………… 313
24.2　激光 ……………………………………………………………………… 314
　　24.2.1　自发辐射、受激吸收和受激辐射 …………………………… 314
　　24.2.2　粒子数反转和光放大 ………………………………………… 316
　　24.2.3　激光器的工作原理 …………………………………………… 316
　　24.2.4　增益系数 ……………………………………………………… 319
　　24.2.5　激光的应用 …………………………………………………… 319
24.3　量子信息 ………………………………………………………………… 320
　　24.3.1　量子计算机 …………………………………………………… 320
　　24.3.2　量子比特 ……………………………………………………… 321
　　24.3.3　量子纠缠 ……………………………………………………… 322
　　24.3.4　量子隐形传态 ………………………………………………… 325
　　24.3.5　量子不可克隆原理 …………………………………………… 326
习题 24 ……………………………………………………………………… 327
思考题 24 …………………………………………………………………… 327

第 25 章 固体量子理论简介 ········ 328
25.1 晶体 ········ 328
25.2 固体的能带结构 ········ 329
25.2.1 能带 ········ 329
25.2.2 能带的宽度 ········ 331
25.2.3 满带、导带和价带 ········ 331
25.2.4 导体、半导体和绝缘体 ········ 332
25.3 半导体的电子论 ········ 333
25.3.1 近满带和空穴 ········ 333
25.3.2 p 型半导体和 n 型半导体 ········ 334
25.3.3 p-n 结 ········ 336
25.4 超导电现象 ········ 337
25.4.1 零电阻 ········ 337
25.4.2 完全抗磁性 ········ 338
25.4.3 临界磁场与临界电流 ········ 339
25.4.4 两类超导体 ········ 339
25.4.5 BCS 理论 ········ 340
习题 25 ········ 341
思考题 25 ········ 342

第 26 章 原子核物理和粒子物理简介 ········ 343
26.1 原子核的基本性质 ········ 343
26.1.1 原子核的组成 ········ 343
26.1.2 原子核的模型 ········ 345
26.1.3 核力和介子 ········ 346
26.2 原子核的量子性质 ········ 347
26.2.1 原子核的自旋 ········ 347
26.2.2 原子核的磁矩 ········ 348
26.2.3 核磁共振 ········ 349
26.3 原子核的放射性衰变 ········ 350
26.3.1 放射性衰变规律 ········ 350
26.3.2 α 衰变 ········ 352
26.3.3 β 衰变 ········ 353
26.3.4 γ 衰变 ········ 353

- 26.4 核裂变和核聚变 ··· 354
  - 26.4.1 原子核的结合能 ···································· 354
  - 26.4.2 重核的裂变 ·· 355
  - 26.4.3 轻核的聚变 ·· 357
- 26.5 粒子物理简介 ··· 358
  - 26.5.1 粒子及其分类 ·· 359
  - 26.5.2 强子的夸克模型 ······································ 360
  - 26.5.3 基本粒子的相互作用 ································· 363
  - 26.5.4 粒子的对称性和守恒定律 ····························· 364

第12章 真空中的静电场

电磁学是研究物质世界中电磁现象规律的学科,是物理学的一个重要内容。电磁学主要研究电荷(电流或运动电荷)产生电场(磁场)的规律,电场(磁场)对电荷(电流或运动电荷)的作用,电磁场与物质之间的相互作用关系,以及电场和磁场间的相互关系等。

实验表明,相对于观测者静止的电荷(简称为静电荷)间只有电相互作用。静电荷间电相互作用是通过电场来实现电相互作用的传递。电荷可以在空间产生电场,其他电荷在该电荷所产生的电场中要受到电场的作用。这就是电荷间电相互作用的物理机制。静电荷产生的电场称为静电场。本章将讨论静电场的基本规律。

在讨论静电场的基本规律之前,首先讨论电学的一些基本概念。

12.1 电学基本概念

12.1.1 电荷

当物体之间有电相互作用时,我们说这些物体处于带电状态,称其为带电体,或说物体有了电荷。电荷是反映物质间发生电相互作用的一种属性,就像引力质量是反映物质间万有引力的属性一样,它与物质是不可分的。

很早以前人们就发现,用毛皮摩擦过的琥珀能够吸引羽毛、小纸片、头发等轻微物体(见图 12-1),我们就说琥珀和毛皮这两样物体都已处于带电状态。这种用摩擦使物体带电的方法称为摩擦起电。

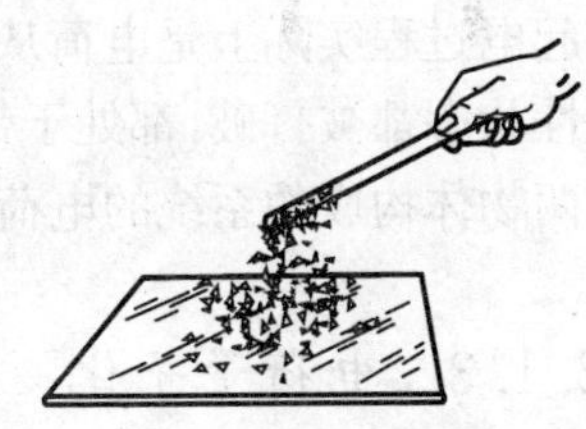

图 12-1

通过对带电体间相互作用规律的研究,人们发现电荷有两种:正电荷和负电荷。带同号电荷的物体间相互排斥,带异号电荷的物体间相互吸引。通过实验,根据物体间电相互作用强弱可以确定物体带电多少。表示物体带电多少的物理量称为电量,通常用 q 来表示。

国际单位制中,电量的单位为库仑,用 C 表示。需要说明的是,库仑是一个导出单位,而基本单位是电流强度的单位——安培(A),它们的关系是 $1C=1A·s$,即 1C 等于 1A 的电流强度在 1s 内流过某截面的电量。

12.1.2 电荷守恒

实验证明,在一个和外界没有电荷交换的系统中,正负电荷电量的代数和保持不变,与系统内的任何物理过程以及系统运动与否无关。这一性质称为电荷守恒定律。在微观粒子的反应过程中,反应前后的电量代数和是守恒的,例如有下面这个方程:

$$e^+ + e^- \rightarrow \gamma + \gamma$$

表明电子和正电子在相遇时将湮灭,转变为电中性的光子,保持总电荷守恒。如果一个光子与一个重原子核作用时,若光子能量足够大,就可以产生正负电子对,即一个正电子和一个负电子,用如下方程表示:

$$\gamma \rightarrow e^+ + e^-$$

此过程中仍然保持电荷守恒。电荷守恒定律与能量守恒定律、角动量守恒定律一样,是自然界中的基本定律。

物体处于电中性时,我们认为物体带有等量的正负电荷。现代物理学认为,宏观物体都是由分子、原子组成的。任何化学元素的原子,从微观上看都是由带正电的原子核和若干带有负电的电子组成。原子内电子所带的负电荷和原子核所带的正电荷的代数和为零,则原子是电中性的。因此,由电中性原子结合成的分子是电中性的,电中性分子构成的物质也是电中性的。

不同原子束缚其外围电子的能力是不同的,对电子束缚弱的原子易失去电子而变成带正电的离子,对电子束缚强的原子易得到电子而变成带负电的离子。摩擦起电过程实际上是电荷从一个物体转移到另一个物体的过程,虽然两物体的电中性状态都被打破,都处于带电状态,但是如果一个带正电,另一个就一定带负电,而两物体构成的系统的电荷代数和仍然为零。

12.1.3 电荷量子化

1907—1913 年,美国物理学家密立根用在电场和重力场中运动的带电油滴进行实验,发现微小油滴带电量的变化不连续。所有油滴所带的电量均是某一最小电荷值的整数倍,该最小电荷值就是电子电荷。电荷的这一性质称为电荷量子化。电子电量的近代测量值为 $|e|=1.60217733\times10^{-19}C$。

现代物理实验表明,质子所带电量 q_p 和电子电量的绝对值可看作严格相同,因为相对误差小于 10^{-20}。中子是电中性的,则原子核所带的电量就完全由原子核所包含的质子数决定。因为原子包含相同数目的质子和电子,则原子就是电中性的。

多少年来,人们一直试图从理论上解释电荷量子化这一基本事实。夸克理论认为,强子是由更小的夸克构成的。夸克带有分数电荷,$\pm\frac{1}{3}|e|$、$\pm\frac{2}{3}|e|$。如质子是由两个 u 夸克和一个 d 夸克组成。u 夸克带电 $+\frac{2}{3}|e|$,d 夸克带电 $-\frac{1}{3}|e|$,因此,质子带电 $+|e|$,与电子带电量的绝对值相同。在这个意义上讲,物质电荷量子化可以得到部分解释。但由于夸克的分数电荷是人为赋予的,因此,电荷量子化的问题并没有得到根本的解释。

对于宏观物体的带电量的描述问题,电荷量子化并不重要。因为宏观物体所带电量远远大于电荷最小单位的值,我们可以用连续可变的物理量来描述宏观物体的带电状态。

12.1.4 点电荷模型

点电荷是描述带电体的理想化模型。当带电体的大小和形状在所研究的问题中对结果没有影响或影响可以忽略时,可以把带电体看作没有大小和形状的点状电荷,简称为点电荷,该点电荷的带电量和带电体相同。例如,当带电体的线度远远小于带电体间的距离时,带电体就可以看作点电荷。因此,点电荷的概念实际上是相对的,并没有绝对意义上的点电荷。

点电荷的物理模型在现代物理实验中得到强力的支持,如质子的线度小于 10^{-15}m,电子的线度小于 10^{-18}m。在原子中,电子与原子核间的距离在 10^{-10}m 的量级,原子核的线度在 10^{-15}m 量级,因此可以把原子核和电子都看成点电荷。

12.1.5 库仑定律

带电体间会有电相互作用力,称为静电力。静电力是一种长程力,强度远大于物体间的万有引力。

法国物理学家库仑(C. A. Coulomb)对电荷间的电相互作用作了定量的研究。1785 年,通过库仑扭秤实验,总结出真空中两个静止的点电荷间相互作用的基本规律,即库仑定律。可表述为:在真空中两个静止点电荷间的电相互作用力的方向沿两个点电荷的连线,大小与两点电荷的电量 q_1 和 q_2 的乘积成正比,与它们

之间距离的平方成反比。用数学公式可表示为

$$f = k_e \frac{q_1 q_2}{r^2} e_r \quad (12\text{-}1)$$

式中 f 为 q_2 对 q_1 的作用力；r 为两点电荷间的距离；e_r 为由 q_2 到 q_1 方向的单位矢量（见图 12-2）；k_e 为比例系数。

当 q_1 与 q_2 同号时，f 与 e_r 同向；当 q_1 与 q_2 异号时，f 与 e_r 反向。因此库仑定律的表达式满足同号电荷相斥、异号电荷相吸的实验规律。

在国际单位制中，距离以 m 为单位，电量以 C 为单位，力的单位是 N，则 k 的单位应为 $\text{N}\cdot\text{m}^2/\text{C}^2$。实验表明，在真空中，$k_e = 8.9875 \times 10^9 \text{N}\cdot\text{m}^2/\text{C}^2$。实际计算中，常取近似值 $k_e = 9 \times 10^9 \text{N}\cdot\text{m}^2/\text{C}^2$。在国际单位制中，还常用 ε_0 来替代 k_e，即 $k_e = \frac{1}{4\pi\varepsilon_0}$，则 $\varepsilon_0 = 8.8541 \times 10^{-12} \text{C}^2/(\text{N}\cdot\text{m}^2)$，$\varepsilon_0$ 称为真空介电常数。由此，可将库仑定律完整地表示为如下的常用形式：

$$f = \frac{q_1 q_2}{4\pi\varepsilon_0 r^2} e_r \quad (12\text{-}2)$$

人们历来对库仑定律中两个点电荷之间的作用力与其距离平方成反比的精确程度和适用范围很感兴趣。根据库仑当时的实验条件，发现力 $f \propto \frac{1}{r^{2+\delta}}$，其中 $\delta \leqslant 0.02$。到了 1971 年，威廉斯（E. R. Williams）等人的实验证明 $\delta \leqslant (2.7 \pm 3.1) \times 10^{-16}$。另一方面，库仑定律在 $10^{-15} \sim 10^7$ m 的相当大的空间范围内被证明是正确有效的。

12.1.6 电力叠加原理

实验表明，当空间有多个点电荷同时存在时，其中每个点电荷所受的总静电作用力应等于所有其他点电荷单独作用时的静电作用力的矢量和，这就是电力叠加原理。如图 12-3 所示，由 n 个点电荷组成点电荷系，则电量为 q 的点电荷受到的点电荷系总静电作用力

$$f = \sum_{i=1}^n f_i = \frac{1}{4\pi\varepsilon_0} \sum_{i=1}^n \frac{qq_i}{r_i^2} e_{r_i}$$

$$= \frac{1}{4\pi\varepsilon_0} \sum_{i=1}^n \frac{qq_i}{r_i^3} r_i \quad (12\text{-}3)$$

图 12-3

式中 r_i 和 e_{r_i} 分别表示从点电荷 q_i 到点电荷 q 的距离和方向单位矢量。

12.2 电场与电场强度

12.2.1 电场

如本章开始所述,任何电荷都会在其周围的空间产生电场,通过电场实现对其他电荷的电作用力。反过来,其他电荷也会在其周围的空间产生电场,通过电场实现对处于电场中的任意电荷产生电作用力。因此,电荷间的电相互作用是通过电场这种中间媒介来传递的,如图 12-4 所示。正因为如此,电相互作用力又称为电场力。

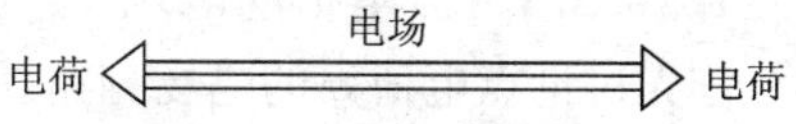

图 12-4

按照场的观点,因为电场在空间传播速度有限,上限为真空中的光速 c,则在空间激发(或建立)电场是需要时间的。那么,电荷间电相互作用的传递是需要时间的。比如,由于某种原因,在同一时刻不同空间位置突然出现两个电荷。这两个电荷间并不是在电荷出现的同时就有电相互作用,而是经过一段时间后才发生电相互作用。理论和实验都证明这种由场传递电相互作用的观点是正确的。

静止不变的电荷在空间产生的电场分布不随时间发生变化,称为静电场。静电场是本章重点研究的对象。

12.2.2 电场强度

对电场的定量描述有两种方式:一是从电场对电荷作用力的角度引入电场强度的概念,用电场强度描述电场的性质;二是从电场对电荷作用能量的角度引入电势的概念,用电势描述电场的性质。

首先从电场对电荷作用力的角度引入反映电场性质的物理量——电场强度。

考虑静电场中的试验点电荷 q_0($q_0 > 0$)的受力情况。试验表明:①相同电量的 q_0 在不同空间点(场点)的受力 f 的方向和大小不同。说明在不同空间点电场的性质不同;②在同一空间点,不同电量的 q_0 的受力 f 的方向相同,大小不同,而 f/q_0 保持不变。说明在相同空间点的电场性质不因实验电荷的不同而不同。则 f/q_0 一定是反映电场性质的物理量,称为电场的电场强度,用 E 来表示,即

$$E = \frac{f}{q_0} \tag{12-4}$$

这个定义式对带负电的试验电荷亦适用。

依上式定义,电场中一场点的电场强度等于该点处的单位正电荷所受的力。一般说来,不同场点上的电场强度大小和方向各不相同,是空间位置的矢量函数,可表示为 $E(x,y,z)$ 或 $E(r)$。

在国际单位制中,电场强度的单位为 N/C 或 V/m。如果一个电场的空间分布确定,则在电场中,点电荷 q 的受力可以由 $f = qE$ 来表示。

12.2.3 电场强度的计算

12.2.3.1 点电荷的电场

首先讨论点电荷 q 的电场分布。如图 12-5 所示,在场点 P 放一试验电荷 q_0,P 点相对于点电荷 q 的位置矢量为 r。根据库仑定律,q_0 受到 q 的电场力为

$$f = \frac{qq_0}{4\pi\varepsilon_0 r^2} e_r$$

则 P 点的电场强度为

$$E = \frac{f}{q} = \frac{q}{4\pi\varepsilon_0 r^2} e_r = \frac{q}{4\pi\varepsilon_0 r^3} r \tag{12-5}$$

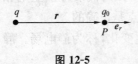

图 12-5

可以看出:点电荷 E 的大小仅与场点到点电荷 q 的距离 r 的平方成反比,与场点相对于点电荷的方位无关,即 $|E(r)| = E(r)$。因此,点电荷的电场分布是球对称的。

12.2.3.2 点电荷系的电场

下面讨论由 n 个点电荷构成的点电荷系的电场分布,如图 12-6 所示。根据电力叠加原理,位于 P 点处的试验电荷 q_0 受到点电荷系总的电场力为 $f = \sum_{i=1}^{n} f_i$,其中 f_i 是点电荷系中第 i 个点电荷 q_i 单独存在时试验电荷 q_0 受到的电场力。则点电荷系在 P 点处的电场强度

$$E = \frac{f}{q_0} = \sum_{i=1}^{n} \frac{f_i}{q_0} = \sum_{i=1}^{n} E_i \tag{12-6}$$

式中 $E_i = \dfrac{f_i}{q_0}$ 为点电荷系中第 i 个点电荷单独存在时在空间 P 点处产生电场的电场强度。式(12-6)表明:点电荷系的电场在空间各点的电场强度为点电荷系的各个点电荷单独存在时在同一点处产生的电场强度的矢量和,这称为电场的场强叠加原理。

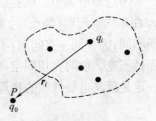

图 12-6

根据式(12-5)和式(12-6),电荷系电场的电场强度

$$E = \sum_{i=1}^{n} E_i = \sum_{i=1}^{n} \frac{q_i}{4\pi\varepsilon_0 r_i^3} r_i \tag{12-7}$$

12.2.3.3 连续分布电荷系统的电场

对于宏观连续分布电荷系统,可以将电荷系统分割成为无穷多个线度无限小的电荷元 dq,如图 12-7 所示,且将每个电荷元可看作为点电荷。则连续分布电荷系统的电场可以看成无限多个点电荷系的电场的叠加。由式(12-7)得到

$$E = \int dE = \int \frac{dq}{4\pi\varepsilon_0 r^3} r \tag{12-8}$$

式中 r 为场点 P 相对于电荷元 dq 所在空间点的位置矢量(见图 12-7)。

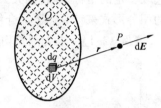

图 12-7

对于连续电荷分布,我们可以分成以下三种情况:

1) 三维体电荷分布

假如电荷分布在三维空间的一个区域内,我们可以用电荷体密度 ρ 来描述电荷分布情况,即

$$\rho = \lim_{\Delta V \to 0} \frac{\Delta q}{\Delta V} = \frac{dq}{dV} \tag{12-9}$$

式中 Δq 为体积元 ΔV 中的电荷。体积元 ΔV 的选取原则是宏观小而微观大。宏观小,是指 ΔV 在宏观尺度上讲要足够小,以便 ρ 能反映出电荷分布的不均匀性。微观大,是指 ΔV 在微观尺度上讲要足够大,在体积元 ΔV 内包含大量的微观带电粒子,以便 ρ 仍能反映电荷在宏观上的空间连续分布。

当电荷分布体密度 ρ 给定后,图 12-7 中体积元 dV 中的电量为 $dq=\rho dV$,代入式(12-8),通过体积分就可以计算出体电荷的电场空间分布。

2) 面电荷分布

对于面电荷分布,类似于体分布的情况,可以引入电荷面密度

$$\sigma = \frac{dq}{dS} \tag{12-10}$$

式中 dq 为面积元 dS 上的电荷。当电荷分布面密度 σ 给定后,面积元 dS 上的电量为 $dq=\sigma dS$,代入式(12-8),通过面积分就可以计算出电荷面分布的电场空间分布。

3) 线电荷分布

对于线电荷分布,类似于体分布的情况,可以引入电荷线密度

$$\lambda = \frac{dq}{dl} \tag{12-11}$$

式中 dq 为线元 dl 上的电荷。当电荷分布线密度 λ 给定后,线元 dl 上的电量为 $dq=$

$\lambda \mathrm{d}l$，代入式(12-8)，通过线积分就可以计算出线电荷分布的电场空间分布。

原则上讲，任意形状的连续带电体所产生的电场分布都可以按照式(12-8)的积分得到。然而，对于实际的电荷分布，这个积分是不可能给出解析结果的，只能通过数值计算得到电场分布的数值解。对极少数简单的连续电荷分布情况，可以得到解析解。

式(12-8)是矢量函数的积分，在求解具体连续电荷体系的电场分布问题时，要选取一定的坐标系，将相关矢量在具体坐标系中分解，把矢量积分化为各坐标分量的积分形式来计算。下面介绍几个典型的例题。

【例 12-1】 求无限长均匀带电直线的电场分布，设电荷线密度为 λ。

解 先求离开带电直线距离为 a 的 P 点处的电场强度。为此，建立如图 12-8 所示的平面直角坐标系 Oxy，带电直线与 y 轴重合，P 点位于 x 轴上。

在 y 轴上坐标为 $(0, y)$ 处取电荷元 $\mathrm{d}y$，其电量为 $\mathrm{d}q = \lambda \mathrm{d}y$，$P$ 点相对于电荷元的位置矢量 $\boldsymbol{r} = a\boldsymbol{i} - y\boldsymbol{j}$，距离 $r = \sqrt{a^2 + y^2}$。则 P 点处的电场强度

$$\boldsymbol{E}_P = \int \frac{\mathrm{d}q}{4\pi\varepsilon_0 r^3} \boldsymbol{r}$$

$$= \int_{-\infty}^{+\infty} \frac{\lambda \mathrm{d}y}{4\pi\varepsilon_0} \frac{(a\boldsymbol{i} - y\boldsymbol{j})}{(a^2 + y^2)^{3/2}}$$

$$= \int_{-\infty}^{+\infty} \frac{\lambda \mathrm{d}y}{4\pi\varepsilon_0} \frac{a\boldsymbol{i}}{(a^2 + y^2)^{3/2}}$$

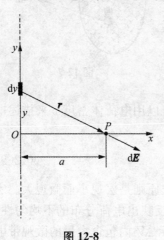

图 12-8

利用积分 $\int \frac{\mathrm{d}y}{(a^2 + y^2)^{3/2}} = \frac{y}{a^2(a^2+y^2)^{1/2}} + C$，得

$$\boldsymbol{E}(a) = \frac{\lambda a}{4\pi\varepsilon_0} \frac{2}{a^2} \boldsymbol{i} = \frac{\lambda}{2\pi\varepsilon_0 a} \boldsymbol{i}$$

可以看出，无限长均匀带电直线的电场分布中，电场强度的方向沿垂直于带电直线的矢径 $\boldsymbol{r}$ 的方向，可以由单位矢量 $\boldsymbol{e}_r$ 表示。另外，因为无限长均匀带电直线的电荷分布具有柱对称性，即沿带电直线方向的平移不变性和绕该直线的旋转不变性。按照对称性原理，均匀带电直线的电场也应具有柱对称性，即 $|\boldsymbol{E}(\boldsymbol{r})| = |\boldsymbol{E}(r)|$。均匀无限长带电直线的电场强度可以表示为

$$\boldsymbol{E}(\boldsymbol{r}) = \frac{\lambda}{2\pi\varepsilon_0 r} \boldsymbol{e}_r = \frac{\lambda}{2\pi\varepsilon_0 r^2} \boldsymbol{r}$$

从物理上讲，无限长带电直线是不存在的。但是，如果只考虑离有限长带电细棒中间段极近距离范围内空间各点的电场时，这些场点的电场仍可以用无限长带电直线的电场来描述。

【例 12-2】 半径为 R 的均匀带电细圆环,带电量为 Q,求圆环对称轴线上任一点的电场强度。

解 建立如图 12-9 所示的坐标系。在圆环上任取长度为 dl 的电荷元 dq,

$$dq = \lambda dl = \frac{Q}{2\pi R}dl$$

x 轴上一点 P 相对于电荷元 dq 的位置矢量为 $\boldsymbol{r} = x\boldsymbol{i} - \boldsymbol{R}$,其中 $\boldsymbol{R}$ 是电荷元相对于 O 点的位置矢量。若设 $\boldsymbol{R}$ 与 y 轴的夹角为 θ,则 $\boldsymbol{R} = R\cos\theta\boldsymbol{j} + R\sin\theta\boldsymbol{k}$, $r = \sqrt{x^2 + R^2}$, $dl = Rd\theta$,其中 $d\theta$ 为电荷元 dq 相对于 O 点的张角。则 P 点电场强度为

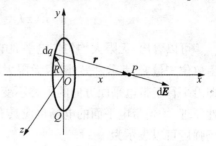

图 12-9

$$\boldsymbol{E}_P = \int \frac{dq}{4\pi\varepsilon_0 r^3}\boldsymbol{r} = \int_0^{2\pi} \frac{\frac{Q}{2\pi R}Rd\theta}{4\pi\varepsilon_0(x^2+R^2)^{3/2}}[x\boldsymbol{i} - (R\cos\theta\boldsymbol{j} + R\sin\theta\boldsymbol{k})]$$

因为 $\int_0^{2\pi}\cos\theta d\theta = \int_0^{2\pi}\sin\theta d\theta = 0$,则均匀带电圆环在轴线上任意一点的电场为

$$\boldsymbol{E}_P = \int_0^{2\pi} \frac{\frac{Q}{2\pi R}Rd\theta}{4\pi\varepsilon_0(x^2+R^2)^{3/2}}x\boldsymbol{i} = \frac{xQ}{4\pi\varepsilon_0(x^2+R^2)^{3/2}}\boldsymbol{i}$$

由上述结果我们知道:

(1) 当 $x = 0$ 时,$E = 0$,说明圆环中心处的场强为零。这与对称性分析的结果是一致的。

(2) 当 $x \gg R$ 时,有 $E \approx \dfrac{Q}{4\pi\varepsilon_0 x^2}$。因此,在远离均匀带电圆环的地方,均匀带电圆环可以近似地看作为点电荷。

【例 12-3】 如图 12-10 所示,有一无限大均匀带电平面,电荷面密度为 σ,求任意一点的电场强度。

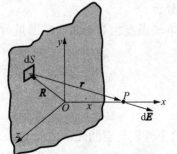

图 12-10

解 建立如图 12-10 所示的坐标系。在均匀带电平面上任取面积为 $dS = dydz$ 的电荷元 $dq = \sigma dS = \sigma dydz$,$dq$ 相对于 O 点的位置矢量为 $\boldsymbol{R} = y\boldsymbol{j} + z\boldsymbol{k}$。$x$ 轴上一点 P 相对于电荷元 dq 的位置矢量为 $\boldsymbol{r} = x\boldsymbol{i} - \boldsymbol{R}$,$r = \sqrt{x^2+y^2+z^2}$。

根据场强叠加原理,则 P 点电场强度为

$$\boldsymbol{E}_P = \int \frac{\mathrm{d}q}{4\pi\varepsilon_0 r^3}\boldsymbol{r} = \int_{-\infty}^{+\infty}\int_{-\infty}^{+\infty} \frac{\sigma\,\mathrm{d}y\mathrm{d}z}{4\pi\varepsilon_0 (x^2+y^2+z^2)^{3/2}}[x\boldsymbol{i}-(y\boldsymbol{j}+z\boldsymbol{k})]$$

积分得

$$\boldsymbol{E}(x) = \frac{\sigma x}{2\pi\varepsilon_0}\frac{\pi}{x}\boldsymbol{i} = \frac{\sigma}{2\varepsilon_0}\boldsymbol{i}$$

可以看出，无限大均匀带电平面电场强度的方向沿带电平面的法线方向，可以由单位矢量 $\boldsymbol{e}_n$ 表示。另外，因无限大均匀带电平面的电荷分布具有平面对称性，即沿平行于带电平面方向的平移不变性和相对于该平面的反演不变性，按照对称性原理，均匀带电平面的电场也应具有平面对称性。则无限大均匀带电平面的电场强度可以表示为

$$\boldsymbol{E} = \frac{\sigma}{2\varepsilon_0}\boldsymbol{e}_n$$

从结果可以看出，电场强度与场点到带电平面的距离无关，则无限大均匀带电平面的电场是均匀场。

另外，无限大带电平面也是不存在的。但是，如果只考虑离有限大带电薄板中央附近极近距离范围内各点的电场时，这些场点的电场仍可以用无限大带电平面的电场来描述。

12.3 高斯定理

如前所述，可以用两种方法来描述电场，即从电场对电荷作用力的角度描述电场性质的矢量场（电场强度）和从电场对电荷作用能的角度描述电场性质的标量场（电势）。为了形象化地理解矢量场和标量场，通常借助场的可视化方法来描述场，即用电场线描述电场强度分布，用等势面描述电势分布。

本节首先引入电场线的概念，借助电场线定义电场强度相对于曲面的通量，再据此讨论描述电场基本性质的高斯定理。

12.3.1 电场线

电场中每一空间点只有一确定的电场强度 $\boldsymbol{E}$，这个性质与空间光滑曲线上每一点只有一个切线方向的性质相同。因此，我们可以用一组光滑的曲线来形象地描述电场分布。同时，考虑到电场强度大小的分布情况，引入一组光滑曲线的原则是：①使得这些曲线上各点的切线方向都与该点处的电场强度方向一致（见图 12-11）；②设 $\mathrm{d}S$ 为在电场中任一点与该点处电场强度方向垂直的面积元（见图 12-11），通

过该面积元的光滑曲线的数目 dN 满足

$$E = \lim_{\Delta S \to 0} \frac{\Delta N}{\Delta S} = \frac{dN}{dS} \quad (12\text{-}12)$$

如此一组光滑的曲线既可以由曲线的切线方向表示电场中一点电场强度方向,也可以由曲线的疏密程度表示该点处电场强度大小。因此,这样一组光滑的曲线称为电场线。图 12-12 是依上述原则画出的几种电荷分布的电场线。

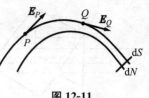

图 12-11

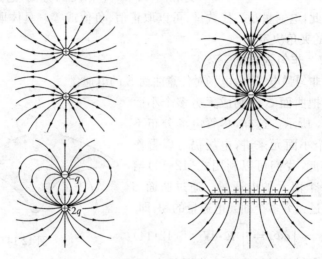

图 12-12

依据静电场的基本性质,电场线具有以下特点:

(1) 静电场的电场线发自正电荷或无穷远,终止于负电荷或无穷远,在无电荷处不中断。

(2) 静电场的电场线不能闭合。

(3) 任意两条电场线不能相交,也不能相切。

12.3.2 电通量

下面我们可以引入电场强度对于任意曲面通量的概念,简称为电通量。定义通过电场中任意曲面的电场线条数为通过该面的电通量,用 Φ_e 表示。

12.3.2.1 匀强电场

如图 12-13 所示,在匀强电场 E 中任取一面积为 dS 的面积元,该面积元的法线方向 e_n 与场强 E 之间夹角为 θ。$dS_\perp$ 为 dS 在垂直于匀强电场方向的投影面积,即 $dS_\perp = \cos\theta\, dS$。依据电场线的定义,通过面积元 dS 的电通量为

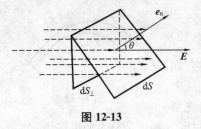

图 12-13

$$\mathrm{d}\Phi_e = E\mathrm{d}S_\perp = E\mathrm{d}S\cos\theta$$

定义面元矢量 dS，其大小由 dS 表示，方向由 e_n 表示。由矢量点积的定义，通过面元 dS 的电通量为

$$\mathrm{d}\Phi_e = E\cos\theta\,\mathrm{d}S = \boldsymbol{E}\cdot\mathrm{d}\boldsymbol{S} \quad (12\text{-}13)$$

从式(12-13)可以看出，如果面元 dS 定义为和图 12-13 中相反的方向，通过 dS 的电通量为负值。因此，电通量是一代数量，可以取正值、负值或零。具体取值，由 E，dS 以及 E 与 dS 的夹角决定。

12.3.2.2 非匀强电场

下面讨论非匀强电场中，电场对任意曲面 S 的电通量。

我们可以把曲面 S 分割成无穷多个小面元，如图 12-14 所示。这样，尽管电场分布不均匀，但对每个小面元来讲，电场仍可以看作是匀强的。因此，我们可以利用式(12-13)给出电场通过每个面元的电通量。通过曲面 S 的电通量为通过无穷多个面元电通量的和，即

$$\Phi_e = \int\mathrm{d}\Phi_e = \iint_S \boldsymbol{E}\cdot\mathrm{d}\boldsymbol{S} \quad (12\text{-}14)$$

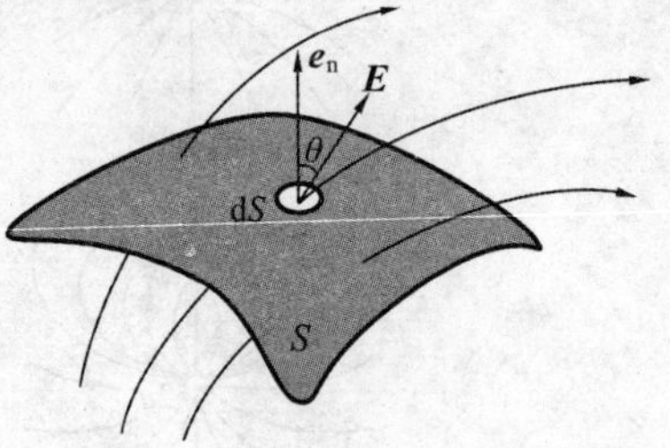

图 12-14

对于电场中任一封闭曲面 S，电通量为

$$\Phi_e = \oiint_S \boldsymbol{E}\cdot\mathrm{d}\boldsymbol{S} \quad (12\text{-}15)$$

对于封闭曲面，我们通常约定封闭曲面任一面元 dS 的方向沿该面元所在位置从封闭曲面内向封闭曲面外的法线方向。因此，每一条从封闭曲面内穿出的电场线对电通量的贡献为 $+1$，每一条从封闭曲面外穿入的电场线对电通量的贡献为 -1。

12.3.3 高斯定理

德国物理学家高斯(K. F. Gauss)给出了电场中通过任一封闭曲面的电通量与该曲面所包围的源电荷之间的定量关系，即，在真空中通过任一封闭曲面的电通量等于该曲面所包围的所有电量代数和的 $1/\varepsilon_0$ 倍。如果电荷分布是多个分立的点电荷，则

$$\oiint_S \boldsymbol{E}\cdot\mathrm{d}\boldsymbol{S} = \frac{1}{\varepsilon_0}\sum_{i=1}^n q_i \quad (12\text{-}16)$$

如果电荷分布是连续体分布，则

$$\oiint_S \boldsymbol{E} \cdot \mathrm{d}\boldsymbol{S} = \frac{1}{\varepsilon_0} \iiint_V \rho \, \mathrm{d}V \tag{12-17}$$

式中封闭曲面 S 简称为高斯面；ρ 为电荷体密度；V 是以 S 为边界的空间体积。

下面根据场强叠加原理给出高斯定理的简单证明。

1) 在封闭曲面内单个点电荷的静电场

如图 12-15 所示，在真空中有一点电荷 q 位于封闭曲面 S 内。再以点电荷 q 所在处位置为球心，以 R 为半径做一球面 S_0，该球面整体处于封闭曲面 S 内。因为点电荷 q 的电场强度 $\boldsymbol{E} = \frac{q}{4\pi\varepsilon_0 r^3}\boldsymbol{r}$ 是以该点电荷为中心的具有球对称性的场，电场线是以点电荷 q 为中心的辐射状的一组放射线，所以每一条通过球面 S_0 的电场线一定也通过封闭曲面 S。那么，点电荷的场对于封闭曲面 S 的电通量就可以用对于上述球面 S_0 的电通量来替代。因为点电荷

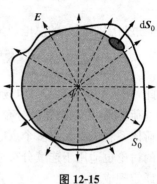

图 12-15

q 位于该球面的球心位置，球面上任一点面元 $\mathrm{d}\boldsymbol{S}_0$ 与该面元所处位置的电场强度 $\boldsymbol{E}$ 平行。同时，由于在球面上各点的电场强度的大小相同，则通过球面上 S_0 的电通量（也即通过封闭曲面 S 的电通量）为

$$\Phi_e = \oiint_S \boldsymbol{E} \cdot \mathrm{d}\boldsymbol{S} = \oiint_{S_0} \frac{q \mathrm{d}S_0}{4\pi\varepsilon_0 R^2} = \frac{q}{4\pi\varepsilon_0 R^2} \cdot 4\pi R^2 = \frac{q}{\varepsilon_0}$$

则高斯定理在单个点电荷位于封闭曲面内的情况下得到证明。

2) 在封闭曲面外单个点电荷的静电场

如图 12-16 所示，若点电荷在封闭曲面 S 之外，由于在无电荷的地方电场线不中断，故如果有一条电场线穿进封闭曲面 S，同时就一定会穿出该封闭曲面。因此，任意一条穿进穿出高斯面的电场线对通过封闭曲面 S 的电通量的贡献为零。而任意一条与高斯面没有交叉关系的电场线对通过封闭曲面 S 的电通量的贡献也为零。则通过封闭曲面的总电通量为零，即

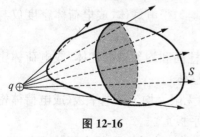

图 12-16

$$\Phi_e = \oiint_S \boldsymbol{E} \cdot \mathrm{d}\boldsymbol{S} = 0$$

因此，对封闭曲面外单个点电荷的电场的情况，高斯定理也得到证明。

3) 任意电荷体系的静电场

设由 n 个点电荷组成点电荷系，部分点电荷在高斯面 S 内，部分点电荷在高斯

面 S 外。按场强叠加原理,空间任意点的总电场强度为 $E = \sum_{i=1}^{n} E_i$。对于第 i 个点电荷 q_i,单独存在时的电场对高斯面的电通量为

$$\Phi_{ei} = \oiint_S E_i \cdot dS = \begin{cases} \dfrac{1}{\varepsilon_0} q_i, & q_i \text{ 在 } S \text{ 中} \\ 0, & q_i \text{ 在 } S \text{ 外} \end{cases}$$

则通过封闭曲面 S 的总电通量为

$$\Phi_e = \oiint_S E \cdot dS = \oiint_S \sum_{i=1}^{n} E_i \cdot dS = \sum_{i=1}^{n} \oiint_S E_i \cdot dS = \sum_{S \text{中的} q_i} \frac{1}{\varepsilon_0} q_i = \frac{1}{\varepsilon_0} \sum_{S \text{中的} q_i} q_i$$

因此,任意电荷体系的静电场情况下的高斯定理也得到证明。对于任意连续分布的电荷体系,可以把连续分布的电荷体系切割成无限多个电荷元,即把连续分布的电荷体系看成由无限多个点电荷组成的点电荷系。则上述关于点电荷体系的静电场的讨论也适用于连续分布电荷体系。所以,由式(12-17)表示的连续电荷体系的高斯定理成立。

需要说明的是,高斯定理表明通过封闭曲面的电通量只与该曲面所包围的电量的代数和有关。但这并不是说封闭曲面上的场强只由曲面所包围的电荷决定,实际上任意空间点的场强是由包括封闭曲面内和封闭曲面外分布的所有电荷分布所共同决定的。

另外,高斯定理反映出静电场是有源场这一事实。如封闭曲面内含正电荷,则电通量为正,有电场线出来;如封闭曲面内含负电荷,则电通量为负,有电场线进去。这说明电场线发自正电荷终止于负电荷,在没有电荷的地方不中断。具有这种性质的场称为有源场。

高斯定理从理论上阐明了电场与电荷的关系,并且在源电荷分布具有一定对称性的条件下,可以根据源电荷分布来计算场强。常见的具有高对称性的电荷分布有:

(1) 球对称性:如点电荷、均匀带电球面和均匀带电球体(或电荷体密度仅与空间点到球心的距离有关的带电球体)。

(2) 柱对称性:如均匀带电直线、均匀带电柱面和均匀带电柱体(或电荷体密度仅与空间点到柱体对称轴的距离有关的带电柱体)。

(3) 平面对称性:如无限大均匀带电平面和无限大均匀带电平板(或电荷体密度仅与空间点到平板对称面的距离有关的带电平板)。

下面举两个例子说明利用高斯定理求高对称电荷分布的电场空间分布方法。

【例 12-4】 已知均匀带电球体半径为 R,电荷密度为 ρ,求空间电场强度分布。

解 由于带电体的电荷分布具有球对称性,故其电场分布也具有球对称性,即

$|\boldsymbol{E}(r)|=E(r)$，则 $\boldsymbol{E}(r)=E(r)\boldsymbol{e}_r$。因此，我们要选取与电场分布的球对称性相对应的高斯面。如图 12-17 所示，取以球心 O 为中心，半径为 r 的球面作为高斯面（见图 12-17 虚线）。显然在高斯面上各点的场强大小都相等，场强的方向与高斯面处处垂直。则通过高斯面（球面）的电通量

$$\oiint_S \boldsymbol{E} \cdot \mathrm{d}\boldsymbol{S} = \oiint_S E\mathrm{d}S = E\oiint_S \mathrm{d}S = E4\pi r^2$$

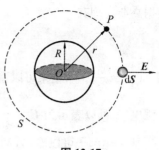

图 12-17

根据高斯定理有

$$E4\pi r^2 = \frac{\sum_i q_i}{\varepsilon_0}$$

则

$$E = \frac{\sum_i q_i}{4\pi\varepsilon_0 r^2}$$

(1) 当 $r>R$ 时，$\sum_i q_i = \frac{4\pi}{3}\rho R^3$，因此 $E = \frac{\sum_i q_i}{4\pi\varepsilon_0 r^2} = \frac{\rho R^3}{3\varepsilon_0 r^2}$。则球体外部的电场等同于所有的电量都集中在球心的一个点电荷所产生的电场。

(2) 当 $r<R$ 时，$\sum_i q_i = \frac{4\pi}{3}\rho r^3$，因此 $E = \frac{\rho r}{3\varepsilon_0}$，则球体内部的电场是随 r 线性增加的。在 $r=R$ 处，电场强度连续。

【例 12-5】 一无限大均匀带电平面，面电荷密度为 σ，求电场强度分布。

解 根据对称性原理，无限大均匀带电平面电场分布应具有平面对称性。①沿平行于平面的平移对称性，即离开平面相同距离的地方场强大小相等，$E(x)|_{x=\text{常量}}=$ 常量；②对平面的反演对称性，即平面前后相同距离的地方场强大小相等，$E(-x)=E(x)$；③对于无限大均匀带电平面而言，从任一场点到平面的垂线都是系统的旋转对称轴，故空间各点的电场强度方向都垂直于该带电平面。根据对称性分析，选取如图 12-18 所示的与该带电平面垂直的柱面为高斯面，使其两个底面 ΔS 相对于该带电平面反演对称且平行于带电平

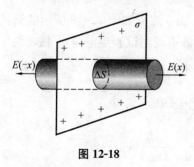

图 12-18

面。根据电场的分布，通过柱形高斯面侧面的电通量为零，而通过两个底面的电通量相同。通过高斯面的电通量

$$\oiint_S \boldsymbol{E} \cdot \mathrm{d}\boldsymbol{S} = 2E(x)\Delta S$$

根据高斯定理有

$$2E(x)\Delta S = \frac{\sigma \Delta S}{\varepsilon_0}$$

则 $E(x) = \frac{\sigma}{2\varepsilon_0}$。从结果可以看出,电场强度与 x 无关,因此,均匀带电平面两侧均为匀强电场,可以表示为 $\boldsymbol{E} = \frac{\sigma}{2\varepsilon_0}\boldsymbol{e}_n$,其中 $\boldsymbol{e}_n$ 为垂直于带电平面的法线方向单位矢量。

从上述例子可以看出,利用高斯定理求高对称电荷分布电场的方法为:①根据电荷分布的对称性,得出电场空间分布的对称性;②根据电场空间分布的对称性选取具有相同对称性的高斯面;③利用电场的对称性求场对所选高斯面的电通量;④求出高斯面所包围空间区域的总电荷;⑤利用高斯定理求出电场强度分布规律。

12.4 环流定理 电势

用电场强度描述的电场是矢量场。高斯定理反映的是该矢量场对封闭曲面通量的性质。按照数学分析的结论,要完全确定矢量场的性质,还要从矢量场对闭合曲线的环流的角度讨论矢量场的性质。

本节从电场对电荷做功的角度引入静电场的环流定理和另外一个描述静电场物理性质的物理量——电势。

12.4.1 电场力做功

1) 点电荷的静电场力做功

设在点电荷 q 的静电场中有一试验点电荷 q_0 由 a 点沿如图 12-19 所示的路径运动到 b 点,则 q 的静电场对试验点电荷 q_0 做功为

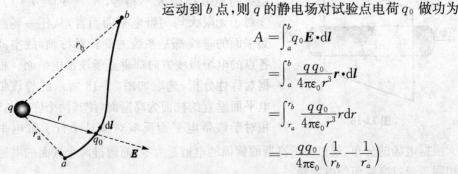

图 12-19

$$\begin{aligned}A &= \int_a^b q_0 \boldsymbol{E} \cdot d\boldsymbol{l} \\ &= \int_a^b \frac{q q_0}{4\pi\varepsilon_0 r^3} \boldsymbol{r} \cdot d\boldsymbol{l} \\ &= \int_{r_a}^{r_b} \frac{q q_0}{4\pi\varepsilon_0 r^3} r dr \\ &= -\frac{q q_0}{4\pi\varepsilon_0}\left(\frac{1}{r_b} - \frac{1}{r_a}\right)\end{aligned}$$

结果表明,点电荷的电场力做功与试验电荷的运动路径无关。

2) 一般电荷系统的静电场力做功

对于一般的电荷系统，总可以把它看成是有限多个（或无限多个）点电荷组成的点电荷系。按场强叠加原理，空间任意点的场强为各个点电荷单独存在时产生电场强度 E_i 的矢量和，即 $E = \sum_i E_i$。若试验点电荷 q_0 在该电场中沿任意路径由 a 点运动到 b 点时，静电场 E 对试验点电荷 q_0 做功为

$$A = \int_a^b q_0 E \cdot dl = \int_a^b q_0 \sum_i E_i \cdot dl = \sum_i \left(\int_a^b q_0 E_i \cdot dl \right)$$

由上述讨论，因为 $\int_a^b q_0 E_i \cdot dl$ 表示第 i 个点电荷对试验点电荷 q_0 做功，且与 q_0 运动路径无关，则 $\sum_i \left(\int_a^b q_0 E_i \cdot dl \right)$ 也与 q_0 的运动路径无关。说明静电场力做功与电荷运动路径无关，这也可以表示为 $\oint_l q_0 E \cdot dl = 0$，其中 l 表示任意一个闭合回路。因为 $q_0 \neq 0$，则

$$\oint_l E \cdot dl = 0 \tag{12-18}$$

$\oint_l E \cdot dl$ 称为场强 E 沿闭合回路 l 的环流。式(12-18)称为静电场的环流定理。利用矢量场论的斯托克斯定理，由式(12-18)可知

$$\nabla \times E = 0$$

此式称为静电场环流定理的微分形式。

环流定理表明：静电场是保守（力）场，也称为无旋场。由力学知识知道，我们可以引入（电）势能来描述该保守力场。

12.4.2 电势能和电势

由前述讨论知道，带电粒子在静电场中受到的电场力是保守力。因为保守力做功与带电粒子运动路径无关，可以引入电势能来描述静电场力做功，即静电力所做的功等于系统电势能增量的负值。若带电粒子 q_0 在静电场 E 从 a 运动到 b，电场力做功 A_{ab}，应有

$$A_{ab} = -(W_b - W_a) \tag{12-19}$$

式中 W_a 和 W_b 分别代表 q_0 在 a, b 两空间位置时系统的电势能。可以看出：①当 $A_{ab} > 0$ 时，$W_a > W_b$，说明系统通过减小电势能而对带电粒子做正功；②当 $A_{ab} < 0$ 时，$W_a < W_b$，说明当静电场力做负功时系统电势能增大。因此，我们可以由电场强度定义系统电势能，即

$$-(W_b - W_a) = \int_a^b q_0 \boldsymbol{E} \cdot \mathrm{d}\boldsymbol{l} \tag{12-20}$$

然而，式(12-20)定义的电势能并不是唯一的，因为这里只定义了电势能的差值(或增量)。按照其定义，电势能还可以有一个常量的差别，因此可以任意选择电势能的零点(或参考值)。要说明的是，系统势能零点的任意选择并不影响静电场力对带电粒子做功的大小。这是因为，当带电粒子处于两个不同位置处时的电势能差是绝对的，与电势能零点的选取无关。若设 b 点为电势能的零点，即 $W_b = 0$，则空间任意点(a 点)的电势能为

$$W_a = \int_a^b q_0 \boldsymbol{E} \cdot \mathrm{d}\boldsymbol{l} \tag{12-21}$$

按照定义，带电粒子 q_0 在静电场中任一点 a 的电势能 W_a 等于将点电荷 q_0 从 a 点沿连接 a, b 两空间点的任意路径移动到 b 点(电势能零点)时作用在 q_0 上的静电场力所做的功。

电势能是属于带电粒子和静电场这个相互作用系统共有的性质，电势能不仅与静电场有关还与带电粒子有关。然而，由式(12-20)，可以得到

$$\int_a^b \boldsymbol{E} \cdot \mathrm{d}\boldsymbol{l} = -\left(\frac{W_b}{q_0} - \frac{W_a}{q_0}\right)$$

式中 $\int_a^b \boldsymbol{E} \cdot \mathrm{d}\boldsymbol{l}$ 完全由静电场本身的性质决定，仅与静电场的空间分布有关，而与带电粒子 q_0 无任何关系。因此，W_a/q_0 也仅与静电场的空间分布有关。我们可以用 $V_a = W_a/q_0$ 来描述静电场在空间 a 点的性质，V_a 称为 a 点的电势，则

$$-(V_b - V_a) = \int_a^b \boldsymbol{E} \cdot \mathrm{d}\boldsymbol{l} \tag{12-22}$$

与电势能一样，描述静电场性质的电势也存在零点(参考点)任意选择的问题。若设 b 点为电势的零点，即 $V_b = 0$，则空间任意点(a 点)的电势为

$$V_a = \int_a^b \boldsymbol{E} \cdot \mathrm{d}\boldsymbol{l} \tag{12-23}$$

按照定义，静电场中任一点 a 的电势 V_a 等于将单位正点电荷从 a 点沿连接 a, b 两空间点的任意路径移动到 b 点(电势零点)时作用在单位正点电荷上的静电场力所做的功。

电势是标量，单位为 V(伏特)。用电势 V 来描述电场时，静电场是一个标量场。对于电势零点的选择，通常约定：①在理论计算时，对有限空间区域内分布的带电体，选无限远为电势零点；②在实际应用中，取大地、仪器外壳等为电势零点。

引入电势概念后，带电粒子 q 在静电场中运动时，电场力做功可以表示为 $A_{ab} = -q(V_b - V_a)$。当粒子仅受静电场力作用时，若粒子原处于静止状态，则必有 $A_{ab} > 0$。①当 $q > 0$ 时，由 $A_{ab} > 0$ 知 $(V_b - V_a) < 0$。说明正电荷在电场力的作用下的运

动方向从电势高的地方到电势低的地方;②当 $q<0$ 时,由 $A_{ab}>0$ 知 $(V_b-V_a)>0$。说明负电荷在电场力的作用下,其运动方向为从电势低的地方到电势高的地方。其实,两种情况的结论是统一的,因为系统的能量(势能)总是自发地从能量高的状态向能量低的状态变化。

另外,由于电场强度和电势仅为静电场的两种不同描述而已,则对于同一个静电场,电场强度和电势描述间必然存在着一定的关联。式(12-23)就是两者间关联的一种形式,即积分形式。在下一节中,将给出两者间关联的另外一种形式,即微分形式。

12.4.3 电势叠加原理

下面讨论带电系统电场的电势分布问题。首先讨论点电荷的电势分布,在此基础上,利用电场强度的矢量叠加原理和电势的定义引入电势的标量叠加原理。

12.4.3.1 点电荷电场的电势

如图 12-20 所示,对于点电荷,选无穷远点为电势零点。根据电势的定义,点电荷的静电场中任意空间点 P 的电势为

$$V_P = \int_P^\infty \boldsymbol{E} \cdot \mathrm{d}\boldsymbol{l} = \int_P^\infty \frac{q}{4\pi\varepsilon_0 r^3} \boldsymbol{r} \cdot \mathrm{d}\boldsymbol{l}$$

式中 r 为 $\mathrm{d}\boldsymbol{l}$ 相对于点电荷 q 的位置矢量。因为积分与路径无关,我们可选择起点为 P 终点为无限远点,方向沿由 q 到 P 再到无限远的直线路径作为积分路径。则 P 点的电势为

图 12-20

$$V_P = \int_{r_P}^\infty \frac{q}{4\pi\varepsilon_0 r^3} r \cdot \mathrm{d}r = \frac{q}{4\pi\varepsilon_0 r_P}$$

由此可知:与电场强度描述一样,点电荷的电势分布具有球对称性,即点电荷的静电场中任一空间点的电势只与该点到点电荷的距离 r 有关,与该点相对于点电荷的方位无关,则点电荷的电势分布可表示为

$$V(r) = \frac{q}{4\pi\varepsilon_0 r} \tag{12-24}$$

12.4.3.2 电势叠加原理

下面讨论任意带电体的电势分布。首先讨论点电荷系的电势问题。

设点电荷系由 n 个点电荷 $q_1,q_2,\cdots,q_n$ 组成。按场强叠加原理,空间任意点的场强为各个点电荷单独存在时产生电场强度 $\boldsymbol{E}_i$ 的矢量和,即 $\boldsymbol{E}=\sum_{i=1}^n \boldsymbol{E}_i$。选离点电荷系无穷远点为电势零点,则空间任意点 P 的电势为

$$V = \int_P^\infty \boldsymbol{E} \cdot \mathrm{d}\boldsymbol{l} = \int_P^\infty \sum_{i=1}^n \boldsymbol{E}_i \cdot \mathrm{d}\boldsymbol{l} = \sum_{i=1}^n \int_P^\infty \boldsymbol{E}_i \cdot \mathrm{d}\boldsymbol{l} = \sum_{i=1}^n V_i \tag{12-25}$$

可以看出：点电荷系静电场中任意场点的电势等于各个点电荷在同一场点的电势的代数和，这称为电势叠加原理。由此，可以得到有限空间区域内连续电荷分布带电体电场的电势分布。把连续电荷分布带电体分割成为无穷多个电荷元，把每个电荷元看作点电荷，则连续电荷分布带电体的电势分布为

$$V = \int \frac{\mathrm{d}q}{4\pi\varepsilon_0 r} \tag{12-26}$$

其中积分区间与电荷在空间分布是体分布、面分布或线分布有关，式(12-26)对应的积分可能是体积分、面积分或线积分。要说明的是：式(12-26)是对有限空间区域内连续电荷分布带电体并依据电势叠加原理给出的。因此，式(12-26)只适用于有限空间区域内连续电荷分布带电体的电势计算。对无限分布电荷系统，如无限大带电平面或无限长带电直线，式(12-26)则不成立。

【例 12-6】 求如图 12-21 所示总电量为 Q，半径为 R 的均匀带电球面的电势分布。

解 由高斯定理可知均匀带电球面的电场强度为

$$\boldsymbol{E} = \begin{cases} \dfrac{Q}{4\pi\varepsilon_0 r^3}\boldsymbol{r}, & r > R \\ 0, & r < R \end{cases}$$

带电球面外距球心 r 处 P_1 点的电势为

$$V = \int_{P_1}^{\infty} \boldsymbol{E} \cdot \mathrm{d}\boldsymbol{l} = \int_r^{\infty} \frac{Q}{4\pi\varepsilon_0 r^2} \mathrm{d}r = \frac{Q}{4\pi\varepsilon_0 r}$$

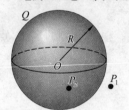

图 12-21

带电球面内距球心 r 处 P_2 点的电势为

$$V = \int_{P_2}^{\infty} \boldsymbol{E} \cdot \mathrm{d}\boldsymbol{l} = \int_r^R 0 \cdot \mathrm{d}r + \int_R^{\infty} \frac{Q}{4\pi\varepsilon_0 r^2} \mathrm{d}r = \frac{Q}{4\pi\varepsilon_0 R}$$

因此，均匀带电球面内各点电势相同，而球面外 P_1 点的电势与位于球面中心带电为 Q 的点电荷的电势相同，电势空间分布具有球对称性。

【例 12-7】 如图 12-22 所示，一个半径为 R 的原来不带电的导体球附近，距球心 a 处有一点电荷 q，求导体球心 O 点的电势。

解 由于静电感应（见第 13 章），导体球表面会有感应电荷分布。设感应电荷面密度为 σ，取无限远点为电势零点，由电势叠加原理，O 点的电势为

$$V_O = \frac{q}{4\pi\varepsilon_0 d} + \iint \frac{\sigma \mathrm{d}S}{4\pi\varepsilon_0 R}$$

$$= \frac{q}{4\pi\varepsilon_0 d} + \frac{1}{4\pi\varepsilon_0 R} \iint \sigma \mathrm{d}S$$

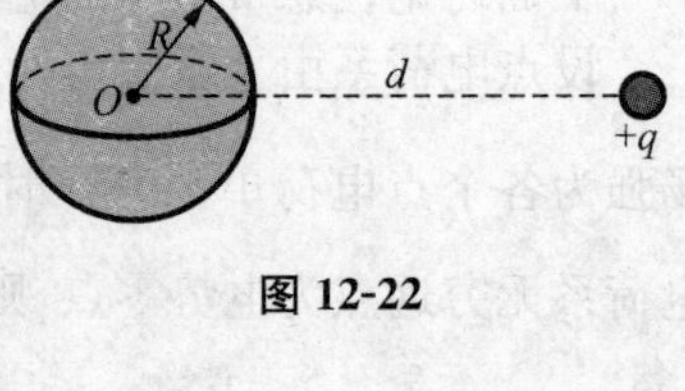

由电荷守恒定律，导体球的带电量代数和为零，即 $\int \sigma \mathrm{d}S = 0$，则 O 点的电势为 $V_O = q/(4\pi\varepsilon_0 d)$。

图 12-22

【例 12-8】 求如图 12-23 所示电荷线密度为 λ 的无限长均匀带电直线的电势分布。

解 对于无限长均匀带电直线,我们不能用电势叠加原理式(12-26),只能从电势定义式(12-23)出发计算其电势分布。无限长均匀带电直线的电场强度为 $E = \dfrac{\lambda}{2\pi\varepsilon_0 r^2}\boldsymbol{r}$。取离带电直线距离为 r_0 的 P_0 处为电势零点(见图 12-23),则 P 点的电势为

$$V_P = \int_P^{P_0} \boldsymbol{E} \cdot \mathrm{d}\boldsymbol{l} = \int_r^{r_0} \frac{\lambda}{2\pi\varepsilon_0 r}\mathrm{d}r = \frac{\lambda}{2\pi\varepsilon_0}\ln\frac{r_0}{r}$$

式中 r 为 P 点到带电直线的距离。与电场强度描述时一样,无限长均匀带电直线的电势分布也具有柱对称性。

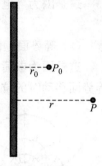

图 12-23

12.5 电势与电场强度的微分关系

上一节介绍电势与电场强度的积分关系,本节讨论两者间的微分关系。

用电势这个物理量描述电场时,静电场是标量场。为了形象化地理解标量场,通常借助场的可视化方法来描述场,即用电势的等值面(即等势面)来描述电势的空间分布性质。

12.5.1 等势面

所谓等势面就是静电场中电势相同的空间点构成的曲面,满足 $V(x,y,z) = C$。如图 12-24 所示,为了形象化地描述电势分布,通常约定相邻等势面的电势差为常量,如 $V_2 - V_1 = V_3 - V_2$ 等。图 12-25 为带正电的点电荷的等势面示意图。因为点电荷的电场具有球对称性,其等势面为一系列的球面。

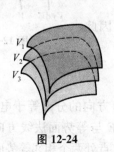

图 12-24

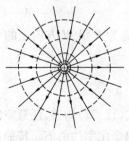

图 12-25

等势面具有如下性质：

(1) 电荷沿等势面移动，电场力不做功。

这是因为当电荷 q 沿等势面从 a 点移动到 b 点时，电场力做功

$$A_{ab} = -(W_b - W_a) = -q\Delta V_{ba} = -q \cdot 0 = 0$$

(2) 等势面上任意空间点 P 处的电场强度方向为该点处的法线方向。

这是因为电荷沿等势面移动时电场力不做功。设 $d\boldsymbol{l}$ 为电荷 q 在 dt 时间内沿等势面移动时的位移，电场力做功 $dA = q\boldsymbol{E} \cdot d\boldsymbol{l} = 0$，则 $\boldsymbol{E} \cdot d\boldsymbol{l} = 0$，说明 $\boldsymbol{E}$ 与 $d\boldsymbol{l}$ 垂直。因为 $d\boldsymbol{l}$ 沿等势面的切线方向，则 $\boldsymbol{E}$ 一定沿等势面的法线方向。

(3) 相邻等势面间距小处，场强大；间距大处，场强小。因此，我们可用等势面的疏密情况反映电场的强弱。

图 12-26 为有两个点电荷 $(+q, -q)$ 系统的电场线和等势面示意图。图中的电场线（实线）和等势面（虚线）的性质从两个不同的侧面形象地描述了静电场的空间分布。

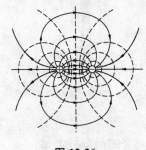

图 12-26

12.5.2 电势与电场强度的微分关系

如图 12-27 所示，考虑两个相邻等势面 V 和 $V+dV$，且 $dV>0$。设 $\boldsymbol{e}_n$ 为等势面上任意空间点 a 处等势面法线方向，则 a 点处的电场强度 $\boldsymbol{E}$ 如图 12-27 所示。若点电荷 q_0 由 a 点出发沿 $d\boldsymbol{l}$ 运动到 b 点，则电场力做功为

$$dA = q_0 \boldsymbol{E} \cdot d\boldsymbol{l} = -q_0[(V+dV) - V] = -q_0 dV$$

则

$$-dV = \boldsymbol{E} \cdot d\boldsymbol{l}$$

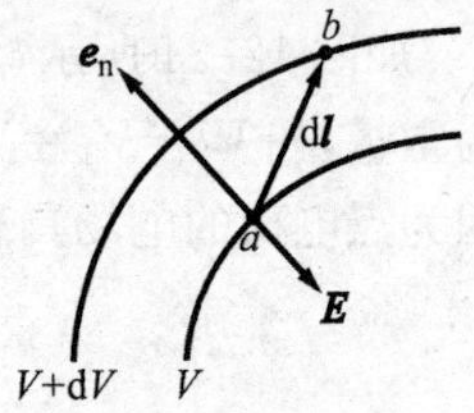

设 E_l 为 $\boldsymbol{E}$ 沿 $d\boldsymbol{l}$ 方向上的分量，有 $-dV = E_l dl$。因此，可得

$$E_l = -\frac{dV}{dl} \tag{12-27}$$

图 12-27

由式 (12-27) 知道，任意空间点的电场强度沿 $d\boldsymbol{l}$ 方向的分量等于电势沿 $d\boldsymbol{l}$ 方向的空间变化率的负值。按照前述假设，电场强度 $\boldsymbol{E}$ 与等势面法线方向 $\boldsymbol{e}_n$ 相反，而 $\boldsymbol{E}$ 在 $\boldsymbol{e}_n$ 方向的分量为 $E = -dV/dl_n$，其中 dl_n 为 a 点处两个相邻等势面 V 和 $V+dV$ 在法线方向的间距，则电场强度可由下式表示：

$$E = -\frac{dV}{dl_n}\boldsymbol{e}_n \tag{12-28}$$

由于 $dl_n < dl$，所以 $\frac{dV}{dl_n} > \frac{dV}{dl}$，则沿等势面法线方向电势的空间变化率最大。因此，在任意空间点的电场强度的大小与该点处电势的最大空间变化率相等。

数学上把 $\frac{dV}{dl_n}\boldsymbol{e}_n$ 称为标量函数 V 的梯度，记为 $\boldsymbol{\nabla}V$，则

$$\boldsymbol{E} = -\boldsymbol{\nabla}V \tag{12-29}$$

即任意空间点的电场强度与该点处电势的梯度大小相等，方向相反。因为梯度算子 $\boldsymbol{\nabla}$ 中包含了对标量函数的微分操作，式(12-29)就是电场强度与电势间的微分关系式。

在直角坐标系中，梯度算子 $\boldsymbol{\nabla} = \frac{\partial}{\partial x}\boldsymbol{i} + \frac{\partial}{\partial y}\boldsymbol{j} + \frac{\partial}{\partial z}\boldsymbol{k}$。由式(12-29)可得电场强度在直角坐标系中的分量式

$$E_x = -\frac{\partial V}{\partial x}, \quad E_y = -\frac{\partial V}{\partial y}, \quad E_z = -\frac{\partial V}{\partial z} \tag{12-30}$$

在平面极坐标系中，有 $\boldsymbol{\nabla} = \frac{\partial}{\partial r}\boldsymbol{e}_r + \frac{1}{r}\frac{\partial}{\partial \theta}\boldsymbol{e}_\theta$，可得电场强度在平面极坐标系中的分量式

$$E_r = -\frac{\partial V}{\partial r}, \quad E_\theta = -\frac{\partial V}{r\partial \theta} \tag{12-31}$$

利用式(12-30)和式(12-31)，在给定静电场电势分布的情况下，可以方便地得到电场的电场强度空间分布。

考虑如图12-28所示的由两个相距为 l 等量异号点电荷 $+q$ 和 $-q$ 组成的电荷系统，当 $l \to 0$，但又保持 $p = ql$ 有限大时，该电荷系统称为电偶极子。然而，物理上的无限小是不存在的，实际上当要考查的场点到电荷系统的距离远大于两个点电荷间的距离时，该电荷系统就可以看作为电偶极子。设 $\boldsymbol{l}$ 为正电荷相对于负电荷的位置矢量，可以定义表征电偶极子电学特征的物理量 $\boldsymbol{p} = q\boldsymbol{l}$，$\boldsymbol{p}$ 称为电偶极子的电偶极矩，简称电矩。

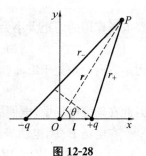

图 12-28

如图12-28所示，电偶极子在 P 点的电势为

$$V = V_+ + V_- = \frac{q}{4\pi\varepsilon_0}\left(\frac{1}{r_+} - \frac{1}{r_-}\right) = \frac{q}{4\pi\varepsilon_0}\frac{r_- - r_+}{r_- r_+}$$

式中 r_+, r_- 分别表示 P 点到电偶极子正、负点电荷的距离。因 $r \gg l$，我们有近似关系 $r_+ r_- \approx r^2$ 和 $r_- - r_+ \approx l\cos\theta$，其中 r, θ 分别表示 P 点到电偶极子中心的距离和 P 点相对于电偶极子中心的位置矢量 $\boldsymbol{r}$ 与电矩 $\boldsymbol{p}$ 之间的夹角，则

$$V(r,\theta) = \frac{ql\cos\theta}{4\pi\varepsilon_0 r^2} = \frac{\boldsymbol{p}\cdot\boldsymbol{r}}{4\pi\varepsilon_0 r^3}$$

利用式(12-31),可得电偶极子的电场强度在平面极坐标系中的分量式

$$E_r = -\frac{\partial V}{\partial r} = -\frac{\partial}{\partial r}\left(\frac{p\cos\theta}{4\pi\varepsilon_0 r^2}\right) = \frac{p\cos\theta}{2\pi\varepsilon_0 r^3}$$

$$E_\theta = -\frac{\partial V}{r\partial\theta} = -\frac{\partial}{r\partial\theta}\left(\frac{p\cos\theta}{4\pi\varepsilon_0 r^2}\right) = \frac{p\sin\theta}{4\pi\varepsilon_0 r^3}$$

矢量形式

$$\boldsymbol{E} = E_r\boldsymbol{e}_r + E_\theta\boldsymbol{e}_\theta = \frac{p\cos\theta}{2\pi\varepsilon_0 r^3}\boldsymbol{e}_r + \frac{p\sin\theta}{4\pi\varepsilon_0 r^3}\boldsymbol{e}_\theta$$

用场点的相对位置矢量 $\boldsymbol{r}$ 及电矩 $\boldsymbol{p}$ 表示时,电场强度为

$$\boldsymbol{E} = \frac{1}{4\pi\varepsilon_0 r^3}\left[-\boldsymbol{p} + \frac{3(\boldsymbol{r}\cdot\boldsymbol{p})\boldsymbol{r}}{r^2}\right]$$

电偶极子是一个非常重要的物理模型,例如在研究电介质的极化问题时,实际上就可以把部分物质分子(正负电荷中心不重合)看成电偶极子。而电介质的极化现象就可以看作介质内部大量电偶极子与电场相互作用的宏观表现。

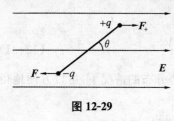

图 12-29

如图 12-29 所示,我们考虑电偶极子在匀强电场 $\boldsymbol{E}$ 中受到电场的作用问题。

设电偶极子电矩 $\boldsymbol{p}$ 与电场强度 $\boldsymbol{E}$ 的夹角为 θ,电偶极子受到的静电力为

$$\boldsymbol{F} = q\boldsymbol{E}_+ + (-q)\boldsymbol{E}_- = q\boldsymbol{E} + (-q)\boldsymbol{E} = 0$$

因为 $\boldsymbol{F}_+$ 和 $\boldsymbol{F}_-$ 构成一对力偶,则电偶极子受到电场作用的力矩大小为

$$M = F_+ l\sin\theta = qEl\sin\theta = pE\sin\theta$$

力矩方向沿垂直于纸面(或由 $\boldsymbol{E}$ 和 $\boldsymbol{p}$ 构成的平面)向里,可写成如下矢量形式:

$$\boldsymbol{M} = \boldsymbol{p} \times \boldsymbol{E}$$

因此在匀强电场中,电偶极子只有转动而不会平动。

在电场 $\boldsymbol{E}$ 中,电偶极子的电势能为

$$W = W_+ + W_- = qV_+ + (-q)V_- = q(V_+ - V_-)$$

式中$(V_+ - V_-)$为电偶极子中$+q$和$-q$所处空间位置电势的差值,按定义:

$$-(V_+ - V_-) = \int_-^+ \boldsymbol{E}\cdot\mathrm{d}\boldsymbol{l} = El\cos\theta$$

则

$$W = -qEl\cos\theta = -pE\cos\theta = -\boldsymbol{p}\cdot\boldsymbol{E}$$

若电偶极子处于非匀强电场 $\boldsymbol{E}$ 中,受到电场作用的力矩和电势能的形式和在

匀强电场中相同，但受到电场的作用力为

$$F = qE_+ + (-q)E_- = q(-\nabla V_+) + (-q)(-\nabla V_-)$$
$$= q(\nabla V_- - \nabla V_+) = q\nabla(V_- - V_+)$$
$$= q\nabla(E \cdot l) = \nabla(E \cdot p)$$

利用 $W=-p \cdot E$，得 $F=-\nabla W$。可以看出，在非匀强电强中电偶极子受到的电场力不为零。因此，在非匀强电强的作用下电偶极子除了转动外还会有从电场弱（电势能高）的地方向电场强（电势能低）的地方移动。利用这个性质，可以人工建立局域高度非匀强电强，从而实现对具有电矩分子的操纵。

习 题 12

12-1 氢原子由一个质子（即氢原子核）和一个电子组成。根据经典模型，在正常状态下，电子绕核做圆周运动，轨道半径是 $5.29×10^{-11}$ m。已知质子质量 $m_p=1.67×10^{-27}$ kg，电子质量 $m_e=9.11×10^{-31}$ kg，电荷分别为 $\pm e=\pm 1.60×10^{-19}$ C，万有引力常量 $G=6.67×10^{-11}$ N·m²/kg²。

（1）求电子所受质子的库仑力和万有引力；
（2）库仑力是相应万有引力的多少倍？
（3）求电子的速度。

12-2 如题图所示，直角三角形 ABC 的 A 点上，有电荷 $q_1=1.8×10^{-9}$ C，B 点上有电荷 $q_2=-4.8×10^{-9}$ C，试求 C 点的电场强度（设 $BC=0.04$ m，$AC=0.03$ m）。

12-3 用细的塑料棒弯成半径为 50 cm 的圆环，两端间空隙为 2 cm，电量为 $3.12×10^{-9}$ C 的正电荷均匀分布在棒上，求圆心处电场强度的大小和方向。

12-4 将一"无限长"带电细线弯成题图所示形状，设电荷均匀分布，电荷线密度为 λ，四分之一圆弧 AB 的半径为 R，试求圆心 O 点的场强。

12-5 带电细线弯成半径为 R 的半圆形，电荷线密度为 $\lambda=\lambda_0\sin\varphi$，式中 λ_0 为一常数，φ 为半径 R 与 x 轴所成的夹角，如题图所示。试求环心 O 处的电场强度。

习题 12-4 图　　　　　习题 12-5 图

12-6 一半径为 R 的半球面，均匀地带有电荷，电荷面密度为 σ，求球心 O 处的电场强度。

12-7 两条平行的无限长直均匀带电线，相距为 a，电荷线密度分别为 $\pm\eta_e$。

(1) 求这两线构成的平面上任一点(设该点到其中一线的垂直距离为 x)的场强;

(2) 求每线单位长度上所受的相互吸引力。

12-8 如题图所示,一厚度为 d 的"无限大"均匀带电平板,电荷体密度为 ρ。求板内、外的场强分布,并画出场强随坐标 x 变化的图线,即 E-x 图线(设原点在带电平板的中央平面上,Ox 轴垂直于平板)。

12-9 设电荷体密度沿 x 轴方向按余弦规律 $\rho=\rho_0\cos x$ 分布在整个空间,式中 ρ_0 为恒量。求空间的场强分布。

12-10 如题图所示的 Oxy 平面上,在坐标原点$(0,0)$处有 $+2q$ 的点电荷,在$(a,0)$ 和 $(0,a)$ 处各有等量点电荷 $-q$,求:

(1) 三电荷在 $A(a,a)$ 处产生的场强 $\boldsymbol{E}_A$ 和电势 U_A;

(2) 在 $B(na,na)$ 处,以及 $n \gg 1$ 的条件下,三电荷在 B 处产生的场强 $\boldsymbol{E}_B$ 和电势 U_B。

12-11 如题图所示,一"无限长"圆柱面,其电荷面密度为 $\sigma=\sigma_0\cos\varphi$,式中 φ 为半径 R 与 x 轴所夹的角,试求圆柱轴线上一点的场强。

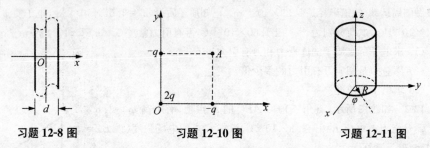

习题 12-8 图   习题 12-10 图   习题 12-11 图

12-12 在点电荷 q 的电场中,取一半径为 R 的圆形平面(如题图所示),平面到 q 的距离为 d。试计算通过该平面的电通量。

12-13 一球体内均匀分布着电荷体密度为 ρ 的正电荷,若保持电荷分布不变,在该球体中挖去半径为 r 的一个小球体,球心为 O',两球心间距离 $\overline{OO'}=d$,如题图所示。求:

(1) 在球形空腔内,球心 O' 处的电场强度 $\boldsymbol{E}_0$;

(2) 在球体内 P 点处的电场强度 $\boldsymbol{E}$。设 O', O, P 三点在同一直径上,且 $\overline{OP}=d$。

习题 12-12 图   习题 12-13 图

12-14 如题图所示,一锥顶角为 θ 的圆台,上下底面半径分别为 R_1 和 R_2,在它的侧面上均匀带电,电荷面密度为 σ,求顶点 O 的电势(以无穷远处为电势零点)。

12-15 题图所示为一个均匀带电的球壳,其电荷体密度为 ρ,球壳内表面半径为 R_1,外表面半径为 R_2。设无穷远处为电势零点,求空腔内任一点的电势。

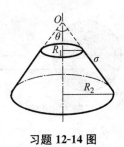

习题 12-14 图   习题 12-15 图

12-16 电荷以相同的面密度 σ 分布在半径为 $r_1=10$ cm 和 $r_2=20$ cm 的两个同心球面上。设无限远处电势为零,球心处的电势为 $U_0=300$ V,$\varepsilon_0=8.85\times10^{-12}$ C²·N⁻¹m⁻²。

(1) 求电荷面密度 σ;

(2) 若要使球心处的电势也为零,外球面上应放掉多少电荷?

12-17 如题图所示,半径为 R 的均匀带电球面,带有电荷 q。沿某一半径方向上有一均匀带电细线,电荷线密度为 λ,长度为 l,细线左端离球心距离为 r_0。设球和线上的电荷分布不受相互作用影响,试求细线所受球面电荷的电场力和细线在该电场中的电势能(设无穷远处的电势为零)。

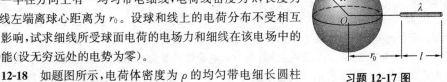

习题 12-17 图

12-18 如题图所示,电荷体密度为 ρ 的均匀带电细长圆柱体的半径为 a,其同轴地外套一半径为 b 的细长金属圆柱面,金属圆柱面接地。求:该带电系统的场强及电势随离轴线距离 r 的关系 $E(r)$、$U(r)$,并画出相应的图线。

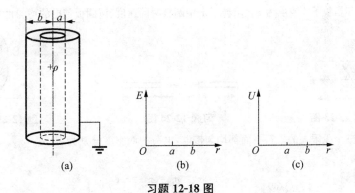

习题 12-18 图

12-19 如题图所示,均匀带电球壳的电荷体密度为 ρ,它的内外半径分别为 a 和 $3a$。求在离球心 $r=2a$ 处的场强 E 及电势 U。

12-20 一半径为 R 的均匀带电球体,电量为 Q。如题图所示,在球体中开一直径通道,设此通道极细,不影响球体中的电荷及电场的原来分布。在球体外距离球心 r 处有一带同种电荷 q 的点电荷沿通道方向朝球心 O 运动。试计算该点电荷至少应具有多大的初动能才能到达球心(设带电球体内、外的介电常量都是 ε_0)。

习题 12-19 图

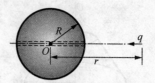
习题 12-20 图

12-21 一半径为 R 的"无限长"圆柱形带电体的电荷体密度为 $\rho=Ar(r<R)$，式中 A 为大于零的常量，试求圆柱体内、外各点场强大小和方向。

12-22 根据量子理论，氢原子中心是个带正电 e 的原子核（可看成点电荷），外面是带负电的电子云。在正常状态（核外电子处在 s 态）下，电子云的电荷密度分布球对称：

$$\rho_e = -\frac{e}{\pi a_B^3} e^{-2r/a_B}$$

式中 a_B 为一常量（它相当于经典原子模型中电子圆形轨道的半径，称为玻耳半径）。求原子内的电场分布。

12-23 一电偶极子的电矩为 p，放在场强为 E 的匀强电场中，p 与 E 之间夹角为 θ，如题图所示。若将此电偶极子绕通过其中心且垂直于 p,E 平面的轴转 $180°$，外力需做功多少？

12-24 两根相同的均匀带电细棒，长为 l，电荷线密度为 λ，沿同一条直线放置。两细棒间最近距离也为 l，如题图所示。假设棒上的电荷是不能自由移动的，试求两棒间的静电相互作用力。

12-25 如题图所示，一个半径为 R 的均匀带电圆板，其电荷面密度为 $\sigma(>0)$，今有一质量为 m，电荷为 $-q$ 的粒子（$q>0$）沿圆板轴线（x 轴）方向向圆板运动，已知在距圆心 O（也是 x 轴原点）为 b 的位置上时，粒子的速度为 v_0，求粒子击中圆板时的速度（设圆板带电的均匀性始终不变）。

习题 12-23 图　　习题 12-24 图　　习题 12-25 图

12-26 三个无限大的平行平面都均匀带电，电荷的面密度分别为 $\sigma_{e1},\sigma_{e2},\sigma_{e3}$。求下列情况各处的场强：

(1) $\sigma_{e1}=\sigma_{e2}=\sigma_{e3}=\sigma_e$；

(2) $\sigma_{e1}=\sigma_{e3}=\sigma_e;\sigma_{e2}=-\sigma_e$；

(3) $\sigma_{e1}=\sigma_{e3}=-\sigma_e;\sigma_{e2}=\sigma_e$；

(4) $\sigma_{e1}=\sigma_e,\sigma_{e2}=\sigma_{e3}=-\sigma_e$。

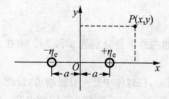
习题 12-27 图

12-27 如题图所示，两条均匀带电的无限长平行直线（与图纸垂直），电荷的线密度分别为 $\pm\eta_e$，相距为 $2a$。

(1) 求空间任一点 $P(x,y)$ 处的电势；

(2) 证明电势为 U 的等势面是半径为 $r = \dfrac{2ka}{k^2-1}$ 的圆柱面，其轴线与两直线共面，位置在 $x = \dfrac{k^2+1}{k^2-1}a$ 处，其中 $k = \exp(2\pi\varepsilon_0 U/\eta_e)$；

(3) $U = 0$ 的等势面是什么形状？

12-28 设气体放电形成的等离子体圆柱内的电荷体分布可用下式表示：

$$\rho_e(r) = \dfrac{\rho_0}{\left[1+\left(\dfrac{r}{a}\right)^2\right]^2}$$

式中 r 为到轴线的距离；ρ_0 为轴线上的 ρ_e 值；a 为常量（它是 ρ_e 减少到 $\rho_0/4$ 处的半径）。

(1) 求场强分布；

(2) 以轴线为电势零点，求电势分布。

12-29 如题图所示，在半径为 R_1 和 R_2 的两个同心球面上，分别均匀地分布着电荷 Q_1 和 Q_2。

(1) 求 Ⅰ，Ⅱ，Ⅲ 三个区域内的场强分布；

(2) 若 $Q_1 = -Q_2$，情况如何？画出此情形的下 E-r 曲线；

(3) 按情形(2)求 Ⅰ，Ⅱ，Ⅲ 三个区域内的电势分布，并画出 U-r 曲线。

12-30 设静电场中存在这样一个区域（附图虚线所围半扇形部分，扇形相应的圆心为 O），域内的静电场线是以 O 点为中心的同心圆弧（见题图），试证域内每点的场强都反比于该点与 O 的距离。

12-31 电荷 Q 均匀分布在半径为 R 的球体内，选电势参考点在无限远，试证离球心 r 处（$r < R$）的电势为 $V = \dfrac{Q(3R^2-r^2)}{8\pi\varepsilon_0 R^3}$。

12-32 已知某空间区域的电势函数 $V = x^2 + xy$，求：

(1) 电场强度函数；

(2) 坐标 $(2,2,3)$ 处的电势及其与原点的电势差。

12-33 一长度为 L 的线段沿 y 轴放置，且上端位于坐标原点 O，如题图所示。线段均匀带电，电荷线密度为 λ。求：

(1) 距带电线段上端的距离为 y 的 P 点的电势（以无限远处为电势零点）；

(2) 由电势求 P 点的电场强度 E_x，E_y。

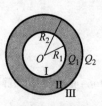

习题 12-29 图

习题 12-30 图

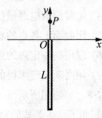

习题 12-33 图

思 考 题 12

12-1 两个点电荷分别带电 q 和 $2q$,相距 l,试问将第三个点电荷放在何处它所受合力为零?

12-2 下列几个说法中哪一个是正确的?
(A) 电场中某点场强的方向,就是将点电荷放在该点所受电场力的方向;
(B) 在以点电荷为中心的球面上,由该点电荷所产生的场强处处相同;
(C) 场强方向可由 $E=F/q$ 定出,其中 q 为试验电荷的电量,q 可正、可负,F 为试验电荷所受的电场力;
(D) 以上说法都不正确。

12-3 在地球表面上通常有一竖直方向的电场,电子在此电场中受到一个向上的力,电场强度的方向朝上还是朝下?

12-4 一般地说,电场线代表点电荷在电场中的运动轨迹吗?为什么?

12-5 一点电荷 q 放在球形高斯面的中心处,试问在下列情况下,穿过这高斯面的电通量是否改变?
(1) 如果第二个点电荷放在高斯球面外附近;
(2) 如果第二个点电荷放在高斯球面内;
(3) 如果将原来的点电荷移离了高斯球面的球心,但仍在高斯球面内。

12-6 有一个球形的橡皮气球,电荷均匀分布在表面上。在此气球被吹大的过程中,下列各处的场强怎样变化?
(1) 始终在气球内部的点;
(2) 始终在气球外部的点;
(3) 被气球表面掠过的点。

12-7 下列说法是否正确?为什么?
(1) 闭曲面上各点场强为零时,面内总电荷必为零;
(2) 闭曲面内总电荷为零时,面上各点场强必为零;
(3) 闭曲面的电通量为零时,面上各点场强必为零;
(4) 闭曲面的电通量仅是由面内电荷提供的;
(5) 闭曲面上各点的场强仅是由面内电荷提供的;
(6) 应用高斯定理的条件是电荷分布具有对称性;
(7) 用高斯定理求得的场强仅是由高斯面内的电荷激发的。

12-8 如题图所示 S_1,S_2 是两个闭曲面,以 E_1,E_2,E_3 分别代表由 q_1,q_2,q_3 激发的静电场强,试判断下列各等式的对错:

(1) $\oiint_{S_1} \boldsymbol{E}_1 \cdot \mathrm{d}\boldsymbol{S} = \dfrac{q_1}{\varepsilon_0}$;

(2) $\oiint_{S_2} \boldsymbol{E}_3 \cdot d\boldsymbol{S} = \dfrac{q_3}{\varepsilon_0}$;

(3) $\oiint_{S_1} (\boldsymbol{E}_2 + \boldsymbol{E}_3) \cdot d\boldsymbol{S} = \dfrac{q_2}{\varepsilon_0}$;

(4) $\oiint_{S_1} (\boldsymbol{E}_1 + \boldsymbol{E}_2) \cdot d\boldsymbol{S} = \dfrac{(q_1 + q_2)}{\varepsilon_0}$;

(5) $\oiint_{S_2} (\boldsymbol{E}_1 + \boldsymbol{E}_2 + \boldsymbol{E}_3) \cdot d\boldsymbol{S} = \dfrac{(q_2 + q_3)}{\varepsilon_0}$;

(6) $\oiint_{S_1} (\boldsymbol{E}_1 + \boldsymbol{E}_2 + \boldsymbol{E}_3) \cdot d\boldsymbol{S} = \dfrac{(q_1 + q_2 + q_3)}{\varepsilon_0}$。

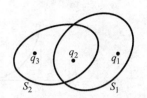

思考题 12-8 图

12-9 如题图所示，真空中一半径为 R 的均匀带电球面总电量为 $q(q<0)$。若在球面上挖去非常小的一块面积 ΔS（连同电荷），且假设不影响原来的电荷分布，求挖去 ΔS 后球心处的电场强度大小和方向。

12-10 如题图所示，三个点电荷 q_1, q_2 和 $-q_3$ 在一直线上，相距均为 $2R$，以 q_1 与 q_2 的中心 O 作一半径为 $2R$ 的球面，A 为球面与直线的一个交点。求：

(1) 通过该球面的电通量 $\oiint \boldsymbol{E} \cdot d\boldsymbol{S}$；

(2) A 点的场强 $\boldsymbol{E}_A$。

12-11 有一边长为 a 的正方形平面，在其中垂线上距中心 O 点 $a/2$ 处，有一电荷为 q 的正点电荷，如题图所示，则通过该平面的电场强度通量为多少？

思考题 12-9 图　　　　思考题 12-10 图　　　　思考题 12-11 图

12-12 如题图所示为一具有球对称性分布的静电场的 $E\sim r$ 关系曲线。请指出该静电场是由下列哪种带电体产生的。

(A) 半径为 R 的均匀带电球面；

(B) 半径为 R 的均匀带电球体；

(C) 半径为 R、电荷体密度 $\rho = Ar$（A 为常数）的非均匀带电球体；

(D) 半径为 R、电荷体密度 $\rho = A/r$（A 为常数）的非均匀带电球体。

12-13 如题图所示，在点电荷 q 的电场中，选取以 q 为中心、半径为 R 的球面上一点 P 处作电势零点，则与点电荷 q 距离为 r 的 P' 点的电势为

(A) $\dfrac{q}{4\pi\varepsilon_0 r}$；

(B) $\dfrac{q}{4\pi\varepsilon_0}\left(\dfrac{1}{r} - \dfrac{1}{R}\right)$；

(C) $\dfrac{q}{4\pi\varepsilon_0(r-R)}$；

(D) $\dfrac{q}{4\pi\varepsilon_0}\left(\dfrac{1}{R} - \dfrac{1}{r}\right)$。

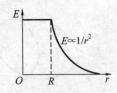

思考题 12-12 图

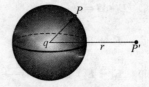

思考题 12-13 图

12-14 密立根油滴实验是利用作用在油滴上的电场力和重力平衡而测量电荷的,其电场由两块带电平行板产生。实验中,半径为 r、带有两个电子电荷的油滴保持静止时,其所在电场的两块极板的电势差为 U_{12}。当电势差增加到 $4U_{12}$ 时,半径为 $2r$ 的油滴保持静止,则该油滴所带的电荷为多少?

12-15 设无穷远处电势为零,则半径为 R 的均匀带电球体产生的电场的电势分布规律为如题图所示中的哪个图?(已知图中的 U_0 和 b 皆为常量)

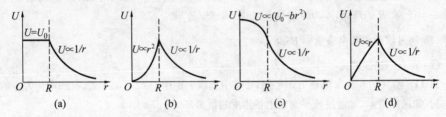

思考题 12-15 图

12-16 无限长均匀带电直线的电势零点能取在无穷远吗?

12-17 判断下列问题并分别举例说明:

(1) 场强大的地方,是否电势就高?电势高的地方是否场强大?

(2) 带正电的物体的电势是否一定是正的?电势等于零的物体是否一定不带电?

(3) 场强为零的地方,电势是否一定为零?电势为零的地方,场强是否一定为零?

(4) 场强大小相等的地方电势是否相等?等势面上场强的大小是否一定相等?

12-18 证明均匀带电半球面的大圆截面 S(见题图)为等势面。

思考题 12-18 图

第 13 章 静电场与物质的相互作用

物质内部包含大量的分子（或原子），分子（或原子）由带负电的电子和带正电的原子核组成。因此，物质在电场中将受到电场的作用，宏观上会表现出一些特定的电学行为，比如物质表面会有电荷分布等。物质的这些宏观电学行为将产生宏观电场，从而影响空间总的电场分布。这就是电场与物质的相互作用。

按照物质的微观构成以及物质与电场的相互作用机制异同可以把物质分成三类：导体、半导体和绝缘体。导体内部富含大量的可以自由移动的电子，因此有很好的导电性能。而理想的绝缘体内部所有电子都被限制在分子范围内，没有任何可以自由移动的电子，因此没有任何的导电能力。半导体介于导体和绝缘体之间，内部有部分可以自由移动的电子，导电能力与半导体掺杂程度有关。

不同种类的物质由于微观结构不同，与电场的相互作用机制也有很大不同。本章只讨论导体和绝缘体（或称电介质）与电场的相互作用问题。

13.1 静电场中的导体

由于金属原子对其外层价电子束缚较弱，因此金属原子容易失去价电子而成为带正电的离子。这些带正电的离子形成按一定规律分布的正电背景，即带正电的晶格点阵，而价电子脱离金属原子后成为在正电背景下近乎自由运动的电子。要说明的是，这些价电子仅仅可以在金属范围内的正电背景下自由运动，当电子运动到金属边界时，由于正电背景在金属边界的电场作用，自由电子将被拉回到金属内部。因此，所谓的自由电子，仅仅在金属内部近乎自由，自由电子不能穿越金属边界。

在外电场作用下，金属内部的自由电子可以在金属内部作近乎自由的定向移动（考虑到自由电子的无规则热运动，这个定向移动称为定向漂移更恰当），从而形成宏观电流，故金属是良好的能传导电流的导体。

一般情况下，金属导体内部自由电子的密度和正离子的密度相等，因此导体呈电中性。由于某种原因，金属导体失去（或得到）部分自由电子时，导体呈带正电（或负电）特征。

13.1.1 导体的静电平衡

如图 13-1 所示,如果孤立的块状导体处于电场强度为 E_0 的静电场中,金属导体内部的自由电子将在外电场作用下沿 E_0 的反方向定向移动。但是,由于这些自由电子只能在金属内部移动,当部分自由电子移动到金属导体的左端时将停止移动,从而在导体的左端堆积起来。因此金属导体左端将因为电子的堆积呈现带负电特征,而导体的右端因缺乏电子呈带正电特征。这种由于外加静电场的存在而导致的金属导体电荷重新分布的现象称为静电感应。

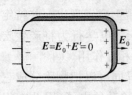

图 13-1

在静电场的作用下,由于金属导体内部的自由电子密度和正电离子密度仍然保持相同,因此电荷只能堆积在金属导体的边界(或导体的表面)上,如图 13-1 所示。这些由于静电感应而出现在金属导体表面的电荷称为感应电荷。感应电荷也会在金属内部产生电场 E',E' 与外电场 E_0 方向相反,因此感应电荷的电场将阻止自由电子的定向移动。随着金属表面电荷积累的进一步增加,E' 的值将进一步增大。当 E' 的值达到外加电场 E_0 的值时,金属内部的总电场强度 $E=E_0+E'=0$,金属内部总电场强度为零,金属内部自由电子的定向移动停止,从而达到平衡状态,称为静电平衡。

金属导体在静电场中达到静电平衡的条件如下:

(1) 在金属导体内部电场强度处处为零。因此导体内各点电势相等,即导体是一个等势体。

(2) 在金属导体的表面外侧附近空间的电场强度处处与导体表面垂直。

这是因为,如果电场强度与金属导体表面不垂直的话,位于表面上的自由电子将在沿导体表面电场强度分量的作用下继续移动,使电荷在金属表面重新分布,从而影响金属导体的表面外侧附近空间的电场强度分布。电荷在金属表面的这种移动直到电场强度处处与导体表面垂直时为止。

在上述两个条件同时满足时,金属导体才真正能达到静电平衡。达到静电平衡时,导体内部是一个等势体,而导体的表面是一个等势面。

13.1.2 导体电荷分布

13.1.2.1 实心导体

实心导体在外电场中处于静电平衡时,因为导体内部电场强度处处为零,导体

内部电荷体密度一定处处为零。这个结论很容易通过高斯定理得到。因此,实心导体的电荷只能分布在导体表面上。有如下两种情况:

(1) 当实心导体原来不带电时,在外电场中导体表面的感应电荷代数和为零。

(2) 当实心导体原来带电时,由于静电感应,在外电场中导体表面电荷会重新分布,但总电荷代数和保持不变。

如果没有外电场而实心导体带电时,由于导体上不同部分电荷间的相互作用,导体自身也会达到静电平衡。孤立实心导体的电荷也只能分布在导体的表面上,导体内部不可能有净电荷分布。

下面讨论导体表面电荷分布与导体表面外侧电场间的关系。设导体表面上的电荷面密度为 σ,导体表面外侧附近的电场强度为 E。在导体表面附近选取如图 13-2 所示的柱形高斯面 S,即由平行于导体表面的两个小的圆形底面 ΔS_1 和 ΔS_2 以及与导体表面垂直的圆形柱面 ΔS_3 组成,圆形柱面 ΔS_3 的高度很小且横跨导体表面。因为导体内电场强度处处为零且导体表面外侧电场强度与导体表面垂直,则通过高斯面 ΔS_2 和 ΔS_3 的电通量为零。因此,由高斯定理得

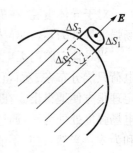

图 13-2

$$\oint_S \boldsymbol{E} \cdot \mathrm{d}\boldsymbol{S} = \iint_{\Delta S_2 + \Delta S_3} \boldsymbol{E} \cdot \mathrm{d}\boldsymbol{S} + \iint_{\Delta S_1} \boldsymbol{E} \cdot \mathrm{d}\boldsymbol{S} = \iint_{\Delta S_1} \boldsymbol{E} \cdot \mathrm{d}\boldsymbol{S} = \frac{\sigma \Delta S_1}{\varepsilon_0}$$

因为导体外侧电场强度与 ΔS_1 垂直,且在小的 ΔS_1 范围内近似均匀,则

$$E \Delta S_1 = \frac{\sigma \Delta S_1}{\varepsilon_0}$$

所以,导体表面电荷分布与导体表面外侧电场间的关系为 $E = \dfrac{\sigma}{\varepsilon_0}$ 或 $\sigma = \varepsilon_0 E$。也可以表示为

$$\boldsymbol{E} = \frac{\sigma}{\varepsilon_0} \boldsymbol{e}_\mathrm{n} \tag{13-1}$$

式中 $\boldsymbol{e}_\mathrm{n}$ 为导体表面的法线方向单位矢量,方向由导体内指向导体外。

需要说明的是,式(13-1)给出的是导体表面某处电荷面密度 σ 与该处导体表面外侧电场强度 E 间的关系,但这并非意味着电场强度 E 仅与该处导体表面的电荷有关,而是由导体表面上所有的电荷分布以及可能存在的外加电场共同决定。

对于孤立导体,实验表明:导体表面上电荷面密度 σ 的大小与导体表面曲率有关。在导体表面曲率为正值时,表面曲率越大面电荷密度越大,表面曲率越小电荷面密度越小。在导体表面曲率为负值时,即当导体表面向导体内部凹进时,电荷面

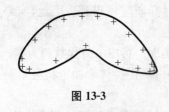

图 13-3

密度更小,如图 13-3 所示。

当导体存在尖端时,由于尖端处的曲率很大,相应的面电荷密度也大,所以尖端处的电场很强。因此,当导体尖端处的电场强度大到能使其周围的空气分子发生电离现象时,就会形成尖端放电。建筑物上的避雷针就是依据这个原理工作的。

13.1.2.2 导体空腔

导体空腔分为两种情况,即空腔内无电荷和空腔内有电荷。

对于导体空腔,在静电平衡时仍然满足前述的导体平衡条件,即在导体内部电场强度处处为零,在导体表面外侧附近空间的电场强度处处与导体表面垂直。

当导体空腔内无电荷存在时,在静电平衡情况下,导体内部没有净电荷分布,电荷只能分布在表面,且只分布在导体空腔的外表面。这个结论也可以通过高斯定理很方便地得出。在导体内紧贴空腔的内表面任取一高斯面 S,由于导体内部电场强度处处为零,通过高斯面的电通量为零。因此,导体空腔内表面的电荷代数和为零。当然,这并不能说明导体空腔内表面没有电荷分布。然而,由于导体处于静电平衡时是一个等势体,导体空腔的内表面应该是一个等势面,因此导体空腔内表面不可能有任何宏观电荷分布。否则,将与导体空腔的内表面应该是一个等势面的结论相矛盾!因此导体空腔内没有电荷存在时,电荷只能分布在导体空腔的外表面。这个结论无论对于孤立导体空腔还是处于外电场中的导体空腔都是成立的。

当导体空腔内有电荷存在时,在静电平衡情况下,导体内部没有净电荷分布,电荷只能分布在导体空腔内、外表面上,如图 13-4 所示。设导体空腔内有电荷 q,类似于上述讨论,在导体内紧贴空腔的内表面任取一高斯面 S,因为导体内部电场强度处处为零,通过高斯面 S 的电通量为零,则导体空腔内表面的电荷 q' 与腔内电荷 q 的代数和为零,即 $q'+q=0$。结果表明导体空腔内表面带电 $-q$。如果导体空腔原带电 Q,由电荷守恒定律知导体外表面带电 $Q+q$。

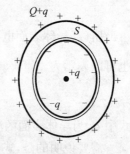

图 13-4

当导体空腔处于静电平衡时,由唯一性定理可以证明:①导体空腔内的电场由腔内电荷 q 和空腔内表面的感应电荷 $-q$ 共同决定,与空腔外表面的电荷分布以及外电场无关。腔内电场分布与腔内电荷的空间位置、腔内表面几何形状等因素有关;②导体空腔外部空间的电场分布由空腔外表面的电荷分布以及外加电场共同决定,与腔内电荷 q 和空腔内表面的感应电荷 $-q$ 无关。

根据上述导体空腔的静电学性质,可以利用导体空腔对腔内外电场进行静电隔离,称为静电屏蔽。

1) 导体空腔可起到屏蔽外电场的作用

为了使精密仪器不受外电场的影响,可将其用导体空腔(或导体网罩)围起来。由于导体在外电场中的静电感应,导体空腔外表面会出现感应电荷,而感应电荷在腔内产生的电场与外电场的叠加恒为零,从而起到屏蔽外电场的目的。这种方法可以屏蔽外部静电场和低频电磁场。

2) 接地的导体空腔可以屏蔽腔内电场对腔外空间的影响

为了避免仪器工作时所激发的电(磁)场对周围环境产生影响,也可将其用导体空腔(或导体网罩)围起来,且需将导体空腔接地。因为接地的导体空腔电势与大地相同(都为零),则空腔外表面不能带电。同时,因为在导体空腔外部空间仪器工作时产生的电场被导体空腔内表面感应电荷产生的电场所抵消,所以接地的导体空腔可以屏蔽仪器工作时在周围空间产生的电场。

【例 13-1】 两块近距离平行放置的导体平板,面积均为 S,分别带电 q_1 和 q_2。求平板上的电荷分布。

解 因为两个导体平板近距离平行放置,可以忽略边缘效应,则导体上的电荷分布可以由四个均匀的无限大带电平面来替代,如图 13-5 所示。设四个平面的面电荷密度分别为 $\sigma_1, \sigma_2, \sigma_3$ 和 σ_4;由电荷守恒定律得

$$\sigma_1 S + \sigma_2 S = q_1, \quad \sigma_3 S + \sigma_4 S = q_2$$

由导体平衡条件,两个导体内的电场强度为零,则

$$E_A = \frac{\sigma_1}{2\varepsilon_0} - \frac{\sigma_2}{2\varepsilon_0} - \frac{\sigma_3}{2\varepsilon_0} - \frac{\sigma_4}{2\varepsilon_0} = 0,$$

$$E_B = \frac{\sigma_1}{2\varepsilon_0} + \frac{\sigma_2}{2\varepsilon_0} + \frac{\sigma_3}{2\varepsilon_0} - \frac{\sigma_4}{2\varepsilon_0} = 0$$

由上述四个方程可以确定四个电荷面密度

$$\sigma_1 = \sigma_4 = \frac{q_1 + q_2}{2S}, \quad \sigma_2 = -\sigma_3 = \frac{q_1 - q_2}{2S}$$

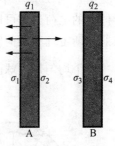

图 13-5

当两个导体平板带等量异号电荷时,如 $q_1 = -q_2 \equiv Q$,有

$$\sigma_1 = \sigma_4 = 0, \quad \sigma_2 = -\sigma_3 = \frac{Q}{S}$$

说明电荷只分布在两个平板的内侧表面,外侧不带电。由此可知:两平板外侧空间电场强度为零,内侧空间电场强度为

$$E = \frac{\sigma}{\varepsilon_0}$$

这就是平板电容器的情况(见 13.3 节)。

【例 13-2】 如图 13-6 所示,在一个半径为 R 的接地导体球附近有一点电荷 q,求导体表面上感应电荷的电量。

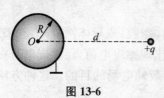

图 13-6

解 由于静电感应,导体球表面会有感应电荷分布,感应电荷面密度为 σ。因导体球接地,导体球为零电势的等势体,O 点的电势也为零。由电势叠加原理得

$$V_O = \frac{q}{4\pi\varepsilon_0 d} + \iint \frac{\sigma \mathrm{d}S}{4\pi\varepsilon_0 R} = \frac{q}{4\pi\varepsilon_0 d} + \frac{1}{4\pi\varepsilon_0 R} \iint \sigma \mathrm{d}S = 0$$

则导体上的感应电荷的电量

$$Q = \iint \sigma \mathrm{d}S = -\frac{R}{d}q$$

【例 13-3】 如图 13-7 所示,有一个半径为 R_1 的导体球 A,带电量为 q,其外有一内外半径分别为 R_2,R_3 的同心导体球壳 B,带电量为 Q。求:

(1) 系统的电荷分布;

(2) 空间电势分布及导体球 A 和导体球壳 B 的电势。

解 (1) 因为静电平衡时,电荷只能分布在导体表面上,则球 A 的电荷只可能在球的表面上,球壳 B 有两个表面,电荷分布在内、外两个表面。

由于 A,B 对称中心重合,电荷及电场的分布对 O 点都应是球对称的。因此,导体上的电荷分布可以等效地看作为真空中三个中心相互重合的均匀带电球面。按照高斯定理和电荷守恒定律,电荷分布如图 13-8 所示。

三个均匀带电球面的电荷面密度分别为 $\sigma_A = \dfrac{q}{4\pi R_1^2}$,$\sigma_{B内} = \dfrac{-q}{4\pi R_2^2}$ 和 $\sigma_{B外} = \dfrac{Q+q}{4\pi R_3^2}$。

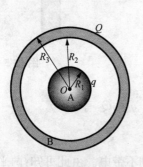

图 13-7

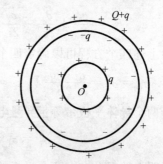

图 13-8

(2) 对于均匀带电球面,利用高斯定理容易证明:在球面内部空间各点的电场强度恒为零,球面内各点电势相同,数值上等于球面处的电势。在球面外的电场分布与所有电荷集中在球面中心的点电荷的场相同,即

$$V(r) = \frac{q}{4\pi\varepsilon_0 r}$$

上式中选无限远点为电势零点,其中 r 为空间点到球面中心 O 的距离。因此,按照电势叠加原理,导体球壳 B 外的电势分布为

$$V_1(r) = \frac{q}{4\pi\varepsilon_0 r} + \frac{-q}{4\pi\varepsilon_0 r} + \frac{Q+q}{4\pi\varepsilon_0 r} = \frac{Q+q}{4\pi\varepsilon_0 r}$$

导体球壳 B 与导体球 A 间的电势分布为

$$V_2(r) = \frac{q}{4\pi\varepsilon_0 r} + \frac{-q}{4\pi\varepsilon_0 R_2} + \frac{Q+q}{4\pi\varepsilon_0 R_3}$$

导体球 A 的电势

$$V_A(r) = \frac{q}{4\pi\varepsilon_0 R_1} + \frac{-q}{4\pi\varepsilon_0 R_2} + \frac{Q+q}{4\pi\varepsilon_0 R_3}$$

导体球壳 B 的电势

$$V_B(r) = \frac{Q+q}{4\pi\varepsilon_0 R_3}$$

由上述讨论结果可知:如果导体球壳 B 接地,设大地电势为零,则导体球壳 B 的外表面带电为零,内表面感应电荷不变。此时,导体球 A 的电势

$$V_A(r) = \frac{q}{4\pi\varepsilon_0 R_1} + \frac{-q}{4\pi\varepsilon_0 R_2}$$

导体球壳 B 的电势为零。导体球壳 B 与导体球 A 间的电势分布为

$$V_2(r) = \frac{q}{4\pi\varepsilon_0 r} + \frac{-q}{4\pi\varepsilon_0 R_2}$$

13.2 静电场中的电介质

如前所述,电介质是指没有任何可以自由移动电子的理想绝缘体。电工学中一般将电阻率超过 $10^{12}\,\Omega\cdot m$ 的物质归于电介质。

电介质可能是固态、液态或气态。固态电介质广泛应用于电气工业中,例如陶瓷、云母、玻璃、聚苯乙烯与大部分的塑料和橡胶。空气以及六氟化硫是两种最广泛使用的气态电介质。矿物油是液态电介质,广泛应用于变压器中,液态电介质有助于变压器散热。蓖麻油常被用于高压电容器中来协助防止冠状放电。

电介质的带电粒子是被原子、分子紧密束缚着,即使在外电场作用下这些带电粒子也只能在分子的线度内移动。因此,电介质与电场的相互作用与金属导体有很大的不同。对于不同的电介质,由于其分子的结构不同,与外加电场的相互作用机制也不同。下面首先讨论电介质的微观性质。

13.2.1 电介质与电场的相互作用

13.2.1.1 电介质分类

物质是由分子组成的,而分子是由原子构成的。不同分子内原子的相互作用方式(化学键)不同。有些电介质的分子的正负电荷中心重合,在分子层次上就不表现出极性,称为无极分子,如氯气、氧气和氢气等,如图 13-9 所示。有些电介质的分子的正负电荷中心不重合,在分子层次上表现出极性,像一个电偶极子,称为有极分子,如氯化氢、水、二氧化硫等,如图 13-10 所示。

图 13-9　　　　　　　　　　　图 13-10

在没有外加静电场时,无论是无极分子电介质还是有极分子电介质,在宏观尺度上都不表现出电性质。对无极分子电介质来讲,由于每个分子在微观尺度上就不表现出电性质,所以宏观上也不表现出电性质,电介质内部的场强为零。对于有极分子电介质,尽管在微观尺度上,每个分子都像一个电偶极子,但由于在宏观尺度上来讲,每个分子电矩的方向具有随机性,电介质也不表现出电性质,电介质内部的场强也为零。

13.2.1.2 电介质与外加静电场的相互作用

有外加静电场存在时,把电介质分为无极分子电介质和有极分子电介质两种情况讨论。

对于无极分子电介质,如图 13-11 所示,有外加静电场 E_0 时,每个分子的正电荷中心与负电荷中心将发生相对位移。因此,每个分子都等同于一个电偶极子,其电矩方向沿外电场 E_0 方向排列。对于密度均匀的电介质,由于分子电矩分布均匀,在任何宏观体元内正、负电荷代数和为零,则介质内部无净电荷。但在电介质的界面上有没被抵消的电荷出现。这些电荷将在宏观尺度上激发电场,从而影响空间的电场分布,且在无极分子电介质中的电场要弱于外加电场。电介质在外电场中所表现出的电学行为称为介质的极化。无极分子电介质的极化现象是由于单个分子正负电荷中心发生相对位移引起的,因此上述无极分子电介质的极化称为位移极化。

另外,由于介质极化时介质表面的电荷仍然被束缚于介质表面附近的分子,因此极化电荷又称为束缚电荷。

很显然,外电场越强,单个分子正、负电荷中心被拉得越开,单个分子的电矩就越大,介质极化程度就越强。

对于有极分子电介质,如图 13-12 所示,有外加静电场 E_0 时,每个分子的电矩都有转向 E_0 方向的趋势(由于相邻分子间的相互作用,这种转向会被制约,并不能完全转向 E_0 方向)。对于密度均匀的电介质,由于分子电矩分布均匀,在任何宏观体元内正、负电荷代数和为零,因此介质内部仍无净电荷出现,而在宏观体元的界面上会出现没有被抵消的电荷。因此,有极分子电介质处于极化状态时,介质中的场也会有重新分布,且在有极分子电介质中的电场也要弱于外加电场。对于有极分子电介质,因为极化是由于单个分子电矩发生转向引起的,则有极分子电介质的极化称为转向极化。

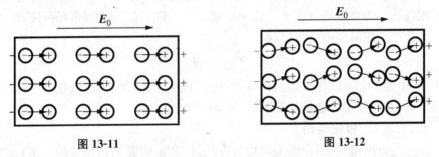

图 13-11　　　　　　　　　　图 13-12

很显然,外电场越强,单个分子电矩转向越明显,分子电矩的排列就越整齐,在宏观尺度上介质极化程度就越强。

由上述讨论可知:虽然两种介质的极化从微观层次上是不同的,但从宏观层次上看介质极化时介质内部的电场都会减弱。因此,在下面的讨论中,可以用相同的办法和相同的物理量描述两种介质的宏观极化现象。

要说明的是,无论是无极分子电介质还是有极分子电介质,当介质密度不为常量时,除了电介质表面上会出现极化面电荷外,在介质内部也会出现宏观层次上的极化电荷,有一定的极化电荷体密度分布。

13.2.2　极化强度和极化电荷

13.2.2.1　极化强度

由上述讨论我们知道:无外加电场时,任意宏观体元 ΔV 内电介质分子电矩的矢量和为零,即 $\sum_{\Delta V} \boldsymbol{p}_i = 0$,其中 $\boldsymbol{p}_i$ 代表 ΔV 内第 i 个分子的电矩。而有外加电场时, $\sum_{\Delta V} \boldsymbol{p}_i \neq 0$,且外加电场越强,介质极化程度越大,即 $\sum_{\Delta V} \boldsymbol{p}_i$ 的值越大。很明显, $\sum_{\Delta V} \boldsymbol{p}_i$ 的值与宏观体元 ΔV 的大小有关,为了定量描写电介质的极化程度,引入与宏观体元大小无关的极化强度矢量

$$\boldsymbol{P} = \lim_{\Delta V \to 0} \frac{\sum_{\Delta V} \boldsymbol{p}_i}{\Delta V} \tag{13-2}$$

需要说明的是:为了使极化强度矢量 $\boldsymbol{P}$ 能精确地反映介质内部空间各点极化程度,在宏观上体元 ΔV 要足够小。然而,从微观上来讲,体元 ΔV 要足够大,使其包含足够多的分子,不至于极化强度 $\boldsymbol{P}$ 的定义对体元 ΔV 的大小有明显的依赖。

在国际单位制中,极化强度的单位是 $C \cdot m^{-2}$。

实验证明:对于各向同性的电介质,当外加电场不太强时,介质内任意点的极化强度与该点的总电场强度 $\boldsymbol{E} = \boldsymbol{E}_0 + \boldsymbol{E}'$ 成正比,其中 $\boldsymbol{E}_0$ 为外加电场强度, $\boldsymbol{E}'$ 为介质极化所产生的附加电场强度,则

$$\boldsymbol{P} = \chi_e \varepsilon_0 \boldsymbol{E} \tag{13-3}$$

式中 χ_e 称为介质的极化率。当介质为各向同性的均匀介质时,极化率 χ_e 为无量纲的常量,与介质中的电场强度无关,与空间点无关。

13.2.2.2 极化电荷

由上述讨论可知:当介质为非均匀介质时,介质的极化也是非均匀的,此时 $\boldsymbol{P}$ 是非均匀分布的矢量。在这种情况下,除了电介质表面上会出现极化面电荷外,在介质内部也会出现极化电荷密度不均匀的体电荷分布。由于极化电荷仍从属于相应的分子,因此,尽管极化电荷体密度不为零,但是在任意宏观体元内的极化电荷的总和还是只与宏观体元的表面电荷分布有关。所以,关于极化电荷的分布问题仅限于宏观介质表面的面电荷分布。

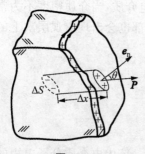

图 13-13

下面讨论极化电荷面密度 σ' 与介质极化强度 $\boldsymbol{P}$ 的关系。为此,在介质表面附近选取如图 13-13 所示的微观大宏观小的斜柱形体元。柱形体元的两个底面 ΔS 平行于介质表面,其中一个在介质表面上,一个在介质内部。柱形体元的侧面的斜高为 Δx,且平行于介质中的极化强度 $\boldsymbol{P}$。若设面元 ΔS 的法线方向 $\boldsymbol{e}_n$ 与极化强度 $\boldsymbol{P}$ 的夹角为 θ,则斜柱形体元的体积为 $\Delta V = \Delta S \Delta x \cos \theta$。由于介质极化,斜柱形体元内总的电矩大小为

$$\left|\sum_{\Delta V} \boldsymbol{p}_i\right| = P\Delta V$$

按照前述讨论,介质处于极化状态时,斜柱形体元的两个底面上将出现极化电荷 $\pm q' = \pm \sigma' \Delta S$。因此,斜柱形体元又可以看作一个电偶极子,其电矩的大小(即斜柱体内分子电矩矢量和的大小)为

$$\left|\sum_{\Delta V} \boldsymbol{p}_i\right| = (\sigma' \Delta S)\Delta x$$

则

$$(\sigma' \Delta S)\Delta x = P\Delta V = P\Delta S \cdot \Delta x \cdot \cos\theta$$

由此可得面元 ΔS 处的极化电荷的面密度

$$\sigma' = P\cos\theta = \boldsymbol{P} \cdot \boldsymbol{e}_n \tag{13-4}$$

即 $\sigma' = P_n$,则介质表面极化电荷面密度 σ' 由相应的极化强度 $\boldsymbol{P}$ 在介质表面法线上的分量决定。

【例 13-4】 如图 13-14 所示,有一半径为 R 的均匀极化介质球,已知极化强度为 $\boldsymbol{P}$,求极化电荷在介质球心处的电场强度。

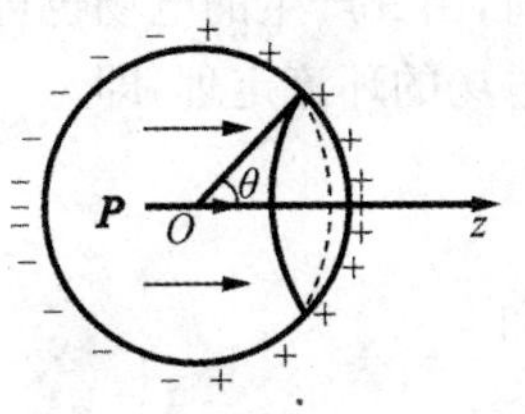

解 设极化强度 $\boldsymbol{P}$ 为 z 轴方向,则球面上与 z 轴夹角为 θ 处的极化电荷面密度为

$$\sigma' = \boldsymbol{P} \cdot \boldsymbol{e}_n = P\cos\theta$$

图 13-14

可知,在介质球的右半球面($0 \leq \theta < \pi/2$)会出现正的极化电荷,在介质球的左半球面($\pi/2 < \theta \leq \pi$)会出现负的极化电荷,而在 $\theta = \pi/2$ 的介质球面上(对应于垂直于 $\boldsymbol{P}$、半径为 R 的圆)的极化电荷面密度为零。电荷分布是对于 z 轴具有旋转对称性的面电荷分布。

对于这样具有旋转对称性的面电荷分布,我们可以把该面电荷用垂直于 z 轴的一系列平面进行切割,把面电荷分布切割成一系列相互平行的共轴带电圆环。极化面电荷在球心 O 处的电场可以看成是一系列相互平行的共轴带电圆环在球心 O 处电场的叠加。由例 12-2 的结果我们知道,这些带电圆环产生的电场在球心 O 处的电场强度沿 z 轴的负方向。如图 13-14 所示,取一代表性的圆环,圆环半径为 $R\sin\theta$,宽度为 $R\mathrm{d}\theta$,该圆环在球心处的电场强度为

$$\mathrm{d}E_z = -\frac{\sigma'(2\pi R\sin\theta)(R\mathrm{d}\theta)}{4\pi\varepsilon_0} \frac{R\cos\theta}{[(R\cos\theta)^2 + (R\sin\theta)^2]^{3/2}}$$

$$= -\frac{P\sin\theta\cos^2\theta\mathrm{d}\theta}{2\varepsilon_0}$$

则极化面电荷在球心处产生的电场为

$$E_z = -\int_0^\pi \frac{P\sin\theta\cos^2\theta \mathrm{d}\theta}{2\varepsilon_0} = -\frac{P}{3\varepsilon_0}$$

表明球心处的电场强度与极化强度 P 的方向相反。实际上,可以证明,在整个介质球内部,极化电荷产生的电场是匀强的场,且电场强度为 $E = -P/3\varepsilon_0$。

13.2.3 介质中静电场的基本规律

13.2.3.1 介质中静电场的环流定理

由于电介质在外电场中的极化行为,介质中的电场包括外加电场 E_0 和极化电荷的电场 E' 两部分,即

$$E = E_0 + E' \tag{13-5}$$

当外加电场是静电场时,介质的极化是稳态的,对应的极化电荷可以看作是静止电荷,由其产生的电场也可以看作静电场。因此,外加电场和极化电荷的场都满足静电场的环流定理,即

$$\oint_l E_0 \cdot \mathrm{d}l = 0$$

和

$$\oint_l E' \cdot \mathrm{d}l = 0$$

则介质中总的电场满足

$$\oint_l E \cdot \mathrm{d}l = 0 \tag{13-6}$$

这就是介质中静电场的环流定理。因此,介质中的静电场也是保守力场,仍可以用电势的概念来描述介质中的静电场,且第 12 章关于描述静电场的电场强度和电势这两个物理量间的关系仍然适用。

13.2.3.2 介质中静电场的高斯定理

有介质存在时,若考虑静电场对任意封闭曲面 S 的电通量时,应有与真空中静电场的高斯定理相同的规律,只是封闭曲面 S 内的电荷除了自由电荷 q_0 外还应包括极化电荷 q',即

$$\oiint_S E \cdot \mathrm{d}S = \frac{1}{\varepsilon_0}\left(\sum_{S\text{内}} q_0 + \sum_{S\text{内}} q'\right) \tag{13-7}$$

由于封闭曲面 S 内的极化电荷代数和 $\sum_{S\text{内}} q'$ 决定于介质中的总电场 E 的分布,而总电场 E 的分布又由外加电场 E_0、空间自由电荷分布的电场以及极化电荷分布的电场 E' 三部分共同确定,因此,E 和 $\sum_{S\text{内}} q'$ 间的这样相互依赖的关系使得式

(13-7)的高斯定理仅在形式上成立而已。下面,从式(13-7)出发,给出介质中静电场的高斯定理。

首先,讨论介质中任意封闭面 S 内的极化电荷代数和 $\sum_{S中} q'$。我们知道:介质处于极化状态时,无论是有极分子电介质还是无极分子电介质,每一个介质分子都可等价为一个电偶极子。因此,按照分子与封闭曲面 S 的相对几何关系,S 把电介质分子分为三类:①完全处于 S 面内的分子;②完全处于 S 面外的分子;③穿越 S 面的分子。对于①和②类分子,对封闭曲面 S 内的极化电荷代数和都没有贡献,只有穿越封闭曲面 S 的分子对 S 内的极化电荷代数和有贡献。如果穿越 S 的分子的正电荷部分在 S 外,该分子对 $\sum_{S中} q'$ 的贡献为负;如果穿越 S 的分子的正电荷部分在 S 内,该分子对 $\sum_{S中} q'$ 的贡献为正。对于封闭曲面内的电介质部分来讲,S 即为该部分介质的表面。我们知道,处于极化状态时,介质表面会有极化面电荷 $\sigma' = \boldsymbol{P} \cdot \boldsymbol{e}_n$ 出现,而这些极化面电荷只与穿越 S 的分子的贡献有关。若 S 上一面元 ΔS 的极化电荷为 $\sigma' \Delta S$,对应的 S 内的极化电荷即为 $\Delta q' = -\sigma' \Delta S$。因此,封闭曲面 S 内的极化电荷代数和为

$$\sum_{S中} q' = -\oiint_S \sigma' \mathrm{d}S = -\oiint_S \boldsymbol{P} \cdot \boldsymbol{e}_n \mathrm{d}S = -\oiint_S \boldsymbol{P} \cdot \mathrm{d}\boldsymbol{S} \tag{13-8}$$

代入式(13-7)得

$$\oiint_S \boldsymbol{E} \cdot \mathrm{d}\boldsymbol{S} = \frac{1}{\varepsilon_0} \left(\sum_{S中} q_0 - \oiint_S \boldsymbol{P} \cdot \mathrm{d}\boldsymbol{S} \right)$$

式中 $\boldsymbol{E}$ 和 $\boldsymbol{P}$ 都是由外加电场 $\boldsymbol{E}_0$、空间自由电荷分布的电场以及极化电荷分布的电场 $\boldsymbol{E}'$ 共同确定的,因此,该式仍然只是在形式上成立而已。我们可将其改写为

$$\oiint_S (\varepsilon_0 \boldsymbol{E} + \boldsymbol{P}) \cdot \mathrm{d}\boldsymbol{S} = \sum_{S中} q_0$$

定义

$$\varepsilon_0 \boldsymbol{E} + \boldsymbol{P} = \boldsymbol{D} \tag{13-9}$$

则

$$\oiint_S \boldsymbol{D} \cdot \mathrm{d}\boldsymbol{S} = \sum_{S中} q_0 \tag{13-10}$$

式(13-10)称为介质中静电场的高斯定理。式(13-9)定义的矢量 $\boldsymbol{D}$ 称为电位移矢量。式(13-10)表明:电位移矢量通过任意封闭曲面 S 的通量等于该封闭曲面所包围的自由电荷的代数和,且电位移矢量 $\boldsymbol{D}$ 对封闭曲面 S 的通量仅与封闭曲面 S 内的自由电荷有关。但需要说明的是:①电位移矢量并不仅仅由空间自由电荷分布决定,它还与外加电场 $\boldsymbol{E}_0$ 和介质的极化电荷有关;②描述介质中静电场的物

理量还是电场强度 E 或电势 U。电位移矢量仅是描述介质中电场性质的一个辅助量,其本身并没有任何物理意义。

对于各向同性的介质,当外电场不太强时,有式(13-3)成立,极化强度 $P=\chi_e\varepsilon_0 E$。代入电位移矢量的定义式 $D=\varepsilon_0 E+P$,得

$$D = \varepsilon_0 E + \chi_e\varepsilon_0 E = \varepsilon_0(1+\chi_e)E$$

令 $\varepsilon_r=1+\chi_e$,ε_r 称为介质的相对介电常数,是无量纲的物理量。因此

$$D = \varepsilon_0\varepsilon_r E \tag{13-11}$$

令 $\varepsilon=\varepsilon_0\varepsilon_r$,$\varepsilon$ 称为电介质的介电常数。因此,ε_r 之所以称为相对介电常数,实际上是描述介质的相对于真空的介电性质,介质的介电常数是真空介电常数的 ε_r 倍。式(13-11)可记为

$$D = \varepsilon E \tag{13-12}$$

需要说明是,式(13-11)和式(13-12)仅对于各向同性的介质且电场不太强时才成立的,而式(13-9)是普遍成立的。如图 13-15 所示,有一大的均匀极化介质薄板(驻极体),极化强度为 P。在介质板的两个平面上有极化电荷出现,极化电荷面密度分别为 $+\sigma'$,$-\sigma'$,$\sigma'=P$,则在介质内部的电场强度大小为

$$E = \frac{\sigma'}{\varepsilon_0} = \frac{P}{\varepsilon_0}$$

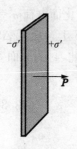

图 13-15　方向向左,与 P 的方向相反,电位移矢量大小为

$$D = -\varepsilon_0 E + P = -\varepsilon_0\frac{P}{\varepsilon_0} + P = 0$$

因此,对于永久极化的驻极体来讲,式(13-12)是不成立的。

另外,尽管介质总电场的电场强度 E,电位移矢量 D 与自由电荷以及极化电荷空间分布都有关系,但是当空间自由电荷和介质的空间分布具有高度对称性时,我们还是可以根据介质中的高斯定理来求得空间总的电场分布。方法是:

(1) 根据自由电荷分布和电介质空间分布对称性推知电场的电位移矢量空间分布的对称性。

(2) 根据电场的对称性选取与该对称性相匹配的高斯面。

(3) 根据介质中的高斯定理得到电位移矢量的空间分布。

(4) 利用公式 $D=\varepsilon E$ 得到空间电场的电场强度分布。

【例 13-5】 如图 13-8 所示,半径分别为 R_1,R_3 的同心球形电极分别带等量异号自由电荷 $\pm Q$。在两电极间填充两层同心均匀电介质球壳,两介质的分界面是半径为 R_2 的球面。两介质的相对介电常数分别为 ε_{r_1} 和 ε_{r_2}。求空间各点的电场强度和极化电荷的分布情况。

解 因为介质的分布具有球对称性,且与球形电极的中心重合,因此自由电荷的分布以及电场分布都应具有球对称性。因此,可以利用介质中的高斯定理求解电场的分布等问题。选取中心位于系统对称中心,半径为 r 的球面作为高斯面 S,如图 13-16 所示。按照高斯定理,当 $R_2 < r < R_3$ 时,有

$$\oint_S \boldsymbol{D} \cdot \mathrm{d}\boldsymbol{S} = 4\pi r^2 D = Q$$

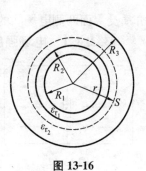

图 13-16

则两种介质中电场的电位移矢量大小为

$$D = \frac{Q}{4\pi r^2}$$

两种介质中的电场强度分别为

$$\boldsymbol{E}_1 = \frac{\boldsymbol{D}}{\varepsilon_1} = \frac{Q}{4\pi\varepsilon_{r_1}\varepsilon_0 r^3}\boldsymbol{r} \quad (R_1 < r < R_2)$$

和

$$\boldsymbol{E}_2 = \frac{\boldsymbol{D}}{\varepsilon_2} = \frac{Q}{4\pi\varepsilon_{r_2}\varepsilon_0 r^3}\boldsymbol{r} \quad (R_2 < r < R_3)$$

当 $r > R_3$ 时,

$$\boldsymbol{D}_3 = 0, \quad \boldsymbol{E}_3 = 0 \quad (r > R_3)$$

可以看出,在不同介质的交界面处,电场强度是不连续的,这是因为在交界面处有极化电荷存在。极化电荷分布在介质的表面上,其中在第一种介质的内表面的极化电荷面密度为

$$\sigma_1' = -P_1 \mid_{r=R_1} = -(\varepsilon_{r_1}\varepsilon_0 - \varepsilon_0)E_1 \mid_{r=R_1} = -\frac{(\varepsilon_{r_1} - 1)Q}{4\pi\varepsilon_{r_1}R_1^2}$$

在第二种介质的外表面的极化电荷面密度为

$$\sigma_2' = P_2 \mid_{r=R_3} = (\varepsilon_{r_2}\varepsilon_0 - \varepsilon_0)E_2 \mid_{r=R_3} = \frac{(\varepsilon_{r_2} - 1)Q}{4\pi\varepsilon_{r_2}R_3^2}$$

在两种介质的交界面处的极化电荷与两个介质的极化都有关,且

$$\sigma_3' = P_1 \mid_{r=R_2} - P_2 \mid_{r=R_2} = \frac{(\varepsilon_{r_1} - 1)Q}{4\pi\varepsilon_{r_1}R_2^2} - \frac{(\varepsilon_{r_2} - 1)Q}{4\pi\varepsilon_{r_2}R_2^2}$$

13.2.4 介质交界面两侧电场的关系

我们知道:由于在不同介质的交界面处有极化电荷存在,介质中的电场强度在交界面处一般情况下是不连续的。下面利用静电场的环流定理和高斯定理讨论在

介质交界面两侧电场间的关系。

13.2.4.1 电场强度与界面垂直

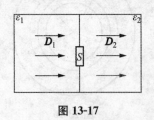

图 13-17

设界面两侧介质的介电常数分别为 ε_1 和 ε_2。当介质中电场的电场强度与界面垂直时，选取如图 13-17 所示的底面为 ΔS 横跨两介质边界的高斯面 S。利用介质中的高斯定理，当界面无自由电荷存在时，得

$$D_1 \Delta S - D_2 \Delta S = 0$$

即

$$D_1 = D_2$$

说明在介质两侧的电场电位移矢量的值是连续的。由此可得

$$\varepsilon_1 E_1 = \varepsilon_2 E_2$$

这说明电场强度在介质界面不连续。

13.2.4.2 电场强度与界面斜交

当介质中电场的电场强度与界面不垂直时，选取如图 13-18 所示的底面为 ΔS 高度趋于零且横跨两介质边界的柱面作为高斯面 S。当高斯面的高度趋于零时，高斯面的侧面积趋于零，这样高斯面侧面的电位移通量趋于零。因此可以不考虑高斯面侧面电位移通量的贡献。当界面无自由电荷存在时，利用介质中的高斯定理得

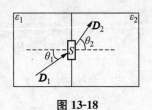

图 13-18

$$D_1 \Delta S \cos\theta_1 - D_2 \Delta S \cos\theta_2 = 0$$

即

$$D_1 \cos\theta_1 = D_2 \cos\theta_2$$

或

$$D_{1n} = D_{2n} \tag{13-13}$$

说明在介质两侧的电场电位移矢量在界面法线方向的分量是连续的。由此可得

$$\varepsilon_1 E_{1n} = \varepsilon_2 E_{2n}$$

这说明电场强度在界面法线方向的分量不连续。

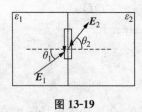

图 13-19

关于场量在界面切线方向的分量的性质，可以通过电场的环流定理得到。选取如图 13-19 所示的矩形闭合路径，其中长度为 Δl 的两边分别处于两种介质内且与界面平行，而横跨两介质边界的两边的长度趋于零，其对应的对闭合回路环流的贡献趋于零。利用介质中的环流定理得

$$E_1 \Delta l \sin\theta_1 - E_2 \Delta l \sin\theta_2 = 0$$

即
$$E_1\sin\theta_1 = E_2\sin\theta_2$$
或
$$E_{1t} = E_{2t} \tag{13-14}$$

说明在介质两侧的电场强度界面切线方向的分量是连续的。由此可知电场电位移矢量在界面切线方向的分量不连续。

式(13-13)和式(13-14)称为静电场的边值关系。下面是关于静电场的边值关系应用的例子。

【例 13-6】 如图 13-20 所示,半径分别为 a 和 $2a$ 的同心球形电极分别带等量异号自由电荷 $\pm Q$。在两球形电极间注入一定量的介质油(介电常数为 ε),使其充满电极间的一半空间,上半空间为真空。求电荷在两电极上的分布以及电极间空间各点的电场强度的分布。

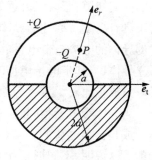

图 13-20

解 由电极和电极间介质分布的对称性可知,电荷在两电极的上、下半球面上为各不同的均匀分布的面电荷。再由导体静电平衡条件知:球形电极间电场强度方向为沿由球心向外的径向(不然,电极上的电荷会继续移动)。按照静电场的边值关系,界面两侧电场强度的切向分量连续,即 $E_{1t}(r)=E_{2t}(r)$,则在两种介质中有相同的电场强度分布规律,即

$$\boldsymbol{E}_1 = \boldsymbol{E}_2 = E(r)\boldsymbol{e}_r$$

选取中心位于球形电极中心,半径为 r 的球面作为高斯面 S,利用介质中的高斯定理得

$$\oiint_S \boldsymbol{D} \cdot d\boldsymbol{S} = D_1(r)2\pi r^2 + D_2(r)2\pi r^2 = -Q$$

结合 $D_1(r)=\varepsilon_0 E(r)$ 和 $D_2(r)=\varepsilon_0\varepsilon_r E(r)$,得

$$\varepsilon_0 E(r)2\pi r^2 + \varepsilon_0\varepsilon_r E(r)2\pi r^2 = -Q$$

即

$$E(r) = \frac{-Q}{2\pi\varepsilon_0(1+\varepsilon_r)r^2}$$

或

$$\boldsymbol{E}(r) = \frac{-Q}{2\pi\varepsilon_0(1+\varepsilon_r)r^3}\boldsymbol{r}$$

利用 $\sigma=-|D(a)|$ 和 $\sigma=|D(2a)|$ 可得内、外两电极上、下半球面上的电荷分

布面密度。因为介质油的相对介电常数 $\varepsilon_r > 1$，在球形电极下半球面的电荷面密度在数值上大于上半球面的电荷面密度。

13.3 电容和电容器

13.3.1 孤立导体的电容

我们知道：若以无穷远处为电势零点，孤立导体的电势与导体的带电量有关。对于具有高度对称性的导体，其电势与带电量的关系可以从理论上得到，而任意形状的导体的电势与带电量的关系只能通过实验得到。实验表明，对于任意形状的孤立导体，当其带电量增加时，它的电势会同比例变化，说明孤立导体的电势与其带电量成正比。

当导体带电量相同时，不同形状的孤立导体的电势不同。反过来看，如果把导体看成是储存电荷的容器的话，当不同导体的电势（V）相同时，其带电量（q）是不同的。这说明，不同形状和大小的导体的容电本领是不同的。孤立导体的容电能力称为孤立导体的电容，用 C 来表示，即

$$C = \frac{q}{V} \tag{13-15}$$

孤立导体的电容不仅与其几何形状和大小有关，还与其周围的介质分布有关，但与其带电量无关。在国际单位制中，电容的单位是库仑/伏特（C/V），称为法拉，用 F 表示。

为了对孤立导体容电性质有一个定量的认识，考虑真空球形导体的电容。设导体的半径为 R，当导体球带电 Q 时，其电势为 $V = \dfrac{Q}{4\pi\varepsilon_0 R}$。按照定义，导体球的电容为 $C = \dfrac{Q}{V} = 4\pi\varepsilon_0 R$。即使对如地球一样大小的导体球来讲，其电容也只有 7×10^{-4} F。这说明：①法拉（F）是一个很大的单位，实际中通常用更小的单位来度量电容，如微法（$1\ \mu F = 10^{-6}$ F）或皮法（$1\ pF = 10^{-12}$ F）；②孤立导体的电容是很小的。要想增大导体的电容，通常采取导体组合的方式，即电容器。

13.3.2 电容器的电容

真正意义上的孤立导体是不存在的。一般情况下，导体附近会有其他导体存

在,即以导体的某种组合的形式出现,这种导体组称为电容器。最简单的电容器是由两个导体组成的导体组。若电容器中 A,B 两导体带等量异号电荷 $\pm q$,理论和实验结果都证明两导体间的电势差 $V_A - V_B$ 与电容器带电量成正比。因此,我们可以定义电容器的电容为

$$C = \frac{q}{V_A - V_B} \tag{13-16}$$

式中,q 为每个导体带电量大小,$V_A - V_B$ 为两个导体电势差的大小,则由此定义的电容器的电容总是正值。电容器的电容反映电容器储存电荷的能力,对于确定的电势差,电容大的电容器可以储存更多的电荷。在下一节中我们还会发现,电容大的电容器还可以储存更多的电能。

下面介绍几种常见的电容器。

1) 平行板电容器

如图 13-21 所示,有两块面积均为 S 且相互平行的导体平板 A 和 B,两极板的间距为 d,组成平行板电容器。为了忽略边缘效应,设两极板线度远大于两极板间的距离。设两极板带电量分别为 $+q$ 和 $-q$,两极板间的场强为 $E = \frac{(q/S)}{\varepsilon_0} = \frac{q}{S\varepsilon_0}$,两极板间的电势差为 $V_A - V_B = Ed = \frac{qd}{S\varepsilon_0}$,则平行板电容器的电容为

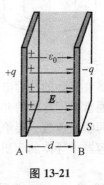

图 13-21

$$C = \frac{q}{V_A - V_B} = \frac{\varepsilon_0 S}{d} \tag{13-17}$$

可以看出:平行板电容器的电容正比于极板面积,反比于极板间距,与极板间的介质性质有关(如果极板间充满相对介电常数为 ε_r 的电介质,电容器的电容将是原来的 ε_r 倍)。

2) 球形电容器

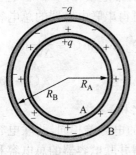

图 13-22

图 13-22 为由半径分别为 R_A 和 R_B 的两个同心球壳组成的球形电容器。内球壳带电 $+q$,外球壳带电 $-q$,球壳间充满介电常数为 ε 的电介质。根据对称性知:电荷在球面上均匀分布,两球壳之间的电场强度为

$$E = \frac{q}{4\pi\varepsilon r^3}r$$

式中 r 为场点相对于球心的位置矢量,则两球壳间的电势差为

$$\Delta V = \int_A^B \boldsymbol{E} \cdot d\boldsymbol{l} = \int_{R_A}^{R_B} \frac{q\,dr}{4\pi\varepsilon r^2} = \frac{q}{4\pi\varepsilon}\left(\frac{1}{R_A} - \frac{1}{R_B}\right)$$

由此可得球形电容器的电容为

$$C = \frac{q}{\Delta V} = 4\pi\varepsilon \frac{R_A R_B}{R_B - R_A} \quad (13-18)$$

因此,球形电容器的电容与两个球壳的大小、间距以及极板间介质性质都有关。

3) 柱形电容器

图 13-23 所示为由两个长为 l,半径分别为 R_1 和 R_2 的长直同轴导体圆筒组成的圆柱形电容器,两导体筒间为真空。设内、外筒带电量分别为 $+q$ 和 $-q$,两导体圆筒间的场强为 $\boldsymbol{E} = \frac{\lambda}{2\pi\varepsilon_0 r^2}\boldsymbol{r}$,而两圆筒间的电势差

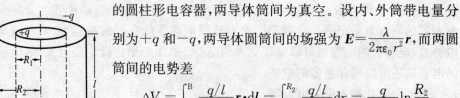

图 13-23

$$\Delta V = \int_A^B \frac{q/l}{2\pi\varepsilon_0 r^2} \boldsymbol{r} \cdot \mathrm{d}\boldsymbol{l} = \int_{R_1}^{R_2} \frac{q/l}{2\pi\varepsilon_0 r} \mathrm{d}r = \frac{q}{2\pi l \varepsilon_0} \ln\frac{R_2}{R_1}$$

圆柱形电容器的电容

$$C = \frac{q}{\Delta V} = \frac{2\pi l \varepsilon_0}{\ln\frac{R_2}{R_1}} \quad (13-19)$$

实际的柱形电容器并不一定是圆柱形的。为了增大柱形电容器的储电能力,通常采用这样的办法,即在两个长的金属薄膜间夹上一层绝缘介质,再在上层金属薄膜上覆盖一层绝缘介质,然后卷起来组成柱形电容器。这样,可以大大地增加电容器中导体的面积,从而增大电容器储存的电荷本领。

13.3.3 电容器的连接

一般的导体组(即电容器)可以看成由两导体组构成的基本电容器以某种形式的连接,基本的连接方式有两种,即串联和并联。

如图 13-24 所示,当多个电容器串联时,各电容器上的带电量相同,串联电容器上的总电势差等于各个电容器上的电势差之和。由此可得串联电容器的总电容和各个电容器电容的关系。根据 $q = q_1 = q_2 = \cdots$,$\Delta V = \sum_i \Delta V_i$ 和 $C_i = \frac{q_i}{\Delta V_i}$ 得

$$\frac{1}{C} = \frac{\Delta V}{q} = \sum_i \frac{\Delta V_i}{q_i} = \sum_i \frac{1}{C_i} \quad (13-20)$$

即串联电容器总电容的倒数等于各个电容器电容的倒数之和。

如图 13-25 所示,当多个电容器并联时,各电容器上的电势差相同,并联电容器上的带电量等于各个电容器上的带电量之和。由此可得并联电容器的总电容和各个电容器电容的关系。根据 $\Delta V = \Delta V_i$,$q = \sum_i q_i$ 和 $C_i = \frac{q_i}{\Delta V_i}$ 得

$$C = \frac{q}{\Delta V} = \sum_i \frac{q_i}{\Delta V_i} = \sum_i C_i \tag{13-21}$$

即并联电容器总电容等于各个电容器电容之和。因此,要想增加电容器的储电能力,可以采用把多个电容器并联的方式。

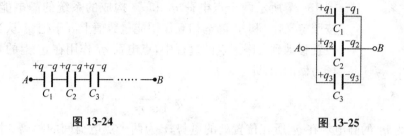

图 13-24　　　　　　　　　　　图 13-25

13.4　静电场的能量

13.4.1　带电体系的静电能

如图 13-26 所示,当点电荷 q_0 处于点电荷 q 的静电场中时,q_0 将受到 q 的静电作用。静电能(即两个点电荷系统的静电相互作用能)为

$$W_e = q_0 V = q_0 \frac{q}{4\pi\varepsilon_0 r}$$

式中 V 为选无限远为电势的零点时 q_0 所处位置 P 的电势;r 为 P 点到 q 的距离。按照电势的定义,有

$$W_e \equiv \int_P^\infty q_0 \left(\frac{q\boldsymbol{r}}{4\pi\varepsilon_0 r^3}\right) \cdot \mathrm{d}\boldsymbol{l}$$

图 13-26

因此,"系统"的静电能在数值上等于把 q_0 从 P 点移到无限远时静电场力所做的功。上式也可以改写为

$$W_e \equiv \int_\infty^P - q_0 \left(\frac{q\boldsymbol{r}}{4\pi\varepsilon_0 r^3}\right) \cdot \mathrm{d}\boldsymbol{l}$$

则"系统"的静电能在数值上也等于把 q_0 从无限远点移到 P 点时外力反抗静电场力所做的功。

由上述分析可知:点电荷系统的静电相互作用能在数值上等于把点电荷体系无限分离到彼此间相距无限远的过程中静电场力做的功。对连续带电体的情况,可以把连续带电体看成是由无限多个电荷元组成的点电荷系。这样,连续带电体的静电能量的定义同上。

13.4.2 点电荷系的静电能量

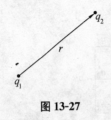

图 13-27

下面讨论点电荷系的静电能量的计算方法。首先考虑如图 13-27 所示两个点电荷 q_1 和 q_2 构成的系统的静电能量。按照定义，q_1 和 q_2 静电相互作用能量数值上等于把 q_2 从当前位置移动到无限远点的过程中，点电荷 q_1 作用在 q_2 上的静电场力做的功，即

$$W_e = q_2 \frac{q_1}{4\pi\varepsilon_0 r} = q_2 V_2$$

式中 V_2 为 q_1 的静电场在 q_2 所在位置处的电势；r 为两个点电荷间的距离。按照定义，q_1 和 q_2 静电相互作用能量数值上也等于把 q_1 从当前位置移动到无限远点的过程中，点电荷 q_2 作用在 q_1 上的静电场力做的功，即

$$W_e = q_1 \frac{q_2}{4\pi\varepsilon_0 r} = q_1 V_1$$

式中 V_1 为 q_2 的静电场在 q_1 所处位置处的电势。因此，q_1 和 q_2 构成的系统的静电能量可以改写为如下对称形式：

$$W_e = \frac{1}{2}\left[q_1\left(\frac{q_2}{2\pi\varepsilon_0 r}\right) + q_2\left(\frac{q_1}{4\pi\varepsilon_0 r}\right)\right]$$

$$= \frac{1}{2}q_1 V_1 + \frac{1}{2}q_2 V_2 = \frac{1}{2}\sum_{i=1}^{2} q_i V_i \tag{13-22}$$

对于 n 个点电荷组成的系统，总的静电相互作用能可以看成是系统内任意两个点电荷组成的各个子系统的静电相互作用能的和，而各个子系统的静电相互作用能具有式(13-22)的形式，点电荷系的静电相互作用能也具有式(13-22)的形式，则

$$W_e = \frac{1}{2}\sum_{i}^{n} q_i V_i \tag{13-23}$$

式中 V_i 为点电荷系中除了 q_i 外所有其他 $n-1$ 个点电荷的总静电场在 q_i 处的电势。

式(13-23)关于点电荷系的静电相互作用能可以推广到连续分布电荷系统，即把连续分布带电体看成是由无穷多个点电荷组成的点电荷系，则连续分布带电体的静电相互作用能为

$$W_e = \frac{1}{2}\int V \mathrm{d}q \tag{13-24}$$

积分包括连续带电体的所有空间分布。式(13-24)中 V 原则上讲是连续带电体除

电荷元 dq 外所有其他电荷的静电场在 dq 处的电势,但考虑到电荷元 dq 在其所在处电场的电势 V_{dq} 正比于 dq 的大小(此时,不能把 dq 看成为点电荷),则其值为一无穷小量。则计算系统静电相互作用能时,可以把 V 看作为所有电荷的静电场在 dq 处的电势。这样做时,在式(13-24)中,积分前的误差是 dq 的二阶小量,积分后是一阶小量,可以忽略。因此,上述处理在数学上是合理的。

利用式(13-24)计算连续带电系统的静电能量时,根据电荷分布是体分布、面分布或线分布等具体情况,可以采用 12.2 节中的方法把带电体切割成体电荷元、面电荷元或线电荷元。在给定相应电荷分布密度的前提下,利用式(13-24)计算静电能量。

要说明的是:

(1) 点电荷系的静电能是指点电荷间的静电相互作用能量之和,称为点电荷系的"互能"。互能可能为正值也可能为负值,由系统具体构成决定。

(2) 单个连续带电体的总静电能习惯上称为"自能"。数值上它等于将该带电体上各个部分的电荷分散到无限远的状态时,电场力所做的总功。可以证明,单个连续带电体的自能一定大于零。

(3) 多个连续带电体系的静电能等于各个连续带电体的"自能"和各个连续带电体之间的"互能"之总和。

【**例 13-7**】 计算半径为 R,总电量为 Q 的均匀带电导体球面的静电能(设球面外为真空)。

解法 1 利用式(13-24)进行计算。

已知均匀带电球面的静电场在球面上任意一点的电势为

$$V = \frac{Q}{4\pi\varepsilon_0 R}$$

则

$$W_e = \frac{1}{2}\int_0^Q \frac{Q}{4\pi\varepsilon_0 R} dq = \frac{Q^2}{8\pi\varepsilon_0 R}$$

解法 2 利用 13.4.1 节中关于带电系统静电能的定义出发计算,即系统的静电能数值上等于把电荷从无限分散的状态聚集起来的过程中外力克服静电场力所做的功。

设每一次从无限远移动到导体上的电荷量为 dq,根据导体的性质,电荷会均匀分布在导体球的表面上。第一次移动时,因导体球不带电,外力不需要克服静电场力做功(忽略 dq 对导体的静电感应),但从第二次起,外力都要做功。当导体球带电 q 时,其电势为 $V = \frac{q}{4\pi\varepsilon_0 R}$。此时,再将 dq 的电量从无限远处移动到球面上,外力需克服静电力做功 $dW_e = Vdq = \dfrac{q}{4\pi\varepsilon_0 R}dq$。则在整个移动电荷的过程中外力做功(也即均匀带电球面的静电能)为

$$W_e = \int_0^Q V dq = \int_0^Q \dfrac{q}{4\pi\varepsilon_0 R}dq = \dfrac{Q^2}{8\pi\varepsilon_0 R}$$

与解法1的结果相同。

【例 13-8】 如图 13-28 所示,球形电容器带电 $\pm q$,内外半径分别为 R_1 和 R_2,极板间充满介电常数为 ε 的电介质。计算该带电体系的能量。

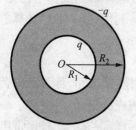

图 13-28

解 按照式(13-24),带电球形电容器的静电能为

$$W_e = \dfrac{1}{2}\int_Q V dq = \dfrac{1}{2}\int_q V_1 dq_1 + \dfrac{1}{2}\int_{-q} V_2 dq_2$$

式中 V_1, V_2 分别为球形电容器内极板和外极板的电势。若取无限远点为电势零点,则按照电势叠加原理得

$$V_1 = \dfrac{q}{4\pi\varepsilon R_1} + \dfrac{-q}{4\pi\varepsilon R_2}, \quad V_2 = 0$$

V_1, V_2 都是常量,因此有

$$\begin{aligned}W_e &= \dfrac{1}{2}V_1\int_q dq_1 + \dfrac{1}{2}V_2\int_{-q}dq_2 \\ &= \dfrac{1}{2}\left(\dfrac{q}{4\pi\varepsilon R_1} + \dfrac{-q}{4\pi\varepsilon R_2}\right)q + \dfrac{1}{2}\times 0 \times (-q) \\ &= \dfrac{q^2}{8\pi\varepsilon}\left(\dfrac{1}{R_1} - \dfrac{1}{R_2}\right)\end{aligned}$$

13.4.3 带电电容器的静电能

电容器带电时,可以看作为连续带电体系统。设电容器 A 和 B 两个极板(无论电容器的具体形状如何,两个导体都可以称为电容器的极板)分别带电 $+Q$ 和 $-Q$,两极板的电势分别为 V_+ 和 V_-,两极板的电势差为 $\Delta V = V_+ - V_-$。按照式(13-24),带电电容器的静电能

$$\begin{aligned}W_e &= \dfrac{1}{2}\int V dq = \dfrac{1}{2}\int_{+Q} V_+ dq + \dfrac{1}{2}\int_{-Q} V_- dq \\ &= \dfrac{1}{2}V_+\int_{+Q} dq + \dfrac{1}{2}V_-\int_{-Q}dq = \dfrac{1}{2}V_+(+Q) + \dfrac{1}{2}V_-(-Q) \\ &= \dfrac{1}{2}(V_+ - V_-)Q\end{aligned}$$

即
$$W_e = \frac{1}{2} Q \Delta V \tag{13-25}$$

利用电容器带电量和极板间的电势差的关系 $Q=C\Delta V$，式(13-25)又可以改写为
$$W_e = \frac{1}{2} C (\Delta V)^2 \tag{13-26}$$

或
$$W_e = \frac{1}{2} \frac{Q^2}{C} \tag{13-27}$$

13.4.4 静电场的能量

带电系统具有静电能量，那么这个能量是以何种形式存在的呢？现代物理学观点认为：带电系统的静电能量是以带电系统电场的能量形式存在的，静电能实际上是一种电场的能量。下面，以平行板电容器为例引入电场的能量。

设平行板电容器带电 $\pm Q$，极板面积为 S，极板间距为 d，电容器内充满介电常数为 ε 的均匀电介质，则平行板电容器极板间的电场强度 $E = \dfrac{Q}{S\varepsilon}$。则带电平板电容器的静电能为

$$W_e = \frac{1}{2} C(\Delta V)^2 = \frac{1}{2} \frac{\varepsilon S}{d} \cdot \left(\frac{Q}{S\varepsilon} \cdot d \right)^2 = \frac{1}{2} \varepsilon E^2 (Sd)$$

式中 Sd 为平板电容器极板间的空间体积，忽略边缘效应，可以认为 Sd 就是有电场存在的空间范围的体积。如果把上式的静电能看作静电场的能量，因平板电容器内电场均匀分布，则平板电容器单位体积中静电场的能量（即能量密度）

$$w_e = \frac{1}{2} \varepsilon E^2 \tag{13-28}$$

对于各向同性的均匀介质，利用电位移矢量与电场强度的关系 $\boldsymbol{D} = \varepsilon \boldsymbol{E}$，式(13-28)可以改写为

$$w_e = \frac{1}{2} \boldsymbol{D} \cdot \boldsymbol{E} \tag{13-29}$$

式(13-28)和式(13-29)是对于平板电容器对应的匀强电场定义的电场能量密度，这种定义对非匀强电场是否成立，要通过具体的带电系统的情况进行验证后才能得出结论。

设非匀强电场的能量密度也可以由式(13-28)或式(13-29)来定义，则在电场存在的空间区域 Ω 内总的静电场能量

$$W_e = \iiint_\Omega w_e dV = \frac{1}{2}\iiint_\Omega \mathbf{D}\cdot\mathbf{E}dV = \frac{1}{2}\iiint_\Omega \varepsilon E^2 dV \qquad (13\text{-}30)$$

【例 13-9】 利用电场能量的定义,计算如图 13-28 所示的球形电容器带电体系的能量。

解 当球形电容器带电 $\pm q$ 时,电容器空间内有电场,电场强度分布规律为 $\mathbf{E} = \dfrac{q}{4\pi\varepsilon r^3}\mathbf{r}$,按照式(13-30),带电球形电容器中电场的能量为

$$W_e = \frac{1}{2}\iiint_\Omega \varepsilon\left(\frac{q}{4\pi\varepsilon r^2}\right)^2 dV$$

因电场分布具有球对称性,选取与之对应的体元,即中心位于球形电容器中心,半径为 r,厚度为 dr 的球壳作为体元 dV,$dV = 4\pi r^2 dr$,则

$$W_e = \frac{1}{2}\varepsilon\int_{R_1}^{R_2}\left(\frac{q}{4\pi\varepsilon r^2}\right)^2 4\pi r^2 dr = \int_{R_1}^{R_2}\frac{q^2}{8\pi\varepsilon r^2}dr = \frac{q^2}{8\pi\varepsilon}\left(\frac{1}{R_1}-\frac{1}{R_2}\right)$$

与例 13-8 中计算的带电球形电容器的静电能完全相同。这说明:①带电系统的静电能可以看作相应带电系统静电场的能量;②把式(13-28)和式(13-29)的静电场能量密度的定义推广到非匀强静电场是正确的。

【例 13-10】 求带电量为 Q,半径为 R 的均匀带电球体对应的静电场能量。

解 例 12-4 结果表明,均匀带电球体的电场强度分布为

$$E_1 = \frac{Q}{4\pi\varepsilon_0 R^3}r \quad (r\leqslant R)$$

$$E_2 = \frac{Q}{4\pi\varepsilon_0 r^3}r \quad (r > R)$$

电场具有球对称性,则静电场的能量

$$W_e = \iiint w_e dV = \iiint_{r\leqslant R}\frac{1}{2}\varepsilon_0 E_1^2 dV + \iiint_{r\geqslant R}\frac{1}{2}\varepsilon_0 E_2^2 dV$$

$$= \int_0^R \frac{1}{2}\varepsilon_0\left(\frac{Qr}{4\pi\varepsilon_0 R^3}\right)^2 4\pi r^2 dr + \int_R^\infty \frac{1}{2}\varepsilon_0\left(\frac{Q}{4\pi\varepsilon_0 r^2}\right)^2 4\pi r^2 dr$$

$$= \frac{Q^2}{40\pi\varepsilon_0 R} + \frac{Q^2}{8\pi\varepsilon_0 R} = \frac{3Q^2}{20\pi\varepsilon_0 R}$$

也可以按照式(13-24)计算题设带电系统的静电能。带电球内离球心的距离为 r 的任意一点电势

$$V = \int_r^R E_1 dr + \int_R^\infty E_2 dr = \int_r^R \frac{Qr dr}{4\pi\varepsilon_0 R^3} + \int_R^\infty \frac{Q dr}{4\pi\varepsilon_0 r^2} = \frac{Q}{8\pi\varepsilon_0}\left(\frac{3}{R}-\frac{r^2}{R^3}\right)$$

则该带电系统的静电能

$$W_e = \frac{1}{2}\int_Q V dq = \frac{1}{2}\int_0^R \frac{Q}{8\pi\varepsilon_0}\left(\frac{3}{R}-\frac{r^2}{R^3}\right)\frac{Q}{4\pi R^3/3}4\pi r^2 dr = \frac{3Q^2}{20\pi\varepsilon_0 R}$$

即均匀带电球体的静电能等于均匀带电球体的静电场的能量。这也说明了式(13-28)和式(13-29)关于静电场能量密度的定义是正确的。

习 题 13

13-1 一半径为 0.10 m 的孤立导体球,已知其电势为 100 V(以无穷远为零电势),计算球表面的面电荷密度。

13-2 有一外半径为 R_1,内半径 R_2 的金属球壳,在壳内有一半径为 R_3 的同心金属球,球壳和内球带电量均为 q,求球心的电势。

13-3 一电量为 q 的点电荷位于导体球壳中心,壳的内外半径分别为 R_1,R_2。求空间各点场强和电势的分布,并画出 E-r 和 V-r 曲线。

13-4 面积 S 很大的均匀带电平面 A 与导体板 B 平行放置,两者间距 d 远小于板的线度,如题图所示。设平面 A 带电 q,板 B 带电总量为 Q,求板 B 两侧面上的电荷面密度及 A、B 之间的电势差 U_{AB}。

13-5 如题图所示,在金属球 A 内有两个球形空腔,此金属球整体上不带电,现在两空腔中心分别放置一点电荷 q_1 和 q_2,此外在金属球 A 之外很远处放置一点电荷 q(q 到球 A 的中心 O 的距离 $r \gg$ 球 A 的半径 R),求:

(1) 作用在球 A 上的静电力的大小;

(2) 作用在点电荷 q_1 上的静电力的大小。

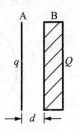

习题 13-4 图

13-6 一均匀带电金属薄球壳,半径为 R,带电量为 Q,在距球心 $R/2$ 处有一点电荷 q,球外 P 点到球心的距离为 $2R$,如题图所示。求:

(1) P 点的场强大小;

(2) P 点的电势大小。

习题 13-5 图　　　　　　　　习题 13-6 图

13-7 两块带有异号电荷的金属板 A 和 B,相距 5.0 mm,两板面积都是 150 cm^2,电量分别为 $\pm 2.66 \times 10^{-8}$ C,A 板接地,略去边缘效应。求:

(1) B 板的电势;

(2) AB 间离 A 板 1.0 mm 处的电势。

13-8 实验表明,在靠近地面处有相当强的电场,其电场强度为 E,垂直于地面向下,大小约为 130 V/m。在离地面 1.5 km 的高空的场强也是垂直向下,大小约为 25 V/m。

(1) 试估算地面上的面电荷密度(设地面为无限大导体平面);

(2) 计算从地面到1.5km高空的空气中的平均电荷密度。

13-9 同轴传输线是由两个很长且彼此绝缘的同轴金属圆柱和圆筒构成,设圆柱半径为R_1,电势为V_1,圆筒的内半径为R_2,电势为V_2。求其离轴为r处$(R_1 < r < R_2)$的电势。

13-10 如题图所示,在外球壳的半径b及内外导体间的电势差U维持恒定的条件下,内球半径a为多大时才能使内球表面附近的电场强度最小?求这个最小电场强度的大小。

13-11 半径为R_1的导体球带有电荷q,球外有一个内外半径为R_2,R_3的同心导体球壳,壳上带有电荷Q,如题图所示。

(1) 求两球的电势U_1和U_2;

(2) 求两球的电势差ΔU;

(3) 以导线把球和壳连接在一起后,U_1,U_2和ΔU分别是多少?

(4) 在情形(1),(2)中,若外球接地,U_1,U_2和ΔU为多少?

(5) 设外球离地面很远,若内球接地,情况如何?

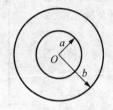

习题 13-10 图

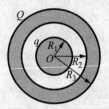

习题 13-11 图

13-12 一接地的无限大厚导体板的一侧有一半无限长的均匀带电直线垂直于导体板放置,带电直线的一端与板相距为d(见题图),已知带电直线的线电荷密度为λ,求板面上垂足O处的感应电荷面密度。

13-13 一空气平板电容器,极板A,B的面积都是S,极板间距离为d。接上电源后,A板电势$U_A = V$,B板电势$U_B = 0$。现将一带有电荷q,面积也是S而厚度可忽略的导体片C平行插在两极板的中间位置,如题图所示,试求导体片C的电势。

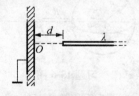

习题 13-12 图

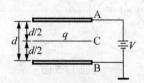

习题 13-13 图

13-14 一球形电容器内外两薄金属壳的半径分别为R_1和R_4,今在两壳之间放一个内外半径分别为R_2和R_3的同心导体球壳,如题图所示。

(1) 给内壳(R_1)以电量Q,求R_1和R_4两壳的电势差;

(2) 求以R_1和R_4为两极的电容。

13-15 如题图所示是半径为R的介质球,试分别计算下列两种情况下球表面上的极化面电荷密度和极化电荷的总和。已知极化强度为P(沿x轴):

(1) $P = P_0$；

(2) $P = P_0 \dfrac{x}{R}$。

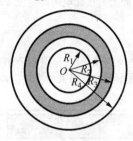

习题 13-14 图

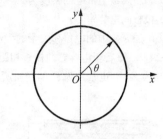

习题 13-15 图

13-16 平行板电容器，板面积为 $100\,\text{cm}^2$，带电量 $\pm 8.9\times 10^{-7}\,\text{C}$，在两板间充满电介质后，其场强为 $1.4\times 10^6\,\text{V/m}$，试求：

(1) 介质的相对介电常数 ε_r；

(2) 介质表面上的极化电荷密度。

13-17 如题图所示，沿 x 轴放置的电介质圆柱底面积为 S，周围是真空，已知电介质内各点极化强度 $\boldsymbol{P}=Kx\boldsymbol{i}$（其中 K 为常量，$\boldsymbol{i}$ 为沿 x 轴正向的单位矢量），求：

(1) 圆柱两底面上的极化电荷面密度 σ_a' 及 σ_b'；

(2) 圆柱内的极化电荷体密度 ρ'。

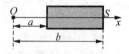

习题 13-17 图

13-18 相对介电常量为 ε_r 的均匀电介质内有一球形空腔（腔内为空气），电介质中有匀强电场 $\boldsymbol{E}$，求球面上的极化电荷在球心处激发的电场强度 $\boldsymbol{E}'$。

13-19 面积为 S 的平行板电容器，两板间距为 d。求：

(1) 插入厚度为 $d/3$，相对介电常数为 ε_r 的电介质平板，其电容量变为原来的多少倍？

(2) 插入厚度为 $d/3$ 的金属导体平板，其电容量又变为原来的多少倍？

13-20 在两个带等量异号电荷的平行金属板间充满均匀介质后，若已知自由电荷与极化电荷的面电荷密度分别为 σ_0 与 σ'（绝对值），试求：

(1) 电介质内的场强 E；

(2) 相对介电常数 ε_r。

13-21 一圆柱形电容器，外柱面的直径为 $4\,\text{cm}$，内柱面的直径可以适当选择，若其间充满各向同性的均匀电介质，该介质的击穿电场强度大小为 $E_0=200\,\text{kV/cm}$。试求该电容器可能承受的最高电压。

13-22 一金属球带有电荷 q_0，球外有一内半径为 b 的同心接地金属球壳，球与壳间充满电介质，其相对介电常数与到球心的距离 r 的关系为 $\varepsilon_r=\dfrac{K+r}{r}$，式中 K 是常量。试证在电介质中离球心 r 处的电势 $V=\dfrac{q_0}{4\pi\varepsilon_0 K}\ln\dfrac{b(r+K)}{r(K+b)}$。

13-23 平行板电容器（极板面积为 S，间距为 d）中间有两层厚度各为 d_1 和 d_2（$d_1+d_2=$

$d)$、介电常数各为 ε_1 和 ε_2 的电介质层,如图所示。试求:

(1) 电容 C;

(2) 当金属板上带电面密度为 $\pm\sigma_{e0}$ 时,两层介质的分界面上的极化电荷面密度 σ_e';

(3) 极板间电势差 U;

(4) 两层介质中的电位移矢量的大小。

13-24 一平行板电容器两极板相距为 d,其间充满了两部分介质,介电常数为 ε_1 的介质所占的面积为 S_1,介电常数为 ε_2 的介质所占的面积为 S_2,如题图所示。略去边缘效应,求电容 C。

习题 13-23 图   习题 13-24 图

13-25 在半径为 R 的金属球之外有一层半径为 R' 的均匀电介质层,如题图所示。设电介质的介电常数为 ε,金属球带电荷量为 Q,求:

(1) 介质层内、外的场强分布;

(2) 介质层内、外的电势分布;

(3) 金属球的电势。

13-26 圆柱形电容器是由半径为 R_1 的导线和与它同轴的导体圆筒构成的,圆筒的内半径为 R_2,其间充满了介电常数为 ε 的介质,如题图所示。设沿轴线单位长度上导线的电荷为 λ,圆筒的电荷为 $-\lambda$,略去边缘效应,求:

(1) 两极的电势差 U;

(2) 介质中的电场强度 E、电位移 D、电极化强度 P;

(3) 介质表面的极化电荷面密度 σ_e';

(4) 电容 C(它是真空时电容 C_0 的多少倍)。

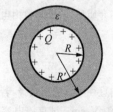   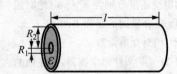

习题 13-25 图   习题 13-26 图

13-27 如题图所示,边长为 $10\,\mathrm{cm}$ 的三块正方形金属板 A,B,C 之间用 $0.5\,\mathrm{mm}$ 厚、相对介电常量 $\varepsilon_r=5.0$ 的均匀电介质薄片隔开,外层的两板相互连接后接到 N 点,中间的板接到 M 点。

(1) 当 M 点对 N 点维持一正电压时,试以"+"、"-"符号标出各板上自由电荷的分布;

(2) 求 M,N 间的电容。

13-28 如题图所示,在边长为 a 的正三角形的三个顶端分别固定有电量为 $2q,q$ 和 q 的三个点电荷,求该带电系统的相互作用能。

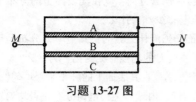

习题 13-27 图

习题 13-28 图

13-29 半径为 2.0 cm 的导体外套有一个与它同心的导体球壳,球壳的内外半径分别为 4.0 cm 和 5.0 cm。当内球带电量为 3.0×10^{-8} C 时,求:

(1) 系统储存了多少静电能?

(2) 用导线把壳与球连在一起后静电能变化了多少?

13-30 一平行板电容器的板面积为 S,两板间距离为 d,板间充满相对介电常数为 ε_r 的均匀介质。分别求出下述两种情况下外力所做的功:

(1) 维持两板上面电荷密度 σ_0 不变而把介质取出;

(2) 维持两板上电压 U 不变而把介质取出。

13-31 如题图所示,一个长为 L 的圆筒形电容器由一半径为 a 的芯线和一半径为 b 的外部薄导体壳构成($L \gg a$ 和 b),内外层之间充满介电常数为 ε 的绝缘材料,若在电容器两端加上恒定的电压 V,同时将电介质无限缓慢地拉出电容器,忽略摩擦力和边缘效应,则在此过程中需要加多大的力?

13-32 一绝缘金属物体,在真空中充电达某一电势值,其电场总能量为 W_0。断开电源,使其上所带电荷保持不变,并把它浸没在相对介电常数为 ε_r 的无限大的各向同性均匀液态电介质中,问这时电场总能量有多大?

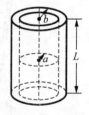

习题 13-31 图

思 考 题 13

13-1 把一个带电物体移近一个导体壳,带电体单独在导体空腔内产生的电场是否等于零?导体壳的静电屏蔽效应是如何体现的?

13-2 (1) 将一个带正电的导体 A 移近一个不带电的绝缘导体 B 时,导体 B 的电势升高还是降低?为什么?

(2) 试论证:导体 B 上每种符号感应电荷的数量不多于 A 上的电量。

13-3 将一个带正电的导体 A 移近一个接地的导体 B 时,导体 B 是否维持零电势?导体 B 上是否带电?

13-4 一封闭的金属导体壳内有一个带电量为 q 的金属物体,试证明:要想使这金属物体的电势与金属壳的电势相等,唯一的办法是使 $q=0$。这个结论与金属壳是否带电有没有关系?

13-5 将带正电导体 M 置于中性导体 N 附近,两者表面的电荷都将重新分布。是否可能出现这样的情况,即每个导体表面都既有正电荷又有负电荷(见题图)?

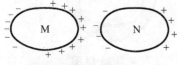

思考题 13-5 图

13-6 (1) 一个孤立导体球 A 带电 Q,其表面场强沿什么方向？Q 在其表面上的分布是否均匀？其表面是否等电势？导体内任意一点 P 的场强是多少？为什么？

(2) 当把另一带电体移近孤立导体球 A 时,球表面场强沿什么方向？其上电荷分布是否均匀？其表面是否等电势？电势有没有变化？导体内任一点 P 的场强有无变化？为什么？

13-7 (1) 在两个同心导体球 B,C 的内球 C 上带电 Q,Q 在其表面上的分布是否均匀？

(2) 当我们从外边把另一带电体 A 移近同心球 A,B 时,内球 C 上的电荷分布是否均匀？为什么？

13-8 一平板电容器,两导体板不平行,今使两板分别带有 $+q$ 和 $-q$ 的电荷,有人将两板的电场线画成如题图所示的分布,试指出这种画法的错误,你认为电场线应如何分布？

13-9 在"无限大"均匀带电平面 A 附近放一与它平行,且有一定厚度的"无限大"平面导体板 B,如题图所示。已知 A 上的电荷面密度为 $+\sigma$,则在导体板 B 的两个表面 1 和 2 上的感应电荷面密度为多少？

思考题 13-8 图

思考题 13-9 图

13-10 充了电的平行板电容器两极板(看作很大的平板)间的静电作用力大小 F 与两极板间的电压 U 之间的关系是怎样的？

13-11 一个未带电的空腔导体球壳,内半径为 R。在腔内离球心的距离为 d 处 $(d<R)$,固定一点电荷 $+q$,如题图所示。用导线把球壳接地后,再把地线撤去。选无穷远处为电势零点,则球心 O 处的电势为多少？

13-12 两导体球 A,B 相距很远(因而都可看成是孤立的导体),其中 A 原来带电,B 不带电。现用一根细长导线将两球连接。电荷将按怎样的比例在 A,B 两球上分配。

13-13 在一个原来不带电的外表面为球形的空腔导体 A 内,放一带有电荷为 $+Q$ 的带电导体 B,如题图所示。则比较空腔导体 A 的电势 U_A 和导体 B 的电势 U_B 时,可得出什么结论？

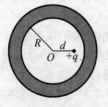

思考题 13-11 图

思考题 13-13 图

13-14 一平行板电容器两极板的面积都为 S，相距为 d，电容为 $C=\dfrac{\varepsilon_0 S}{d}$。当在两板上加电压 U 时，略去边缘效应，两板间的电场强度大小为 $E=U/d$，其中一板所带电量为 $Q=CU$，故它所受的力大小为

$$F = QE = CU\left(\dfrac{U}{d}\right) = CU^2/d$$

这个结果对不对？为什么？

13-15 判断下列说法是否正确，并说明理由：
(1) 若高斯面内的自由电荷总量为零，则面上各点的 D 必为零；
(2) 若高斯面上各点的 D 为零，则面内自由电荷总量必为零；
(3) 若高斯面上各点的 E 为零，则面内自由电荷及极化电荷总量分别为零；
(4) 高斯面的 D 通量仅与面内自由电荷的总量有关；
(5) D 仅与自由电荷有关。

13-16 (1) 将平行板电容器两极板接在电源上以维持其间电压不变。用介电常数为 ε 的均匀电介质将它充满，极板上的电荷量为原来的几倍？电场为原来的几倍？
(2) 若充电后拆掉电源，然后再加入电介质，情况如何？

13-17 在均匀极化的电介质中挖去一半径为 r 高度为 h 的圆柱形空穴，其轴平行于极化强度 P。求下列两情形下空穴中点 A 处的电场强度 E 和电位移矢量 D 与介质中 E，D 的关系。
(1) 细长空穴，$h \gg r$ [见题图(a)]；
(2) 扁平空穴，$h \ll r$ [见题图(b)]。

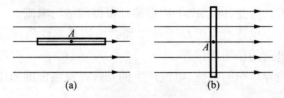

思考题 13-17 图

13-18 两个导体 A，B 构成的带电体系的静电能为 $W = \dfrac{1}{2}q_A V_A + \dfrac{1}{2}q_B V_B$。可否说 $\dfrac{1}{2}q_A V_A$ 及 $\dfrac{1}{2}q_B V_B$ 分别是 A 和 B 的自能？为什么？

13-19 真空中两点电荷 q_A，q_B 在空间产生的合场强为 $E = E_A + E_B$。系统的电场能为 $W_e = \iiint_\Omega \dfrac{1}{2}\varepsilon_0 E^2 dV = \iiint_\Omega \dfrac{1}{2}\varepsilon_0 E \cdot E dV = \iiint_\Omega \dfrac{1}{2}\varepsilon_0 E_A^2 dV + \iiint_\Omega \dfrac{1}{2}\varepsilon_0 E_B^2 dV + \iiint_\Omega \varepsilon_0 E_A \cdot E_B dV$。

(1) 说明等式后面三项能量的意义；
(2) A，B 两电荷之间的相互作用能是指哪些项？
(3) 将 A，B 两电荷从给定位置移至无穷远，电场力做功又是哪些项？

第 14 章 电流与磁场

实验表明，相对于观测者运动的电荷间除了电相互作用外，还有磁相互作用。实验还发现，在磁石、运动电荷以及载流导线间都存在磁相互作用，这三者都称为磁性客体。现代科学认为，这种相互作用是通过磁场来传递的。磁石、运动电荷以及载流导线都可以在空间产生磁场，任何磁性客体处于其他磁性客体产生的磁场中时都会受到磁场的作用。

实际上，对于上述三种磁性客体产生磁场以及受磁场作用等规律的研究可以进行统一的处理。这是因为：①载流导线是指金属导线中有电场存在时，导线中的载流子（电子）在电场的作用下发生集体定向移动时的情况，可以把载流导线的磁效应看作电流的磁效应；②运动电荷也可以看作为空间存在等效的电流；③磁石（或永久磁铁），从微观层次上看，每个分子的磁效应都可以看作为分子所对应的分子电流（安培电流）的磁效应，而磁石的磁效应可以看作为磁石内部所有分子电流磁效应的宏观表现。因此，磁场产生的根源都可以归结为电流。

本章讨论导线中电流产生磁场的规律和磁场的基本性质，还要讨论磁场对载流导线以及运动电荷的作用规律等。

下面首先讨论导体中的电流、电流产生的条件以及电流的描述等问题。

14.1 电流与电源

14.1.1 电流、稳恒电场与电源

在静电场中的导体内部电场强度为零，导体内的自由电子不受电场的作用，因此导体内的自由电子只有无规则的热运动。然而，如果在导体内部维持一个电场强度不为零的电场，导体内的自由电子将在电场的作用下定向运动，但考虑到自由电子的无规则热运动，电子的定向运动实际上是电子在电场强度的反方向上有统计意义上的平均漂移，简称为定向漂移运动。这种定向漂移运动的宏观效果就是在导体内产生电流。

如上分析，导体内出现电流的前提是在导体内有电场，而非零静电场是不能存在于导体内部的。当导体内的电流不随时间变化时，称为稳恒电流。稳恒电流的前提是导体内有不随时间变化的稳恒电场。当在导体两端维持一个恒定的电势差时，导体内部就会出现相应的稳恒电场，导体内就会有稳恒电流出现。因此说，稳恒电流的前提是导体内有稳恒电场。除此之外，必须有包括导体在内的闭合回路时，导体内才可能有真正的稳恒电流存在。这是因为，电子在稳恒电场中的运动是从电势低的地方到电势高的地方。如果没有闭合回路，电子会在导体电势高的一端形成积累，而另一端由于电子缺乏而等效地出现正电荷积累。这样，导体两端的电荷积累在导体内产生的电场与稳恒电场方向相反，使得导体内部的总电场越来越弱，电子的运动就不可能稳定，则电流就不可能不变。因此，要在导体内部维持稳恒电流，就必须消除导体两端的电荷积累，通过外力再把电子从电势高的地方移动到电势低的地方。稳恒电场担当不了这个角色，闭合回路中担当这个角色的装置称为电源。

实际上，电源除了能够把电子从电势高的地方移动到电势低的地方外，还可以间接地起到维持导体两端电势差的作用。另外，因为稳恒电场和静电场都不能把电子从电势高的地方移动到电势低的地方，电源中需要有非静电的作用力作用在电子上。这种力可以是机械的、化学的或磁的作用力。现实的电源有干电池、蓄电池、太阳能电池、燃料电池和发电机等，其中的非静电力也各不相同。

电源在把电子从电势高的地方移动到电势低的地方的过程中要反抗电场力做功，因此电源还是提供能量的装置。描述电源内非静电力做功本领的物理量称为电源电动势。设作用在载流子（如导体中的电子）上的非静电力为 $\boldsymbol{F}_k$，则单位正电荷受力，称为非静电力场强度 $\boldsymbol{E}_k$，为

$$\boldsymbol{E}_k = \frac{\boldsymbol{F}_k}{q} \tag{14-1}$$

式中 q 为载流子带电量，电源的电动势定义为

$$\mathscr{E} = \int_-^+ \boldsymbol{E}_k \cdot d\boldsymbol{l} \tag{14-2}$$

式中积分上下限的正、负号代表电源的正、负极。则电源电动势的大小就是将单位正电荷从电源负极移到正极过程中电源中非静电力所做的功。

电动势 $\mathscr{E}$ 是一个标量，通常将从电源负极到正极的方向定义为电动势的正方向。如果闭合回路中有多个电源存在，或非静电力存在于整个导体回路中（如电磁感应中的情况），回路中的总电动势可以用单位正电荷受力对这个闭合回路 l 的积分来表示，即

$$\mathscr{E} = \oint_l \boldsymbol{E}_k \cdot d\boldsymbol{l} \tag{14-3}$$

若在一段回路中对应的非静电力与回路方向相反,该段回路中非静电力对回路总电动势的贡献为负。

14.1.2 电流强度和电流密度

通常用电流强度 I 来描述导体中电流的强弱,即单位时间通过导体截面的电量称为导体内的电流强度,并规定正电荷的运动方向为电流的方向。若 dt 时间内,由于载流子的定向漂移,通过导体截面的电量为 dq,则导体内的电流强度为

$$I = \frac{dq}{dt} \tag{14-4}$$

电流强度的单位为安培(A)。对于稳恒电流,其电流强度是与时间无关的常量。

如图 14-1 所示,对于大块导体,电流在导体内空间各点的大小和方向均不同。电流强度只能反映通过导体某截面电流总的强弱,但它并不能反映导体内各点电流的空间分布情况,包括电流的方向(或载流子运动方向)。为此,引入电流密度 j 这个物理量来描述电流的空间分布性质。要能反映电流的空间分布性质,电流密度必须是一个矢量,其方向平行于相应空间点稳恒电场的方向。同时,电流密度必须是空间位置的函数,在直角坐标系中可表示为 $j = j(x, y, z)$。导体内某空间点的电流密度的大小定义为单位时间内通过相应空间点附近垂直于电场方向的单位截面的电量,即

$$j = \frac{dq}{dt dS_\perp} = \frac{dI}{dS_\perp} \tag{14-5}$$

式中 $dI = \frac{dq}{dt}$ 为通过垂直截面 $dS_\perp$ 的电流强度,如图 14-2 所示。电流密度的单位是 $A \cdot m^{-2}$。考虑到电流的方向,电流密度矢量定义为

$$\boldsymbol{j} = \frac{dI}{dS_\perp} \boldsymbol{e}_n \tag{14-6}$$

式中 e_n 为垂直于电场方向的截面 $dS_\perp$ 的法线方向,也是相应空间点处电场强度的方向,如图 14-2 所示。电流密度可以精确地描述导体中各空间点的电流分布。

图 14-1　　　　　　　　　　图 14-2

如图 14-2 所示,如果导体内部的电流密度矢量已知,则通过任意面元 dS 的电流强度为

$$dI = j\,dS\cos\theta = \boldsymbol{j}\cdot d\boldsymbol{S}$$

式中 θ 为 $d\boldsymbol{S}$ 与电流密度 $\boldsymbol{j}$ 间的夹角。由此，可以知道通过导体中任意曲面 S 的电流强度 I，即

$$I = \iint_S \boldsymbol{j}\cdot d\boldsymbol{S} \tag{14-7}$$

这说明：通过导体中任意曲面 S 的电流强度 I 等于电流密度 $\boldsymbol{j}$ 相对于该曲面的通量。照此理解，通过导体中任意曲面 S 的电流强度 I 可以取正值，也可以取负值。具体情况与曲面 S 的法线方向的选择有关。

金属导体中的电流密度与导体中的稳恒电场的空间分布有关。如前所述，当导体内有电场存在时，导体中的自由电子将在电场的作用下定向运动。但考虑到自由电子的无规则热运动以及电子与晶格离子间的碰撞等因素，电子的定向运动实际上是电子在电场强度的反方向上的定向漂移运动，表现为导体内的宏观电流。设导体中每个载流子电量为 q，数密度为 n，平均漂移速度为 $\boldsymbol{v}_d$，则电流密度大小为

$$\boldsymbol{j} = nq\boldsymbol{v}_d \tag{14-8}$$

由此可见，对于金属导体，因为 $q=-e<0$，电流密度 $\boldsymbol{j}$ 与电子的平均漂移速度 $\boldsymbol{v}_d$ 的方向相反。

假设导体内的稳恒电场强度为 $\boldsymbol{E}$，则作用到电子上的电场力 $\boldsymbol{F}=-e\boldsymbol{E}$，按照牛顿第二定律，电子的加速度为 $\boldsymbol{a}=-e\boldsymbol{E}/m$，$m$ 为电子的质量。若电子和晶格离子碰撞后自由飞行时间为 t，则电子在与晶格离子的下一次碰撞前的速度为

$$\boldsymbol{v} = \boldsymbol{v}_0 + \frac{-e\boldsymbol{E}}{m}t$$

式中 $\boldsymbol{v}_0$ 为电子和晶格离子碰撞后瞬时的速度。对于导体中大量电子的平均后得

$$\langle\boldsymbol{v}\rangle = \langle\boldsymbol{v}_0\rangle + \frac{-e\boldsymbol{E}}{m}\langle t\rangle$$

式中 $\langle t\rangle$ 为电子与晶格离子的相邻两次碰撞间的平均自由飞行时间，记为 τ。因为电子与晶格离子碰撞后速度 $\boldsymbol{v}_0$ 是无规的，从统计意义上来讲，大量电子的平均值 $\langle\boldsymbol{v}_0\rangle=0$，则在导体内有电场存在时，电子速度在一个平均自由程内的平均值，即平均漂移速度为

$$\boldsymbol{v}_d = \frac{-e\boldsymbol{E}}{2m}\tau \tag{14-9}$$

结合式(14-8)，导体内的电流密度为

$$\boldsymbol{j} = \frac{ne^2\tau}{2m}\boldsymbol{E} = \gamma\boldsymbol{E} \tag{14-10}$$

式中 $\gamma=\dfrac{ne^2\tau}{2m}$ 称为导体的电导率。上述讨论中关于金属导体中电子受稳恒电场作

用发生定向漂移从而产生电流的模型称为金属导体的德鲁德(P. K. Drude)模型。式(14-10)称为欧姆定律的微分形式,从此式出发,可以导出宏观导体的欧姆定律。

14.2 磁场的磁感应强度

磁场对处于磁场中的运动电荷(或电流)有磁作用。下面从磁场对运动电荷的作用规律出发定义描述磁场基本性质的物理量——磁感应强度 $\boldsymbol{B}$。

首先规定磁场磁感应强度 $\boldsymbol{B}$ 的方向为磁场中各空间点处小磁针 N 极的指向(在地球磁场中小磁针的 N 极指向地球表面的北方)。其次,运动电荷在磁场中的运动规律告诉我们如下几点:

(1) 一般情况下,当电荷在磁场中运动时,磁场对电荷有作用。但是,当电荷在磁场中沿特定方向(如磁感应强度方向或其反方向)运动时,电荷不受力。

(2) 磁场对运动电荷的磁作用力始终与电荷的运动速度 v 和磁感应强度的方向垂直。即磁力的方向与电荷运动速度和磁感应强度的方向所构成的平面垂直,可记为 $\boldsymbol{F} // \boldsymbol{v} \times \boldsymbol{B}$。另外,当运动电荷的带电量为负时,磁作用力方向相反,则我们可以用 $\frac{q}{|q|} \boldsymbol{v} \times \boldsymbol{B}$ 来表示运动电荷受到磁场作用力 $\boldsymbol{F}$ 的方向。

(3) 运动电荷受力的大小 $|\boldsymbol{F}|$ 正比于 $|q|v\sin\theta$,其中 θ 为电荷运动方向与磁感应强度 $\boldsymbol{B}$ 的夹角。但是,$|\boldsymbol{F}|/(|q|v\sin\theta)$ 与电荷的带电量 q 以及运动速度 v 无关。因此,$|\boldsymbol{F}|/(|q|v\sin\theta)$ 只能是与磁场性质有关的量,在国际单位制中,定义为磁场的磁感应强度 $\boldsymbol{B}$ 的大小,即

$$B = \frac{|\boldsymbol{F}|}{|q|v\sin\theta} \tag{14-11}$$

这样,磁场的磁感应强度就完全确定下来了。磁感应强度 $\boldsymbol{B}$ 的单位称为特斯拉(Tesla),用 T 表示。特斯拉是导出单位,即 $1\,\text{T}=1\,\text{N·s}/(\text{C·m})$。因为国际单位制中的特斯拉太大,实际中通常还会用到另外一个单位,即高斯(G),$1\,\text{G}=1\times10^{-4}$ T。地球表面附近的磁场磁感应强度大约为 0.5 G。

按照上述讨论,当带电粒子 q 在磁场 $\boldsymbol{B}$ 中运动时受到的磁作用力为

$$\boldsymbol{F} = q\boldsymbol{v} \times \boldsymbol{B} \tag{14-12}$$

式(14-12)称为洛伦兹磁力公式。

14.3 毕奥-萨伐尔定律

如前所述,可以把磁场的源归结为电流,本节将讨论导线中的稳恒传导电流产

生不随时间变化的稳恒磁场的规律。

在处理有限大小带电体产生静电场的问题时,通常把有限大小带电体看作为无穷多个电荷元,每个电荷元又可以看作为点电荷,则有限大小带电体的静电场可以看作为无穷多个相应点电荷电场的叠加。与此类似,可以把任意线电流看作为无穷多个电流元 Idl,如图14-3所示。给定分布的线电流的磁场可以看作为无限多个电流元产生的磁场的叠加。

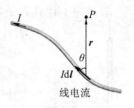

图 14-3

所谓电流元 Idl,其中 I 表示线电流的电流强度,dl 的大小是指电流元所对应的载流导线的长度,其方向与导线中电流密度 j 的方向相同。设导体横截面积为 S,已知电流密度 $j=nqv_d$,则电流元 Idl 可以作如下理解:

$$Idl = S(nqv_d)dl = S(nqv_d)dl = n(Sdl)qv_d = dqv_d$$

则电流元 Idl 实际上是一个运动速度为 v_d 的电荷元 dq。因此,电流产生的磁场实际上可以看成是相应的无穷多个运动的电荷元产生的磁场的叠加。

电流元产生磁场的规律是从实验中总结出来的,称为毕奥-萨伐尔(Biot-Savart)定律。如图14-3所示,实验表明,电流元 Idl 在空间点 P 处产生的磁场的磁感应强度 $d\boldsymbol{B}$ 的大小正比于电流元的大小,反比于电流元 Idl 到 P 点的距离 r 的平方,且与空间 P 点相对于电流元 Idl 的位置矢量 $\boldsymbol{r}$ 和电流 Idl 间的夹角 θ 的正弦成正比,即

$$dB = k_m \frac{Idl \sin\theta}{r^2} \qquad (14\text{-}13)$$

式中 k_m 为比例系数,与空间介质的磁性质有关。在国际单位制中,对于真空来讲,通常取比例系数 $k_m = \dfrac{\mu_0}{4\pi} = 10^{-7} \text{ T·m/A}$,其中 $\mu_0 = 4\pi \times 10^{-7} \text{ T·m/A}$ 称为真空磁导率。

实验还表明:P 点处的磁场 $d\boldsymbol{B}$ 的方向垂直于 Idl 与 $\boldsymbol{r}$ 组成的平面,即 $d\boldsymbol{B}$ 的方向总平行于 $d\boldsymbol{l} \times \boldsymbol{r}$ 的方向。因此,式(14-13)可改写为

$$d\boldsymbol{B} = \frac{\mu_0}{4\pi} \frac{Id\boldsymbol{l} \times \boldsymbol{r}}{r^3} \qquad (14\text{-}14)$$

这就是电流元在真空中产生磁场的实验规律——毕奥-萨伐尔定律。

根据式(14-14),任意线电流分布 L 在空间 P 点处的磁感应强度为

$$\boldsymbol{B} = \int d\boldsymbol{B} = \frac{\mu_0}{4\pi} \int_L \frac{Id\boldsymbol{l} \times \boldsymbol{r}}{r^3} \qquad (14\text{-}15)$$

原则上讲,利用毕奥-萨伐尔定律,我们可以计算出任意的电流分布在空间产生磁场的磁感应强度的分布。

【例 14-1】 计算如图 14-4 所示无限长直电流 I 的磁场分布。

解 为了计算方便,建立如图 14-4 所示坐标系。在原点 O 的上方 y 处选取代表性的电流元 $Id y \boldsymbol{j}$,$\boldsymbol{j}$ 为 y 方向的单位矢量。P 点(到直电流的距离为 a)相对于电流元的位置矢量为 $\boldsymbol{r}=a\boldsymbol{i}-y\boldsymbol{j}$,其中 $\boldsymbol{i}$ 为 x 方向的单位矢量。P 点到电流元的距离为 $r=(a^2+y^2)^{1/2}$。则根据毕奥-萨伐尔定律,无限长直电流在 P 点处的磁场为

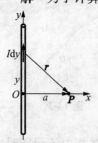

图 14-4

$$\boldsymbol{B}=\frac{\mu_0}{4\pi}\int_L \frac{Id\boldsymbol{l}\times\boldsymbol{r}}{r^3}=\frac{\mu_0}{4\pi}\int_{-\infty}^{+\infty}\frac{Id y\boldsymbol{j}\times(a\boldsymbol{i}-y\boldsymbol{j})}{(a^2+y^2)^{3/2}}$$

$$=\frac{\mu_0}{4\pi}(-\boldsymbol{k})\int_{-\infty}^{+\infty}\frac{Id y\,a}{(a^2+y^2)^{3/2}}$$

式中 $\boldsymbol{k}$ 为 z 方向的单位矢量(在图中方向为垂直纸面向外)。利用积分公式 $\int\frac{\mathrm{d}x}{(a^2+x^2)^{3/2}}=\frac{1}{a^2}\frac{x}{(a^2+x^2)^{1/2}}+C$,得 P 点的磁感应强度为

$$\boldsymbol{B}=\frac{\mu_0 I}{2\pi a}(-\boldsymbol{k})$$

因为无限长的直电流具有柱对称性,其产生的磁场也应具有相同的对称性,即离直电流相同距离的空间点的磁场的磁感应强度大小都相同。则任意离直电流距离为 r 的空间点的磁感应强度大小为

$$B=\frac{\mu_0 I}{2\pi r}$$

磁感应强度的方向与直电流的方向满足右手螺旋关系,即右手大拇指的方向指向电流 I 的方向,右手四指自然弯曲时的指向为磁感应强度 $\boldsymbol{B}$ 的方向。

另外,在物理上,无限长直电流是不存在的,但是如果只关心离一段有限长直电流很近的空间点的磁场时,磁场的分布仍可以由上述结果描述。

【例 14-2】 求圆电流轴线上的磁场分布。

解 如图 14-5 所示,设圆电流半径为 R,电流强度为 I。在圆电流上任取一电流元 $Id\boldsymbol{l}$,电流元相对于 O 点的位置矢量为 $\boldsymbol{R}$,$\boldsymbol{R}$ 与 y 轴的夹角为 θ,则

$$\boldsymbol{R}=R(\cos\theta\boldsymbol{j}+\sin\theta\boldsymbol{k})$$

$$Id\boldsymbol{l}=IR\mathrm{d}\theta(-\sin\theta\boldsymbol{j}+\cos\theta\boldsymbol{k})$$

式中 $\mathrm{d}\theta$ 为电流元相对于 O 点的张角。P 点相对于电流元的位置矢量为 $\boldsymbol{r}=x\boldsymbol{i}-\boldsymbol{R}$,距离为 $r=(x^2+R^2)^{1/2}$。则根据毕奥-萨伐尔定律,无限长直电流在 P 点处的磁场为

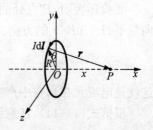

图 14-5

$$\boldsymbol{B}=\frac{\mu_0}{4\pi}\int_L\frac{Id\boldsymbol{l}\times\boldsymbol{r}}{r^3}=\frac{\mu_0}{4\pi}\int_0^{2\pi}\frac{IR\mathrm{d}\theta(-\sin\theta\boldsymbol{j}+\cos\theta\boldsymbol{k})\times(x\boldsymbol{i}-\boldsymbol{R})}{(x^2+R^2)^{3/2}}$$

$$=\frac{\mu_0}{4\pi}\int_0^{2\pi}\frac{IR\mathrm{d}\theta(R\boldsymbol{i}+x\cos\theta\boldsymbol{j}+x\sin\theta\boldsymbol{k})}{(x^2+R^2)^{3/2}}=\frac{\mu_0 IR^2}{2(R^2+x^2)^{3/2}}\boldsymbol{i}$$

在圆电流中心 O 处,$x=0$,磁感应强度大小为

$$B_O=\frac{\mu_0 I}{2R}$$

如果 P 远离圆电流中心,即 $x\gg R$,磁感应强度大小为

$$B_P\approx\frac{\mu_0 IR^2}{2x^3}=\frac{\mu_0}{2\pi}\frac{IS}{x^3}$$

式中 $S=\pi R^2$ 为圆电流所围面积。令 $\boldsymbol{m}=IS\boldsymbol{e}_n$,$\boldsymbol{e}_n$ 为圆电流平面的法线方向单位矢量,$\boldsymbol{e}_n$ 的方向与电流流向呈右螺旋关系,在图 14-5 中,$\boldsymbol{e}_n$ 的方向就是 $\boldsymbol{i}$ 的方向。因此,上式可记为如下矢量式

$$\boldsymbol{B}_P=\frac{\mu_0}{2\pi}\frac{\boldsymbol{m}}{x^3}$$

形式上与电偶极子 $\boldsymbol{p}=q\boldsymbol{l}$ 在轴线上的电场强度 $\boldsymbol{E}=\dfrac{\boldsymbol{p}}{2\pi\varepsilon_0 r^3}$ 相似。因此,把载流圆线圈称为磁偶极子,$\boldsymbol{m}$ 称为载流圆线圈的磁偶极矩,简称为磁矩。实际上,在讨论磁场对载流导线的作用时,任何平面载流线圈都可以看作为磁偶极子,都可以定义相应的磁矩。磁矩大小等于电流强度 I 与线圈所围的面积 S 的乘积,即 $m=IS$。如果线圈有 N 匝,则 $m=NIS$。

【例 14-3】 求载流无限长直螺线管轴线上的磁场。

解 如图 14-6 所示,将载流细导线均匀密绕在圆柱面上就构成了长直螺线管。设螺线管的半径为 R,电流为 I,沿螺线管轴线方向上单位长度绕有线圈 n 匝。若螺线管线圈导线极细且绕得很紧密,则每匝线圈可近似地看作为平面圆线圈。

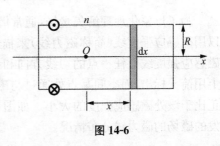

图 14-6

在螺线管轴线上取 O 点为 x 轴的原点,建立如图 14-6 所示坐标系。在 x 点处,将直螺线管切出宽度为 $\mathrm{d}x$ 的 $n\mathrm{d}x$ 匝线圈,它可看作为电流强度为 $In\mathrm{d}x$ 的圆电流。根据例 14-2 结果,该圆电流在 O 点处的磁场磁感应强度大小为

$$\mathrm{d}B_O=\frac{\mu_0 R^2 nI\mathrm{d}x}{2(R^2+x^2)^{3/2}}$$

方向与电流方向呈右手螺旋关系,即沿 x 轴正向。对于无限长直载流螺线管,O 点处的磁场的磁感应强度大小为

$$B_O = \int_{-\infty}^{+\infty} \frac{\mu_0 R^2 nI \, \mathrm{d}x}{2(R^2 + x^2)^{3/2}}$$

积分后可得 O 点的磁感应强度为

$$B_O = \mu_0 nI$$

结果与 O 点在轴线上的位置选择无关,这表明:对于无限长直载流螺线管轴线上任意点的磁场磁感应强度均相同。实际上,还可以证明:密绕的无限长直载流螺线管的内部空间各点的磁感应强度的值均为 $\mu_0 nI$。因此,其内部的磁场是均匀分布的。

利用上述方法也可以证明,在半无限长螺线管端面的中心处,磁感应强度大小为 $B = \frac{1}{2}\mu_0 nI$。

14.4 磁场的基本规律

用磁感应强度 **B** 描述磁场时,磁场是一个矢量场。在这一点上,与用电场强度 **E** 描述静电场时完全相同。因此,对稳恒磁场也要引入磁场的高斯定理和环流定理。高斯定理反映的是该矢量场对封闭曲面通量的性质,环流定理反映的是该矢量场对闭合曲线的环流的性质。

14.4.1 磁感应强度线与磁通量

为了形象化地理解矢量场,通常借助场的可视化方法来描述场。对于磁场,可以用磁感应强度线(简称磁力线)来描述磁场的分布。与电场线的引入方法类似,磁感应强度线上任一点的切线方向和该点处的磁场磁感应强度方向相同,并在线上用箭头标出,而空间某点处通过与磁感应强度垂直的单位面积的磁力线的根数正比于该处磁感应强度的大小。如图 14-7 所示为几种不同形状的载流导线所激发的磁场的磁力线分布情况。

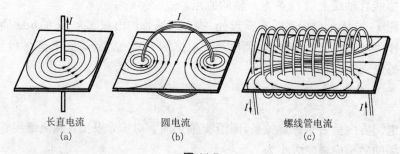

长直电流　　　圆电流　　　螺线管电流
　(a)　　　　　(b)　　　　　(c)

图 14-7

类似于电通量的理解,定义穿过任意曲面 S 的磁力线的根数为通过该曲面的磁通量。如图 14-8 所示,在外磁场中有一曲面 S,在其上任取一面元 dS,通过该面元的磁通量为

$$d\Phi_m = B\cos\theta dS = \boldsymbol{B}\cdot d\boldsymbol{S}$$

式中面元 $d\boldsymbol{S}$ 的大小为 dS,方向为该面元处曲面 S 的法线方向,θ 为 $d\boldsymbol{S}$ 与该面元处磁感应强度 $\boldsymbol{B}$ 的方向的夹角。所以,通过任意曲面 S 的磁通量为

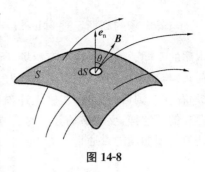

图 14-8

$$\Phi_m = \iint_S \boldsymbol{B}\cdot d\boldsymbol{S} \tag{14-16}$$

在国际单位制中,磁通量的单位为导出单位——$T\cdot m^2$,称为韦伯,用 Wb 表示。

14.4.2 磁场的高斯定理

与静电场中的高斯定理一样,对于任意封闭曲面,一般规定从封闭曲面内向外的法线方向为法线的正方向。这样通过封闭曲面 S 的磁通量可表示为 $\oint_S \boldsymbol{B}\cdot d\boldsymbol{S}$。

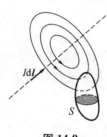

图 14-9

按照毕奥-萨伐尔定律,任意电流元 $Id\boldsymbol{l}$ 所产生磁场的磁力线是以电流元 $Id\boldsymbol{l}$ 所在的直线为轴的一系列闭合的圆形曲线,与电流元方向呈右手螺旋关系,如图 14-9 所示。按照磁力线与封闭曲面的空间关系,这些磁力线可分为两类:①在封闭曲面内(或外)闭合,与封闭曲面没有交叉;②与封闭曲面有交叉。对于第一类磁力线,不可能有对封闭曲面磁通量的贡献。对于第二类磁力线,由于任意一条磁力线从某处穿进封闭曲面,一定还会从另外一处穿出,因此对于磁通量的贡献也为零。由此分析,任意电流元所产生磁场对任意封闭曲面 S 的磁通量为零。

对于任意电流分布的磁场,总可以看成为无穷多个电流元磁场的矢量叠加。由于每个电流元所产生的磁场对任意封闭曲面的磁通量为零,则任意电流分布的磁场对任意封闭曲面 S 的磁通量也一定为零,即

$$\oint_S \boldsymbol{B}\cdot d\boldsymbol{S} = 0 \tag{14-17}$$

这就是磁场的高斯定理。

与静电场的高斯定理 $\oint_S \boldsymbol{E} \cdot d\boldsymbol{S} = \dfrac{1}{\varepsilon_0} \sum_i q_i$ 对比,我们发现,稳恒磁场与静电场有本质的不同。静电场称为有源场,所谓静电场的源是指单独存在的正电荷(或负电荷)。与静电场相对,稳恒磁场称为无源场,这是因为自然界没有单独磁 N 极(或 S 极)存在。到目前为止,实验上还没有发现磁单极存在。磁 N 极和 S 极总是成对存在的。这样,反映磁场分布的磁力线总是无头无尾的闭合线。因此,稳恒磁场对任意封闭曲面的磁通量总为零。

14.4.3 安培环路定理

对于静电场,有 $\oint_l \boldsymbol{E} \cdot d\boldsymbol{l} = 0$。这说明静电场是一个保守力场,且为无旋场。而对于稳恒电流所激发的稳恒磁场,情况就很不一样,因为磁力线为无头无尾的闭合曲线。若取任意一条磁力线作为闭合回路 l,对磁场求环流 $\oint_l \boldsymbol{B} \cdot d\boldsymbol{l}$,有

$$\oint_l \boldsymbol{B} \cdot d\boldsymbol{l} = \oint_l B\, dl \neq 0$$

因此,磁场对任意闭合回路的环流就不一定为零。

下面通过无限长载流直导线的磁场这一特殊磁场的情况,讨论磁场的环流定理,即安培环路定理。我们分以下几种情况来讨论:

1) 闭合回路 l 包围单个无限长直电流 I

设任意形状的闭合回路 l 包围无限长直电流 I,且在垂直于直电流的平面内,如图 14-10 所示,回路的方向与电流满足右手螺旋关系。已知无限长直电流磁场的磁力线是一组以电流为中心的圆形曲线,磁感应强度为

$$\boldsymbol{B} = \dfrac{\mu_0}{2\pi} \dfrac{I}{r} \boldsymbol{e}_\varphi$$

式中 r 为场点离开电流的距离;$\boldsymbol{e}_\varphi$ 表示圆形曲线的切线方向单位矢量。如图 14-11 所示对于闭合回路的路径元 $d\boldsymbol{l}$,显然有

$$\boldsymbol{B} \cdot d\boldsymbol{l} = Br\, d\varphi$$

则无限长直电流对闭合回路的环流为

$$\oint_l \boldsymbol{B} \cdot d\boldsymbol{l} = \oint_l \dfrac{\mu_0}{2\pi} \dfrac{I}{r} r\, d\varphi = \dfrac{\mu_0 I}{2\pi} \oint_l d\varphi = \mu_0 I \tag{14-18}$$

如果回路 l 的绕行方向或电流流向与图 14-10 方向相反,回路的方向与电流不再满足右手螺旋关系。可以证明:此时无限长直电流对闭合回路 l 的环流为

$$\oint_l \boldsymbol{B} \cdot d\boldsymbol{l} = -\mu_0 I \tag{14-19}$$

上述结果表明:在垂直于直电流的平面内的闭合回路 l 包围无限长直电流 I 时,磁感应强度对回路的环流不等于零,具体取值和回路与电流间的相对几何关系有关。

图 14-10　　　　　　　　　　　　图 14-11

2) 闭合回路 l 不包围单个无限长直电流 I

设任意形状的闭合回路 l 不包围无限长直电流 I,但在垂直于长直电流的平面内,如图 14-12 所示。这种情况下,可以从电流与回路平面相交的 O 点处作闭合回路 l 的切线。这样的切线有两条,两个切点把闭合曲线 l 分割成为两部分 l_1 和 l_2,如图 14-13 所示。再从 O 点处引出两条夹角为 $\mathrm{d}\varphi$ 的直线,把 l_1 和 l_2 分别切出两个路径元 $\mathrm{d}l_1$ 和 $\mathrm{d}l_2$,$\mathrm{d}l_1$ 和 $\mathrm{d}l_2$ 相对于 O 点的张角大小均为 $\mathrm{d}\varphi$。由此可得:

$$\boldsymbol{B}_1 \cdot \mathrm{d}\boldsymbol{l}_1 + \boldsymbol{B}_2 \cdot \mathrm{d}\boldsymbol{l}_2 = B_1 r_1 (-\mathrm{d}\varphi) + B_2 r_2 \mathrm{d}\varphi = \frac{\mu_0}{2\pi}(-\mathrm{d}\varphi) + \frac{\mu_0}{2\pi}\mathrm{d}\varphi = 0$$

因为总可以把 l_1 和 l_2 按上述办法切割成成对的路径元 $\mathrm{d}l_1$ 和 $\mathrm{d}l_2$,因此,无限长直电流的磁场对如图 14-12 所示的任意形状的闭合回路 l 的环流为

$$\oint_l \boldsymbol{B} \cdot \mathrm{d}\boldsymbol{l} = \int_{l_1} \boldsymbol{B}_1 \cdot \mathrm{d}\boldsymbol{l}_1 + \int_{l_2} \boldsymbol{B}_2 \cdot \mathrm{d}\boldsymbol{l}_2 = \frac{\mu_0 I}{2\pi}\left(-\int_{l_2}\mathrm{d}\varphi + \int_{l_1}\mathrm{d}\varphi\right) = 0 \quad (14\text{-}20)$$

即无限长直电流的磁场磁感应强度对不包围直电流的闭合回路的环流总为零,且与回路的绕向无关。

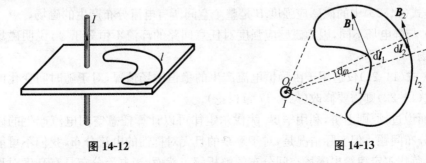

图 14-12　　　　　　　　　　　　图 14-13

对于上述两种情况,如果回路 l 不在垂直于无限长直电流的平面内,式(14-18),式(14-19)和式(14-20)仍然成立。这是因为,在此种情况下,每个路径元 $\mathrm{d}l$ 都可以分解为平行于电流方向的分量 $\mathrm{d}l_{/\!/}$ 和垂直于电流的分量 $\mathrm{d}l_\perp$。而磁感应强度 $\boldsymbol{B}$ 方向是在垂直于电流的平面内,因此 $\boldsymbol{B}$ 和 $\mathrm{d}l_{/\!/}$ 的点积为零,则

$$\oint_l \boldsymbol{B} \cdot \mathrm{d}\boldsymbol{l} = \int_l \boldsymbol{B} \cdot \mathrm{d}\boldsymbol{l}_{/\!/} + \int_l \boldsymbol{B} \cdot \mathrm{d}\boldsymbol{l}_\perp = \int_l \boldsymbol{B} \cdot \mathrm{d}\boldsymbol{l}_\perp$$

积分的结果就与上述 1)和 2)的结果完全相同。所以,式(14-18),式(14-19)和式(14-20)仍然成立。综合上述各种情况,我们有

$$\oint_l \boldsymbol{B} \cdot \mathrm{d}\boldsymbol{l} = \begin{cases} \mu_0 I & \text{(a)} \\ -\mu_0 I & \text{(b)} \\ 0 & \text{(c)} \end{cases} \qquad (14\text{-}21)$$

式(a)是回路 l 包围电流 I,且满足右手螺旋关系的情况;式(b)是回路 l 包围电流 I,但不满足右手螺旋关系的情况;式(c)是回路 l 不包围电流 I 的情况。

如果空间有多个无限长直电流存在,根据磁感应强度叠加原理,空间总磁场分布为单个电流磁场的叠加,即 $\boldsymbol{B} = \sum_i \boldsymbol{B}_i$,则

$$\oint_l \boldsymbol{B} \cdot \mathrm{d}\boldsymbol{l} = \oint_l \left(\sum_i \boldsymbol{B}_i\right) \cdot \mathrm{d}\boldsymbol{l} = \sum_i \left(\oint_l \boldsymbol{B}_i \cdot \mathrm{d}\boldsymbol{l}\right) = \mu_0 \sum I \qquad (14\text{-}22)$$

式中 $\sum I$ 表示对穿过回路 l 的电流求代数和,每个直电流的贡献按照式(14-21)的规则计算。

理论可以证明,虽然式(14-22)是对无限长直电流的情况而推导的结果,但对任意电流分布产生的磁场照样适用。式(14-22)表示空间磁场的对闭合回路环流性质与激发磁场的电流间存在的普遍规律,称为安培环路定理。

要说明的是:

(1) 磁场磁感应强度对任意闭合回路的环流只与穿过该闭合回路的电流有关,但是式(14-22)中的磁感应强度 $\boldsymbol{B}$ 是整个空间所有电流分布产生的磁场。

(2) 与静电场不同,因为磁感应强度对任意回路的环流不恒等于零,说明磁场是有旋场。

(3) 式(14-22)仅适用于由稳恒电流产生的稳恒磁场情况,对于随时间变化的磁场,式(14-22)则需要修改(见第 17 章讨论)。

前面说过,原则上讲,利用毕奥-萨伐尔定律可以计算任意空间电流产生的磁场空间分布问题。但实际情况是,对于复杂的且无对称性的电流分布,我们不可能由毕奥-萨伐尔定律给出磁场空间分布的解析解。然而,当电流分布具有高度对称性(如柱对称性或平面对称性)时,利用安培环路定理可以方便地求出磁感应强度

的空间分布规律。下面讨论几个例子。

【例 14-4】 求无限长均匀载流圆柱体在真空中的磁场分布。

解 如图 14-14 所示,设圆柱横截面的半径为 R,电流为 I。因为电流在横截面内均匀分布,电流具有柱对称性。因此,磁场也具有柱对称性,对称轴与电流分布的对称轴相同,且磁感应强度的方向沿垂直于电流方向的平面内以对称轴为中心的圆形回路的切线方向 e_φ,即

$$\boldsymbol{B} = B(r)\boldsymbol{e}_\varphi$$

式中 r 为场点到对称轴的距离;空间各点处 e_φ 的方向与电流的流向满足右手螺旋关系。

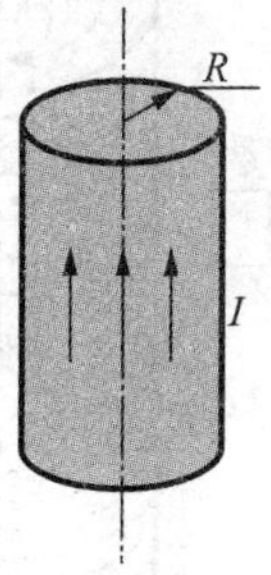

图 14-14

在垂直于电流方向的平面内,选取以对称轴为中心、半径为 r 的圆形回路 l 作为安培环路定理中的积分回路。考虑到磁场分布的对称性,有

$$\oint_l \boldsymbol{B} \cdot \mathrm{d}\boldsymbol{l} = \oint_l B(r)\mathrm{d}l = B(r)\oint_l \mathrm{d}l = B(r) \cdot 2\pi r$$

应用安培环路定理,当 $r<R$ 时,$\sum I = \dfrac{I}{\pi R^2} \cdot \pi r^2 = I\dfrac{r^2}{R^2}$,则

$$B(r) \cdot 2\pi r = \mu_0 I \dfrac{r^2}{R^2}$$

所以,无限长均匀载流圆柱体内部的磁场分布为

$$B(r) = \mu_0 \dfrac{Ir}{2\pi R^2} \quad (r<R)$$

当安培回路的半径 $r>R$ 时,$\sum I = I$,则

$$B(r) \cdot 2\pi r = \mu_0 I$$

所以,无限长均匀载流圆柱体外部的磁场分布为

$$B(r) = \dfrac{\mu_0 I}{2\pi r} \quad (r>R)$$

因此,无限长均匀载流圆柱体的磁场在载流圆柱体内是随场点到对称轴的距离线性增加的场,而在载流柱体外部与无限长直电流的磁场相同。

【例 14-5】 求无限长直密绕螺线管的磁场分布。

解 与例 14-3 一样,设螺线管的半径为 R,电流为 I,沿螺线管轴线方向上单位长度绕有 n 匝线圈,如图 14-15 所示。螺线管线圈绕得很紧密,则每匝线圈可近似地看作为平面圆线圈。因此,理想情况下,无限长载流密绕螺线管具有柱对称性,对称轴为螺线管的几何对称轴,如图 14-15 中的 z 轴。按照对称性原理,对应的磁场也应具有柱对称性,即磁感应强度 $\boldsymbol{B}$ 的大小只与场点到对称轴的距离有关,与场点相对于对称轴的方位无关。因为磁场的方向还不能确定,可以假设无限长

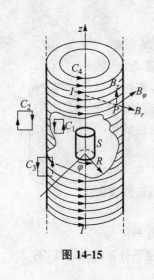

图 14-15

载流密绕螺线管的磁感应强度为

$$\boldsymbol{B} = B_r(r)\boldsymbol{e}_r + B_\varphi(r)\boldsymbol{e}_\varphi + B_z(r)\boldsymbol{e}_z$$

式中 $\boldsymbol{e}_r$，$\boldsymbol{e}_\varphi$ 和 $\boldsymbol{e}_z$ 分别表示柱坐标系中 r，φ 和 z 方向的单位矢量。下面根据稳恒磁场的高斯定理和安培环路定理分析无限长载流密绕螺线管的磁场分布规律。

首先，选取如图 14-15 所示的以磁场对称轴为轴线、半径为 r 的圆柱面 S 作为高斯面，利用高斯定理，我们有

$$\oiint_S \boldsymbol{B} \cdot \mathrm{d}\boldsymbol{S} = \iint_{S_1} \boldsymbol{B} \cdot \mathrm{d}\boldsymbol{S} + \iint_{S_2} \boldsymbol{B} \cdot \mathrm{d}\boldsymbol{S} + \iint_{S_3} \boldsymbol{B} \cdot \mathrm{d}\boldsymbol{S} = 0$$

式中 S_1 为圆柱面的侧面；S_2 为圆柱面的上底面；S_3 为圆柱面的下底面。按照磁场分布对称性，磁感应强度 $\boldsymbol{B}$ 对上下底面通量的代数和应为零，则

$$\oiint_S \boldsymbol{B} \cdot \mathrm{d}\boldsymbol{S} = \iint_{S_1} \boldsymbol{B} \cdot \mathrm{d}\boldsymbol{S} = \iint_{S_1} B_r(r) \cdot \mathrm{d}S = B_r(r) \cdot 2\pi r = 0$$

则 $B_r(r)=0$。因为上述讨论中并没有说明高斯面的柱面半径大于或小于螺线管的半径，则无限长载流密绕螺线管的磁场无论在螺线管内部还是外部，磁感应强度在 $\boldsymbol{e}_r$ 方向的分量均不存在，只可能有 $\boldsymbol{e}_\varphi$ 和 $\boldsymbol{e}_z$ 方向的分量。

再选取如图 14-15 所示的 C_4 圆形回路作为安培环路，利用安培环路定理得

$$\oint_{C_4} \boldsymbol{B} \cdot \mathrm{d}\boldsymbol{l} = \oint_{C_4} \boldsymbol{B} \cdot (r\mathrm{d}\varphi \boldsymbol{e}_\varphi) = \oint_{C_4} B_\varphi(r) \cdot (r\mathrm{d}\varphi)$$

$$= B_\varphi(r) r \oint_{C_4} \mathrm{d}\varphi = B_\varphi(r) 2\pi r = 0$$

则 $B_\varphi(r)=0$。因此无限长载流密绕螺线管的磁场无论在螺线管内部还是外部，磁感应强度的 $\boldsymbol{e}_r$ 和 $\boldsymbol{e}_\varphi$ 方向的分量不存在，只可能有 $\boldsymbol{e}_z$ 方向的分量。

再取如图 14-15 所示的与磁场对称轴共面，且位于螺线管内部的矩形回路 C_1 作为安培环路。矩形回路 C_1 中垂直于磁场对称轴的两段的路径元与磁场垂直，因此这两段对总环流的贡献为零。其余两段（离磁场对称轴的距离分别为 r_1 和 r_2）长度相同，均为 Δl，利用安培环路定理得

$$B_z(r_1)\Delta l - B_z(r_2)\Delta l = 0$$

则

$$B_z(r_1) = B_z(r_2)$$

说明在螺线管内部的磁场 $\boldsymbol{B}_1$ 是匀强磁场。同样，对于如图 14-15 所示的与磁场对称轴共面，且位于螺线管外部的矩形回路 C_2 作分析可知，在螺线管外部的磁场 $\boldsymbol{B}_2$ 也应是匀强磁场。

因为磁感应强度线(磁力线)应是闭合线,按照上述分析,在螺线管内部的磁场 B_1 是方向沿 z 轴正方向的匀强磁场,而在螺线管外部的磁场 B_2 则应是方向沿 z 轴负方向的匀强磁场。则按照高斯定理,在螺线管内部的磁场向上的磁通量应和在螺线管外部的磁场向下的磁通量相等,且均为有限大小的值(具体取值与螺线管中的电流有关)。又因为垂直于磁场对称轴的平面在螺线管外部的面积为无穷大,则外部的磁场磁感应强度应为零,即 $B_2=0$。

再取如图 14-15 所示的与磁场对称轴共面,且横跨螺线管的矩形回路 C_3 作为安培环路。矩形回路 C_3 中垂直于磁场对称轴的两段路径元与磁感应强度垂直,对环流贡献为零。其余两段长度相同,均为 Δl,则回路所围总电流为 $nI\Delta l$,利用安培环路定理得

$$B_{z1}\Delta l - B_{z2}\Delta l = B_{z1}\Delta l = \mu_0(nI\Delta l)$$

则螺线管内部的磁场为

$$B_{z1} = \mu_0 nI$$

【例 14-6】 求无限大均匀载流平面的磁场。

解 对于无限大均匀载流平面,用电流的线密度来描述。电流线密度 α 定义为通过与电流垂直方向上的单位宽度的电流强度。如图 14-16(a)所示,若在平面内垂直于电流方向上宽度为 Δl 内的电流强度为 ΔI,则电流线密度为

$$\alpha = \frac{\Delta I}{\Delta l}$$

对于均匀载流平面,电流线密度 α 为一常量。

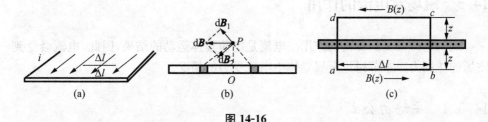

图 14-16

下面首先分析无限大载流平面磁场分布性质。如图 14-16(b)所示,先看平面上方场点 P 的磁场。从 P 点出发,向载流平面引一条垂线,与载流平面的交点为 O。再以通过 O 点且与电流方向平行的直线为对称线,把无限大平面电流分成一对一对等宽度(宽度趋于零)的关于对称线对称排列的无限长线电流。很显然,任意一对对称分布的无限长线电流在 P 点的总磁场磁感应强度 $d\boldsymbol{B}$ 均平行于电流平面向左,如图 14-16(b)所示。因此,无限大均匀载流平面在 P 点处总的磁场磁感应强度 $\boldsymbol{B}$ 平行于电流平面向左。因为 P 点的选择对于无限大均匀载流平面来讲

具有水平方向上的平移对称性,则无限大均匀载流平面上方距平面距离相同的空间点的磁场是完全相同的。

同样的分析适用于载流平面下方的磁场分布。结论不同的是:平面下方的磁场磁感应强度方向是向右的。

根据磁场分布的对称性,取如图14-16(c)所示的相对于载流平面上、下对称的矩形积分回路 $abcda$ 作为安培环路。利用安培环路定理得

$$\oint_{abcda} \boldsymbol{B} \cdot \mathrm{d}\boldsymbol{l} = \int_{ab} \boldsymbol{B}(z) \cdot \mathrm{d}\boldsymbol{l} + \int_{bc} \boldsymbol{B} \cdot \mathrm{d}\boldsymbol{l} + \int_{cd} \boldsymbol{B}(z) \cdot \mathrm{d}\boldsymbol{l} + \int_{da} \boldsymbol{B} \cdot \mathrm{d}\boldsymbol{l} = \mu_0 \alpha \Delta l$$

式中

$$\int_{bc} \boldsymbol{B} \cdot \mathrm{d}\boldsymbol{l} = \int_{da} \boldsymbol{B} \cdot \mathrm{d}\boldsymbol{l} = 0$$

$$\int_{ab} \boldsymbol{B}(z) \cdot \mathrm{d}\boldsymbol{l} = \int_{cd} \boldsymbol{B}(z) \cdot \mathrm{d}\boldsymbol{l} = B(z) \Delta l$$

则

$$2B(z) \Delta l = \mu_0 \alpha \Delta l$$

所以,无限大均匀载流平面的磁场为

$$B(z) = \frac{\mu_0 \alpha}{2}$$

由此可见,无限大均匀载流平面的磁场是匀强磁场,上、下两侧磁场的磁感应强度方向相反。

14.5 磁场对电流的作用

运动电荷会受到磁场的作用。电流是电荷集体运动的结果,因此,电流会受到磁场的作用力。本节讨论金属导体中电流受力的情况。

14.5.1 安培力公式

考虑处于磁场中的一段载流导体,由于载流子在磁场的作用下有改变漂移运动状态的趋势(如侧向运动),而由于导线对载流子的约束,其运动被限制在导体范围内。则载流子受到的磁力将通过其与金属晶格离子间的碰撞传递给载流导体。因此说,电流受力实际上是载流导线受力。

磁场中的载流导线要受到磁力作用的现象是由安培首先发现的,故这种力称为安培力。安培力公式是从实验中总结出来的。下面,从微观的角度出发,利用洛伦兹磁力公式推导出载流导线受力的规律,即安培力公式。

如图 14-17 所示，在载流导线上任取一电流元 Idl。设导体横截面积为 S，载流子(q)数密度为 n，已知导体的电流密度 $j=nqv_d$，则与 14.3 节中一样，电流元 Idl 可以作如下理解：

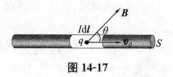

图 14-17

$$Idl = S(nqv_d)dl = dqv_d$$

即电流元 Idl 实际上是一个与载流子漂移速度 v_d 相同的运动电荷元 dq。按照洛伦兹磁力公式，运动电荷元受磁场的作用力为

$$dF = dqv_d \times B$$

按照 $dqv_d = Idl$，电流元 Idl 所对应的一段导体受力为

$$dF = Idl \times B$$

对于处于磁场 B 中的任意电流分布，总可以把它看成为无穷多个电流元的集合，每个电流元都会受到磁场的作用力。因此，按照力的叠加原理可以得到任意一段载流导体 L 受到的磁场作用力为

$$F = \int dF = \int_L Idl \times B \tag{14-23}$$

注意，式中 B 为电流元 Idl 所处空间位置处的磁场磁感应强度。式(14-23)称为安培力公式。

【例 14-7】 如图 14-18(a)所示，有一半径为 R 的柔软的导线处于磁感应强度为 B 的匀强磁场中，载流线圈平面与 B 垂直。设线圈中电流强度为 I，求载流导线中的张力大小 T。

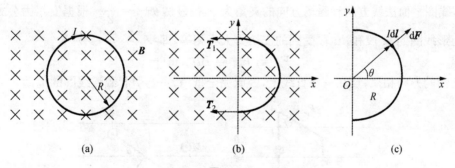

图 14-18

解 按照安培力公式，在匀强磁场中的一段闭合电流受力为

$$F = \oint_L (Idl \times B) = I\left(\oint_L dl\right) \times B = 0$$

即闭合电流受力为零。据此，我们可以想象把圆电流分割成完全相同的两半，如图 14-18(b)所示，其中右半线圈保持空间位置不动，是因为它受到的磁场作用力 F

与左半线圈对其拉力(即导线中的张力)T_1 和 T_2 平衡,即
$$F + T_1 + T_2 = 0$$
按照对称性,T_1 和 T_2 的大小相同,即 $T_1 = T_2 = T$,两者方向也相同,则只要求出右半线圈受到的磁场作用力 F,就可以知道线圈中的张力,即 $T = F/2$。

如图 14-18(c)所示,在右半线圈上对应于 θ 的位置选取相对于圆心张角为 $d\theta$ 的电流元 Idl,电流元的大小为 $Idl = IRd\theta$。因电流元 Idl 与磁场垂直,则受到的磁力大小为 $dF = BIdl = BIRd\theta$,方向如图 14-18(c)所示。dF 可表示为
$$dF = Idl \times B = IBRd\theta(\sin\theta j + \cos\theta i)$$
则右半线圈受到的总磁力为
$$F = \int_{-\pi/2}^{\pi/2} IBRd\theta(\sin\theta j + \cos\theta i) = IBR(-\cos\theta j + \sin\theta i)\Big|_{-\pi/2}^{\pi/2} = 2IBRi$$
所以,线圈中的张力大小为
$$T = F/2 = IBR$$

14.5.2　载流线圈在磁场中受到的作用

下面讨论载流线圈在磁场中受到磁场作用的情况。为方便起见,我们讨论在匀强磁场中的载流矩形线圈受力情况。

如图 14-19 所示,在磁场磁感应强度为 B 的匀强磁场中,有一边长分别为 l_1 和 l_2 的刚性矩形载流线圈 $abcda$,电流强度为 I。设线圈平面和磁场的方向夹角为 θ,线圈平面法线方向和磁场方向的夹角为 φ,很显然 $\theta + \varphi = \dfrac{\pi}{2}$。根据安培力公式,矩形线圈的 bc 段和 da 段受到的安培力大小相等,即
$$F_{bc} = F_{da} = BIl_1\sin\theta$$
它们的方向相反,且在一条直线上,因此完全抵消,不会引起载流线圈的运动。

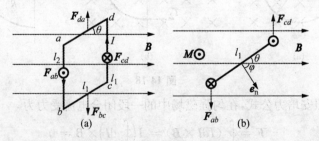

图 14-19

载流矩形线圈的 ab 段和 cd 段受到的安培力大小也相等,即

$$F_{ab} = F_{cd} = BIl_2$$

它们的方向也相反，但不在一条直线上。因此，$\boldsymbol{F}_{ab}$ 和 $\boldsymbol{F}_{cd}$ 构成了一对力偶，力臂为 $l_1\cos\theta$。则载流矩形线圈受到的安培力对应的力矩大小为

$$M = F_{ab}l_1\cos\theta = BIl_1l_2\cos\theta = BIS\cos\theta = BIS\sin\varphi$$

式中 $S=l_1l_2$ 为载流线圈所围的面积。在例 14-2 中，我们定义了载流圆线圈的磁矩。实际上，对于任意形状的平面截流线圈，我们都可以定义电流的磁矩，$\boldsymbol{m}=IS\boldsymbol{e}_n$，其中 $\boldsymbol{e}_n$ 与电流强度 I 的方向满足右手螺旋关系。考虑到磁矩、磁感应强度和力矩的方向间的关系，可将上式改写为如下矢量形式：

$$\boldsymbol{M} = IS\boldsymbol{e}_n \times \boldsymbol{B} = \boldsymbol{m} \times \boldsymbol{B} \tag{14-24}$$

由上述讨论，载流线圈在匀强磁场中受到的磁场合力为零，但合力矩不为零。因此，按照质心运动定理和刚体的转动定律，载流线圈整体（或质心）不会平动，但载流线圈会有绕质心的转动。从式(14-24)可知：

(1) 当 $\varphi=\pi/2$ 时，载流线圈受到磁场作用的力矩最大。

(2) 当 $\varphi=0$ 或 π 时，载流线圈受到磁场作用的力矩为零，均为线圈的平衡（角）位置。但不同的是，$\varphi=0$ 是载流线圈的稳定平衡（角）位置，而 $\varphi=\pi$ 为载流线圈的不稳定平衡（角）位置。这是因为，如果外界对系统有干扰，使系统偏离 $\varphi=\pi$（角）位置的话，磁场对其作用的力矩会使其继续偏离。实际上，$\varphi=0$ 是载流线圈在磁场中的能量最低态，而 $\varphi=\pi$ 则是载流线圈在磁场中的能量最高态。按照能量最小原理，并考虑到系统中的耗散性因素，系统最终应该停留在其能量的最低点。

可以证明：对于任意形状的平面载流线圈处于匀强磁场中的情况，上述结果仍然成立，包括：

(1) 载流平面线圈受到的合力为零，即

$$\boldsymbol{F} = \oint_l (Id\boldsymbol{l} \times \boldsymbol{B}) = I\left(\oint_l d\boldsymbol{l}\right) \times \boldsymbol{B} = 0$$

(2) 载流线圈受到磁场作用的磁力矩为 $\boldsymbol{M}=\boldsymbol{m}\times\boldsymbol{B}$。

但是，如果载流平面线圈处于非匀强磁场中时，除了有非零的磁力矩外，线圈受到的磁场作用力一般也不为零。当载流线圈线度很小时，如有磁矩的分子或原子等，磁场的合力可以表示为如下形式：

$$\boldsymbol{F} = \nabla(\boldsymbol{m}\cdot\boldsymbol{B})$$

式中 ∇ 为梯度算子。因此，载流小线圈（或分子）受力和磁场的梯度有关。所以，在非匀强磁场中，载流小线圈（或分子）会有沿磁场梯度方向上的整体移动。根据这个结论，科学家已经设计出了可以操纵单个分子的光镊。

14.5.3 安培力的功

由上述讨论,我们知道,载流导线在磁场中要受到安培力的作用,而载流线圈在匀强磁场中要受到磁场磁力矩的作用。因此,当载流导线在安培力的作用下运动时,安培力将对其做功。载流线圈在磁场中的方位改变时,磁力矩也会对其做功。

下面首先讨论载流导线在磁场中运动时安培力做功的情况。

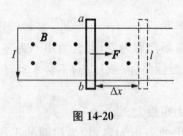

图 14-20

如图 14-20 所示,设一金属导体 ab 平放在水平放置的光滑平行导体轨道上,轨道间距为 l。金属导体和导体轨道构成闭合回路,若回路中存在稳恒电流 I,匀强外磁场的磁感应强度 B 的方向垂直于纸面向外。根据安培力公式,载流导线 ab 在磁场中受到安培力的大小为 $F=BIl$,方向如图 14-20 所示。若载流导线 ab 在安培力的作用下位移为 Δx,则安培力做功为

$$A = F\Delta x = BIl\Delta x = BI\Delta S = I\Delta\Phi_m \quad (14-25)$$

式中 $\Delta\Phi_m = \Phi_{mf} - \Phi_{mi}$ 为通过回路平面磁通量的增量;Φ_{mf},Φ_{mi} 分别为磁场通过导体回路末状态和初状态时的磁通量。则安培力所做的功等于回路中的电流强度乘以通过回路磁通量的增量。这里要注意的是,磁通量 Φ_m 的定义中涉及导体回路所围平面法线方向的定义问题。一般约定,导体回路所围平面法线正方向 e_n 与回路正方向(或电流的绕向)满足右手螺旋关系。

下面讨论载流平面线圈在磁场内转动时磁力矩做功问题。

如图 14-21 所示,一载流线圈在匀强磁场 B 内转动,维持线圈中的电流不变,其所受到的磁力矩为 $M = m \times B$,m 为载流线圈的磁矩。如图 14-21 所示,当线圈转过角度 $d\varphi$ 时,磁力矩做功为

$$dA = -Md\varphi = -BIS\sin\varphi d\varphi$$

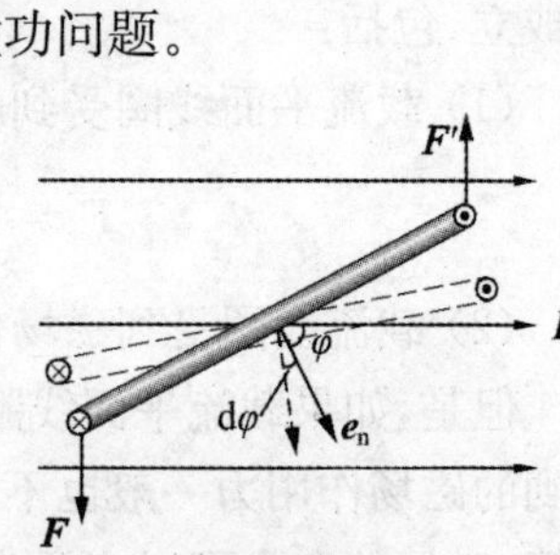

式中负号是因为当 $d\varphi > 0$ 时,磁力矩做功小于零。在线圈从角位置 φ_1 转到 φ_2 过程中,磁力矩所做的功为

$$A = -\int_{\varphi_1}^{\varphi_2} BIS\sin\varphi d\varphi$$

图 14-21

式中

$$-BIS\sin\varphi d\varphi = BIS d(\cos\varphi) = Id(BS\cos\varphi) = Id\Phi_m$$

则载流线圈在磁场中转动时磁力矩所做的功可表示为

$$A = \int_{\Phi_{mi}}^{\Phi_{mf}} I d\Phi_m = I(\Phi_{mf} - \Phi_{mi}) \quad (14\text{-}26)$$

形式上与式(14-25)相同,其中 Φ_{mf}, Φ_{mi} 分别为磁场通过载流线圈末状态和初状态时的磁通量。

上述结果是载流线圈处于匀强磁场中的结果,但可以证明:任意一个电流回路在非匀强磁场中角位置发生变化时,如果保持回路中电流大小和方向不变,则磁力矩所做的功都可用式(14-26)计算,如下例题情况。

【例 14-8】 如图 14-22 所示,在无限长直电流 I_1 的磁场中放置一通有电流 I_2 的等腰直角三角形线圈 ABC。若将线圈从图示位置以 AC 边为轴转过 $180°$ 并保持其电流不变,求无限长直电流磁场所做的功。

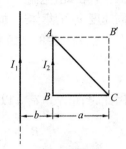

图 14-22

解 利用公式(14-26),磁场做功为

$$A = I_2 \Delta \Phi_m = I_2(\Phi_{mf} - \Phi_{mi})$$

按照磁通量的定义,载流线圈 ABC 处于初始位置时,回路所围平面法线正方向 e_n 与电流 I_1 的磁场方向相同,则 $\Phi_{mi} > 0$。末状态时,e_n 与电流 I_1 的磁场方向相反,则 $\Phi_{mf} < 0$,得

$$A = -I_2(|\Phi_{mf}| + |\Phi_{mi}|)$$

实际上,如图 14-22 所示,$|\Phi_{mi}|$,$|\Phi_{mf}|$ 分别是无限长直电流磁场通过 $ABCA$ 和 $ACB'A$ 两个回路磁通量的绝对值。因此,$|\Phi_{mf}| + |\Phi_{mi}|$ 应该是无限长直电流磁场通过回路 $ABCB'A$ 的磁通量 $|\Phi_{ABCB'A}|$。则磁场力做功为

$$A = -I_2 |\Phi_{ABCB'A}| = -I_2 \int_b^{a+b} \frac{\mu_0 I_1 a}{2\pi x} dx = -\frac{\mu_0 I_1 I_2 a}{2\pi} \ln \frac{b+a}{b}$$

14.6 带电粒子的运动

本节的内容分为三个方面:①带电粒子运动的磁效应,即运动带电粒子在空间产生的磁场;②在磁场中带电粒子的运动规律;③块状载流导体中载流子受磁场作用的宏观现象,即霍尔效应。

14.6.1 运动带电粒子的磁场

在 14.3 节中我们讨论了电流产生磁场的规律,即毕奥-萨伐尔定律。下面,我们从毕奥-萨伐尔定律出发,推导运动电荷激发磁场的规律。

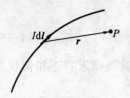

图 14-23

如图 14-23 所示,在载流导线上任取一电流元 $I\mathrm{d}l$。设导体横截面积为 S,载流子(电量 q)数密度为 n,已知导体的电流密度 $j=nq v_{\mathrm{d}}$,则与 14.3 节中类似,电流元 $I\mathrm{d}l$ 可以做如下理解:

$$I\mathrm{d}l = S(nq v_{\mathrm{d}})\mathrm{d}l = (nS\mathrm{d}l)q v_{\mathrm{d}} = \mathrm{d}N q v_{\mathrm{d}}$$

式中 $\mathrm{d}N=nS\mathrm{d}l$ 表示电流元 $I\mathrm{d}l$ 所对应导体部分中的载流子数目。因此,电流元 $I\mathrm{d}l$ 可以看作为 $\mathrm{d}N$ 个载流子以速度 v_{d} 集体漂移时的电流效应。由此,电流元 $I\mathrm{d}l$ 在空间 P 点处产生的磁场可以看作为 $\mathrm{d}N$ 个载流子 q 以相同速度 v_{d} 的集体运动时在 P 点处产生的磁场。根据毕奥-萨伐尔定律,电流元 $I\mathrm{d}l$ 在 P 点处产生的磁场为

$$\mathrm{d}\boldsymbol{B} = \frac{\mu_0}{4\pi}\frac{I\mathrm{d}\boldsymbol{l}\times\boldsymbol{r}}{r^3} = \frac{\mu_0}{4\pi}\frac{q\mathrm{d}N\boldsymbol{v}_{\mathrm{d}}\times\boldsymbol{r}}{r^3}$$

因此,当单个电荷 q 以速度 v 运动时,在真空中 P 点产生的磁场的磁感应强度为

$$\boldsymbol{B} = \frac{\mu_0}{4\pi}\frac{q\boldsymbol{v}\times\boldsymbol{r}}{r^3} \qquad (14\text{-}27)$$

式中 r 为 P 点相对于运动(点)电荷的位置矢量,如图 14-24 所示。

图 14-24 所示为运动电荷不同电荷性质时,在空间产生磁场的情况。

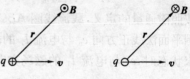

图 14-24

14.6.2 带电粒子在匀强磁场中的运动

电量为 q 的粒子以速度 v 在的匀强的稳恒磁场 $\boldsymbol{B}$ 中运动时,会受到磁场的作用力,即洛伦兹力

$$\boldsymbol{F} = q\boldsymbol{v}\times\boldsymbol{B}$$

(1) 当粒子运动速度与磁感应强度方向平行或反平行时,由于 $\boldsymbol{F}=0$,粒子不受力,则粒子将保持运动状态不变。

(2) 当粒子运动速度与磁感应强度方向垂直时,粒子受到磁场作用力最大。因洛伦兹力与粒子运动方向垂直,洛伦兹力不做功,粒子运动速度大小不变,洛伦兹力大小 $F=qvB$ 也不变。按照牛顿第二定律,有

$$qvB = m\frac{v^2}{R}$$

式中 m 为粒子的质量;R 为轨道曲率半径。因 R 不随时间变化,带电粒子将作匀速率圆周运动。粒子的运动轨道半径为

$$R = \frac{mv}{qB} \tag{14-28}$$

带电粒子绕圆形轨道的运动周期为

$$T = \frac{2\pi R}{v} = 2\pi \frac{m}{qB} \tag{14-29}$$

很明显,周期与磁场磁感应强度、粒子的质量以及带电量有关,而与带电粒子的运动速度无关。

(3) 当粒子运动速度与磁感应强度方向既不垂直也不平行时,洛伦兹力 $\boldsymbol{F} = q\boldsymbol{v} \times \boldsymbol{B} = q\boldsymbol{v}_{\perp} \times \boldsymbol{B}$,只与粒子速度在垂直于磁感应强度方向上的分量 $v_{\perp}$ 有关,与磁感应强度方向上的分量 $v_{//}$ 无关。

设粒子运动速度 $\boldsymbol{v}$ 与磁感应强度 $\boldsymbol{B}$ 的夹角为 θ,则 $v_{\perp} = v\sin\theta, v_{//} = v\cos\theta$。按照牛顿第二定律,因粒子在磁感应强度 $\boldsymbol{B}$(或 $v_{//}$)的方向上不受力,则粒子在磁感应强度方向上的分量 $v_{//}$ 将保持不变。在垂直于磁感应强度 $\boldsymbol{B}$ 的方向上,由于洛伦兹力 $\boldsymbol{F} = q\boldsymbol{v}_{\perp} \times \boldsymbol{B}$ 的存在,粒子将以匀速率 $v_{\perp}$ 做圆周运动。综合起来看,粒子将沿螺旋线运动。螺旋线的半径为

$$R = \frac{mv_{\perp}}{qB} = \frac{mv\sin\theta}{qB} \tag{14-30}$$

螺距为

$$h = v_{//} T = \frac{2\pi mv\cos\theta}{qB} \tag{14-31}$$

周期为

$$T = \frac{2\pi m}{qB}$$

则粒子运动的周期仍然与粒子的运动速度无关。

在非匀强的稳恒磁场中,虽然带电粒子 q 仍然只受到洛伦兹力 $\boldsymbol{F} = q\boldsymbol{v} \times \boldsymbol{B}$ 的作用,但粒子的运动规律将复杂得多。尽管如此,还是可以根据上述结果对其进行定性的分析。

在非匀强磁场中,由于洛伦兹力的特点,粒子在磁感应强度方向上的运动状态将不受影响,因此,可以想象粒子的运动轨迹大致还是沿磁感应强度方向的螺旋线。只是由于磁场分布不均匀,在磁场较强的地方螺旋线的半径较小,而在磁场较弱的地方螺旋线的半径较大。

另外,由于非匀强磁场的磁感应强度方向在空间有连续性的变化,因此,粒子运动的螺旋线会随磁感应强度方向的变化而变化。并且,由于洛伦兹力的性质,当粒子在非匀强磁场中运动时,洛伦兹力 $\boldsymbol{F} = q\boldsymbol{v} \times \boldsymbol{B}$ 总有一个由强磁场区域指向弱磁场区域的分量存在,使得粒子有从强磁场区域向弱磁场区域运动的趋势。若本

来粒子就是从强磁场区域向弱磁场区域运动,这种运动将被加速;若本来粒子是从弱磁场区域向强磁场区域运动,这种运动将被减速,并且粒子有可能被洛伦兹力从强磁场区域拉回到弱磁场区域。因此,一定分布的非匀强磁场可以对带电粒子的运动产生约束,这称为磁约束。

托卡马克(Tokamak)装置就是一种利用特殊设计的高度非匀强磁场来对高速运动原子核实现磁约束的环形容器。目前,利用托卡马克装置被人们认为是最有可能实现受控核聚变的一种途径。

还有,我们知道地球是一个大的磁体。地球的磁极在地球的南北极附近。地球的磁场是一个南北极附近强,而赤道附近弱的非匀强磁场。从宇宙空间来的高能带电粒子(大部分来自太阳),在进入地球磁场范围后,可能在地球磁场的作用下在外层空间沿磁力线在南北极间形成往复的运动。因此,正是地球磁场的存在才使得生活在地球上的生命免受宇宙空间的高能粒子的侵害。另外,我们知道在地球南北极区域上空经常会看到绚烂的极光。实际上,这正是由于地球磁场的存在使宇宙空间来的高能粒子在地球南北极附近上空有更高的密度,而高能粒子与大气分子的碰撞使大气分子激发到高能量的激发状态。大量的处于激发状态的气体分子自发跃迁到低能态时,会发出各种频率的光。这就是极光产生的原因。

14.6.3 霍尔效应

1879 年,霍尔(E. H. Hall)在实验中发现,当把一载流导体放在磁场中时,如果磁场方向与电流方向垂直,则在与磁场和电流两者垂直的方向上出现横向电势差,如图 14-25 所示。这一现象称为霍尔效应,这个电势差称为霍尔电势差。实验表明:霍尔电势差 $\Delta U_H = U_2 - U_1$ 的大小与导体中的电流强度 I 及磁场的磁感应强度 B 成正比,而与导体沿磁感应强度方向上的线度 d 成反比,即

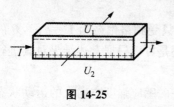

图 14-25

$$\Delta U_H = R_H \frac{BI}{d} \tag{14-32}$$

式中 R_H 称为霍尔系数,与导体材料有关。

下面以金属导体为例,从载流子(电子)在磁场中运动时受磁场作用的角度来理解霍尔效应这一宏观现象。

已知金属导体内载流子的电量为 $q = -e$,设导体中的电流强度为 I,载流子的漂移速度为 v,载流子的数密度为 n,则载流子所受洛伦兹力为 $\boldsymbol{F}_m = -e\boldsymbol{v} \times \boldsymbol{B}$,如

图 14-26 所示。在洛伦兹力的作用下，电子有向上运动的趋势，受导体的限制，在导体的上侧面有电子的积累，同时在导体的下侧面由于电子的缺乏，会表现出正电荷的积累。电荷积累的效果是在导体内部形成由下至上的附加电场 E，该电场给电子作用力为 $F_e=-eE$，与载流子受到的洛伦兹力方向相反。当电荷积累到一定程度时，这两个力将达到平衡，电子不再有横向运动，此时有

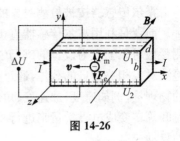

图 14-26

$$evB = eE$$

导体内的电场强度大小为

$$E = vB$$

设导体的横截面为 $b\times d$，如图 14-26 所示，则导体上、下侧面由于电荷积累而产生的电势差，即霍尔电势差为

$$\Delta U_H = Eb = Bvb$$

利用导体中的电流强度大小的定义 $I=nevbd$，得

$$\Delta U_H = \frac{1}{ne}\frac{BI}{d} \quad (14\text{-}33)$$

将式(14-33)与实验规律式(14-33)比较后得知霍尔系数为

$$R_H = \frac{1}{ne} \quad (14\text{-}34)$$

由上述分析可知：霍尔效应是由于导体中的载流子在磁场作用下发生偏转，从而导致导体侧面电荷积累而引起的宏观现象。这就是霍尔效应的微观解释。

上述讨论过程是针对金属导体的，对于半导体，上述分析方法仍然适用。所不同的是，由于半导体的掺杂不同，半导体中的载流子可能是带正电的也可能是带负电的。若半导体中的载流子带正电，当电流及磁场仍为图 14-26 所示方向时，霍尔电势差与图示相反。

式(14-34)表明：霍尔系数 R_H 与载流子数密度 n 成反比。在金属导体中，由于载流子数密度 n 大约为 10^{29} 的量级，因此导体的霍尔系数很小，相应的霍尔效应也很弱，实验不容易观测到。而在半导体中，通过控制掺杂的程度，载流子数密度 n 一般都比金属导体小得多，因此半导体霍尔效应也较明显。因此，实际中，人们大多利用半导体制作霍尔元件。

霍尔元件具有对磁场敏感、结构简单、体积小、频率响应范围宽、输出电压变化大和使用寿命长等优点。因此，以霍尔元件为基础制成的传感器在测量、自动控制和信息技术等领域得到了广泛的应用。

霍尔传感器按被检测对象的性质可将它们的应用分为直接应用和间接应用两种。前者是利用霍尔传感器直接检测受检对象本身的磁场或磁特性。后者则是检测受检对象上人为设置的磁场(如在受检对象上安装磁片等)。这个磁场是作为被检测对象相关信息的载体,通过检测磁场的变化,霍尔传感器可以将许多非电磁学的物理量,例如速度、加速度、角位置、角速度、转数、转速以及工作状态发生变化的时间等转变成电磁学量来进行测量,再通过中央处理器(CPU)来实现对被测对象的自动控制。

习 题 14

14-1 如题图所示两边为电导率很大的导体,中间两层是电导率分别为 γ_1,γ_2 的均匀导电介质,其厚度分别为 d_1,d_2;导体的截面积为 S,通过导体的恒定电流为 I,求:

(1) 两层导电介质中的场强大小 E_1 和 E_2;

(2) 电势差 U_{AB} 和 U_{BC}。

14-2 如题图所示,恒定电流场 $j=ji$(其中 j 为常数,i 为沿 x 轴正向的单位矢量)中有一半径为 R 的球面,求:

(1) 用球坐标表示出球面上任一面元的 j 通量 dI;

(2) 用积分方法求出由 $x>0$ 确定的半球面上的 j 通量 I。

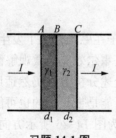

习题 14-1 图

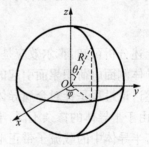

习题 14-2 图

14-3 试推导当气体中有正、负两种离子参与导电时,电流密度的公式为 $j=n_+q_+\boldsymbol{u}_+ + n_-q_-\boldsymbol{u}_-$,式中 $n_+,q_+,\boldsymbol{u}_+$ 分别代表正离子的数密度、所带电量和漂移速度;$n_-,q_-,\boldsymbol{u}_-$ 分别代表负离子的相应量。

14-4 在地面附近的大气里,由于土壤的放射性和宇宙线的作用,平均每 1 cm^3 的空气里约有 5 对离子。离子的漂移速度正比于场强,比例系数称为"迁移率"。已知大气中正离子的迁移率为 $1.37\times10^{-4}\text{ m}^2/(\text{s}\cdot\text{V})$,负离子的迁移率为 $1.91\times10^{-4}\text{ m}^2/(\text{s}\cdot\text{V})$,正负离子所带的电量数值都是 $1.60\times10^{-19}\text{C}$。求地面大气的电导率 γ。

14-5 如题图所示的弓形线框中通有电流 I,求圆心 O 处的磁感应强度 $\boldsymbol{B}$。

14-6 两根长直导线沿半径方向引到导体环上 A,B 两点,并与很远处的电源相连,如题图所示。求环中心 O 点的磁感应强度 B。

习题 14-5 图   习题 14-6 图

14-7 无限长细导线弯成如题图所示的形状,其中 c 部分是在 xOy 平面内半径为 R 的半圆,试求通以电流 I 时 O 点的磁感应强度。

14-8 如题图所示,半径为 R 的圆片上均匀带电,电荷面密度为 σ_e。令该片以匀角速度 ω 绕它的轴旋转,求轴线上距圆片中心 O 为 x 处的磁场。

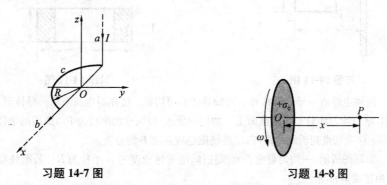

习题 14-7 图   习题 14-8 图

14-9 在半径为 R 的木球表面上用绝缘细导线均匀密绕,并以单层盖住半个球面,相邻线圈可视为相互平行("并排圆电流"模型),如题图所示。已知导线中电流为 I,总匝数为 N,求球心 O 处的磁场 B 的大小。(提示:单位长度的匝数应定义为 $n \equiv N/L$ 而不是 $n \equiv N/R$,否则 n 不是常量。)

14-10 在半径 $R=1$ cm 的无限长半圆柱形金属片中,有电流 $I=5$ A 自下而上通过,如题图所示。试求圆柱轴线上一点 P 处的磁感应强度的大小。

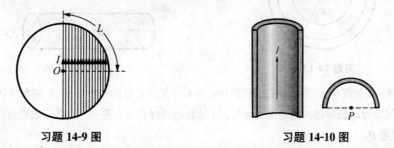

习题 14-9 图   习题 14-10 图

14-11 如题图所示,载流无限长直导线的电流为 I,求通过与该导线共面的矩形 $CDEF$ 的磁通量大小。

14-12 如题图所示,一个矩形截面的螺绕环,其总匝数为 N,每匝电流为 I。

(1) 以 r 代表环内一点与环心的距离,求磁场磁感应强度 B(大小)作为 r 的函数的表达式;

(2) 证明螺绕环横截面的磁通量满足 $\Phi_m = \dfrac{\mu_0 NIh}{2\pi}\ln\dfrac{D_1}{D_2}$。

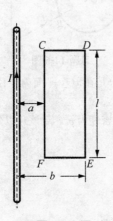

习题 14-11 图

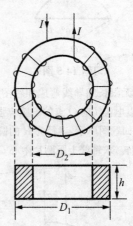

习题 14-12 图

14-13 同轴电缆由一导体圆柱和一同轴导体圆筒构成。使用时电流 I 从一导体流去,从另一导体流回,电流均匀地分布在横截面上。如题图所示,设圆柱的半径为 R_1,圆筒的半径分别为 R_2 和 R_3,以 r 代表场点到轴线的距离,求磁场磁感应强度 B 的分布。

14-14 如题图所示,一均匀带电长直圆柱体,电荷体密度为 ρ,半径为 R。若圆柱绕其轴线匀速旋转,角速度为 ω,求:

(1) 圆柱体内距轴线 r 处的磁感应强度的大小;

(2) 两端面中心的磁感应强度的大小。

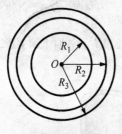

习题 14-13 图

习题 14-14 图

14-15 如题图所示,无限长直圆柱形导体内有一无限长直圆柱形空腔,空腔与导体的两轴线平行,间距为 a,若导体内的电流密度为 j,j 处处相同,j 的方向平行于轴线。求腔内任意点的磁感应强度 B。

14-16 如题图所示的空心柱形导体,柱的半径分别为 a 和 b,导体内载有电流 I,设电流 I 均匀分布在导体横截面上。证明导体内部各点 $P(a<r<b)$ 的磁感应强度 B 由下式给出:

$$B = \frac{\mu_0 I}{2\pi(b^2-a^2)} \frac{r^2-a^2}{r}$$

试以 $a=0$ 的极限情形来检验这个公式，$r \geqslant b$ 时又如何？

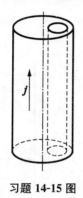

习题 14-15 图

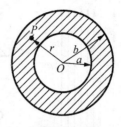

习题 14-16 图

14-17 一橡皮传输带以速度 v 匀速向右运动，如题图所示，橡皮带上均匀带有电荷，电荷面密度为 σ。

（1）求像皮带中部上方靠近表面一点处的磁感应强度 B 的大小；

（2）证明对非相对论情形，运动电荷的速度 v 及它所产生的磁场 B 和电场 E 之间满足下述关系：$B = \frac{1}{c^2} v \times E$（式中 $c = \frac{1}{\sqrt{\varepsilon_0 \mu_0}}$）。

14-18 如题图所示，两无限长平行放置的柱形导体内通过等值、反向电流 I，电流在两个阴影所示的横截面的面积皆为 S，两圆柱轴线间的距离 $O_1O_2 = d$。试求两导体中部真空部分的磁感应强度。

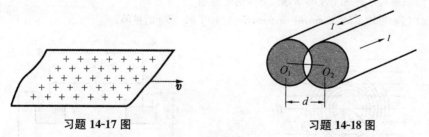

习题 14-17 图　　　　　　习题 14-18 图

14-19 一无限大均匀载流平面置于外场中，左侧磁感应强度量值为 B_1，右侧磁感应强度量值为 $3B_1$，方向如题图所示。求：

（1）载流平面上的面电流密度 j；

（2）外场的磁感应强度 B_0。

14-20 如题图所示，有一根长为 l 的直导线，质量为 m，用细绳子平挂在外磁场 B 中，导线中通有电流 I，I 的方向与 B 垂直。

（1）求绳子张力为 0 时的电流 I。当 $l=50\,\mathrm{cm}, m=10\,\mathrm{g}, B=1.0\,\mathrm{T}$ 时，I 为多少？

(2) 在什么条件下导线会向上运动?

14-21 无限长直线电流 I_1 与一段直线电流 I_2 共面,几何位置如题图所示。试求该段直线电流 I_2 受到电流 I_1 磁场的作用力。

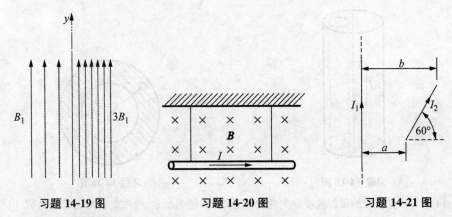

习题 14-19 图　　习题 14-20 图　　习题 14-21 图

14-22 总匝数为 N 的均匀密绕平面圆线圈,半径由 R_1 绕至 R_2,通有电流 I,放在磁感应强度为 B 的匀强磁场中,磁场方向与线圈平面平行,如题图所示。求:

(1) 平面线圈的磁矩 m;

(2) 线圈在该位置所受到的磁力矩 M;

(3) 线圈在磁力矩作用下转到平衡位置的过程中,磁力矩所做的功。

14-23 一段导线弯成如题图所示的形状,它的质量为 m,上面水平一段的长度为 l,处在匀强磁场中,磁感应强度为 B,B 与导线垂直;导线下面两端分别插在两个浅水银槽里,两槽水银与一带开关 K 的外电源连接。当 K 接通,导线便从水银槽里跳起来。

(1) 设跳起来的高度为 h,求通过导线的电量 q;

(2) 当 $m=10\,\text{g}, l=20\,\text{cm}, h=3.0\,\text{m}, B=0.10\,\text{T}$ 时,求 q 的量值。

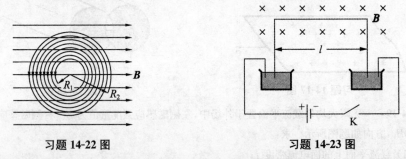

习题 14-22 图　　习题 14-23 图

14-24 载有电流 I_1 的长直导线旁边有一平面圆形线圈,线圈半径为 r,中心到直导线的距离为 l,线圈载有电流 I_2,线圈和直导线在同一平面内,如图所示。求 I_1 作用在圆形线圈上的力。

14-25 在 xOy 平面内有一圆心在 O 点的圆线圈,通以顺时针绕向的电流 I_1 另有一无限长

直导线与 y 轴重合,通以电流 I_2,方向向上,如题图所示。求此时圆线圈所受的磁力。

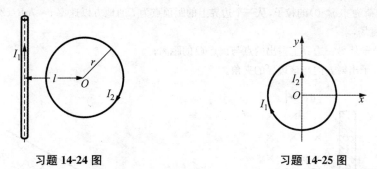

习题 14-24 图　　　　　　　　　　习题 14-25 图

14-26 如题图所示,一面积为 S 的平面线圈,载有电流 I,置于磁感应强度为 B 的匀强磁场中,将线圈从力矩最大位置转过 α 角。

(1) 求在此过程中力矩做的功 A;

(2) 转角为 α 时线圈所受的磁力矩大小。

14-27 如题图所示,一质量为 m 的粒子带有电量 q,以速度 v 射入磁感应强度为 B 的匀强磁场,v 与 B 垂直;粒子从磁场出来后继续前进。已知磁场区域在 v 方向(即 x 方向)上的宽度为 l,当粒子从磁场出来后在 x 方向前进的距离为 $L-l/2$ 时,求它的偏转 y。

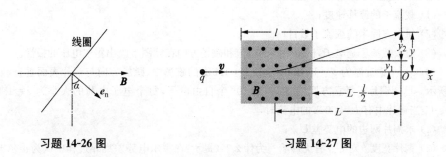

习题 14-26 图　　　　　　　　　　习题 14-27 图

14-28 在空间有互相垂直的匀强电强 E 和匀强磁场 B,B 沿 x 方向,E 沿 z 方向,一电子开始时以速度 v 沿 y 方向前进,如题图所示。问电子运动的轨迹如何?

14-29 设电视显像管射出的电子束沿水平方向由南向北运动,电子能量为 $12\,000\,\text{eV}$,地球磁场的竖直分量方向向下,大小为 $B=5.5\times 10^{-5}\,\text{Wb/m}^2$,问:

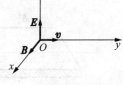

习题 14-28 图

(1) 电子束将偏向什么方向?

(2) 电子的加速度是多少?

(3) 电子束在显像管内在南北方向上通过 $20\,\text{cm}$ 时将偏转多远?

14-30 有一质量为 m,带电量为 $+q$ 的粒子,以初速 v_0 垂直地射向一线电流密度为 α(即通过垂直于电流方向的单位长度的电流)的均匀载流大金属板,开始时粒子与平板距离为 d,求粒子能到达金属板时的速度最小值。

14-31 如题图所示,一个顶角为 30°的扇形区域内有垂直纸面向内的匀强磁场 B。有一质量为 m、电荷为 $q(q>0)$ 的粒子,从一个边界上的距顶点为 l 的地方以速率 $v=lqB/(2m)$ 垂直于边界射入磁场,求:

(1) 粒子从另一边界上射出的点与顶点 O 的距离;

(2) 粒子出射方向与该边界的夹角。

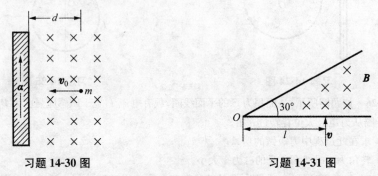

习题 14-30 图　　　　习题 14-31 图

14-32 在霍尔效应实验中,宽 1.0 cm,长 4.0 cm,厚 $1.0×10^{-3}$ cm 的导体,沿长度方向载有 3.0 A 的电流,当磁感应强度 $B=1.5$ T 的磁场垂直地通过该薄导体时,产生 $1.0×10^{-5}$ V 的横向霍尔电压(在宽度两端)。试由这些数据求:

(1) 载流子的漂移速度;

(2) 每立方厘米的载流子数目;

(3) 假设载流子是电子,试由给定的电流和磁场方向在题图上画出霍尔电压的极性。

14-33 一铜片厚为 $d=1.0$ mm,放在 $B=1.5$ T 的磁场中,磁场方向与铜片表面垂直,如题图所示。已知铜片里每立方厘米有 $8.4×10^{22}$ 个自由电子,每个电子电荷的大小为 $e=1.6×10^{-19}$ C,当铜片中有 $I=200$ A 的电流时,

(1) 求铜片两边的电势差 $U_{aa'}$;

(2) 铜片宽度 b 对 $U_{aa'}$ 有无影响?为什么?(提示:在霍尔电势差推导过程中认为霍尔电场是均匀场。)

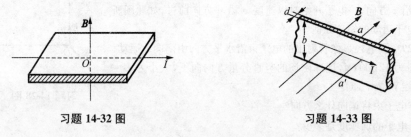

习题 14-32 图　　　　习题 14-33 图

思 考 题 14

14-1 判断下列说法是否正确,并说明理由。

(1) 电势沿着电流的方向必降低；
(2) 支路两端电压为零时，支路电流必为零；
(3) 当电源中非静电力做正功时，一定对外输出功率；
(4) 当电源中非静电力做负功时，一定从外界吸收电功率。

14-2 题图中 ACB 段是电源，其余是无源外电路。

(1) $\int_{A(经C)}^{B} \boldsymbol{E} \cdot d\boldsymbol{l}$ 及 $\int_{A(经D)}^{B} \boldsymbol{E} \cdot d\boldsymbol{l}$ 各代表什么？两者是否相等？

(2) $\int_{A(经C)}^{B} \boldsymbol{E}_{非} \cdot d\boldsymbol{l}$ 及 $\int_{A(经D)}^{B} \boldsymbol{E}_{非} \cdot d\boldsymbol{l}$ 各代表什么？两者是否相等？

(3) $\int_{A(经C)}^{B} \boldsymbol{E} \cdot d\boldsymbol{l}$ 与 $-\int_{A(经C)}^{B} \boldsymbol{E}_{非} \cdot d\boldsymbol{l}$ 是否相等？

(4) $\int_{A(经D)}^{B} \boldsymbol{E} \cdot d\boldsymbol{l}$ 与 $-\int_{A(经D)}^{B} \boldsymbol{E}_{非} \cdot d\boldsymbol{l}$ 是否相等？

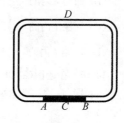

思考题 14-2 图

式中 $\boldsymbol{E}$ 为导体中稳恒电场强度，$\boldsymbol{E}_{非}$ 为非静电场强。

14-3 地磁场的主要分量是从南到北的，还是从北到南的？

14-4 试探电流元 $Id\boldsymbol{l}$ 在磁场中某处沿直角坐标系的 x 轴方向放置时不受力，把这电流元转到 $+y$ 轴方向时受到的力沿 $-z$ 轴方向，指出此处的磁感应场强度 $\boldsymbol{B}$ 的方向。

14-5 正点电荷在磁场中以速度 v 沿 x 轴的正向运动，若它所受到的洛伦兹力 $\boldsymbol{F}$ 为下列三种情况，试指出每种情况下磁场 $\boldsymbol{B}$ 的方向。

(1) $\boldsymbol{F}=0$；
(2) $\boldsymbol{F}$ 沿 z 轴正向，且 $\boldsymbol{F}$ 的数值为最大；
(3) $\boldsymbol{F}$ 沿 z 轴负向，且 $\boldsymbol{F}$ 的数值为最大值的一半。

14-6 (1) 在没有电流的空间区域里，如果磁感应线是平行直线，磁感应强度的大小 B 在沿磁感应线和垂直它的方向上是否可能变化（即磁场是否一定是均匀的）？

(2) 若空间存在传导电流，上述结论是否还对？

14-7 两个平行放置的全同导线圆环（两圆环中心连线与环面垂直）载有方向相同、数值相等的电流，试判断圆心连线的中垂面上任一点的磁感应强度 $\boldsymbol{B}$ 的方向。

14-8 在一个可视为无限长密绕的载流螺线管外面环绕一周（见题图），环路积分 $\oint_L \boldsymbol{B} \cdot d\boldsymbol{l}$ 等于多少？

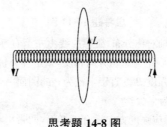

思考题 14-8 图

14-9 取一闭合积分回路 l,使三根载流导线穿过它所围成的面。现改变三根导线之间的相互间隔,但不越出积分回路,则（ ）。

(A) 回路 l 内的 $\sum I$ 不变,l 上各点的 $\boldsymbol{B}$ 不变

(B) 回路 l 内的 $\sum I$ 不变,l 上各点的 $\boldsymbol{B}$ 改变

(C) 回路 l 内的 $\sum I$ 改变,l 上各点的 $\boldsymbol{B}$ 不变

(D) 回路 l 内的 $\sum I$ 改变,l 上各点的 $\boldsymbol{B}$ 改变

14-10 在题图(a)和(b)中各有一半径相同的圆形回路 l_1,l_2,圆周内有电流 I_1,I_2,其空间分布相同,且均在真空中,但在(b)图中 l_2 回路外有电流 I_3,P_1,P_2 为两圆形回路上的对应点,则（ ）。

(A) $\oint_{l_1} \boldsymbol{B} \cdot \mathrm{d}\boldsymbol{l} = \oint_{l_2} \boldsymbol{B} \cdot \mathrm{d}\boldsymbol{l}$, $\boldsymbol{B}_{P_1} = \boldsymbol{B}_{P_2}$

(B) $\oint_{l_1} \boldsymbol{B} \cdot \mathrm{d}\boldsymbol{l} \neq \oint_{l_2} \boldsymbol{B} \cdot \mathrm{d}\boldsymbol{l}$, $\boldsymbol{B}_{P_1} = \boldsymbol{B}_{P_2}$

(C) $\oint_{l_1} \boldsymbol{B} \cdot \mathrm{d}\boldsymbol{l} = \oint_{l_2} \boldsymbol{B} \cdot \mathrm{d}\boldsymbol{l}$, $\boldsymbol{B}_{P_1} \neq \boldsymbol{B}_{P_2}$

(D) $\oint_{l_1} \boldsymbol{B} \cdot \mathrm{d}\boldsymbol{l} \neq \oint_{l_2} \boldsymbol{B} \cdot \mathrm{d}\boldsymbol{l}$, $\boldsymbol{B}_{P_1} \neq \boldsymbol{B}_{P_2}$

思考题 14-10 图

14-11 在如题图所示的四种磁场分布中,哪一幅图线能确切描述载流圆线圈在其轴线上任意点所产生的 B 随 x 的变化关系？（x 坐标轴垂直于圆线圈平面,原点在圆线圈中心 O。）

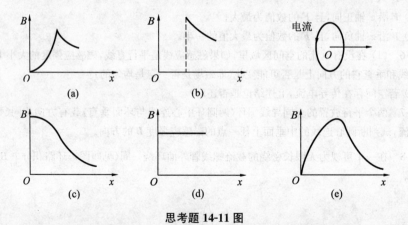

思考题 14-11 图

14-12 有一非匀强磁场呈轴对称分布,磁感应线由左至右逐渐收缩（见题图）。将一圆形载流线圈共轴地放置其中,线圈的磁矩与磁场方向相反,试定性分析此线圈受力的方向。

14-13 匀强磁场的磁感应强度 $\boldsymbol{B}$ 垂直于半径为 r 的圆面。今以该圆周为边线,作一半球面 S,则通过 S 面的磁通量的大小为多少？

14-14 一匀强磁场,其磁感应强度方向垂直于纸面,两带电粒子在磁场中的运动轨迹如题图所示,则（ ）。

(A) 两粒子的电荷必然同号 (B) 粒子的电荷可以同号也可以异号
(C) 两粒子的动量大小必然不同 (D) 两粒子的运动周期必然不同

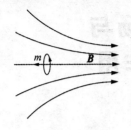

思考题 14-12 图

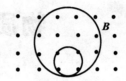

思考题 14-14 图

第15章 磁场与物质的相互作用

物质内部包含大量的分子（或原子），分子（或原子）由带正电的原子核和绕原子核运动的电子组成。原子核外的电子轨道运动有电流磁效应（轨道磁矩），再考虑到电子本身的磁性（自旋磁矩），原子（或分子）将可能表现出磁性。因此，我们又可以把物质称为磁介质。当物质处于磁场中时，将会受到磁场的作用，宏观上会表现出一些特定的磁学行为，比如物质表面会有磁化电流分布等。物质的这些宏观磁学行为将产生宏观磁场，从而影响空间总的磁场分布。这就是磁场与物质的相互作用。

实验表明，不同的物质与磁场的相互作用有很大的差别，比如，让永久磁铁从木屑和铁屑的混合物上方掠过，磁铁将把铁屑带走而木屑会留下来。这是因为铁屑与磁场间的相互作用明显大于铁屑所受到的重力，而木屑与磁场间的相互作用则明显小于木屑所受到的重力。说明不同物质与磁场间的相互作用有很大的不同。

可以依据物质与磁场间的相互作用强弱把物质（磁介质）进行分类。设空间没有磁介质时，稳恒电流激发的磁场为 B_0，而当磁场中充满某种各向同性的均匀磁介质时，介质中的磁场为 B，实验发现，$B=\mu_r B_0$，其中 μ_r 称为介质的相对磁导率。定性来讲，μ_r 的值大，说明物质（磁介质）与磁场间的作用强。据此，人们通常把磁介质分成如下 4 类：

（1）抗磁质，$\mu_r<1$。稳恒电流在这类磁介质中的磁场弱于稳恒电流在真空中产生的磁场。水银、铜、铋、硫、氯、氢、银、金、锌、铅等都属于抗磁性物质。

（2）顺磁质，$\mu_r>1$。稳恒电流在这类磁介质中的磁场强于稳恒电流在真空中的磁场。锰、铬、铂、氮等都属于顺磁性物质。

（3）铁磁质，$\mu_r \gg 1$。稳恒电流在这类磁介质中的磁场比稳恒电流在真空中的磁场强得多。铁、镍、钴等以及这些金属的合金，还有铁氧体等都属于铁磁类物质。

（4）超导体。超导体又大致可以分成两类：第一类超导体和第二类超导体。第一类超导体在外加磁场不太强时，磁场被完全排除在超导体外，这种磁介质具有完全抗磁性，则第一类超导体内 $\mu_r=0$。第二类超导体则不完全相同，它只具有部分区域(处于超导状态的区域)完全抗磁性。

不同种类的磁介质,由于微观层次上的磁性不同,与磁场间的相互作用机制有很大的不同。本章主要讨论前三种磁介质与磁场的相互作用规律。

15.1 抗磁性和顺磁性

本节从物质的原子(分子)层次所表现出的磁性来解释抗磁物质及顺磁物质与磁场的相互作用机制。

15.1.1 原子中电子的磁矩

原子中电子运动包括电子绕原子核的轨道运动和自旋运动两部分。首先考虑电子的轨道运动表现出的磁性。

如图 15-1 所示,当质量为 m、电荷为 $-e$ 的电子以速率 v 在半径为 r 的圆周上绕原子核运动时,有一个等效的圆电流 I 和等效的轨道磁矩 μ_l,大小为

$$\mu_l = IS = \left(\frac{ve}{2\pi r}\right)\pi r^2 = \frac{1}{2}evr = \frac{e}{2m}L$$

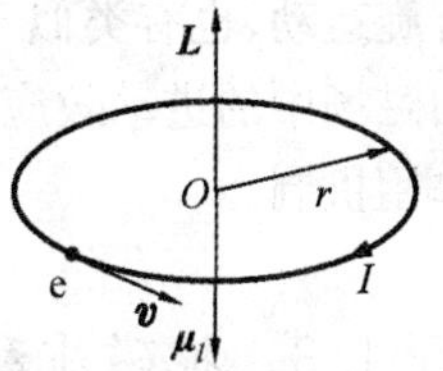

图 15-1

式中 $L=mvr$ 为电子绕原子核运动的角动量大小。因为电子带负电,电子的轨道磁矩与其角动量方向相反,可以把上式改写为

$$\boldsymbol{\mu}_l = -\frac{e}{2m}\boldsymbol{L} \tag{15-1}$$

对于电子的自旋运动,原子的光谱实验表明,电子的自旋磁矩 $\boldsymbol{\mu}_s$ 和自旋角动量 $\boldsymbol{S}$ 间有如下关系:

$$\boldsymbol{\mu}_s = -\frac{e}{m}\boldsymbol{S} \tag{15-2}$$

因此,核外电子的磁矩包括轨道磁矩和自旋磁矩两部分,即 $\boldsymbol{\mu}_e = \boldsymbol{\mu}_l + \boldsymbol{\mu}_s$。而分子(原子)的总磁矩为所有核外电子的磁矩的矢量和。这里,没有把原子核的磁矩考虑在内,这是因为原子核的磁矩与电子的磁矩相比很小,对物质的磁性的贡献可以忽略。

15.1.2 处于磁场中的核外电子

当原子处于磁场中时,核外电子的磁矩将受到磁场的作用。这里我们以轨道

磁矩为例,讨论外加磁场对电子磁矩的作用以及电子磁矩在外加磁场中的运动。

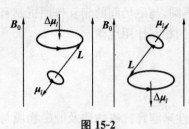

图 15-2

如图 15-2 所示,外加磁场为 $\boldsymbol{B}_0$,电子轨道运动磁矩 $\boldsymbol{\mu}_l$ 在磁场 $\boldsymbol{B}_0$ 中受到的磁力矩为 $\boldsymbol{M} = \boldsymbol{\mu}_l \times \boldsymbol{B}_0$。按照角动量定理,在 dt 时间内,轨道角动量的增量为

$$d\boldsymbol{L} = \boldsymbol{M}dt = (\boldsymbol{\mu}_l \times \boldsymbol{B}_0)dt$$

$$= -\frac{e}{2m}(\boldsymbol{L} \times \boldsymbol{B}_0)dt$$

很明显,$d\boldsymbol{L}$ 与 $\boldsymbol{L}$ 垂直。这样,当电子的轨道角动量与 $\boldsymbol{B}_0$ 不平行时,$\boldsymbol{L}$ 将绕 $\boldsymbol{B}_0$ 的方向进动。因此,无论角动量 $\boldsymbol{L}$ 与外加磁场 $\boldsymbol{B}_0$ 间的夹角如何,由于电子轨道角动量的进动效应,在 $\boldsymbol{B}_0$ 的反方向上将出现一个附加轨道磁矩 $\Delta\boldsymbol{\mu}_l$。附加轨道磁矩 $\Delta\boldsymbol{\mu}_l$ 所产生的磁场与外加磁场 $\boldsymbol{B}_0$ 方向相反,结果是削弱介质中的磁场。对电子的自旋运动,也有类似于上述轨道运动的结论。因此,由于电子角动量(或磁矩)在外加磁场中的进动效应,使得物质会表现出抗磁性质。这就是抗磁质与磁场的相互作用机制。

15.1.3 抗磁质和顺磁质

构成介质的分子(原子)内有多个电子,因此分子的磁矩 $\boldsymbol{\mu}_m$(称为分子磁矩)是分子中所有电子磁矩 $\boldsymbol{\mu}_{ei}$ 的矢量和,即 $\boldsymbol{\mu}_m = \sum_i \boldsymbol{\mu}_{ei}$,其中 $\boldsymbol{\mu}_{ei}$ 为分子中第 i 个电子的磁矩。现代物理学表明,分子的磁矩 $\boldsymbol{\mu}_m$ 可能为零,也可能不为零。下面分两种情况讨论:

1) $\boldsymbol{\mu}_m = 0$

介质在分子层次上无磁矩,即 $\boldsymbol{\mu}_m = 0$,如图 15-3(a)所示。但是,每个分子内单个电子仍然有轨道磁矩和自旋磁矩。因此,当介质处于外磁场中时,由于电子磁矩的进动效应,会出现与外磁场方向相反的附加磁矩,介质中每个分子也会有一个与外磁场方向相反的附加磁矩 $\Delta\boldsymbol{\mu}_m$,如图 15-3(b)所示,其中环上的箭头方向表示等效分子电流的方向。分子附加磁矩的宏观效应是在产生一个和外磁场方向相反的附加磁场,介质表现出抗磁性质。因此,分子磁矩 $\boldsymbol{\mu}_m = 0$ 的介质称为抗磁物质,简称为抗磁质。

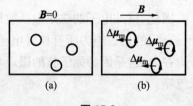

图 15-3

2) $\boldsymbol{\mu}_m \neq 0$

介质在分子层次上有不为零的磁矩,称为分子的固有磁矩。对于这种情况,没

有外加磁场时，虽然每个分子都有一定的固有磁矩，但由于分子磁矩排列的方向是无规则的，在宏观层次上并不表现出磁性，如图15-4(a)所示。

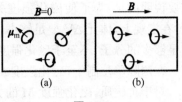

图 15-4

在外磁场中，由于磁场对磁矩的作用，介质中的分子作为整体，其磁矩将向外场方向转动，如图15-4(b)所示。当然，由于受热运动的影响以及分子间的相互作用的制约，分子磁矩不可能完全转向，但受外加磁场的作用总会使分子磁矩有某种程度的转向趋势。这样，分子磁矩将不同程度地沿着外磁场方向排列起来，从而在宏观层次上表现出磁性。物质磁性对应的磁场与外加磁场方向相同的，使介质内的磁场加强，物质表现出顺磁特性。这种物质称为顺磁物质，简称为顺磁质。

要说明的是，对于顺磁质，由于分子内部电子磁矩受到外磁场的作用，顺磁质的分子也会表现出和抗磁质一样的抗磁性质。但是，在通常情况下，顺磁质分子的这种抗磁性远比其顺磁性弱。因此，顺磁质与磁场的作用机制主要是由于分子固有磁矩转向所对应的顺磁性。

15.2 磁化强度和磁化电流

物质在磁场中所表现出的磁学行为称为介质的磁化。由上述讨论知道：无外加磁场时，无论是抗磁质还是顺磁质，任意宏观体元 ΔV 内磁介质分子磁矩的矢量和为零，即 $\sum_{\Delta V}\boldsymbol{\mu}_{mi}=0$，其中 $\boldsymbol{\mu}_{mi}$ 代表 ΔV 内第 i 个分子的磁矩。而有外磁场时，$\sum_{\Delta V}\boldsymbol{\mu}_{mi}\ne 0$，且外加磁场越强介质磁化程度越强，即 $\sum_{\Delta V}\boldsymbol{\mu}_{mi}$ 的值越大。

对于均匀的磁介质而言，无论是抗磁质还是顺磁质，在介质内部，分子电流相互抵消，而在其表面附近分子电流不会完全抵消，则在磁介质的表面会出现与磁化现象有关的电流，称为磁化电流。

15.2.1 磁化强度矢量

由上述分析，$\sum_{\Delta V}\boldsymbol{\mu}_{mi}$ 的值明显地与宏观体元 ΔV 的大小有关，为了定量描写磁介质的磁化程度，引入与宏观体元大小无关的磁化强度矢量

$$\boldsymbol{M}=\lim_{\Delta V\to 0}\frac{\sum_{\Delta V}\boldsymbol{\mu}_{mi}}{\Delta V} \tag{15-3}$$

需要说明的是:为了使磁化强度矢量 M 能精确地反映介质内部空间各点磁化程度,在宏观上,体元 ΔV 要足够小。然而,从微观上来讲,体元 ΔV 要足够大,使其包含足够多的分子,不至于磁化强度 M 的定义对体元 ΔV 的大小有明显的依赖。

在国际单位制中,磁化强度 M 的单位是 $\text{A} \cdot \text{m}^{-1}$。

对于抗磁质,磁化强度 M 的方向与外磁场方向相反,由于介质磁化所产生的磁场与外磁场的方向相反,使介质中的总磁场减弱。对于顺磁质,磁化强度 M 的方向与外磁场方向一致,由于介质磁化所产生的磁场与外磁场的方向相同,使介质中的总磁场增强。

15.2.2 磁化电流

如上所述,介质处于磁化状态时,在介质表面会出现磁化电流。下面,我们讨论磁化电流与介质的磁化状态(即磁化强度 M)间的关系。

为此,在介质表面附近选取如图 15-5(a)所示的微观大宏观小的斜柱形体元。柱形体元的两个底面 ΔS 垂直于磁化强度 M,柱形体元的侧面的斜高为 $\text{d}l$,且平行于介质的表面。若设介质表面的法线方向为 e_n,与磁化强度 M 的夹角为 φ,磁化强度 M 与介质表面的切线方向的夹角为 θ,如图 15-5(b)所示。则斜柱形体元的体积为 $\Delta V = \Delta S \text{d}l \cos\theta$。由于介质磁化,斜柱形体元内总的磁矩大小(即斜柱体内分子磁矩矢量和的大小)为

$$\left| \sum_{\Delta V} \boldsymbol{\mu}_{mi} \right| = M \Delta V = M \Delta S \text{d}l \cos\theta$$

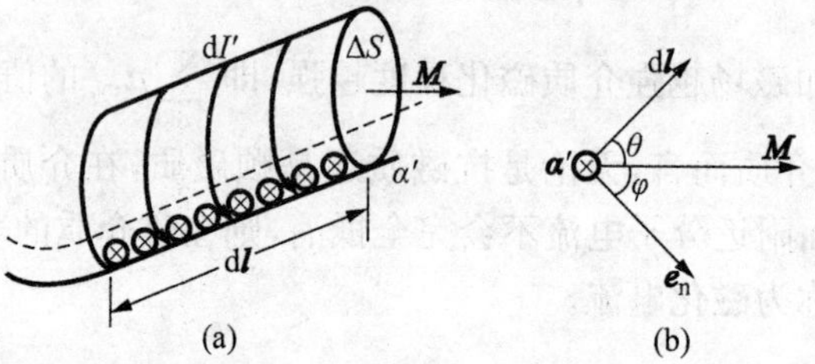

图 15-5

按照前述讨论,介质处于磁化状态时,斜柱形体元的侧面上将出现磁化电流 $\text{d}I'$,如图 15-5(a)所示。因此,斜柱形体元又可以看作一个磁偶极子,其磁矩的大小为

$$\left| \sum_{\Delta V} \boldsymbol{\mu}_{mi} \right| = \Delta S \text{d}I'$$

则

$$M\Delta S\mathrm{d}l\cos\theta = \mathrm{d}I'\Delta S$$

由此可得介质表面磁化电流强度

$$\mathrm{d}I' = M\mathrm{d}l\cos\theta = \boldsymbol{M}\cdot\mathrm{d}\boldsymbol{l} \tag{15-4}$$

和磁化电流线密度大小

$$\alpha' = \frac{\mathrm{d}I'}{\mathrm{d}l} = M\cos\theta = M\sin\varphi$$

考虑到相关物理量的方向，可以将磁化电流线密度 $\boldsymbol{\alpha}'$ 改写成矢量形式

$$\boldsymbol{\alpha}' = \boldsymbol{M}\times\boldsymbol{e}_n \tag{15-5}$$

因此，依据式(15-4)和式(15-5)，只要知道介质的磁化强度分布，就可以方便地得到介质表面的磁化电流分布。

【例 15-1】 有一被均匀磁化的永磁体球，半径为 R，磁化强度为 $\boldsymbol{M}$。求：

(1) 介质球表面的磁化电流线密度和总磁化电流；

(2) 在介质球中心处的磁感应强度 B'。

解 (1) 建立如图 15-6 所示的坐标系，$\boldsymbol{M}$ 沿 z 轴正方向。在角位置为 θ 处的介质球表面处的磁化电流线密度大小为

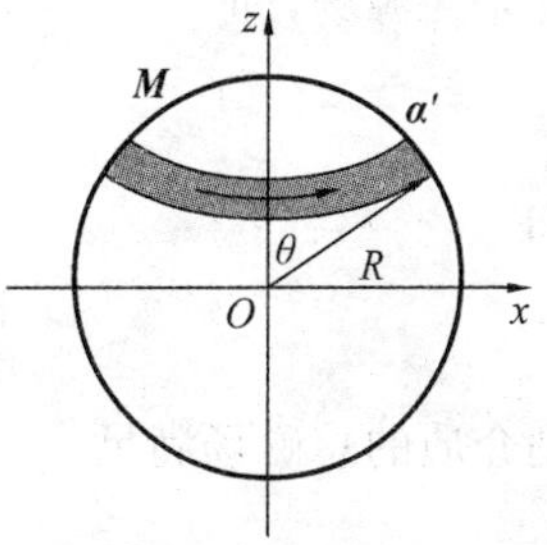

$$\alpha' = |\boldsymbol{M}\times\boldsymbol{e}_n| = |\boldsymbol{M}\times\boldsymbol{e}_r| = M\sin\theta$$

方向如图 15-6 所示。在 θ 处，相对于 O 点张角为 $\mathrm{d}\theta$ 的环带上的磁化电流强度为

$$\mathrm{d}I' = \alpha' R\mathrm{d}\theta = MR\sin\theta\,\mathrm{d}\theta$$

图 15-6

则介质球表面的总磁化电流

$$I' = \int_0^\pi MR\sin\theta\,\mathrm{d}\theta = 2MR$$

(2) 在 θ 处，相对于 O 点张角为 $\mathrm{d}\theta$ 的环带上的磁化电流在介质球心处的磁感应强度大小为

$$\mathrm{d}B' = \frac{\mu_0(MR\sin\theta\,\mathrm{d}\theta)(R\sin\theta)^2}{2(R^2\sin^2\theta + R^2\cos^2\theta)^{3/2}} = \frac{\mu_0 M}{2}\sin^3\theta\,\mathrm{d}\theta$$

则 O 点处总的磁感应强度为

$$B' = \int_0^\pi \frac{\mu_0 M}{2}\sin^3\theta\,\mathrm{d}\theta = \frac{2}{3}\mu_0 M$$

理论表明：在均匀磁化介质球内磁场是匀强场，且磁感应强度为 $B' = \frac{2}{3}\mu_0 M$。

15.3 介质中磁场的基本规律

如前所述,在外加磁场 B_0 中,磁介质会出现磁化现象,介质表面的磁化电流会在空间产生磁场 B'。根据磁场叠加原理,介质中任意一点的总磁场为

$$B = B_0 + B' \tag{15-6}$$

本节讨论介质中磁场的基本规律,即介质中磁场的高斯定理和安培环路定理。

15.3.1 介质中磁场的高斯定理

在外加稳恒磁场中,介质的磁化也是与时间无关的稳定状态,当然与之对应的磁化电流也应与时间无关。因此,介质磁化(电流)所产生的磁场 B' 也应和稳恒电流产生的磁场 B_0 具有相同的性质,它们对应的磁力线都应是一系列闭合的曲线,都是无源场,即

$$\oint_S B_0 \cdot dS = 0$$

和

$$\oint_S B' \cdot dS = 0$$

则介质的总磁场满足

$$\oint_S B \cdot dS = 0 \tag{15-7}$$

式(15-7)称为介质中磁场的高斯定理。

15.3.2 介质中磁场的安培环路定理

有介质存在时,若考虑磁场对任意闭合曲线 l 的环流时,应有与真空中稳恒磁场的安培环路定理相同的规律,只是闭合曲线 l 所围的电流除了传导电流 I 外还应包括磁化电流 I',即

$$\oint_l B \cdot dl = \mu_0 \sum I + \mu_0 \sum I' \tag{15-8}$$

式中 μ_0 是真空的磁导率。由于闭合曲线 l 所围的磁化电流代数和 $\sum I'$ 决定于介质中的总磁场 B 的分布,而总磁场 B 分布又由外加磁场 B_0 以及磁化电流分布的磁场 B' 两部分共同确定。因此,B 和 $\sum I'$ 间的这样相互依赖的关系使得式(15-8)所示的环路定理仅在形式上成立而已。下面,我们从式(15-8)出发,给出介质中磁场的

安培环路定理。

首先,讨论介质中任意闭合曲线 l 所围的磁化电流代数和 $\sum I'$。我们知道:介质处于磁化状态时,无论是顺磁质还是抗磁质,每一个介质分子都可等价为一个磁偶极子或分子电流。因此,按照分子电流与闭合曲线 l 的相对几何关系,把介质分子分为三类:①分子电流与以闭合曲线 l 为边界的任意曲面 S 没有几何上的穿越;②分子电流与以闭合曲线 l 为边界的任意曲面 S 有几何上的穿越,但有两次穿越和③分子电流与以闭合曲线 l 为边界的任意曲面 S 有几何上的穿越,但只有一次穿越。前两种情况对闭合曲线 l 所围的磁化电流代数和 $\sum I'$ 没有贡献,只有第三种情况有贡献。实际上,第三种情况下的分子电流是与闭合曲线 l 有套链关系的分子。这些与闭合曲线 l 有套链关系的分子电流形成以闭合曲线 l 为轴线的"螺绕环"。这样,只要知道了以闭合曲线 l 为轴线的"螺绕环"的总电流,就知道了闭合回路 l 所围的磁化电流代数和 $\sum I'$。按照式(15-4),一段长度为 $\mathrm{d}l$ 的"螺绕环"上的电流为 $\mathrm{d}I' = \boldsymbol{M} \cdot \mathrm{d}\boldsymbol{l}$,其中 $\mathrm{d}\boldsymbol{l}$ 为闭合回路 l 的一段路径元。则"螺绕环"上的总磁化电流强度,即闭合曲线 l 所围的磁化电流代数和 $\sum I'$ 为

$$\sum I' = \oint_l \boldsymbol{M} \cdot \mathrm{d}\boldsymbol{l} \tag{15-9}$$

这样,式(15-8)可写为

$$\oint_l \boldsymbol{B} \cdot \mathrm{d}\boldsymbol{l} = \mu_0 \sum I + \mu_0 \oint_l \boldsymbol{M} \cdot \mathrm{d}\boldsymbol{l}$$

式中 $\boldsymbol{B}$ 和 $\boldsymbol{M}$ 都是由外加磁场 $\boldsymbol{B}_0$ 以及磁化电流分布的磁场 $\boldsymbol{B}'$ 共同确定的,因此,该式仍然只是在形式上成立而已。我们可将其改写为

$$\oint_l \left(\frac{\boldsymbol{B}}{\mu_0} - \boldsymbol{M}\right) \cdot \mathrm{d}\boldsymbol{l} = \sum I$$

定义

$$\frac{\boldsymbol{B}}{\mu_0} - \boldsymbol{M} = \boldsymbol{H} \tag{15-10}$$

则

$$\oint_l \boldsymbol{H} \cdot \mathrm{d}\boldsymbol{l} = \sum I \tag{15-11}$$

式(15-11)称为介质中磁场的安培环路定理。式(15-10)定义的矢量 $\boldsymbol{H}$ 称为磁场强度矢量。在国际单位制中,磁场强度 $\boldsymbol{H}$ 的单位为 A/m。

式(15-11)表明:磁场强度矢量 $\boldsymbol{H}$ 通过任意闭合曲线 l 的环流等于该闭合曲线 l 所围的传导电流的代数和。这表明,磁场强度矢量 $\boldsymbol{H}$ 通过任意闭合曲线 l 的环流仅与闭合曲线 l 所围的传导电流有关。但需要说明的是:①磁场强度矢量 $\boldsymbol{H}$ 并不仅由与空间传导电流分布决定,它还与介质的磁化电流有关;②描述介质中磁场的

物理量还是磁感应强度 B。磁场强度矢量 H 仅是描述介质中磁场性质的一个辅助量,其本身并没有任何物理意义。

实验证明:对于各向同性的磁介质,当外磁场不太强时,磁介质内任意空间点的磁化强度与该点处的磁场强度成正比,即

$$M = \chi_m H \tag{15-12}$$

式中 χ_m 称为介质的磁化率。当介质为各向同性的均匀介质时,介质的磁化率 χ_m 为无量纲的常量,与介质中的磁感应强度无关,与空间点无关。对于顺磁质,$\chi_m > 0$,磁化强度 M 和磁场强度 H 的方向相同;对于抗磁质,$\chi_m < 0$,磁化强度 M 和磁场强度 H 的方向相反。

把式(15-12)代入磁场强度矢量 H 的定义式(15-10),即 $B = \mu_0(H+M)$,得

$$\begin{aligned} B &= \mu_0(H + \chi_m H) = \mu_0(1+\chi_m)H \\ &= \mu_0(1+\chi_m)H = \mu_0 \mu_r H \end{aligned} \tag{15-13}$$

式中 $\mu_r = 1 + \chi_m$ 称为介质的相对磁导率,实际上是描述介质的相对于真空的磁性质,介质的磁导率是真空磁导率的 μ_r 倍。设 $\mu = \mu_0 \mu_r$ 表示介质的磁导率,则

$$B = \mu H \tag{15-14}$$

需要说明是,式(15-13)和式(15-14)仅对于各向同性的介质且磁场不太强时才成立的,而式(15-10)是普遍成立的。

【例 15-2】 在均匀密绕的螺绕环内均匀充满相对磁导率为 μ_r 磁介质。已知螺绕环中的传导电流为 I,共绕有 N 匝线圈,求介质内的磁感应强度。

解 由于电流分布和磁介质具有相对于螺绕环中心的旋转对称性,介质中的磁场也应具有相同的对称性,即离对称中心相同距离的空间各点的磁感应强度(或磁场强度)的大小相同。如图 15-7 所示,选择与磁场的对称性相匹配的半径为 r 的圆形回路作为安培环路 l,环路上各点的磁场强度 H 与路径元 dl 的方向相同,则磁场强度 H 沿此回路的线积分为

$$\oint_l \boldsymbol{H} \cdot d\boldsymbol{l} = H(r) \cdot 2\pi r$$

利用安培环路定理,和 $\sum I = NI$,得

$$H 2\pi r = NI$$

则磁场强度大小为

$$H = \frac{NI}{2\pi r}$$

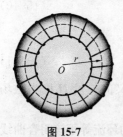

图 15-7

方向沿环路 l 的切线方向 e_θ,且与螺绕环中传导电流的方向满足右手螺旋关系。介质中的磁感应强度大小为 $B = \mu_0 \mu_r H = \dfrac{\mu_0 \mu_r NI}{2\pi r}$,方向与 H 相同。

15.3.3 介质交界面两侧磁场的关系

由于介质在磁场中的磁化现象,介质表面会有磁化电流出现。一般情况下,在不同介质的交界面处会有不被抵消的磁化电流存在,介质中的磁感应强度在交界面处通常是不连续的。可以采用与 13.2.4 相同的方法,利用稳恒磁场的安培环路定理和高斯定理讨论在介质交界面两侧磁场间的关系。为了避免重复起见,直接给出如下结果:

$$B_{1n} = B_{2n} \tag{15-15}$$

和

$$H_{1t} = H_{2t} \tag{15-16}$$

说明在介质两侧的磁场磁感应强度矢量在界面法线方向的分量是连续的,磁场强度在界面切线方向的分量是连续的。由此可知:磁场强度矢量在界面法线方向上的分量不连续,磁感应强度在界面切线方向的分量不连续。

式(15-15)和式(15-16)称为稳恒磁场的边值关系。

15.4 铁磁材料

铁磁类物质有着与通常的顺磁物质及抗磁物质非常不同的性质,稳恒电流在这类物质中产生的磁场远强于相同的稳恒电流在真空中产生的磁场。正因为如此,铁磁性材料广泛应用于电机、电器、通信器件和计算机以及信息储存器件中。因此,对铁磁材料磁性质的研究具有重要的意义。

本节首先讨论铁磁类材料在外磁场中的磁化性质。

15.4.1 铁磁材料的磁滞回线

把没有磁化的铁磁材料做成半径为 r 的细圆环状,为了测量材料中的磁场磁感应强度,在铁磁材料环上切除一小段,使铁磁材料环上留下很小的缺口,如图 15-8 所示。因缺口很小,缺口的两个端面基本上可以看作为铁磁材料环的两个相互平行的横截面。按照稳恒磁场的边值关系,若铁磁材料环中的磁场垂直于这两个横截面,缺口中的磁场磁感应强度的值与铁磁环中的磁场磁感应强度大小相同。因此,通过测量缺口中磁场,就可以知道铁磁材料中的磁场性质。

为了使铁磁材料磁化,可以通过在铁磁材料环上密绕 N 匝细导线线圈,构成密绕的螺绕环。当线圈中通有传导电流 I 时,应用安培环路定理,得知螺绕环内的磁场

强度为 $H=nI$,其中 $n=N/2\pi r$ 为螺绕环单位长度的匝数。这样,通过改变螺绕环中的电流 I,就可以改变铁磁材料中的磁场强度,与此同时记录下铁磁铁磁材料中磁场的磁感应强度。铁磁类材料的磁感应强度与磁场强度间的关系如图 15-9 所示。

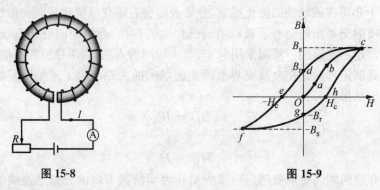

图 15-8　　　　　　　　　　图 15-9

从图 15-9 可以看出,铁磁环开始磁化时,随磁场强度 H 增大,铁磁材料中磁感应强度 B 逐渐增大(如 oa 段)。当磁场强度 H 再增大时,磁感应强度 B 增大较快(如 ab 段)。当磁场强度 H 再增大时,磁感应强度 B 增大速度变慢(如 bc 段),并在 c 点达到饱和值。此后,磁场强度 H 再增大时,磁感应强度 B 保持不变。

如果磁场强度 H 减小时,磁感应强度 B 先保持不变,过 c 点后开始减小,但并不沿 ca 变化,而是沿 cd 线减小。特别是当 $H=0$ 时,磁感应强度 B 并不为零。此时,铁磁材料中的磁感应强度为 B_r,称为剩余磁感应强度。这是铁磁材料特有的剩磁现象。因此,把铁磁材料放在磁场中先使其磁化,然后去除外磁场,铁磁材料会有剩磁,这就是人造永久磁铁的原理。

要消除铁磁材料的剩磁,必须加反向的磁场,实验中是通过把螺绕环中的电流反向来实现的。反向增大磁场强度 H 时,铁磁材料中的磁感应强度 B 将减小。当反向磁场强度 H 增大到某一值 H_c 时,磁感应强度 B 才减小到零。H_c 称为铁磁材料的矫顽力。随着反向磁场强度 H 进一步增大,铁磁材料中的磁感应强度 B 会达到反向的饱和状态(如 f 点)。

若减小反向磁场的磁场强度 H,磁感应强度 B 沿 fg 线到达 g 点。fg 线和 cd 线完全对称,g 点和 d 点也完全对称。在 g 点,铁磁材料也有和 d 点一样的剩磁。

再把磁场强度改为正向,随着 H 增大,磁感应强度 B 的值先减小到零,再正向增大到饱和状态(c 点)。因此,当磁化铁磁类材料时,如果使其达到饱和磁化状态,再反向使其磁化并达到反向饱和磁化状态。如此下去,铁磁类材料中的磁感应强度 B 随磁场强度 H 的变化形如图 15-9 所示的闭合曲线。可以看出,磁感应强度 B 的变化总滞后于磁场强度 H 的变化,因此,图 15-9 所示的闭合曲线称为磁滞回线。图中的 $Oabc$ 曲线称为初始磁化曲线。

可以看出：铁磁类材料中，磁场的磁感应强度 B 和磁场强度 H 的关系不再是线性正比关系，并且不是一一对应的关系。也就是说，当磁场强度 H 取某一确定值时，铁磁类材料中磁感应强度 B 可能有多个值与其对应，B 的具体取值与铁磁材料的磁化历史有关。由此可知，铁磁材料的磁导率 $\mu=\dfrac{B}{H}$ 也是多值的，并且与磁场强度 H 的取值以及铁磁材料的磁化历史有关。

15.4.2 铁磁现象的理论解释

从上述实验现象可以看出，铁磁类物质与顺磁物质的磁化性质有着本质的区别。因此，对铁磁类材料磁化性质的微观解释也很不相同。

现代物理学表明：在铁磁材料内存在许多自发饱和磁化的小区域，称为磁畴。根据实验观察，磁畴的大小和形状在不同的材料中很不相同。磁畴的几何线度从微米量级到毫米量级，磁畴的体积大约为 $10^{-10}\mathrm{m}^3$ 到 $10^{-8}\mathrm{m}^3$ 的量级。在每个磁畴中，大约有 $10^{17} \sim 10^{21}$ 个磁性原子。由于单个磁畴中相邻原子外层电子间存在着非常强的耦合作用，磁畴中的原子磁矩都取同一个方向，这样，一个磁畴对外表现出磁性。通常情况下，铁磁材料内不同磁畴中原子磁矩的取向的随机性，宏观铁磁材料并不表现出磁性，如图 15-10 所示。

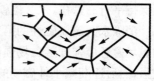

图 15-10

当有外加磁场 H 时，铁磁材料中磁化方向与外磁场方向相同或相近的磁畴体积会随磁场强度的增大而变大，而磁化方向与外磁场方向相反或夹角较大的磁畴的体积会变小。外加磁场越强，这种变化就越大。当磁场进一步增大时，磁化方向与外磁场方向相反或夹角较大的磁畴会消失，只留下磁化方向与外磁场方向相同或相近的磁畴。当磁场再进一步增大时，磁化方向与外磁场方向相近的磁畴中的原子磁矩会向磁场方向转向。当外加磁场达到一定程度时，所有磁畴中的原子磁矩都沿外磁场方向整齐排列，铁磁类材料的磁性达到最大，这就是铁磁材料的饱和磁化状态，如图 15-11 所示。

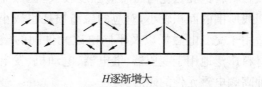

H 逐渐增大

图 15-11

当外加磁场撤去后,由于材料中杂质原子与铁磁原子间的相互作用,使得磁性原子的磁矩并不能回复到没有磁化时的初始状态。因此,铁磁类材料磁化后,会有剩磁现象。由于铁磁材料中杂质原子的影响,使得铁磁材料中磁场的磁感应强度的变化总是滞后于磁场强度的变化。因此,铁磁材料的磁滞现象发生的原因是由于杂质原子对磁性原子的束缚造成的。

实验表明,当铁磁材料的温度高于某个临界温度时,铁磁类材料会表现出和顺磁物质相同的磁化性质。这是因为,当温度高于临界温度时,磁畴将不复存在,而每个磁性原子都有一个不等于零的磁矩。这个临界温度称为铁磁材料的居里温度。不同铁磁材料的居里温度不同,如铁的居里温度为 1 040 K,而镍的居里温度为 631 K。

另外,实践中我们会注意到这样的现象:实验室中的永久磁铁的磁性并不是永久的,经过长时间的使用后,永久磁铁的磁性会明显减弱。用磁畴的观点可以解释这个现象。这是因为,在使用永久磁铁的过程中,免不了会有对永久磁铁的碰撞,而这种碰撞会破坏磁铁中杂质原子对磁性材料的束缚,使大量磁性原子的磁矩不再保持平行。这样,永久磁铁的磁性会越来越弱,直到消失。

消除永久磁铁磁性的第三种方法是把永久磁铁放到交变磁场中,永久磁铁中的磁场磁感应强度随磁场强度沿铁磁材料的磁滞回线变化。若开始时,外加磁场较强,然后逐渐减小外磁场的磁场强度,磁滞回线所围的面积越来越小。当磁场强度减小到零时,铁磁材料中的磁感应强度也减小到零,永久磁铁的磁性也就被消除了。

15.4.3　铁磁材料的应用

根据铁磁类材料的磁滞回线性质的不同,大致可以将其分为软磁材料和硬磁材料。

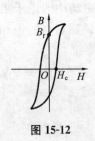

图 15-12

软磁材料的主要特点是矫顽力 H_c 小。这种材料容易被磁化,也容易退磁,其磁滞回线呈细长条形状,如图 15-12 所示。软磁材料饱和磁化时磁感应强度较大,但磁滞现象不明显,磁滞回线所围的面积较小,对应的磁滞损耗也较小。所以,软磁材料适用于交变电磁场以及不同电磁元件间的磁耦合。因此,软磁材料广泛地用于变压器、继电器、电动机、发电机、电磁铁以及各种高频电磁元件的磁芯。

除上述金属软磁材料外,还有非金属软磁铁氧体,铁氧体是一种具有铁磁性的金属氧化物,例如锰锌铁氧体和镍锌铁氧体等,它们分别由几种氧化物的粉末混合压制成型再烧结而成,加工方便,成本低廉。就电学特性来说,铁氧体的电阻率比金属、合金磁性材料大得多,而且还有较高的介电性能。铁氧体的磁学性能还表现在高频时具有较高的磁导率。因而,铁氧体已成为高频弱电领域用途广泛的非金属磁性材料,例如半导体收音机中的磁棒和中周变压器里的磁芯就是用软磁铁氧体做的。由于铁氧体单位体积中储存的磁能较低,饱和磁化强度也较低(通常只有纯铁的 1/3~1/5),因而限制了它在要求较高磁能密度的低频强电和大功率领域的应用。

硬磁材料的主要特点是矫顽力 H_c 大。这种材料的磁滞回线较宽,磁滞特性比较明显,如图 15-13 所示。硬磁材料经磁化后,去除外磁场时的剩磁 B_r 较强。同时,因为 H_c 较大,硬磁材料的剩磁也不容易消除,可以长时间保持其磁性。因此硬磁材料适用于制作永久磁铁。硬磁材料的永久磁铁广泛应用于磁电式电表、收音机、录音机、电话机、扬声器、耳机、微音机、拾音器和直流电机等。

除了通常的硬磁材料和软磁材料外,在现代工程技术中人们还开发了适用于不同特殊用途的磁性材料。如用于超声波技术的磁致伸缩材料;用于现代卫星通信、导航等方面的旋磁材料和用于信息储存的矩磁材料等。矩磁材料的磁滞回线呈近似的矩形,如图 15-14 所示。矩磁材料的特点是:这种材料在外磁场中一经磁化,材料内的磁感应强度就接近于饱和状态的值 B_s。并且这种材料的剩磁 B_r(其值与 B_s 接近)较大,矫顽力 H_c 也不太大。如果使不同的矩磁材料单元在两个相反的方向磁化,去除磁场后,材料总是处于 B_s 或 $-B_s$ 这两个状态中的一种。这可以和计算机技术中的"1"、"0"相对应。因此,矩磁材料可用于信息的记忆或储存。同时,由于矩磁材料的矫顽力较小,材料在两种状态间的转换时也不需要很强的磁场。所以,矩磁材料被广泛应用于计算机和自动控制技术中的信息储存和电磁开关等器件中。

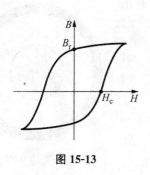

图 15-13

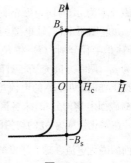

图 15-14

习 题 15

15-1 有一未知元素做成的样品,已知其密度为 $4.15\,\text{g/cm}^3$,饱和磁化强度为 $7.6\times10^4\,\text{A/m}$,并测得其原子磁矩为 $1.2\mu_B$(μ_B 为玻耳磁子),求该元素的相对原子质量。

15-2 一直径为 $25\,\text{mm}$,长为 $75\,\text{mm}$ 的均匀磁化的棒,总磁矩为 $12\,000\,\text{A}\cdot\text{m}^2$,求磁棒侧表面上的面磁化电流密度以及棒内中点的磁感应强度 B 的大小。

15-3 中子星是一种异常致密的星体,整个星体都是由中子构成的,因为中子具有磁矩,所以可把中子星看作一个均匀磁化的球体。设某中子星的半径为 R,磁化强度为 M,如题图所示,求中子星在 P 点(离球心距离为 r,且 $r\gg R$)产生的磁感应强度。

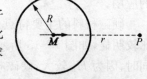

习题 15-3 图

15-4 一圆柱形无限长导体,磁导率为 μ,半径为 R,通有沿轴线方向的均匀电流 I。求:
(1) 导体内任一点的 H,B 和 M 的大小;
(2) 导体外任一点的 H,B 的大小。

15-5 螺绕环平均周长 $l=10\,\text{cm}$,环上绕有线圈 $N=200$ 匝,通有电流 $I=100\,\text{mA}$。试求:
(1) 管内为空气时 B 和 H 的大小;
(2) 管内充满相对磁导率 $\mu_r=4\,200$ 的磁介质时 B 和 H 的大小。

15-6 螺绕环内通有电流 $20\,\text{A}$,环上所绕线圈共 400 匝,环的平均周长为 $40\,\text{cm}$,环内磁感应强度为 $1.0\,\text{T}$,计算:
(1) 介质内的磁场强度;
(2) 介质内的磁化强度;
(3) 介质的磁化率;
(4) 介质的磁化面电流和相对磁导率。

15-7 半径为 R_1、磁导率为 μ_1 的无限长均匀磁介质圆柱体内均匀地通过传导电流 I,在它的外面包有一个半径为 R_2 的无限长同轴圆柱面,其上通有与前者方向相反的面传导电流 I,两者之间充满磁导率为 μ_2 的均匀磁介质。求空间各区域的 H 和 B。

15-8 如题图所示,同轴电缆的内导体是半径为 R_1 的金属圆柱,外导体是半径分别为 R_2 和 R_3 的金属圆筒,两导体的相对磁导率都为 μ_{r1},两者之间充满相对磁导率为 μ_{r2} 的不导电均匀磁介质。电缆工作时,两导体的电流均为 I(方向相反),电流在每个导体的横截面上均匀分布,求各区域的 B。

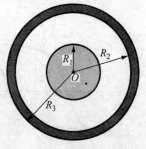

习题 15-8 图

15-9 在磁化强度为 M 的均匀磁化介质中有一球形空腔,试证空腔表面的磁化电流在球心激发的磁感应强度 $B'=-\dfrac{2}{3}\mu_0 M$。

15-10 如题图所示为一均匀磁化的圆盘形薄磁片,半径 a 远大于高度 h。磁化强度为 M,方向沿 z 轴正向。
(1) 画出薄圆盘上磁化电流的分布;

(2) 计算圆盘轴线上 1, 2, 3 点处的 B 和 H(2, 3 点靠近圆盘);

(3) 若 M 沿 y 轴方向, 重复(1), (2)的讨论和计算.

15-11 如题图所示, 无限大平面导体中通有均匀面电流, 其左右两侧充满相对磁导率分别为 μ_{r1} 和 μ_{r2} 的两种均匀介质. 已知两侧磁介质中磁感应强度的量值均为 B, 方向垂直纸面. 试求:

(1) 两介质表面上的磁化电流密度 α';

(2) 导体平面上的传导电流面密度 α_0.

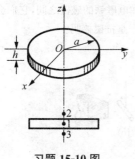

习题 15-10 图

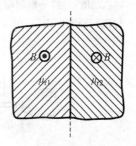

习题 15-11 图

15-12 一铁环中心线的直径 $D=40\,\mathrm{cm}$, 环上均匀地绕有一层表面绝缘的导线, 导线中通有一定的电流. 若在这环上锯出一个宽为 $1.0\,\mathrm{mm}$ 的空气间隙, 则通过环的横截面的磁通量为 $3.0\times10^{-4}\,\mathrm{Wb}$; 若空气隙的宽度为 $2.0\,\mathrm{mm}$, 则通过环的横截面的磁通量为 $2.5\times10^{-4}\,\mathrm{Wb}$, 忽略漏磁不计, 求这铁环的磁导率.

15-13 如题图所示, 上方为真空, 下方充满各向同性均匀介质, 相对磁导率为 μ_r. 已知介质中靠近界面 P 点的磁感应强度为 B, 方向与界面法线成 θ 角, 试求:

(1) P 点附近介质表面磁化电流面密度;

(2) 真空中靠近界面 Q 点的磁感应强度.

15-14 如题图(a)所示为铁氧体材料的 B-H 磁滞曲线, 图(b)为此材料制成的计算机存储元件的环形磁芯. 磁芯的内, 外半径分别为 $0.5\,\mathrm{mm}$ 和 $0.8\,\mathrm{mm}$, 矫顽力为 $H_c=\dfrac{500}{\pi}\,\mathrm{A/m}$. 设磁芯的磁化方向如题图(b)所示, 欲使磁芯的磁化方向翻转, 试问:

(1) 轴向电流如何加? 至少加至多大时, 磁芯中磁化方向开始翻转?

(2) 若加脉冲电流, 则脉冲峰值至少多大时, 磁芯中从内而外的磁化方向全部翻转?

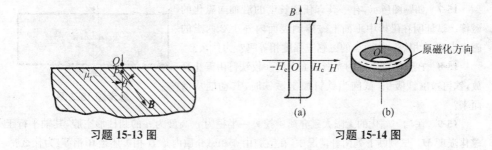

习题 15-13 图   习题 15-14 图

15-15 一小磁针的磁矩为 m,处在磁场强度为 H 的匀强外磁场中,该磁针可以绕它的中心转动,转动惯量为 J。它在平衡位置附近做小振动时,求振动的周期和频率。

思 考 题 15

15-1 何谓顺磁质、抗磁质和铁磁质,它们的区别是什么?

15-2 如题图所示,将一根顺磁棒或一根抗磁棒悬挂在电磁铁的磁极之间,它们会有什么不同的表现?你能判断本题图(a)和(b)中哪个是顺磁棒,哪个是抗磁棒吗?

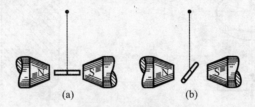

思考题 15-2 图

15-3 有两根铁棒,其外形完全相同,其中一根为磁铁,而另一根则不是,你怎样辨别它们?不允许将铁棒作为磁针而悬挂起来,亦不许用其他的仪器。

15-4 试解释为什么磁铁能吸引如铁钉之类的铁制物体?

15-5 判断下列说法是否正确,并说明理由。

(1) 若闭合曲线不围绕传导电流,则线上各点的 H 必为零;

(2) 若闭合曲线上各点的 H 为零,则该曲线围绕的传导电流(强度)为零;

(3) H 仅与传导电流有关;

(4) 不论是抗磁质还是顺磁质,只要是各向同性非铁磁质,B 与 H 同向。

15-6 如题图所示,一细长磁棒沿轴向均匀磁化,磁化强度为 M。分别求图中所标各点的磁场强度 H 和磁感应强度 B。

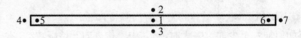

思考题 15-6 图

15-7 如题图所示,有一具有任意长度的沿轴向磁化的磁棒。试证明在磁棒中垂面上磁棒侧表面内外 1,2 两点的磁场强度 H 相等。这两点的磁感应强度相等吗?为什么?

15-8 在强磁铁附近的光滑桌面上的一枚铁钉由静止释放,铁钉被磁铁吸引,试问当铁钉撞击磁铁时,其动能从何而来?

思考题 15-7 图

15-9 在均匀磁化的无限大磁介质中挖去一半径为 r、高度为 h 的圆柱形空腔,其轴平行于磁化强度 M。试判断下列两种情况中,在空腔中点和磁介质内是 H 相等还是 B 相等,为什么?

(1) 细长空穴 ($h \gg r$)；

(2) 扁平空穴 ($r \gg h$)。

15-10 如题图所示是一个带有很窄缝隙的永磁环，磁化强度为 M，试求图中所标出各点的 B 和 H。

15-11 一根沿轴向均匀磁化的横截面积为 ΔS 的细长永磁棒，磁化强度为 M，试计算题图中 H 对闭合路径 l 的线积分 $\oint_l \boldsymbol{H} \cdot \mathrm{d}\boldsymbol{l}$，以及 H 对闭合曲面 S 的通量 $\oint_S \boldsymbol{H} \cdot \mathrm{d}\boldsymbol{S}$ 为多少？

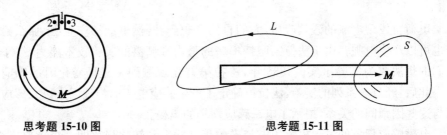

思考题 15-10 图   思考题 15-11 图

第 16 章 电磁感应

奥斯特发现电流的磁效应后,人们自然会想到:既然电能够产生磁,那么磁是否也可以产生电呢?由于法拉第坚持不懈的努力和精湛的实验技术能力,终于使人们的想法成为实验事实。1831年,法拉第首先观测到了磁场变化时的感应现象。此后,经过一系列的实验,法拉第确定了产生感应电流的物理因素以及感应电流与这些因素间的关系,揭示了电磁感应现象的奥秘。

电磁感应现象的发现揭示了电与磁的相互联系和转化规律的一个重要方面,在电磁学的发展史上具有划时代的意义。它不仅丰富了人们对电磁现象物理本质的认识,也为电磁学在技术方面的应用打开了一扇大门。例如,依据电磁感应规律发明的发电机和变压器等为人类更好地利用自然界中的能源提供了技术条件。因此,关于电磁感应规律的学习和研究具有重要的意义。

本章主要讨论电磁感应现象及其基本规律,载流线圈的自感、互感等现象和规律等。在这个基础上,我们还要讨论磁场能量等问题。

16.1 电磁感应定律

16.1.1 电磁感应现象

下面通过几个实验说明电磁感应现象及其产生的物理条件。

【实验1】 如图 16-1 所示,把线圈 A 连接到电流计的两端,线圈和电流计形成闭合导体回路。当把条形永久磁铁插入线圈时,发现电流计指针有偏转,这说明导体回路中有电流产生。这个现象称为电磁感应,线圈中产生的电流称为感应电流。

实验还发现,当把条形永久磁铁从线圈中拔出时,

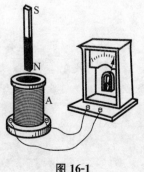

图 16-1

电流计指针也有偏转,但偏转方向与把条形永久磁铁插入线圈时电流计指针的偏转方向相反。这说明导体回路中有相反方向的感应电流产生。

实验中,如果条形永久磁铁保持静止而使线圈相对于磁铁运动,同样有感应电流产生。实验表明,线圈(或条形磁铁)运动越快,电流计指针偏转越大,即感应电流越大。

分析实验中感应电流产生的物理因素,只有线圈所在空间的磁场分布随时间发生了变化。这说明:磁场变化是产生电磁感应的原因。线圈(或条形磁铁)运动越快,磁场随时间的变化率越大,感应电流越大。

【实验 2】 如图 16-2 所示,如果把实验 1 中的条形永久磁铁改为通电的线圈 A',重复实验 1 中的实验步骤,电流计仍然会显示出线圈 A 中有感应电流产生。这说明,通电的线圈和条形永久磁铁在实验中的角色是一样的。

如果把线圈 A' 插入线圈 A 并保持静止,但改变线圈 A' 中的电流,线圈 A 中也会有感应电流产生。改变线圈 A' 中电流可以有两种方式:①如图 16-3 所示,在线圈 A' 的导体回路中串入开关 K,在接通或断开 K 时,线圈 A' 中的电流会有变化;②在线圈 A' 的导体回路中串入滑线变阻器,改变滑线变阻器电阻,可以使线圈 A' 中的电流变化。线圈 A' 中电流的变化导致其在空间激发的磁场随时间变化。

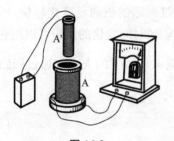

图 16-2

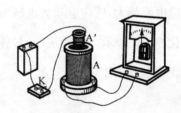

图 16-3

分析实验 2 中感应电流产生的物理因素,也只有线圈 A 所在空间的磁场分布随时间发生了变化。因此,上述两个实验都表明磁场变化是产生电磁感应的原因。

【实验 3】 如图 16-4 所示,把导体线框 ADCB 和电流计连接,导体框上水平放置一导体棒 DC,整个装置放置到不随时间变化的匀强的磁场中。如果导体棒 DC 以速度 v 运动,电流计指针会发生偏转。并且,导体棒运动速度越大,电流计偏转角越大。这说明:导体棒运动速度越大,导体回路中的电流越大。如果导体棒 DC 的运动速度 v 方向相反,电流计指针会有相反方向的偏转。这说明:导体回路中的

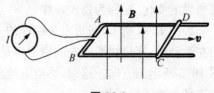

图 16-4

电流方向与导体的运动方向有关。

分析实验中感应电流产生的物理因素,磁场分布并没有变化,而导体棒 DC 在磁场中有运动。因此,导体在磁场中运动时也会有电磁感应现象。

总结上述三个实验,说明电磁感应现象产生的物理因素有两个:磁场随时间发生变化或导体在磁场中运动。实际上,上述三个实验有一个共同点,这就是当通过导体回路中的磁通量发生变化时,回路中就会出现感应电流。因此,可以说通过导体回路中的磁通量随时间发生变化是电磁感应产生的原因。

由第 15 章的讨论我们知道,当导体回路中有电流时,导体回路中必然存在非静电力和与其对应的电动势。上述在导体回路中产生感应电流的电动势称为感应电动势。因此可以说,通过导体回路中的磁通量随时间发生变化是感应电动势产生的原因。当导体回路不闭合时,不会有感应电流产生,但感应电动势仍然存在。所以,电动势的概念比感应电流更能反映电磁感应的物理本质。下面的讨论中,将用感应电动势来描述电磁感应的规律。

16.1.2 法拉第定律

从上述讨论可知,对于确定的导体回路,通过回路的磁通量变化越快,回路中的感应电流越大,感应电动势也越大。磁通量 Φ_m 随时间变化的快慢可以用它的时间变化率 $\dfrac{d\Phi_m}{dt}$ 表示。实验表明:导体回路中感应电动势 $\mathscr{E}$ 的大小与通过回路磁通量的变化率成正比,即

$$\mathscr{E} = -k \frac{d\Phi_m}{dt} \tag{16-1}$$

这个规律称为法拉第电磁感应定律。式中 k 为比例系数,其值与式中各相关物理量的单位有关。在国际单位制中,电动势 $\mathscr{E}$ 的单位是 V,磁通量 Φ_m 的单位是 Wb,时间的单位是 s,则 $k=1$。式(16-1)中的负号是楞次根据导体回路中的感应电流的方向和通过导体回路的磁通量的变化率间的关系从实验中总结出来的。这就是,闭合导体回路中感应电流的方向总是使它所激发的磁场阻碍产生感应电流的磁通量的变化,这称为楞次定律。

如图 16-5 所示,条形永久磁铁的 N 极在左端,磁铁产生的磁场为 **B**。当磁铁向左运动时,穿过线圈向左的磁通量是增加的。根据楞次定律,线圈中的电流应为图 16-5 所示的方向。这时,感应电流所激发的磁场方向向右,其作用就是阻止向左磁场的磁通量增加。

如果磁铁运动的方向与图 16-5 所示方向相反,穿过线圈向左磁场的磁通量是

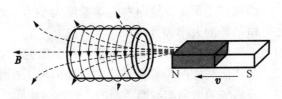

图 16-5

减小的。根据楞次定律,线圈中的电流应与图 16-5 所示的方向相反。这时,感应电流所激发的磁场方向向左,其作用就是阻止向左磁场磁通量的减小。

还可以从另一个角度诠释楞次定律。

在如图 16-5 所示的实验中,当磁铁向左运动时,线圈中的感应电流为图示的方向。这时,线圈的磁场可等价地看作为 N 极在右 S 极在左的磁棒产生的磁场。因此,线圈的磁场会阻碍条形永久磁铁的运动。同样,在如图 16-5 所示的实验中,当磁铁向右运动时,线圈中的感应电流与图示的方向相反。这时,线圈的磁场可等价地看作为 N 极在左 S 极在右的磁棒产生的磁场。所以,线圈的磁场仍然是阻碍条形永久磁铁的运动。

根据上述分析,无论永久磁铁的运动方向如何,线圈中感应电流的磁场总是阻碍条形永久磁铁的运动。那么,从能量的观点来看,要维持永久磁铁的运动,作用在永久磁铁上的外力必须克服线圈对永久磁铁运动的阻碍作用。也就是说,外力必须对永久磁铁做功才能维持永久磁铁的运动。实验中,外力所做的功转化为线圈中感应电流在导线中产生的焦耳热。反过来讲,线圈中感应电流在导线中产生的焦耳热来源于维持永久磁铁的运动时作用在永久磁铁上的外力所做的功。因此,楞次定律是与能量转化和守恒定律是一致的。实际上,楞次定律是能量转化和守恒定律的必然结果。

关于法拉第定律式(16-1)的应用,我们作如下约定:

(1) 对导体回路任取一个绕行方向作为回路中感应电动势的正方向。

(2) 以回路的绕行方向和右手螺旋关系确定回路所围平面的正法线方向,即右手四指自然弯曲指向回路的绕行方向,右手拇指的指向就是回路所围平面的正法线方向。

(3) 根据回路所围平面的正法线方向求出通过导体回路的磁通量 Φ_m。

(4) 根据式(16-1)求出回路中感应电动势 $\mathcal{E}$。如 $\mathcal{E}$ 的结果为正,则感应电动势的方向与假设的回路绕行方向一致;如 $\mathcal{E}$ 的结果为负,则感应电动势的方向与假设的回路绕行方向相反。

【例 16-1】 如图 16-6 所示,一长直导线中通有稳恒电流 I,在长直导线旁平行放置一长为 l、宽为 b 的矩形线圈,线圈和长直导线在同一平面内。试求:当矩形线圈在图示位置处向右运动速度大小为 v 时,线圈中的感应电动势的大小和方向。

解 设矩形线圈的绕行方向为顺时针方向,则线圈平面的正法线方向为垂直于线圈平面向里。在线圈平面处,直电流磁场的方向与线圈平面的法线方向相同。则通过线圈所围平面的磁通量为

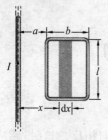

图 16-6

$$\Phi_m = \iint B dS = \int_a^{a+b} \frac{\mu_0 I}{2\pi x} l \, dx = \frac{\mu_0 l I}{2\pi} \ln\left(\frac{a+b}{a}\right)$$

当矩形线圈在图示位置处向右运动速度大小为 v 时,线圈中的感应电动势为

$$\mathscr{E} = -\frac{d\Phi_m}{dt} = -\frac{\mu_0 l I}{2\pi} \frac{d}{dt}\left[\ln\left(\frac{a+b}{a}\right)\right] = \frac{\mu_0 l I v}{2\pi}\left(\frac{1}{a} - \frac{1}{a+b}\right)$$

式中 $v = \dfrac{da}{dt}$。因为 $\mathscr{E} > 0$,则感应电动势的方向与假设的回路绕行方向一致,矩形线圈中感应电动势的方向为顺时针方向。

需要强调的是,式(16-1)仅适用于单匝导体回路。如果回路是多匝线圈,线圈中的感应电动势是各匝线圈中感应电动势的和。若设 $\Phi_{m1}, \Phi_{m2}, \cdots, \Phi_{mN}$ 分别为通过各匝回路的磁通量,则

$$\mathscr{E} = -\frac{d\Phi_{m1}}{dt} - \frac{d\Phi_{m2}}{dt} - \cdots - \frac{d\Phi_{mN}}{dt} = -\frac{d(\Phi_{m1} + \Phi_{m2} + \cdots + \Phi_{mN})}{dt}$$

设 $\Phi_{m1} + \Phi_{m2} + \cdots + \Phi_{mN} = \Psi$,则

$$\mathscr{E} = -\frac{d\Psi}{dt} \tag{16-2}$$

式中 Ψ 称为通过多匝线圈回路的磁通匝链数。式(16-2)表明,通过多匝线圈的磁通匝链数随时间发生变化率就是多匝线圈中的感应电动势。

如果通过每匝线圈的磁通量相同,都为 Φ_m,磁通匝链数 $\Psi = N\Phi_m$,则线圈中总的感应电动势为

$$\mathscr{E} = -N\frac{d\Phi_m}{dt} \tag{16-3}$$

16.1.1 节中的三个电磁感应实验中,感应电动势产生的物理根源是不相同的。前两个实验中感应电动势产生的根本因素是线圈所在空间的磁场随时间发生了变化。第三个实验中感应电动势产生的物理因素是导体在磁场中运动。由磁场随时间发生变化而产生的感应电动势称为感生电动势;而导体在稳恒磁场中运动时所产生的感应电动势称为动生电动势。

在接下来的两节中,我们将分别对动生电动势和感生电动势进行深入的讨论。

16.2 动生电动势

如图 16-7 所示,设导体棒 ab 在不随时间变化的磁场中以速度 v 运动。当导体运动时,导体中的自由电子除了做无规则的热运动外还有随导体的运动。按照洛伦兹力公式,自由电子随导体在磁场 B 中的运动时受力为

$$F_m = -ev \times B$$

式中 $-e$ 为电子的带电量。在如图 16-7 所示磁场和导体运动方向情况下,洛伦兹力 F_m 的方向向下。因此,电子将沿导体向下运动并在导体棒 ab 的下端积累,使 a 端由于电子积累而带负电,使 b 端由于电子

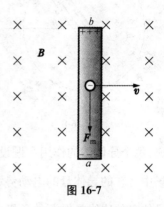

图 16-7

缺乏而带正电。这样,在磁场中运动的导体棒就是一个电源,b 端为电源的正极,a 端为电源的负极。电源中的非静电力就是电子受到的洛伦兹力。因此,动生电动势产生的真正根源是导体在磁场中运动时导体中的自由电子受到的洛伦兹力。这就是动生电动势产生的微观机制。

动生电动势对应的非静电力场强为

$$E_k = \frac{F_m}{-e} = v \times B \tag{16-4}$$

非静电力场强的方向向上,则运动导体棒 ab 上的动生电动势为

$$\mathscr{E} = \int_a^b E_k \cdot dl = \int_a^b (v \times B) \cdot dl \tag{16-5}$$

上述讨论中虽然是针对如图 16-7 所示的导体棒的整体运动以及空间均匀分布的磁场情况,但式(16-5)完全可以推广到任意的磁场分布以及任意的导体运动情况,包括导体回路在磁场中的运动甚至导体回路各个部分的运动速度不相同的普遍情况。对于磁场中运动的导体回路,总的动生电动势为

$$\mathscr{E} = \oint_l (v \times B) \cdot dl \tag{16-6}$$

式中 v 为导体线元 dl 的运动速度;B 为导体线元 dl 处的磁场磁感应强度。

【例 16-2】 如图 16-8 所示,长为 L 的导体棒 OA 在垂直纸面向内的匀强磁场 B 中沿逆时针方向绕 O 转动,角速度大小为 ω,求导体棒中动生电动势的大小和方向。

解 当导体棒做匀速转动时,铜棒上各段的速度均不相同。在导体棒上距 O 点 l 处取方向沿 OA 的线元 dl,其速度大小为 $v=\omega l$。则导体棒 OA 上的动生电动势为

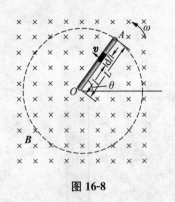

图 16-8

$$\mathcal{E}_{OA} = \int_O^A (\boldsymbol{v} \times \boldsymbol{B}) \cdot \mathrm{d}\boldsymbol{l} = \int_0^L -vB\,\mathrm{d}l$$

$$= -\int_0^L B\omega l\,\mathrm{d}l = -\frac{1}{2}B\omega L^2$$

式中负号表明动生电动势的方向与假设的 OA 方向相反,电动势真实的方向是从 A 到 O。则绕 O 端转动的导体棒 OA 的 O 端是电源的正极,A 端为电源的负极。

如果题设导体棒换成半径为 L 的导体圆盘,可以把导体盘看作由无穷多根并联的导体棒组合而成,每个导体棒的作用和题设情况相同。因为这些假想的导体棒间相互并联,则磁场中旋转的导体盘的电动势大小也为 $\mathcal{E} = \frac{1}{2}B\omega L^2$。导体盘的中心是电源的正极,导体盘的边缘是电源的负极,这就是法拉第圆盘发电机的情况。

【例 16-3】 如图 16-9 所示,一长直导线中通有稳恒电流 I,有一长为 l 的导体棒 AB 在长直电流和导体棒构成的平面内以速度 v 平行于长直导线运动。如棒的近导线端离开导线的距离为 d,求导体棒 AB 中的动生电动势。

解 导体棒 AB 是在长直电流的非匀强磁场中运动的,导体棒上不同段处的磁场不同但运动速度相同。在离长直电流距离为 x 的位置选取长为 dx 的导体线元,则导体棒 AB 中的动生电动势为

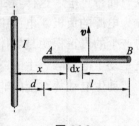

图 16-9

$$\mathcal{E}_{AB} = \int_A^B (\boldsymbol{v} \times \boldsymbol{B}) \cdot \mathrm{d}\boldsymbol{l} = \int_d^{d+l} -Bv\,\mathrm{d}x = -\int_d^{d+l} \frac{\mu_0 Iv}{2\pi x}\,\mathrm{d}x = -\frac{\mu_0 I}{2\pi} v \ln\left(\frac{d+l}{d}\right)$$

结果中的负号表明 $\mathcal{E}_{AB}$ 的方向与积分方向相反,电动势真实的方向是从 B 到 A。则在长直电流磁场中运动的导体棒 AB 的 A 端是电源的正极,B 端为电源的负极。

在例 16-1 中,导体矩形线框在垂直于长直电流方向以速度 v 向右运动,导体线框各部分的运动速度相同。按照式(16-6),导体线框中的动生电动势为 $\mathcal{E} = \oint_l (\boldsymbol{v} \times \boldsymbol{B}) \cdot \mathrm{d}\boldsymbol{l}$。可以按矩形的四条边把导体矩形线框分成四段,其中垂直于长直电流的两段导体线元与运动速度方向相同,因此没有动生电动势。剩下的两段与长直电流方向平行的导体有动生电动势贡献,其中近长直电流的一段的动生电动势大小为 $\mathcal{E}_1 = \frac{\mu_0 lIv}{2\pi a}$,方向向上;远离长直电流的一段的动生电动势大小为 $\mathcal{E}_2 = \frac{\mu_0 lIv}{2\pi(a+b)}$,方向也向上。因此,导体线框中的动生电动势为

$$\mathscr{E} = \oint_l (\boldsymbol{v} \times \boldsymbol{B}) \cdot \mathrm{d}\boldsymbol{l} = \mathscr{E}_1 - \mathscr{E}_2 = \frac{\mu_0 I v}{2\pi}\left(\frac{1}{a} - \frac{1}{a+b}\right)$$

与例 16-1 中按法拉第电磁感应定律计算的结果相同。

【例 16-4】 如图 16-10(a)所示，两无限长平行光滑金属导轨间距为 l，导轨与水平面成 θ 角放置，整个装置处在磁感应强度为 $\boldsymbol{B}$ 的匀强磁场之中，$\boldsymbol{B}$ 的方向垂直于地面向上，两导轨间串接了电阻 R 及电动势为 $\mathscr{E}$ 的电源。滑杆 ab 质量为 m，初速为零，求滑杆下滑速度随时间的变化关系，并由此求滑杆的极限速度。

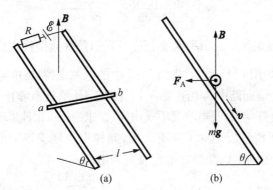

图 16-10

解 滑杆在下滑过程中除受重力外还受到安培力的作用，这里应注意到安培力 F_A 的方向不是沿斜面方向，而是垂直于 $\boldsymbol{B}$ 与杆 ab 组成的平面[见图 16-10(b)]，由此列出牛顿运动方程

$$mg\sin\theta - F_A\cos\theta = m\frac{\mathrm{d}v}{\mathrm{d}t} \qquad ①$$

滑杆 ab 中的电流除了受电源电动势 $\mathscr{E}$ 的影响外，还要考虑滑杆本身产生的动生电动势

$$\mathscr{E}_i = vBl\sin(90° + \theta) = Blv\cos\theta$$

$\mathscr{E}_i$ 的方向与 $\mathscr{E}$ 相同，所以滑杆 ab 中的电流

$$I = \frac{\mathscr{E} + \mathscr{E}_i}{R} = \frac{\mathscr{E} + Blv\cos\theta}{R}$$

由此得安培力

$$F_A = BlI = Bl \cdot \frac{\mathscr{E} + Blv\cos\theta}{R} \qquad ②$$

将式②代入式①得

$$mg\sin\theta - Bl\frac{\mathscr{E} + Blv\cos\theta}{R}\cos\theta = m\frac{\mathrm{d}v}{\mathrm{d}t} \qquad ③$$

分离变量并积分得

$$\int_0^v \frac{\mathrm{d}v}{\left(g\sin\theta - \frac{Bl\mathscr{E}\cos\theta}{mR}\right) - \frac{B^2l^2\cos^2\theta}{mR}v} = \int_0^t \mathrm{d}t$$

可得

$$v = \left(\frac{mgR\sin\theta}{B^2l^2\cos^2\theta} - \frac{\mathscr{E}}{Bl\cos\theta}\right)\left(1 - \mathrm{e}^{-\frac{B^2l^2\cos^2\theta}{mR}t}\right)$$

当 $t\to\infty$ 时，滑杆到达极限速度

$$v_\mathrm{m} = \frac{mgR\sin\theta}{B^2l^2\cos^2\theta} - \frac{\mathscr{E}}{Bl\cos\theta}$$

如果只求极限速度 v_m 的话，那么把 $\frac{\mathrm{d}v}{\mathrm{d}t}=0$ 的条件直接代入式③就可求得。

【**例 16-5**】 如图 6-11 所示，将例 16-4 中的电源去掉，将电阻换成电容器 C，并将导轨竖直放置。设回路中的电阻很小，可忽略不计，滑杆由静止开始的下滑过程中保持和导轨间的良好接触，且电容器不被击穿，试求滑杆下滑速度随时间的变化关系。

解 滑杆在下滑过程中除了受重力外，同样也受到安培力的作用。这里滑杆中的电流是 ab 杆的动生电动势对电容充电的电流

$$I = \frac{\mathrm{d}q}{\mathrm{d}t} = \frac{C\mathrm{d}U}{\mathrm{d}t}$$

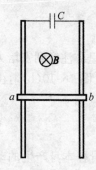

图 16-11

作用在滑杆上的安培力为

$$F_A = BlI = Bl \cdot C\frac{\mathrm{d}U}{\mathrm{d}t} \qquad ①$$

由于忽略回路电阻 R，所以电容器两端的电压 U 就是滑杆的动生电动势，即

$$U = Blv \qquad ②$$

再由牛顿第二定律

$$mg - F_A = ma \qquad ③$$

将式②代入式①再代入式③，得

$$mg - BlC\frac{\mathrm{d}(Blv)}{\mathrm{d}t} = ma$$

注意到 $\frac{\mathrm{d}v}{\mathrm{d}t}=a$，上式可化为

$$mg - B^2l^2Ca = ma$$

由此可解得滑杆下滑时的加速度

$$a = \frac{mg}{m + B^2l^2C}$$

由此可知，滑杆匀加速下滑，以滑杆静止时为 $t=0$ 时刻，则在任一时刻 t 滑行

的速度为

$$v = at = \frac{mgt}{m + B^2 l^2 C}$$

可以看出:滑杆不存在极限速度。请读者从物理过程来分析一下滑杆在这种情况下为什么不存在极限速度。

有一个问题需要深入思考:我们知道,由于洛伦兹力与电荷运动速度垂直,洛伦兹力始终不做功。但是,在前面的分析中,我们把动生电动势产生的根源归结为洛伦兹力。这意味着作为产生动生电动势的非静电力,洛伦兹力是要做功的。这就形成了矛盾,如何理解这个问题呢?

如图 16-12 所示,当导体棒 ab 在磁场 B 中以速度 v 向右运动时,导体中的自由电子在洛伦兹力 $-e v \times B$ 的作用下又有向下的运动。运动的导体棒如同一个有电动势的电源。当把运动导体棒接入闭合导体回路时,回路中会有一定的电流,在运动导体棒中的电流方向向上。与此对应,电子沿导体棒有向下的定向漂移运动速度 u,则导体中的自由电子在磁场中的运动速度实际上是 $u+v$,所以电子受到的洛伦兹力为 $F_m = -e(u+v) \times B$,如图 16-12 所示。其中的一个分力 $F = q v \times B$,其中 $q=-e$,方向沿导体棒,这个分量就是提供电源电动势的非静电力;另一个分力 $F' = q u \times B$,方向垂直于导体棒,与导体运动速度 v 方

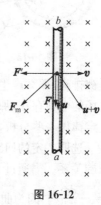

图 16-12

向相反,表现为阻力。要维持导体棒的运动速度 v,必须有外力作用在导体棒上,克服阻力分量 F' 而做功。可以证明:①洛伦兹力的分量 F' 与导体载流时所受到的磁场作用力——安培力相对应;②洛伦兹力的两个分量 F 和 F' 做功的功率满足

$$F \cdot u = q(v \times B) \cdot u = q(B \times u) \cdot v = -q(u \times B) \cdot v = -F' \cdot v$$

因此,洛伦兹力沿导体棒的分力 $F = q v \times B$ 做正功,与导体运动速度 v 方向相反的分量 $F' = q u \times B$ 做负功,而洛伦兹力做功的总功率为零。所以,在这里洛伦兹力只是起到了中间媒介的作用,即外力克服安培力做功通过洛伦兹力转化为导体回路中感应电流的能量。外力做的机械功转化为电能,这就是发电机的工作原理。

16.3 感生电动势

16.3.1 感应电场与感生电动势

在 16.1.1 节中前两个电磁感应实验中,线圈中感应电动势产生是因为线圈所

在空间的磁场随时间发生了变化,这种电动势称为感生电动势。感生电动势并不是因为导体在磁场中运动产生的,因此电动势所对应的非静电力不是洛伦兹力。那么,与感生电动势所对应的非静电力究竟是什么呢?我们先通过一个实验证明感生电动势所对应的非静电力一定不是磁力而只能是电力。

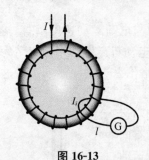

图 16-13

如图 16-13 所示,在载有电流 I 的密绕螺绕环外套一个与电流计 G 连接的导体回路。当螺绕环中电流 I 变化时,电流计显示出导体回路中有感应电流产生。因为密绕螺绕环外无磁场存在,且连接电流计的导体回路也没有运动,只有螺绕环内的磁场随时间发生了变化。因此,感生电动势对应的非静电力一定不是磁场本身产生的。我们知道,作用在导体中载流子(电子)上的力只能有两种:电力或磁力(即洛伦兹力)。这里,洛伦兹力已经被排除,那么产生感生电动势的非静电力一定是电场力。然而,这里并没有产生电场的电荷存在,那么这个电场力究竟是如何产生的呢?下面结合法拉第电磁感应定律做一些分析。

选取一定的回路 l 和以 l 为边界的曲面 S,l 的方向和 S 的法线方向满足右手螺旋关系。当通过 l 的磁场 $\boldsymbol{B}$ 发生变化时,磁通量有变化,回路 l 中有感应电动势 $\mathscr{E} = -\dfrac{\mathrm{d}\Phi_\mathrm{m}}{\mathrm{d}t}$。因为曲面 S 不随时间变化,则

$$\mathscr{E} = -\frac{\mathrm{d}\Phi_\mathrm{m}}{\mathrm{d}t} = -\frac{\mathrm{d}}{\mathrm{d}t}\iint_S \boldsymbol{B}\cdot\mathrm{d}\boldsymbol{S} = -\iint_S \frac{\partial \boldsymbol{B}}{\partial t}\cdot\mathrm{d}\boldsymbol{S}$$

因此,感生电动势对应的非静力场强 $\boldsymbol{E}_\mathrm{k}$ 一定是与磁场的时间变化率 $\dfrac{\partial \boldsymbol{B}}{\partial t}$ 相关。把上式可改写为

$$\mathscr{E} = -\iint_S \frac{\partial \boldsymbol{B}}{\partial t}\cdot\mathrm{d}\boldsymbol{S} = \oint_l \boldsymbol{E}_\mathrm{k}\cdot\mathrm{d}\boldsymbol{l}$$

因此,与感生电动势相对应的非静电力场强 $\boldsymbol{E}_\mathrm{k}$ 满足

$$\oint_l \boldsymbol{E}_\mathrm{k}\cdot\mathrm{d}\boldsymbol{l} = -\iint_S \frac{\partial \boldsymbol{B}}{\partial t}\cdot\mathrm{d}\boldsymbol{S}$$

麦克斯韦在对电磁感应深入分析后认为:即使不存在导体回路,变化的磁场在其周围也会激发一种电场,这种电场称为感应电场,记作 $\boldsymbol{E}_\mathrm{i}$,满足

$$\oint_l \boldsymbol{E}_\mathrm{i}\cdot\mathrm{d}\boldsymbol{l} = -\iint_S \frac{\partial \boldsymbol{B}}{\partial t}\cdot\mathrm{d}\boldsymbol{S} \tag{16-7}$$

感应电场与静电场的共同点是对电荷 q 都有作用力,且作用规律相同,即 $\boldsymbol{F} = q\boldsymbol{E}_\mathrm{i}$。与静电场不同的是,静电场对任意闭合回路的环流为零,而感应电场对任意

闭合回路的环流一般不为零。因此,感应电场是非保守力场。因为感应电场对闭合回路的环流不恒为零,感应电场又称为涡旋电场。利用矢量场论的斯托克斯定理 $\iint_S \boldsymbol{\nabla} \times \boldsymbol{A} \cdot \mathrm{d}\boldsymbol{S} = \oint_l (\boldsymbol{\nabla} \times \boldsymbol{A}) \cdot \mathrm{d}\boldsymbol{l}$,其中 $\boldsymbol{\nabla}$ 为梯度微分算子,式(16-7)可改写为

$$\boldsymbol{\nabla} \times \boldsymbol{E}_\mathrm{i} = -\frac{\partial \boldsymbol{B}}{\partial t} \tag{16-8}$$

这表明,变化的磁场所激发的感应电场的旋度为磁场随时间的变化率的负值。因此,感应电场是一种有旋场。

由上述分析知道,感生电动势的物理根源是变化的磁场在空间激发的感应电场。当导体棒 ab 处于感应电场中时,导体中的自由电子将受到感应电场的作用力 $\boldsymbol{F} = -e\boldsymbol{E}_\mathrm{i}$。与感生电动势相对应的非静电力场强为 $\boldsymbol{E}_\mathrm{k} = \dfrac{-e\boldsymbol{E}_\mathrm{i}}{-e} = \boldsymbol{E}_\mathrm{i}$,则导体棒 ab 中的感生电动势为

$$\mathscr{E} = \int_a^b \boldsymbol{E}_\mathrm{i} \cdot \mathrm{d}\boldsymbol{l} \tag{16-9}$$

若导体形成闭合回路 l,则感应电动势为

$$\mathscr{E} = \oint_l \boldsymbol{E}_\mathrm{i} \cdot \mathrm{d}\boldsymbol{l} \tag{16-10}$$

利用变化磁场产生感应电场的规律式(16-7),上式可改写为

$$\mathscr{E} = \oint_l \boldsymbol{E}_\mathrm{i} \cdot \mathrm{d}\boldsymbol{l} = -\iint_S \frac{\partial \boldsymbol{B}}{\partial t} \cdot \mathrm{d}\boldsymbol{S} = -\frac{\mathrm{d}}{\mathrm{d}t}\iint_S \boldsymbol{B} \cdot \mathrm{d}\boldsymbol{S} = -\frac{\mathrm{d}\varPhi_\mathrm{m}}{\mathrm{d}t}$$

因此,麦克斯韦的假设与法拉第电磁感应定律相符合。

对于变化磁场中的闭合导体回路,若导体回路有运动或有形变,回路中除了感生电动势外还有动生电动势。这时,导体回路中的总电动势为

$$\mathscr{E} = \oint_l (\boldsymbol{v} \times \boldsymbol{B}) \cdot \mathrm{d}\boldsymbol{l} + \oint_l \boldsymbol{E}_\mathrm{i} \cdot \mathrm{d}\boldsymbol{l} = \oint_l (\boldsymbol{v} \times \boldsymbol{B}) \cdot \mathrm{d}\boldsymbol{l} - \iint_S \frac{\partial \boldsymbol{B}}{\partial t} \cdot \mathrm{d}\boldsymbol{S} \tag{16-11}$$

式中 S 是以 l 为边界的任意曲面,l 的方向和 S 的法线方向满足右手螺旋关系。

【例 16-6】 如图 16-14(a)所示,在半径为 R 的圆柱形区域内有均匀分布的随时间变化的磁场 B,求感应电场的分布。

解 因为磁场具有柱对称性,则感应电场 $\boldsymbol{E}_\mathrm{i}$ 也应具有柱对称性,即在离对称轴相同距离的空间点的感应电场强度的大小相同。感应电场的电场线都是中心在对称轴上的同心圆,感应电场的方向沿这些圆的切线方向。选取与感应电场对称性相匹配的,中心在对称轴

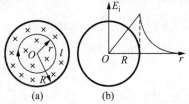

图 16-14

上,半径为 $r(r<R)$ 的圆形回路作为闭合回路 l,回路方向如图 16-14(a)所示,则

$$\oint_l \boldsymbol{E}_i \cdot \mathrm{d}\boldsymbol{l} = E_i \cdot 2\pi r$$

$$-\iint_S \frac{\partial \boldsymbol{B}}{\partial t} \cdot \mathrm{d}\boldsymbol{S} = -\iint_S \frac{\partial B}{\partial t} \cdot \mathrm{d}S = -\frac{\partial B}{\partial t} \cdot \pi r^2$$

由式(16-7)得

$$E_i \cdot 2\pi r = -\frac{\partial B}{\partial t} \cdot \pi r^2$$

则在磁场区域内($r \leqslant R$),感应电场为

$$E_i = -\frac{r}{2} \frac{\partial B}{\partial t}$$

式中负号表示感应电场 $\boldsymbol{E}_i$ 的方向与图示回路 l 的方向相反。

同样办法,在圆柱形磁场区域外($r > R$),有

$$E_i \cdot 2\pi r = -\frac{\partial B}{\partial t} \cdot \pi R^2$$

则

$$E_i = -\frac{R^2}{2r} \frac{\partial B}{\partial t}$$

因此,在磁场区域内感应电场 $\boldsymbol{E}_i$ 的大小随场点到对称轴的距离 r 线性增加;在磁场区域外感应电场 $\boldsymbol{E}_i$ 的大小与 r 成反比,如图 16-14(b)所示。

【例 16-7】 如图 16-15 所示,在半径为 R 的圆柱形区域内有均匀分布的随时间变化的磁场 $\boldsymbol{B}$,有一长为 $L(L<R)$ 导体棒 AB 搭在磁场区域边缘上,求导体棒 AB 中的感生电动势。

解法 1 从例 16-6 的结果我们知道,圆柱形区域内的感应电场大小为

$$E_i = \frac{r}{2} \frac{\partial B}{\partial t}$$

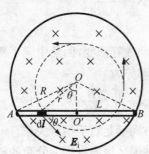

图 16-15

从对称中心 O 向导体棒 AB 引垂线 OO',在导体棒上选取线元 $\mathrm{d}l$,$\mathrm{d}l$ 到 O 的距离为 r,$\mathrm{d}l$ 与 O 的连线与 OO' 的夹角为 θ,由式(16-9)得导体棒 AB 中的感生电动势

$$\mathscr{E}_{AB} = \int_A^B \boldsymbol{E}_i \cdot \mathrm{d}\boldsymbol{l} = \int_0^L E_i \cdot \mathrm{d}l \cos\theta$$

从图 16-15 中可以看出

$$\cos\theta = \frac{\sqrt{R^2 - L^2/4}}{r}$$

则

$$\mathscr{E}_{AB} = \int_0^L \frac{1}{2} r \frac{\partial B}{\partial t} \frac{\sqrt{R^2 - L^2/4}}{r} dl = \frac{L}{2} \frac{\partial B}{\partial t} \sqrt{R^2 - L^2/4}$$

$\mathscr{E}_{AB} > 0$，说明感生电动势的方向为由 A 到 B 的方向。

解法 2 利用法拉第电磁感应定律求解问题。如图 16-15 所示，补上两个半径 OA 和 OB，与导体棒 AB 构成等腰三角形回路 $OABO$。通过回路 $OABO$ 的磁通量为

$$\Phi_m = -B \cdot \frac{L}{2} \sqrt{R^2 - \left(\frac{L}{2}\right)^2}$$

根据法拉第电磁感应定律，三角形回路 $OABO$ 中的感应电动势为

$$\mathscr{E} = -\frac{d\Phi_m}{dt} = \frac{\partial B}{\partial t} \cdot \frac{L}{2} \sqrt{R^2 - L^2/4}$$

三角形回路 $OABO$ 中的感应电动势应包括三部分，分别对应于三角形 OAB 的三条边，即

$$\mathscr{E} = \mathscr{E}_{OA} + \mathscr{E}_{AB} + \mathscr{E}_{BO}$$

由例 16-6 的结果我们知道，在 OA 段和 BO 段，路径元 dl 与感应电场 $\boldsymbol{E}_i$ 方向垂直，即 $\mathscr{E}_{OA} = 0, \mathscr{E}_{BO} = 0$。则导体棒 AB 中的感生电动势为

$$\mathscr{E}_{AB} = \mathscr{E} = \frac{\partial B}{\partial t} \cdot \frac{L}{2} \sqrt{R^2 - L^2/4}$$

与解法一的结果相同。

【例 16-8】 如图 16-16 所示，在半径为 R 的圆柱形区域内有均匀分布的随时间变化的磁场 $\boldsymbol{B}$，导体棒 AB 恰在直径上，导体棒 CD 与 AB 平行但位于磁场区域之外。问导体棒 AB 和 CD 中的电动势 $\mathscr{E}_{AB}$ 和 $\mathscr{E}_{CD}$ 是否为零？如果把导体棒 AB 和 CD 分别通过导线连接到电流计 G_1 和 G_2 上，问电流计 G_1 和 G_2 的读数是否为零？

解 由例 16-6 的结果我们知道，在导体棒 AB 中，因路径元 dl 与感应电场 $\boldsymbol{E}_i$ 方向垂直，则 $\mathscr{E}_{AB} = 0$。在导体棒 CD 中，因路径元 dl 与感应电场 $\boldsymbol{E}_i$ 方向不垂直且夹角都为锐角，则 $\mathscr{E}_{CD} \neq 0$。

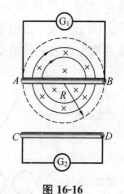

图 16-16

当把导体棒 AB 和 CD 分别连接电流计 G_1 和 G_2 时，就构成导体回路 1 和导体回路 2。可以看出：通过导体回路 1 的磁通量不为零，且磁通量随时间有变化。按照法拉第电磁感应定律，导体回路 1 中有感应电动势，则电流计 G_1 中有电流通过，G_1 的读数不为零。通过导体回路 2 的磁通量恒为零，导体回路 2 中没有感应电动势，则电流计 G_2 中不可能有电流通过，G_2 的读数为零。

16.3.2 电子感应加速器

电子感应加速器是利用涡旋电场加速电子的装置,如图 16-17(a)所示。斜划区域表示圆柱形电磁铁,在磁铁的间隙产生交变磁场。在两个磁极间安放一中心在磁铁对称轴上的环形真空室,如图 16-17(b)所示。用电子枪将电子注入环形真空室,在涡旋电场的作用下,电子将被加速。同时,磁场对电子有洛伦兹力的作用使电子沿圆形轨道运动。这就是电子感应加速器的工作原理。

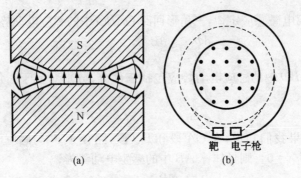

图 16-17

电磁铁中的交变电流随时间按正弦函数变化,磁极间的磁场也是按正弦函数变化,如图 16-18 所示。这样,环形真空室中涡旋电场的方向也会随时间发生变化。图 16-18 中给出了一个周期内涡旋电场 E_i 的方向变化和环形真空室中电子受到洛伦兹力变化情况的示意图。可以看出,只有在第一个和第四个 1/4 磁场变化的周期内电子才可能被涡旋电场加速。但是,考虑到在第四个 1/4 周期内电子受到的洛伦兹力方向背离电子环形轨道中心,电子只有在第一个 1/4 周期内才真正可能被加速。尽管如此,由于电子的质量小,在 1/4 周期内电子也可以获得数百 MeV(1 MeV=10^6 eV 或更大)的能量。这样,在第一个 1/4 周期结束前,可通过特殊的装置将电子引离轨道,并对准靶物质进行试验或实验,如图 16-17(b)所示。

这里还有一个基本问题:如何才能使电子在确定的圆形轨道上运动并被涡旋电场加速?这就需要对如图 16-17(a)所示圆柱形电磁铁间隙

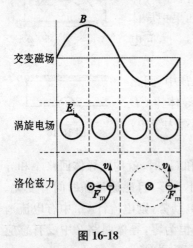

图 16-18

处的形状有特殊的设计，使其所产生的磁场分布满足特定的条件。

设电子在半径为 r 的轨道上运动，t 时刻电子速率为 v，轨道上的磁感应强度大小为 B。根据牛顿第二定律，电子在轨道法线方向的动力学方程为

$$\frac{mv^2}{r} = evB$$

式中 m 为电子的质量。由此可得

$$mv = erB \tag{16-12}$$

因为 r 为确定值，这就要求电子在加速过程中，电子的动量 mv 的大小和轨道上磁场的磁感应强度 B 成比例地增加。按照式(16-7)和式(16-10)，加速电子的涡旋电场 $\boldsymbol{E}_\mathrm{i}$ 满足

$$\oint_l \boldsymbol{E}_\mathrm{i} \cdot \mathrm{d}\boldsymbol{l} = -\iint_S \frac{\partial \boldsymbol{B}}{\partial t} \cdot \mathrm{d}\boldsymbol{S} = -\frac{\mathrm{d}}{\mathrm{d}t}\iint_S \boldsymbol{B} \cdot \mathrm{d}\boldsymbol{S} = -\frac{\mathrm{d}\Phi_\mathrm{m}}{\mathrm{d}t}$$

因为涡旋电场 $\boldsymbol{E}_\mathrm{i}$ 具有相对于电子轨道中心的旋转对称性，由上式可得

$$E_\mathrm{i} = -\frac{1}{2\pi r}\frac{\mathrm{d}\Phi_\mathrm{m}}{\mathrm{d}t} \tag{16-13}$$

令

$$\Phi_\mathrm{m} = \iint_S \boldsymbol{B} \cdot \mathrm{d}\boldsymbol{S} = \overline{B} \cdot \pi r^2$$

式中 $\overline{B}$ 为电子轨道内磁场磁感应强度的平均值。则式(16-13)可记为

$$E_\mathrm{i} = -\frac{1}{2\pi r}\frac{\mathrm{d}\Phi_\mathrm{m}}{\mathrm{d}t} = -\frac{r}{2}\frac{\mathrm{d}\overline{B}}{\mathrm{d}t} \tag{16-14}$$

根据牛顿第二定律，电子在轨道切线方向的动力学方程为

$$\frac{\mathrm{d}(mv)}{\mathrm{d}t} = e\,|\boldsymbol{E}_\mathrm{i}| = \frac{er}{2}\frac{\mathrm{d}\overline{B}}{\mathrm{d}t} \tag{16-15}$$

结合式(16-12)可得

$$\frac{\mathrm{d}(erB)}{\mathrm{d}t} = \frac{er}{2}\frac{\mathrm{d}\overline{B}}{\mathrm{d}t}$$

因 r 为确定值，则有

$$B = \frac{1}{2}\overline{B} \tag{16-16}$$

这就是对磁场分布的特殊要求。结果表明：在任意时刻，当电子轨道上的磁感应强度保持与轨道内磁场磁感应强度的平均值的一半相等时，电子可以在确定的轨道上被加速。

16.3.3 涡旋电场与涡电流

当空间磁场随时间发生变化时会在空间激发涡旋电场。当大块导体放在变化的

磁场中时,在导体内部会产生涡旋状的感应电流,故称为涡电流,如图16-19所示。

由于大块金属导体的电阻很小,因此涡电流可达非常大的强度,从而放出大量的焦耳热。这就是炼钢等工业上使用的高频感应电炉的工作原理,如图16-20所示。把需要加热炼制的原料放入坩埚中,坩埚外侧绕有可以通高频大电流的线圈。高频电流在坩埚中产生高频磁场,高频磁场又会激发高频的涡旋电场。因原料的导电性能良好,在涡旋电场的作用下产生非常大的涡电流并释放大量的焦耳热,从而实现对原料加热的目的。这种加热冶炼的方法是无接触式的,因此具有加热效率高和不污染原料的优点。这种无接触式的加热方式使得我们可以使原料的加热过程在真空中进行,从而避免金属的高温氧化现象发生。现今高频感应电炉已广泛用于特种钢的冶炼和一些较活泼金属的冶炼。

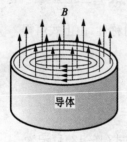

图16-19

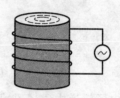

图16-20

利用上述原理,工程技术人员设计出了塑料热合机,用于塑料的加热粘接等。现在家庭常用的电磁灶也是利用上述原理设计的。在电磁灶内部有一个用导线绕成的盘状线圈,当线圈中通有交变电流时,在导磁性很好的锅底内产生较强的交变磁场,从而在锅底内产生很大的涡电流对锅底加热,达到烹调食物的目的。

上述讨论中,我们强调的是如何利用涡电流的热效应。但是,在很多情况下又要想办法避免或减小涡电流的热效应。例如,变压器或电机的磁芯会因涡电流的热效应产生大量的热,这不仅消耗大量的电能,降低电能使用效率,还会因磁芯高温而不能正常工作。为了减小涡电流的热效应,在变压器、电机及其他交流设备中的磁芯通常采用互相绝缘的叠合起来的硅钢片替代整块的磁芯。这可以使涡流只能在薄片范围内流动,从而避免整块磁芯内大范围大强度的涡电流产生,以减小涡电流造成的电能损耗,如图16-21所示。

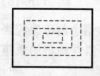

图16-21

另外,对于稳恒电流,在导线的横截面上电流密度基本上是均匀分布的。当导体内有高频电流时,由于电磁感应现象引起的涡电流存在,如图16-22所示,在靠近导线中部处,涡电流的方向与导线中的传导电流方向相反,而在靠近导线边缘处,涡电流的方向与传导电流的方向相同。因此,在高频电流情况下,传导电流和涡电流的总电流密度在导体横截面的分布不再均匀。在导线中部电流密度小,在导体表面附近电流密度大,因此高频电流趋向于分布在导线的表面内层,这种现象被称为趋肤效应。

趋肤效应带来的问题是,导线的有效载流横截面积减小,增大了导线的等效电阻。为了增大有效载流横截面积,减小导线电阻,通常采用多股相互绝缘的细导线编织成束来代替大直径的粗导线。也可以把薄的导体材料膜制成圆柱面形的导体圆筒,如同轴电缆的外层导体。这样,既可以节约原材料,又能达到传导高频电流的目的。

再者,因为涡电流造成的能量损耗,涡电流还有力学效应。如图 16-23 所示,把金属片悬挂在两个磁极间,当金属片在磁极间运动时,由于电磁感应现象,在金属片内会产生涡电流。涡电流的能量损耗会使金属片的机械能逐渐消耗掉。等效地讲,在磁极间运动的金属片会受到一个阻力,这种现象称为电磁阻尼。在许多机械式的电磁仪表中,为了避免仪表指针无用摆动造成的问题,就采用了上述电磁阻尼的办法。实际中常用的多种测速表、异步电动机等都是根据涡电流造成的电磁阻尼效应做成的。

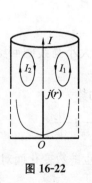

图 16-22

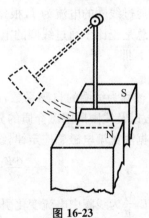

图 16-23

16.4 自感和互感

16.4.1 自感

先看一个实验,在如图 16-24 所示的电路中有两个支路,其中一个支路由一个

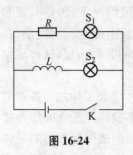

图 16-24

小灯泡 S_1 和一个电阻 R 串接而成,另一个支路由一个与 S_1 完全相同的小灯泡 S_2 和一个线圈 L 串接而成。当接通开关 K 时,灯泡 S_1 比灯泡 S_2 先亮,过一小段时间后 S_2 才达到和 S_1 相同的亮度。为什么会有这个现象发生呢?我们会很自然地想到,因为两个支路的差别是一个支路中有线圈而另外一个只有电阻,所以一定是线圈具有电阻所没有的特别性质。这个性质就是当通过线圈的磁通量或磁通匝链数发生变化时,线圈中会有感应电动势出现。

实验中,在 K 合上前,线圈 L 中的电流为零,当 K 合上后,由于电源电动势的作用,通过线圈 L 的电流开始增大。因通过线圈 L 的电流会在空间激发磁场,而该磁场相对于线圈 L 本身也有磁通量。电流增大时,通过线圈 L 的磁通量随之增大。按照楞次定律,线圈 L 中必然会出现反抗电流变化的电动势,其作用就是阻碍通过线圈 L 的电流增加。因此,当 K 合上时,会发生灯泡 S_2 比灯泡 S_1 晚亮的情况。

这种当通过线圈回路中电流发生变化时,引起穿过自身回路的磁通量发生变化,从而在回路自身产生感生电动势的现象称为自感现象。自感现象中所产生的电动势称为自感电动势。

设通过线圈的电流为 I,根据毕奥-萨伐尔定律,电流在空间激发的磁场磁感应强度总是正比于通过线圈的电流 I,因此,通过线圈自身的磁通匝链数一定正比于电流 I,即

$$\Psi = LI \tag{16-17}$$

式中 L 被称为线圈的自感系数,简称为自感。自感的大小与线圈回路的大小、形状、匝数以及线圈周围磁介质的分布都有关系。

根据法拉第电磁感应定律,线圈回路中的自感电动势为

$$\mathscr{E}_L = -\frac{d\Psi}{dt} = -\frac{d(LI)}{dt} = -L\frac{dI}{dt} - I\frac{dL}{dt} \tag{16-18}$$

式中 $-L\dfrac{dI}{dt}$ 为线圈中电流变化引起通过线圈回路磁通匝链数变化而对自感电动势的贡献;$-I\dfrac{dL}{dt}$ 为线圈回路的大小、形状以及周围磁介质分布的情况发生变化时对自感电动势的贡献。

如果自感系数 L 不变,则自感电动势为

$$\mathscr{E}_L = -L\frac{dI}{dt} \tag{16-19}$$

式中负号表明自感电动势的方向阻碍线圈回路中电流的变化。当回路中电流减小时,$\mathscr{E}_L > 0$,自感电动势的方向与回路中电流的方向相同,阻碍回路中电流的减小。

当回路电流增加时,$\mathscr{E}_L<0$,自感电动势的方向与回路中电流的方向相反,阻碍回路中电流的增加。自感系数越大,这种阻碍作用越强,回路中电流越不容易变化。线圈的这一特性又称为电磁惯性。

在国际单位制中,自感系数的单位是亨利,用 H 表示。H 是导出单位,即 1 H = 1 Wb/A。有时候,自感的单位也用较小的单位,如 mH 或 μH,1 mH = 10^{-3} H,1 μH = 10^{-6} H。

日光灯的启动过程的工作原理就是自感现象规律的应用。如图 16-25 所示,S 是启辉器,M 是灯管,L 是线圈,称为镇流器。接通电源后,电源电压通过镇流器 L 和日光灯的灯丝加到了启辉器 S 的两端使启辉器产生辉光放电,致使启辉器中金属片受热形变并互相接触,整个电路通过启辉器就形成闭合回路。此时,电路中就了有电流,日光灯的灯丝被电流加热而释放大量电子。同时,由于启辉器接通,启辉器内的辉光熄灭,启辉器金属片因冷

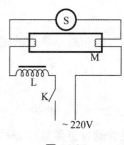

图 16-25

却而相互离开,同时切断通过启辉器的回路。因电路被突然切断,电流变化很大,于是在镇流器线圈中产生了比电源电压高得多的自感电动势。这个自感电动势又通过回路加到灯管两端,在灯管内产生强的电场,加速灯丝发射电子,通过电子与灯管内的气体分子碰撞使气体产生辉光。同时,灯管、镇流器和电源形成闭合回路,启辉器停止工作,日光灯便开始正常发光了。

因为高频电流的电流变化率大,自感线圈具有扼制高频电流通过的性质。因此,在无线电电路中自感线圈常用作高频扼流圈。另外,自感线圈与电容器的组合可以构成电磁振荡电路和滤波电路。

另外,当电路中有大自感线圈时,如果直接断开电路,由于电流变化率也极大,电路中就会产生很大的感应电动势。这使得在电路断开处的两端间产生很强的电场,该电场会使空气分子电离,击穿空气并在开关处产生电弧,损坏开关设备。因此在含大自感线圈的电路断开前,通常采用逐渐减小电路中电流的办法以避免电弧的产生。也可以通过在开关处加装电磁灭弧设备,使空气分子电离后的正负离子运动偏离开关两端间的路径,从而达到消除电弧的目的。

线圈自感系数可从定义式(16-17)获得。通常,这种方法是对线圈回路具有高对称性的情况才适用。另外一种获知线圈自感系数的方法是通过实验的办法。实验中测出线圈回路中的电流变化率和线圈的自感电动势,由式(16-19)计算自感系数。这种方法也使得我们可以很方便地用来得到复杂线圈的等效自感系数。

【例 16-9】 如图 16-26 所示,在真空中有一长为 l,横截面为 S,线圈总匝数为 N 的密绕螺线管。设螺线管的长度远远大于其横向线度,求螺线管的自感系数 L。

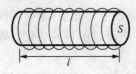

图 16-26

解 因螺线管的长度远远大于其横向线度,螺线管内的磁场可以近似看作为匀强磁场。当螺线管中通有电流 I 时,管内磁感应强度为

$$B = \mu_0 \frac{N}{l} I$$

因通过每一匝线圈的磁通量相同,则通过螺线管的磁通匝链数为

$$\Psi = N(BS) = \mu_0 \frac{N^2}{l} IS$$

按照自感系数的定义得

$$L = \frac{\Psi}{I} = \mu_0 \frac{N^2}{l} S = \mu_0 \frac{N^2}{l^2} lS$$

设 $n = \frac{N}{l}$ 表示单位长度螺线管的匝数,$V = lS$ 表示螺线管内空间的体积,则螺线管的自感系数可表示为

$$L = \mu_0 n^2 V$$

【**例 16-10**】 如图 16-27 所示,有一同轴电缆,由两个无限长的同轴圆筒状导体组成,其间充满磁导率为 μ 的磁介质,电流 I 从内筒流进,外筒流出。设内、外筒半径分别为 R_1 和 R_2。求一段长为 l 的同轴电缆的自感系数。

解 因为电流和磁介质空间分布具有柱对称性,磁场分布也具有柱对称性,利用安培环路定理可以方便求得空间磁场的磁感应强度分布。在同轴电缆的内筒之内和外筒之外的区域没有磁场分布,在内、外筒间的磁感应强度大小为

$$B = \frac{\mu I}{2\pi r}$$

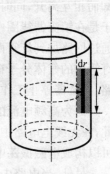

图 16-27

则通过长为 l 同轴电缆等效回路(见图 16-27)的磁通量为

$$\Phi_m = \iint_S \boldsymbol{B} \cdot \mathrm{d}\boldsymbol{S} = \int_{R_1}^{R_2} \frac{\mu I}{2\pi r} l \, \mathrm{d}r = \frac{\mu I l}{2\pi} \ln \frac{R_2}{R_1}$$

由此得到长度为 l 的同轴电缆的自感系数

$$L = \frac{\Phi_m}{I} = \frac{\mu l}{2\pi} \ln \frac{R_2}{R_1}$$

16.4.2 互感

如图 16-28 所示,有两个邻近的载流线圈 1 和 2,分别通有电流强度为 I_1,I_2

的电流。线圈 1 中的电流 I_1 产生的磁场,对通过线圈 2 的磁通匝链数的贡献为 Ψ_{21}。线圈 2 中的电流 I_2 产生的磁场,对通过线圈 1 的磁通匝链数的贡献为 Ψ_{12}。根据毕奥-萨伐尔定律,有

$$\Psi_{21} = M_{21} I_1 \qquad (16\text{-}20)$$

和

$$\Psi_{12} = M_{12} I_2 \qquad (16\text{-}21)$$

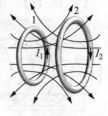

图 16-28

当线圈 1 中的电流发生变化时或两个线圈的大小和形状、相对位置及周围磁介质情况发生变化时,都会引起 Ψ_{21} 的变化,从而在线圈 2 中产生相应的感应电动势 $\mathscr{E}_{21}$。同样,当线圈 2 中的电流发生变化时或两个线圈的大小和形状、相对位置及周围磁介质情况发生变化时,也会引起 Ψ_{12} 的变化,从而在线圈 1 中产生相应的感应电动势 $\mathscr{E}_{12}$。这种在不同线圈间的相互感应的现象称为互感现象,相应的电动势 $\mathscr{E}_{21}$ 或 $\mathscr{E}_{12}$ 称为互感电动势。M_{12} 和 M_{21} 称为互感系数,简称为互感。电磁学理论证明:$M_{12} = M_{21}$,因此可用 M 表示两个线圈间的互感系数。互感系数 M 与两个线圈的大小、形状、两线圈的相对位置以及周围磁介质情况有关。互感的单位与自感的单位相同。

根据法拉第电磁感应定律,两个线圈回路中的互感电动势为

$$\mathscr{E}_{21} = -\frac{\mathrm{d}\Psi_{21}}{\mathrm{d}t} = -M\frac{\mathrm{d}I_1}{\mathrm{d}t} - I_1\frac{\mathrm{d}M}{\mathrm{d}t} \qquad (16\text{-}22)$$

和

$$\mathscr{E}_{12} = -\frac{\mathrm{d}\Psi_{12}}{\mathrm{d}t} = -M\frac{\mathrm{d}I_2}{\mathrm{d}t} - I_2\frac{\mathrm{d}M}{\mathrm{d}t} \qquad (16\text{-}23)$$

如互感系数 M 为确定值,则

$$\mathscr{E}_{21} = -M\frac{\mathrm{d}I_1}{\mathrm{d}t} \qquad (16\text{-}24)$$

$$\mathscr{E}_{12} = -M\frac{\mathrm{d}I_2}{\mathrm{d}t} \qquad (16\text{-}25)$$

可以看出,互感系数越大,互感电动势越大,互感现象越明显,线圈间的磁耦合越强。

两个线圈间互感系数通常可从定义式(16-20)或式(16-21)获得。但这种方法是对特殊的线圈回路的形状和线圈间的相对位置才适用。实际中,对复杂形状线圈间的互感系数常通过实验的办法来测定。

互感现象在电工和无线电技术中有广泛的应用。常用的各种变压器就是利用互感现象把电信号或电能从一个线圈传递到另外一个线圈。当然,实际中,互感现象还有有害的一面,比如无线电设备中由于不同器件间的互感现象会影响设备的正常工作或造成信息泄漏,因此需要对特定的器件进行电磁屏蔽以消除互感现象等。

【例 16-11】 如图 16-29 所示,长为 l_1 的密绕螺线管横截面积为 S,匝数为 N_1。在该螺线管的外面再密绕长为 l_2、匝数 N_2 的共轴线圈。求两线圈间的互感。

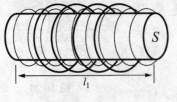

图 16-29

解 若线圈 1 中通有电流 I_1,则在螺线管内产生匀强磁场,磁感应强度为

$$B_1 = \mu_0 \frac{N_1}{l_1} I_1$$

线圈 1 的磁场通过线圈 2 的磁通匝链数为

$$\Psi_{21} = N_2 S \mu_0 \frac{N_1}{l_1} I_1$$

则两线圈间的互感为

$$M = \frac{\Psi_{21}}{I_1} = \mu_0 \frac{N_1 N_2}{l_1} S$$

两线圈的自感分别为

$$L_1 = \mu_0 \frac{N_1^2}{l_1} S$$

和

$$L_2 = \mu_0 \frac{N_2^2}{l_2} S$$

很明显

$$L_1 L_2 = \frac{\mu_0^2 N_1^2 N_2^2 S^2}{l_1 l_2} \neq M^2$$

把互感记为 $M = k\sqrt{L_1 L_2}$,则 $k = \sqrt{l_2/l_1}$,k 称为耦合系数。可以看出,线圈间的耦合系数 $0 < k \leqslant 1$。只有两线圈的长度相同时,它们间的耦合系数才为 1,这时,线圈间有完全的磁耦合,互感 $M = \sqrt{L_1 L_2}$。

【例 16-12】 如图 16-30 所示,在无限长直导线旁有一共面的矩形导体线框,求两者间的互感。

解 设直导线中的电流为 I,矩形导体回路的绕行方向如图 16-30 所示,则通过矩形导体线框的磁通量为

$$\Phi_m = \iint_S \boldsymbol{B} \cdot d\boldsymbol{S} = \int_{x_0}^{x_0+b} \frac{\mu_0 I}{2\pi x} a \, dx = \frac{\mu_0 I a}{2\pi} \ln \frac{x_0 + b}{x_0}$$

则直导线与矩形导体线框的互感系数为

$$M = \Phi_m / I = \frac{\mu_0 a}{2\pi} \ln \frac{x_0 + b}{x_0}$$

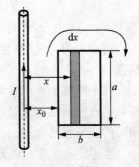

图 16-30

【例 16-13】 如图 16-31 所示,有两个自感分别 L_1,L_2;互感为 M 的线圈,求

两线圈顺接串联和反接串联后的总自感。

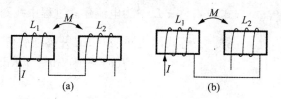

图 16-31

解 设线圈中通有电流 I,当线圈顺接串联时,如图 16-31(a)所示,已知 $I_1=I_2=I$,考虑到线圈间的互感,通过第一个线圈的磁通匝链数为

$$\Psi_1 = L_1 I_1 + M I_2 = (L_1 + M)I$$

通过第二个线圈的磁通匝链数为

$$\Psi_2 = L_2 I_2 + M I_1 = (L_2 + M)I$$

通过两个线圈总的磁通匝链数为

$$\Psi = \Psi_1 + \Psi_2 = (L_1 + L_2 + 2M)I$$

则线圈顺接串联时的等效自感为

$$L = \Psi/I = L_1 + L_2 + 2M$$

当线圈反接串联时,如图 16-31(b)所示,仍有 $I_1=I_2=I$,考虑到线圈间的互感,通过第一个线圈的磁通匝链数为

$$\Psi_1 = L_1 I_1 - M I_2 = (L_1 - M)I$$

通过第二个线圈的磁通匝链数为

$$\Psi_2 = L_2 I_2 - M I_1 = (L_2 - M)I$$

通过两个线圈总的磁通匝链数为

$$\Psi = \Psi_1 + \Psi_2 = (L_1 + L_2 - 2M)I$$

则线圈反接串联时的等效自感为

$$L = \frac{\Psi}{I} = L_1 + L_2 - 2M$$

读者也可以从自感电动势与线圈中电流变化率间的关系式 $\mathscr{E}=-L\dfrac{\mathrm{d}I}{\mathrm{d}t}$ 出发,讨论上述问题。

16.5 磁场能量

如图 16-32 所示,考虑一含电阻 R 和自感线圈 L 的 RL 电路中电流的建立过程。合上开关 K 后,电路中的电流从 $I=0$ 逐渐增加,回路电压降方程为

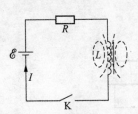

图 16-32

$$\mathcal{E} + \mathcal{E}_L - IR = 0$$

式中 $\mathcal{E}_L = -L\dfrac{dI}{dt}$ 为电流建立过程中线圈 L 中的自感电动势。在等式两边同乘以 Idt 并移项后得

$$\mathcal{E}Idt = -\mathcal{E}_L Idt + I^2 Rdt$$

或

$$\mathcal{E}Idt = LIdI + I^2 Rdt$$

式中 $\mathcal{E}Idt$ 表示电源电动势在 dt 时间内做的功，I^2Rdt 表示 dt 时间内消耗在电阻 R 上的能量，$LIdI = -\mathcal{E}_L Idt$ 表示 dt 时间内电源电动势反抗线圈中自感电动势 $\mathcal{E}_L$ 所做的功。

可以推知：当开关合上无穷长时间后，电路中的电流从 $I=0$ 逐渐增加到 $I=I_0=\mathcal{E}/R$。在这个过程中，能量转化关系为

$$\int_0^\infty \mathcal{E}Idt = \int_0^{I_0} LIdI + \int_0^\infty RI^2 dt$$

式中

$$\int_0^{I_0} LIdI = \frac{1}{2}LI_0^2$$

这部分能量是在电路中的电流建立过程中电源电动势反抗线圈中自感电动势 $\mathcal{E}_L$ 所做的总功。与静电场能量的概念引入类似，可以把这个能量看作为线圈载流 I_0 时，线圈所激发出的磁场的能量，即

$$W_m = \frac{1}{2}LI_0^2 \tag{16-26}$$

电源电动势反抗线圈自感电动势所做的功以磁场能量的形式储存于磁场中。

以长直螺线管为例：设螺线管的长为 l、横截面积为 S、总匝数为 N，管内充满磁导率为 μ 的均匀磁介质。若导线内的电流为 I，则螺线管内空间的磁感应强度为 $B = \mu\dfrac{NI}{l}$，利用螺线管的自感系数 $L = \mu\dfrac{N^2 S}{l}$ 和式 (16-26)，螺线管内磁场的能量为

$$W_m = \frac{1}{2}LI^2 = \frac{1}{2}\mu\frac{N^2 S}{l} \cdot \frac{B^2}{\mu^2 \left(\dfrac{N}{l}\right)^2} = \frac{1}{2}\frac{B^2}{\mu} \cdot (Sl)$$

式中 $Sl = V$ 为长直螺线管内空间的体积。由于螺线管内磁场均匀分布，则单位空间体积中磁场所具有的能量，即磁场的能量密度，为

$$w_m = \frac{1}{2}\frac{B^2}{\mu} = \frac{1}{2}BH \tag{16-27}$$

式(16-27)关于磁场能量密度的定义是对匀强磁场定义的，但可以把式(16-27)推广到一般的非匀强磁场分布情况。那么，在磁场分布的空间 Ω 内磁场总能量为

$$W_\mathrm{m} = \iiint_\Omega w_\mathrm{m} \mathrm{d}V = \iiint_\Omega \frac{1}{2}\frac{B^2}{\mu}\mathrm{d}V \qquad (16\text{-}28)$$

至于这种推广是否正确,我们可以通过把式(16-28)用到各种非匀强磁场分布的情况来验证。下面举例说明非匀强磁场能量的计算问题。

【例 16-14】 在如图 16-27 所示的同轴电缆中通有电流 I,电流沿内筒向上、沿外筒向下。求一段长为 l 的同轴电缆内的磁场能量。

解 因为电流和磁介质空间分布具有柱对称性,磁场分布也具有柱对称性。利用安培环路定理可以方便地求得空间磁场的磁感应强度分布。在同轴电缆的内筒之内和外筒之外的区域没有磁场,而在内、外筒间的磁感应强度为

$$B = \frac{\mu I}{2\pi r}$$

则长为 l 的同轴电缆内的磁场能量为

$$W_\mathrm{m} = \iiint_\Omega w_\mathrm{m} \mathrm{d}V = \int_{R_1}^{R_2} \frac{\mu I^2}{8\pi^2 r^2} \cdot 2\pi r l \,\mathrm{d}r = \frac{\mu I^2 l}{4\pi}\int_{R_1}^{R_2}\frac{\mathrm{d}r}{r} = \frac{\mu I^2 l}{4\pi}\ln\frac{R_2}{R_1}$$

考虑到长度为 l 的同轴电缆的自感系数 $L = \frac{\mu l}{2\pi}\ln\frac{R_2}{R_1}$,很明显,上述结果和用 $W_\mathrm{m} = \frac{1}{2}LI^2$ 计算的结果完全相同。这说明:①载流系统的电流建立过程中电源反抗自感电动势做功过程中消耗的能量可以看作为相应电流所激发磁场的能量;②把匀强磁场的能量密度的定义推广到非匀强磁场的情况是正确的。

如果如图 16-27 所示的同轴电缆的内筒换成半径为 R_1 的长直圆柱体,当电缆中通有电流 I 时,磁场在圆柱体内部也有分布,由例 14-4 知

$$B = \mu_0 \frac{Ir}{2\pi R_1^2} \quad (r \leqslant R_1)$$

式中假设圆柱形导体的磁导率为 μ_0。这时,长为 l 的同轴电缆内的磁场能量为

$$\begin{aligned}W_\mathrm{m} &= \iiint_\Omega w_\mathrm{m}\mathrm{d}V \\ &= \int_0^{R_1} \mu_0 \frac{I^2 r^2}{8\pi^2 R_1^4}\cdot 2\pi r l \,\mathrm{d}r + \int_{R_1}^{R_2} \frac{\mu I^2}{8\pi^2 r^2}\cdot 2\pi r l\,\mathrm{d}r \\ &= \frac{\mu_0 I^2 l}{16\pi} + \frac{\mu I^2 l}{4\pi}\ln\frac{R_2}{R_1}\end{aligned}$$

利用 $W_\mathrm{m} = \frac{1}{2}LI^2$ 可以得到此时同轴电缆的自感系数为

$$L = \frac{2W_\mathrm{m}}{I^2} = \frac{\mu_0 l}{8\pi} + \frac{\mu l}{2\pi}\ln\frac{R_2}{R_1}$$

这为我们提供了计算系统自感系数的另外一种方法。

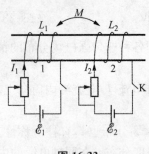

图 16-33

【例 16-15】 如图 16-33 所示,有两个自感分别为 L_1 和 L_2 的线圈,线圈间的互感为 M。当两个线圈中通有稳恒电流 I_1 和 I_2 时,求系统的磁场能量。

解 因为线圈的几何性质没有给定,我们不能按照磁场能量的定义式(16-28)计算磁场能量。但是,我们可以利用电流建立过程中电源电动势反抗线圈中自感(和互感)电动势所做的功就是确定的电流分布对应的磁场能量的思想来讨论系统磁场能量的问题。

由前述讨论我们知道,磁场能量只与电流状态有关,与电流 I_1 和 I_2 的建立过程无关。因此,我们可以通过如下的特殊电流建立过程来计算磁场能量。

如图 16-33 所示,使线圈 2 保持断开状态,先将线圈 1 接通,线圈 1 中的电流从 0 逐渐增加到 I_1。在此过程中,电源电动势 $\mathscr{E}_1$ 克服线圈 1 中自感电动势做功,并转化为线圈 1 中电流 I_1 对应的磁场能量,大小为 $\frac{1}{2}L_1 I_1^2$。

使线圈 1 保持接通状态,再把线圈 2 接通,电路中的电流从 0 逐渐增加到 I_2,在此过程中调节线圈 1 中的电源电动势,保证线圈 1 中的电流 I_1 不变,而电源电动势 $\mathscr{E}_2$ 克服线圈 2 中自感电动势做功,并转化为线圈 2 中电流 I_2 对应的磁场能量,大小为 $\frac{1}{2}L_2 I_2^2$。当线圈 1 中的电流维持 I_1 不变时,线圈 1 中电流对线圈 2 中的电流没影响,但线圈 2 中变化的电流 i_2 会在线圈 1 中产生互感电动势 $\mathscr{E}_{12} = -M\dfrac{\mathrm{d}i_2}{\mathrm{d}t}$,$\mathscr{E}_{12}$ 的方向与线圈 1 中的电源电动势 $\mathscr{E}_1$ 相反。这样,要保持线圈 1 中的电流 I_1 不变时,需要调节(调高)线圈 1 中电源的电动势 $\mathscr{E}_1$,即 $\Delta\mathscr{E}_1 = -\mathscr{E}_{12} = M\dfrac{\mathrm{d}i_2}{\mathrm{d}t}$。因此,回路 1 的电源电动势需要多做功

$$A_{12} = \int I_1 \Delta\mathscr{E}_1 \mathrm{d}t = \int -I_1 \mathscr{E}_{12}\mathrm{d}t = \int I_1 M \frac{\mathrm{d}i_2}{\mathrm{d}t}\mathrm{d}t = \int_0^{I_2} I_1 M \mathrm{d}i_2 = M I_1 I_2$$

因此,在上述电流建立过程中两个回路中电源电动势所做的总功为

$$W_m = \frac{1}{2}L_1 I_1^2 + \frac{1}{2}L_2 I_2^2 + M I_1 I_2$$

这就是如图 16-33 所示的两个线圈中通有稳恒电流 I_1 和 I_2 时磁场的能量。

如果在图 16-33 所示两线圈中有一个电流与图示方向相反(无论是哪一个电流反向),重复上述讨论可以得到系统的总磁场能量为

$$W_m = \frac{1}{2}L_1 I_1^2 + \frac{1}{2}L_2 I_2^2 - M I_1 I_2$$

从例 16-15 的讨论中发现：与自感有关的磁场能量（简称自感磁能）总是正的，而与互感相关的磁场能量（简称互感磁能）可能大于零，也可能小于零。具体情况取决于两个线圈中电流产生的磁场方向是相同还是相反。讨论如下：

设两线圈中电流 I_1 和 I_2 产生的磁场分别为 $\boldsymbol{B}_1$ 和 $\boldsymbol{B}_2$，根据场强叠加原理，同一空间点磁场总的磁感应强度为 $\boldsymbol{B} = \boldsymbol{B}_1 + \boldsymbol{B}_2$。按照磁场能量的定义式(16-28)，磁场的总能量为

$$W_m = \iiint \frac{1}{2\mu} B^2 dV = \frac{1}{2\mu} \iiint \boldsymbol{B} \cdot \boldsymbol{B} dV$$

$$= \frac{1}{2\mu} \iiint (\boldsymbol{B}_1 + \boldsymbol{B}_2) \cdot (\boldsymbol{B}_1 + \boldsymbol{B}_2) dV$$

$$= \frac{1}{2\mu} \iiint (B_1^2 + B_2^2 + 2\boldsymbol{B}_1 \cdot \boldsymbol{B}_2) dV$$

$$= \frac{1}{2\mu} \iiint B_1^2 dV + \frac{1}{2\mu} \iiint B_2^2 dV + \frac{1}{\mu} \iiint \boldsymbol{B}_1 \cdot \boldsymbol{B}_2 dV$$

式中 $\frac{1}{2\mu} \iiint B_1^2 dV$ 和 $\frac{1}{2\mu} \iiint B_2^2 dV$ 分别为两线圈中的自感磁能，这两个积分总大于零。$\frac{1}{\mu} \iiint \boldsymbol{B}_1 \cdot \boldsymbol{B}_2 dV$ 是两线圈磁场间的相互作用能（或互感磁能），很明显当两线圈电流的磁场方向大致相反时（即 $\boldsymbol{B}_1$ 和 $\boldsymbol{B}_2$ 夹角大于 $\pi/2$ 时），$\boldsymbol{B}_1 \cdot \boldsymbol{B}_2 < 0$，此时互感磁能小于零。这和例 16-15 的讨论结果相符。

习 题 16

16-1 如题图所示，置于磁导率为 μ 的介质中的直导线中通有交流电 $I = I_0 \sin\omega t$，其中 I_0, ω 是大于零的常量。求与其共面的 N 匝矩形导体线圈中的感应电动势。

16-2 在两平行细导线的平面内，有一矩形线圈，如题图所示。如导线中电流 I 随时间变化，试计算线圈中的感生电动势。

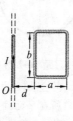

习题 16-1 图

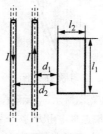

习题 16-2 图

习题 16-3 图

16-3 如题图所示为用冲击电流计测量磁极间磁场的装置。小线圈与冲击电流计相接,线圈面积为 A,匝数为 N,电阻为 R,其法向 n 与该处磁场方向相同,将小线圈迅速取出磁场时,冲击电流计测得感应电量为 q,试求小线圈所在位置的磁感应强度。

16-4 如题图所示,金属圆环半径为 R,位于磁感应强度为 B 的匀强磁场中,圆环平面与磁场方向垂直。当圆环以恒定速度 v 在环所在平面内运动时,求环中的感应电动势及环上位于与运动方向垂直的直径两端 a,b 间的电势差。

16-5 电流为 I 的无限长直导线旁有一弧形导线,圆心角为 $120°$,几何尺寸及位置如题图所示。求当圆弧形导线以速度 v 平行于长直导线方向运动时,弧形导线中的动生电动势。

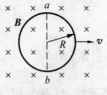

习题 16-4 图

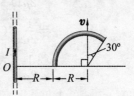

习题 16-5 图

16-6 题图中金属细杆 OA 长为 l,以角速度 ω 绕轴线 OO' 旋转,磁感应强度 B 与 OO' 平行,细杆 OA 与轴线 OO' 的夹角为 θ。求杆 OA 中的动生电动势。

16-7 半径为 R 的圆形均匀刚性线圈在匀强磁场 B 中以匀角速率 ω 做匀角速转动,转轴垂直于 B(见题图)。轴与线圈交于 A 点,弧 AC 占 1/4 周长,M 为弧 AC 的中点。设线圈自感可以忽略。当线圈平面转至与 B 平行时:

(1) 求动生电动势 $\mathscr{E}_{AM}$ 及 $\mathscr{E}_{AC}$;

(2) A,C 中哪点电势高?A,M 中哪点电势高?

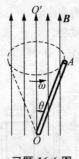

习题 16-6 图

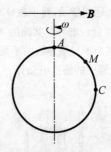

习题 16-7 图

16-8 如题图所示,半无限长的平行金属导轨上放一质量为 m 的金属杆,其 PQ 段的长度为 l。导轨的一端连接电阻 R,整个装置放在匀强磁场 B 中,B 与导轨所在平面垂直。设杆以初速度 v_0 向右运动,忽略导轨和杆的电阻及其间的摩擦力,忽略回路自感。

(1) 求金属杆所能移过的距离;

(2) 求这过程中电阻 R 的焦耳热；
(3) 试用能量守恒定律分析上述结果。

16-9 如题图所示，AB 和 CD 为两根金属棒，各长 $1\,\text{m}$，电阻都是 $R=4\,\Omega$，放置在匀强磁场 $\boldsymbol{B}$ 中，已知 $B=2\,\text{T}$，方向垂直纸面向里。当两根金属棒在导轨上分别以大小为 $v_1=4\,\text{cm/s}$ 和 $v_2=2\,\text{cm/s}$ 的速度向左运动时，忽略导轨的电阻。试求：
(1) 在两棒中动生电动势的大小和方向，并在图上标出；
(2) 金属棒两端的电势差 U_{AB} 和 U_{CD}；
(3) 两金属棒中点 O_1 和 O_2 之间的电势差。

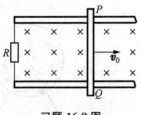

习题 16-8 图　　　　　　　　习题 16-9 图

16-10 如题图所示，电流为 I 的长直导线附近有正方形线圈绕中心轴 $\overline{OO'}$ 以匀角速度 ω 旋转，求线圈中的感应电动势。已知正方形边长为 $2a$，$\overline{OO'}$ 轴与长导线平行，相距为 b。

16-11 如题图所示，一水平放置的金属棒长为 $0.50\,\text{m}$，以通过长度的 $1/5$ 处的 OO' 为轴，在水平面内旋转，每秒转两转。已知该处地磁场在竖直方向上的分量 $B=0.50\,\text{Gs}$，求 a，b 两端的电势差。

16-12 如题图所示，在水平光滑的桌面上，有一根长为 l，质量为 m 的匀质金属细棒，可以 O 点为中心旋转，而另一端则在半径为 l 的金属圆环上滑动。在回路中接一电阻 R 和一电动势为 $\mathscr{E}$ 的电源，垂直于桌面加一匀强磁场 $\boldsymbol{B}$。开始时金属棒静止，试计算：
(1) 当开关合上的瞬时，金属棒的角加速度大小 α。
(2) 经长时间后，金属棒能到达的最大角速度大小 ω_m。
(3) 任意时刻 t 时，金属棒的角速度大小 $\omega(t)$。

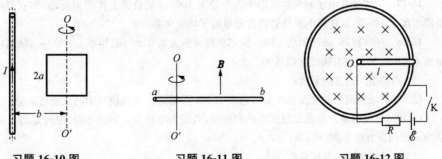

习题 16-10 图　　　　习题 16-11 图　　　　习题 16-12 图

16-13 如题图所示，将电阻为 R 的闭合线圈折成半径分别为 a 和 $2a$ 的两个圆，置于与两圆平面垂直的匀强磁场中，磁感应强度按 $B=B_0\sin\omega t$ 的规律变化。已知 $a=10\,\text{cm}$，$B_0=2\times$

10^{-2} T, $\omega=50$ rad/s, $R=10$ Ω, 求线圈中感应电流的最大值。

16-14 如题图所示,在圆柱形匀强磁场中同轴放置一半径为 R, 高为 h, 电阻率为 ρ 的金属圆柱体。若匀强磁场以 $\dfrac{dB}{dt}=k(k>0,k$ 为恒量) 的规律变化,求圆柱体内涡电流的热功率。

16-15 如题图所示,半径为 a 的长直螺线管中,有 $\dfrac{dB}{dt}>0$ 的磁场,一直导线弯成等腰梯形的闭合回路 $ABCDA$, 总电阻为 R, 上底为 a, 下底为 $2a$。求:
(1) AD 段、BC 段和闭合回路中的感应电动势;
(2) B,C 两点间的电势差 U_B-U_C。

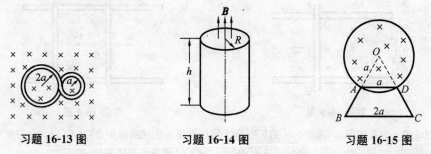

习题 16-13 图　　　习题 16-14 图　　　习题 16-15 图

16-16 一个密绕的圆柱形长螺线管,长度为 L, 总匝数为 N, 其中通有电流 $I=kt$, 试求:
(1) $r=R$ 处的涡旋电场场强的大小和方向;
(2) 若在螺线管外有一个长度为 R 的金属棒 CD, 分别如题图(b),(c)所示位置放置,那么 CD 上的感应电动势分别为多少?

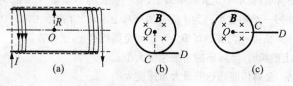

习题 16-16 图

16-17 一电子在电子感应加速器中沿半径为 100 cm 的轨道上作圆周运动,如它每转一周动能增加 1000 eV, 试计算电子轨道内磁通量的平均变化率。

16-18 一螺绕环,每厘米绕 40 匝,铁芯横截面积为 3.0 cm², 磁导率 $\mu=200\mu_0$, 绕组中通有电流 5.0 mA, 环上另绕有两匝次级线圈。求:
(1) 两绕组间的互感系数;
(2) 若初级绕组中的电流在 0.10 s 内由 5.0 A 降低到 0, 次级绕组中的互感电动势。

16-19 将金属薄片弯成如题图所示的回路,两端为半径为 a 的圆柱面,中间是边长为 l, 间隔为 d 的两正方形平面,且 $l \gg a, a \gg d$。
(1) 试求该回路的自感系数;
(2) 若沿圆柱面的轴向加变化磁场 $B=B_0+kt$, 试求回路中的电流 $I(t)$。(回路中的电阻很小,可忽略不计。)

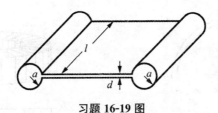

习题 16-19 图

16-20 一圆形线圈 A 由 50 匝细导线绕成,其面积为 $4\,\text{cm}^2$,放在另一个匝数为 100 匝、半径为 20 cm 的圆形线圈 B 的中心,两线圈同轴。设线圈 B 中的电流在线圈 A 所在处激发的磁场可看作匀强磁场。求:

(1) 两线圈的互感;

(2) 当线圈 B 中的电流以 50 A/s 的变化率减小时,线圈 A 中的感生电动势的大小。

16-21 如题图所示的两个同轴密绕细长螺线管长度为 l,半径分别为 R_1 及 R_2("细长"蕴含 $R_1 \ll l, R_2 \ll l$),匝数分别为 N_1 和 N_2,求互感 M_{12} 和 M_{21},并由此验证 $M_{12} = M_{21}$。

16-22 如题图所示,有两个相同轴线导线回路,小的回路在大的回路上方距离 y 处,y 远大于回路的半径 R,因此当大回路中有电流 I 按图示方向流过时,小回路所围面积 πr^2 之内的磁场几乎是匀强的。现假定 y 以匀速 $v = \dfrac{\mathrm{d}y}{\mathrm{d}t}$ 而变化。

(1) 试确定穿过小回路的磁通量 Φ_m 和 y 之间的关系;

(2) 当 $y = NR$ 时(N 为大整数),小回路内产生的感应电动势;

(3) 若 $v > 0$,确定小回路内感应电流的方向。

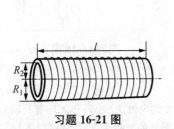

习题 16-21 图

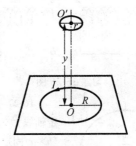

习题 16-22 图

16-23 如题图所示,在圆柱形匀强磁场中放置一半径为 r 的圆弧形金属导轨 abc,单位长度导轨上的电阻为 ρ。Oa, Oc 是电阻可忽略的金属棒,与导轨保持良好的接触。现磁感应强度大小按 $B = kt$ 规律变化,方向如图所示,忽略回路中的自感应,试计算:

(1) 若棒 Oc 静止于 $\theta = \dfrac{\pi}{2}$ 处,$OacO$ 回路中的感生电动势量值多大? 分布如何?

(2) 若 Oc 棒从 Oa 位置开始($t=0$),绕 O 点按 $\theta = \omega t$ 做匀角速转动,试问当 Oc 棒在 $\theta = \dfrac{\pi}{2}$ 处,回路 $OacO$ 中的感应电动势多大?

(3) 这时,Oc 棒所受到的磁场力对 O 点的磁力矩多大? 方向如何?

16-24 有一截面为长方形的螺绕管,其尺寸如题图所示,共有 N 匝,求此螺绕管的自感。

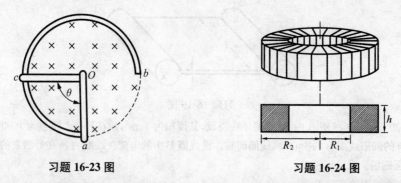

习题 16-23 图   习题 16-24 图

16-25 如题图所示为两只绕线方向相同的线圈,互感系数为 M,自感系数分别为 L_1, L_2,两线圈的电阻均忽略不计。若在 L_1 线圈中通有 $I_1=kt$ 的随时间均匀增长的变化电流,求 L_1 线圈的电势差 U_A-U_B。

16-26 在如题图所示电路中,$\mathscr{E}=100\,\text{V}$, $R_1=10\,\Omega$, $R_2=20\,\Omega$, $R_3=30\,\Omega$, $L=2\,\text{H}$。试求下列四种情况下,I_1, I_2 及 I_3 的值。

（1）K 刚接通的瞬间;

（2）K 接通长时间后;

（3）K 接通后再切断的瞬间;

（4）K 切断长时间后。

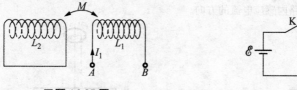 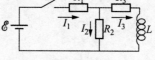

习题 16-25 图   习题 16-26 图

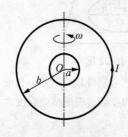

16-27 如题图所示,一个半径为 a 的小圆环,绕着过其直径的固定轴线做匀速转动,角速度大小为 ω。另有一个半径为 b 的大圆环 ($b \gg a$) 固定不动,其中通有不变的电流 I。小环和大环有共同的圆心。在 $t=0$ 时刻,两环共面。设小圆环的电阻为 R,自感可以不计。试求 t 时刻大圆环中的感应电动势。

16-28 求自感为 10 mH,电流为 4 A 的螺线管所储存的磁场能量。

16-29 单层密绕细长螺线管长为 0.25 m², 截面积为 5×10^{-4} cm, 绕有线圈 2 500 匝,流过电流 0.2 A,求螺线管内的磁能。

习题 16-27 图

16-30 两个共轴螺线管 A 和 B 之间存在完全耦合,而且磁通互相加强。若 A 的自感为 4×10^{-3} H, 载有电流 3 A, B 的自感为 9×10^{-3} H, 载有电流 5 A, 计算此两个螺线管内储存的总磁能。

16-31 两根足够长的平行导线间的距离为 20 cm, 在导线中保持一大小为 20 A 而方向相反的恒定电流。

（1）求两导线间每单位长度的自感系数,设导线的半径为 1.0 cm;

(2) 若将导线分开到相距 40 cm,求磁场对单位长度导线所做的功;

(3) 位移时,单位长度的磁能改变了多少? 是增加还是减少? 说明能量的来源。

16-32 一个带有宽度很小的空气隙的永磁体圆环,其截面积为 A,气隙中的磁感应强度为 B,假定圆环的周长远大于气隙的宽度,并且远大于环的截面半径 $\sqrt{A/\pi}$。求气隙两边磁性相反的两个磁极之间的相互吸引力。

思 考 题 16

16-1 一导体圆线圈在匀强磁场中运动,在下列各种情况中哪些会产生感应电流? 为什么?

(1) 线圈沿磁场方向平移;

(2) 线圈沿垂直磁场方向平移;

(3) 线圈以自身的直径为轴转动,轴与磁场方向平行;

(4) 线圈以自身的直径为轴转动,轴与磁场方向垂直。

16-2 在如题图所示的电路中,下列各种情况下是否有电流通过电阻器 R? 如果有,则电流的方向如何?

(1) 开关 K 接通的瞬时;

(2) 开关 K 接通一些时间之后;

(3) 开关 K 断开的瞬间。

当开关 K 保持接通时,线圈的哪一端起磁 N 极的作用?

16-3 如题图所示为一观察电磁感应现象的装置。左边 A 为闭合导体圆环,右边 B 为有缺口的导体圆环,两环用细杆连接支撑在 O 点,并可绕 O 在水平面内自由转动。用足够强的磁铁的任何一极插入圆环。当插入环 A 时,可观察到环向后退;插入环 B 时,环不动。试定性解释所观察到的现象。当用磁铁的 S 极插入环 A 时,环中的感应电流方向如何?

16-4 两个磁极之间的磁场 B 在中央部分可看作匀强磁场,如题图所示。矩形线圈竖直落入磁场中,线圈平面与中央部分的 B 垂直。试就下列三种情况讨论线圈各边的感应电动势的方向以及线圈的受力情况:

(1) 线圈进入磁场时;

(2) 线圈整体处于匀强磁场中时;

(3) 线圈穿出磁场时。

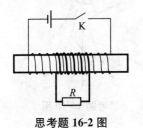

思考题 16-2 图

思考题 16-3 图

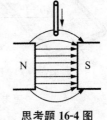

思考题 16-4 图

16-5 将一磁铁插入一个由导线构成的闭合线圈中，一次迅速插入，另一次缓慢地插入。问：
(1) 两次插入时在线圈中的感生电荷量是否相同？
(2) 两次手推磁铁的力所做的功是否相同？

16-6 让一块很小的磁铁在一根很长的竖直铜管内下落，若不计空气阻力，试定性说明磁铁的运动规律。

16-7 如题图所示，$abcda$ 电路中有电阻 R，其中包含 bc 段的部分绕成圆形，圆形区域有一与回路平面垂直的匀强磁场 B，在圆形导线的一边施加恒力 F，由于 a 端固定，假定该圆开始的半径为 r_0，并维持以圆形的方式收缩。设导线非常柔软，忽略导线的质量，问需要多长的时间圆形部分完全闭合？

16-8 如题图所示，当导体棒在匀强磁场中运动时，棒中出现稳定的电场 $E=vB$，这是否和导体中 $E=0$ 的静电平衡的条件相矛盾？为什么？是否需要外力来维持棒在磁场中做匀速运动？

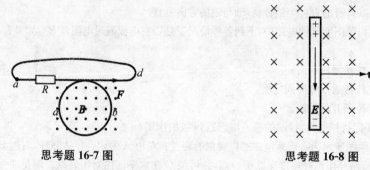

思考题 16-7 图　　　　思考题 16-8 图

16-9 如题图所示，在磁感应强度为 B 的匀强磁场内，有一面积为 S 的矩形线框，线框回路的电阻为 R（忽略自感），线框绕其对称轴以匀角速度 ω 旋转。
(1) 求在如图位置时线框所受的磁力矩为多大？
(2) 为维持线框匀角速度转动，外力矩对线框每转一周需做的功为多少？

16-10 如题图所示，一带正电的粒子 p 通过磁铁附近发生偏转，如果磁铁静止，粒子 p 的动能保持不变，为什么？如果磁铁运动，粒子 p 的动能将增加或减小，试说明理由。

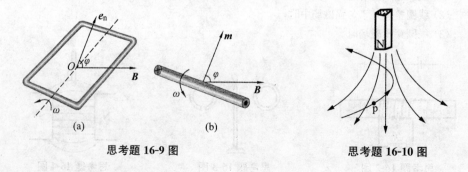

思考题 16-9 图　　　　思考题 16-10 图

16-11 如题图所示，一匀强磁场被限制在半径为 R 的圆柱面内区域，磁场随时间作线性变化。问图中所示闭合回路 l_1 和 l_2 上每一点的 $\frac{\partial \boldsymbol{B}}{\partial t}$ 是否为零？感应电场 $\boldsymbol{E}$ 是否为零？$\oint_{l_1} \boldsymbol{E} \cdot \mathrm{d}\boldsymbol{l}$ 和 $\oint_{l_2} \boldsymbol{E} \cdot \mathrm{d}\boldsymbol{l}$ 是否为零？若回路是导线环，问环中是否有感应电流？l_1 环上任意两点的电势差是多大？l_2 回路上 A, B, C 和 D 点的电势是否相等？

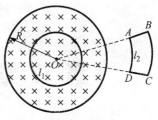

思考题 16-11 图

16-12 在如题图所示的电路中，S_1, S_2 是两个相同的小灯泡，L 是一个自感系数相当大的线圈，其电阻数值上与电阻 R 相同。由于存在自感现象，试推想，开关 K 接通和断开时，灯泡 S_1, S_2 先后亮暗的顺序如何？

16-13 如题图所示，如果使左边电路中的电阻 R 增加，则在右边电路中感应电流的方向如何？

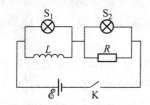

思考题 16-12 图

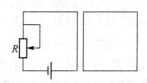

思考题 16-13 图

16-14 一电磁"涡旋"制动器，由一电导率为 γ 和厚度为 d 的圆盘组成，此盘绕通过其中心的轴旋转，且有一覆盖面积为 l^2 的磁场 B 垂直于圆盘。如题图所示，若磁场在离轴 r 处，当圆盘角速度为 ω 时，试说明使圆盘慢下来的道理。

16-15 用电阻丝绕成的标准电阻要求没有自感，问怎样绕制方能使线圈的自感为零，试说明其理由。

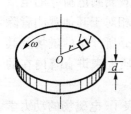

思考题 16-14 图

16-16 两螺线管 A, B，其长度与直径都相同，都只有一层绕组，相邻各匝紧密相靠，绝缘层厚度可忽略。螺线管 A 由细导线绕成，螺线管 B 则由粗导线绕成。问哪个螺线管的自感较大？

16-17 在一个线圈（自感为 L，电阻为 R）和电动势为 $\mathscr{E}$ 的电源的串联电路中，当开关接通的那个时刻，线圈中还没有电流，自感电动势怎么会最大？

16-18 磁能的两种表示 $W_\mathrm{m} = \frac{1}{2}LI^2$ 和 $W_\mathrm{m} = \frac{1}{2}\frac{B^2}{\mu_0}V$ 的物理意义有何不同？式中 V 是匀强磁场所占的体积。

第 17 章 电磁场与电磁波

法拉第电磁感应定律揭示了变化的磁场与电荷一样可以产生(感应)电场的规律,那么我们自然会问,变化的电场是否会与电流(或运动电荷)一样可以产生磁场呢? 麦克斯韦在仔细研究了关于稳恒电流磁场的安培环路定理后,发现当把安培环路定理用于变化电流产生的磁场时会遇到困难,据此麦克斯韦认为变化的电场也可以在空间激发(涡旋)磁场。因此,电场和磁场通过相互间的激发就形成了一个不可分割的整体,这就是电磁场。

实际上,电场和磁场从本质上来讲就是电磁场相对于不同观测者的表现而已。在前面几章中,分别讨论了静止电荷产生的静电场和运动电荷(或电流)产生的磁场等。所谓"静止"或"运动"本来就是相对的概念,因为运动是相对于观测者来讲的。当一个电荷 q 相对于某个观测者静止时,该观测者只能观测到电荷 q 的电效应(即静止电荷的静电场及其对其他静止电荷的电作用),而相对于其他观测者除了能观测到电荷 q 的电效应外还可能观测到 q 的磁效应(即 q 所产生的磁场及其对其他运动电荷或电流的磁作用)。因此,电场和磁场从本质上来讲有着内在的联系。

在对电场和磁场全面考察和研究的基础上,麦克斯韦发表了《电磁场的动力学理论》,建立了统一描述电和磁的理论,并预言在电场与磁场的相互激发过程中会有电磁波(即运动或传播的电磁场)产生。1888 年,赫兹通过实验产生并接收到了电磁波,从而证明了麦克斯韦电磁理论的正确性。麦克斯韦电磁理论对人类文明的发展起到了不可替代的巨大推动作用。

本章中,主要讨论麦克斯韦的位移电流假设、电磁方程组和电磁波理论等。

17.1 麦克斯韦电磁理论

17.1.1 位移电流

我们知道,稳恒磁场满足安培环路定理

$$\oint_l \boldsymbol{H} \cdot \mathrm{d}\boldsymbol{l} = \sum I_\mathrm{c} = \iint_S \boldsymbol{j}_\mathrm{c} \cdot \mathrm{d}\boldsymbol{S} \tag{17-1}$$

式中 $\sum I_\mathrm{c}$ 是通过以 l 为边界的任意曲面 S 的传导电流。对于稳恒电流来讲,无论曲面 S 的形状如何,总有确定的 $\iint_S \boldsymbol{j}_\mathrm{c} \cdot \mathrm{d}\boldsymbol{S} = \sum I_\mathrm{c}$,因此,上述安培环路定理总是成立的。但是,当我们把安培环路定理用到随时间变化电流产生的磁场时会如何呢?

如图 17-1 所示,直流电源 $\mathscr{E}$、电阻 R 与平板电容器相连构成一个回路。下面考虑电容器的充电过程中电流变化的过程。设在 $t=0$ 时刻合上开关 K,在 t 时刻回路中的传导电流为 I_0,电容器两极板上的自由电荷为 $\pm q_0$。在电容器外作闭合回路 l,并分别取两个以 l 为边界的曲面 S_1 和 S_2,其中 S_1 在电容器外与导线相交,而 S_2 通过电容器两极板间的空间,不与导线相交。S_1,S_2 的正法线方向与 l 的绕向满足右手螺旋关系。很明显,传导电流密度 $\boldsymbol{j}_\mathrm{c}$ 对曲面 S_1 和 S_2 的通量分别为

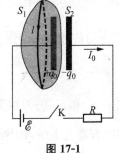

图 17-1

$$\iint_{S_1} \boldsymbol{j}_\mathrm{c} \cdot \mathrm{d}\boldsymbol{S} = I_0$$

和

$$\iint_{S_2} \boldsymbol{j}_\mathrm{c} \cdot \mathrm{d}\boldsymbol{S} = 0$$

则

$$\iint_{S_2} \boldsymbol{j}_\mathrm{c} \cdot \mathrm{d}\boldsymbol{S} - \iint_{S_1} \boldsymbol{j}_\mathrm{c} \cdot \mathrm{d}\boldsymbol{S} = \oiint_S \boldsymbol{j}_\mathrm{c} \cdot \mathrm{d}\boldsymbol{S} \neq 0$$

这里 S 为 S_1 和 S_2 组成的封闭曲面,S 的正法线方向向外。上式表明,传导电流是不连续的。这是因为在封闭曲面 S 内的电容器极板上有电荷积累的,这就是非稳恒电流的情况。此时,以同一边界曲线 l 所作的不同曲面 S_1 和 S_2 上的电流不同。从而,安培环路定理式(17-1)就失去了意义。因此,在非稳恒电流情况下,安培环路定理式(17-1)不再成立,需要寻找新的规律来代替它。

按照电荷守恒定律,在任意时刻 t,电容器极板上的电荷 q 的时间变化率与空间传导电流密度 $\boldsymbol{j}_\mathrm{c}$ 满足关系

$$\oiint_S \boldsymbol{j}_\mathrm{c} \cdot \mathrm{d}\boldsymbol{S} = -\frac{\mathrm{d}q}{\mathrm{d}t} \tag{17-2}$$

式中 S 仍为如图 17-1 所示的 S_1 和 S_2 组成的封闭曲面。另外,对封闭曲面 S 应用高斯定理有

$$q = \oiint_S \boldsymbol{D} \cdot \mathrm{d}\boldsymbol{S} = \Phi_\mathrm{e} \tag{17-3}$$

这里 $\boldsymbol{D}$ 是空间电场的电位移矢量,可得

$$\frac{dq}{dt} = \frac{d}{dt}\left(\oiint_S \boldsymbol{D}\cdot d\boldsymbol{S}\right) = \oiint_S \frac{\partial \boldsymbol{D}}{\partial t}\cdot d\boldsymbol{S}$$

则

$$\oiint_S \boldsymbol{j}_c \cdot d\boldsymbol{S} = -\oiint_S \frac{\partial \boldsymbol{D}}{\partial t}\cdot d\boldsymbol{S}$$

或

$$\oiint_S \left(\boldsymbol{j}_c + \frac{\partial \boldsymbol{D}}{\partial t}\right)\cdot d\boldsymbol{S} = 0 \tag{17-4}$$

这里，$\frac{\partial \boldsymbol{D}}{\partial t}$ 是电场电位移矢量随时间的变化率，表示电场随时间变化的性质。很明显 $\frac{\partial \boldsymbol{D}}{\partial t}$ 与传导电流密度 $\boldsymbol{j}_c$ 具有相同的量纲。由式(17-4)可得

$$\iint_{S_2}\left(\boldsymbol{j}_c + \frac{\partial \boldsymbol{D}}{\partial t}\right)\cdot d\boldsymbol{S} = \iint_{S_1}\left(\boldsymbol{j}_c + \frac{\partial \boldsymbol{D}}{\partial t}\right)\cdot d\boldsymbol{S} \tag{17-5}$$

式中 S_1 和 S_2 仍为如图 17-1 所示的以 l 为边界曲线的两个曲面。上式表明，虽然对电容器充电时，传导电流密度 $\boldsymbol{j}_c$ 不连续，但是 $\boldsymbol{j}_c + \frac{\partial \boldsymbol{D}}{\partial t}$ 这个量是连续的。因此，如果把电场的变化 $\frac{\partial \boldsymbol{D}}{\partial t}$ 对应的电流效应考虑进去，上述安培环路定理的困难将不再存在。麦克斯韦把 $\frac{\partial \boldsymbol{D}}{\partial t}$ 称为位移电流密度，以 $\boldsymbol{j}_d$ 表示，即

$$\boldsymbol{j}_d = \frac{\partial \boldsymbol{D}}{\partial t} \tag{17-6}$$

把位移电流密度对任意曲面 S 的通量

$$I_d = \iint_S \frac{\partial \boldsymbol{D}}{\partial t}\cdot d\boldsymbol{S} = \frac{d\Phi_e}{dt} \tag{17-7}$$

称为位移电流，这称为位移电流假设。因为对于随时间变化的电流需要同时考虑传导电流和位移电流，则 $I = \iint_S \left(\boldsymbol{j}_c + \frac{\partial \boldsymbol{D}}{\partial t}\right)\cdot d\boldsymbol{S}$ 又称为全电流。麦克斯韦将安培环路定理改写为

$$\oint_l \boldsymbol{H}\cdot d\boldsymbol{l} = I_c + I_d \tag{17-8}$$

或

$$\oint_l \boldsymbol{H}\cdot d\boldsymbol{l} = \iint_S \left(\boldsymbol{j}_c + \frac{\partial \boldsymbol{D}}{\partial t}\right)\cdot d\boldsymbol{S} \tag{17-9}$$

这称为全电流定律。式中 S 为以 l 为边界的任意曲面，S 的正法线方向与 l 的方向满足右手螺旋关系。

对于自由空间，无传导电流存在，即 $j_c=0$，式(17-9)变为

$$\oint_l \boldsymbol{H} \cdot \mathrm{d}\boldsymbol{l} = \iint_S \frac{\partial \boldsymbol{D}}{\partial t} \cdot \mathrm{d}\boldsymbol{S} \tag{17-10}$$

这可理解为，变化的电场和传导电流一样可以在空间产生磁场。因此，位移电流假设的真正含义是：变化的电场可以产生磁场。结合法拉第电磁感应定律

$$\oint_l \boldsymbol{E}_i \cdot \mathrm{d}\boldsymbol{l} = -\iint_S \frac{\partial \boldsymbol{B}}{\partial t} \cdot \mathrm{d}\boldsymbol{S} \tag{17-11}$$

可以看出，(变化的)电场可以激发(变化的)磁场，而(变化的)磁场又可以激发(变化的)电场。因此，电场和磁场形成相互激发、相互依赖的不可分割的整体——电磁场。

需要说明的是：

(1) 位移电流真正的物理意义是变化的电场可以激发磁场，但并没有像电荷移动一样的真实电流，当然也不会如导体中传导电流那样可以产生焦耳热。

(2) 在电介质中，根据电位移矢量定义，$\boldsymbol{D}=\varepsilon_0\boldsymbol{E}+\boldsymbol{P}$，则介质中的位移电流密度为

$$\boldsymbol{j}_d = \frac{\partial \boldsymbol{D}}{\partial t} = \varepsilon_0 \frac{\partial \boldsymbol{E}}{\partial t} + \frac{\partial \boldsymbol{P}}{\partial t}$$

式中 $\varepsilon_0\frac{\partial \boldsymbol{E}}{\partial t}$ 是纯粹的电场变化对应的位移电流(密度)，而 $\frac{\partial \boldsymbol{P}}{\partial t}$ 反映介质(分子)极化状态随时间的变化。两者都可以激发磁场，但是 $\frac{\partial \boldsymbol{E}}{\partial t}$ 没有任何热效应，而 $\frac{\partial \boldsymbol{P}}{\partial t}$ 有热效应。但是，$\frac{\partial \boldsymbol{P}}{\partial t}$ 的热效应与传导电流的焦耳热不同，这里 $\frac{\partial \boldsymbol{P}}{\partial t}$ 的热效应是由于分子极矩随电场变化时介质分子内部以及分子间的阻尼性因素引起的。这个阻尼性因素会消耗电场的能量，并把其转化为分子的热运动能量。现在家庭普遍使用的微波炉就是利用位移电流的热效应原理制成的。注意，微波炉只能加热富含水(或食物油)的物品，因为水(食物油)分子是有极分子，可以大量吸收微波的能量从而达到加热或烹调食物的目的。

【例17-1】 如图17-2所示，在真空中有一均匀带电 $\pm Q$ 的圆形平板电容器。电容器的电容为 C，极板半径为 r_0，极板间距为 $d(d\ll r_0)$。在圆板中心接一电阻为 R 的细直导线，R 足够大，以保持放电过程中极板上的电荷分布均匀。求电容器放电过程中两板间任一点的磁感应强度。

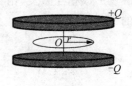

图 17-2

解 图示的系统可等效为一个电阻与带电电容器串联而成的电路，电容器极板间的电势差与电阻两端的电势差相同，即

$$\frac{q}{C} + R\frac{\mathrm{d}q}{\mathrm{d}t} = 0$$

已知 $t=0$ 时，$q=Q$，解上述方程可得在 t 时刻电容器极板上的电荷为 $q=Q\mathrm{e}^{-\frac{t}{RC}}$，则在 t 时刻电阻中的传导电流强度大小为

$$I_\mathrm{c} = \left|\frac{\mathrm{d}q}{\mathrm{d}t}\right| = \frac{Q}{RC}\mathrm{e}^{-\frac{t}{RC}}$$

传导电流方向向下。同时，由于极板间电场随时间变化，极板间有位移电流存在。在如图 17-2 所示的半径为 r 的回路中，位移电流的大小为

$$I_\mathrm{d} = \left|\frac{\mathrm{d}}{\mathrm{d}t}(D\cdot\pi r^2)\right| = \left|\frac{\mathrm{d}}{\mathrm{d}t}\left(\frac{q}{\pi r_0^2}\pi r^2\right)\right| = \frac{r^2}{r_0^2}\left|\frac{\mathrm{d}q}{\mathrm{d}t}\right| = \frac{r^2}{r_0^2}\frac{Q}{RC}\mathrm{e}^{-\frac{t}{RC}}$$

位移电流方向向上。因此，在如图 17-2 所示的半径为 r 的回路中总的电流大小为

$$I = I_\mathrm{c} - I_\mathrm{d} = \frac{Q}{RC}\mathrm{e}^{-\frac{t}{RC}}\left(1-\frac{r^2}{r_0^2}\right)$$

总电流方向向下。可以看出，总电流具有柱对称性，因此该电流产生的磁场也具有柱对称性。利用全电流定律得

$$\oint_l \boldsymbol{H}\cdot\mathrm{d}\boldsymbol{l} = H(r)\cdot 2\pi r = I = \frac{Q}{RC}\mathrm{e}^{-\frac{t}{RC}}\left(1-\frac{r^2}{r_0^2}\right)$$

则

$$H(r) = \frac{Q}{2\pi rRC}\mathrm{e}^{-\frac{t}{RC}}\left(1-\frac{r^2}{r_0^2}\right)$$

因此，在离电容器对称轴距离为 r 的空间点磁场的磁感应强度为

$$B(r) = \frac{\mu_0 Q}{2\pi rRC}\mathrm{e}^{-\frac{t}{RC}}\left(1-\frac{r^2}{r_0^2}\right)$$

磁感应强度方向与总电流的方向满足右手螺旋关系。

17.1.2 麦克斯韦方程组

由前述讨论我们可以看出，电场可以激发磁场，磁场又可以激发电场。电场和磁场形成相互激发、相互依存的整体——电磁场。麦克斯韦提出了电磁场所满足的方程组

$$\oiint_S \boldsymbol{D}\cdot\mathrm{d}\boldsymbol{S} = \sum q = \iiint_V \rho_0 \mathrm{d}V \tag{17-12a}$$

$$\oiint_S \boldsymbol{B}\cdot\mathrm{d}\boldsymbol{S} = 0 \tag{17-12b}$$

$$\oint_l \boldsymbol{E}\cdot\mathrm{d}\boldsymbol{l} = -\iint_S \frac{\partial \boldsymbol{B}}{\partial t}\cdot\mathrm{d}\boldsymbol{S} \tag{17-12c}$$

$$\oint_l \boldsymbol{H}\cdot\mathrm{d}\boldsymbol{l} = \iint_S \left(\boldsymbol{j}_\mathrm{c}+\frac{\partial \boldsymbol{D}}{\partial t}\right)\cdot\mathrm{d}\boldsymbol{S} \tag{17-12d}$$

式中 ρ_0 为自由电荷体密度,式(17-12a)和式(17-12b)的 S 是任意的封闭曲面(或高斯面),Ω 为高斯面 S 所围的空间体积。式(17-12c)和式(17-12d)中的 S 是以任意闭合回路 l 为边界的任意曲面,两者间满足右手螺旋关系。上述相互联系的四个方程一起称为麦克斯韦方程组。其中式(17-12a)和式(17-12b)本来仅适用于静电场和稳恒磁场,麦克斯韦把它们推广到了随时间变化的电场和磁场,当然,这里随时间变化的电场和磁场仍然可以包括由静止电荷产生的静电场和由稳恒电流产生的稳恒磁场在内。

另外,除了上述四个方程外,对于各向同性介质,当场不太强时,描述电磁场各量间的关系为

$$\boldsymbol{D} = \varepsilon \boldsymbol{E}, \quad \boldsymbol{B} = \mu \boldsymbol{H}, \quad \boldsymbol{j} = \gamma \boldsymbol{E} \tag{17-13}$$

式中 γ 为介质的电导率。再考虑到电磁场与物质的相互作用,即电磁场对物质中带电粒子 q 的作用规律

$$\boldsymbol{F} = q\boldsymbol{E} + q\boldsymbol{v} \times \boldsymbol{B} \tag{17-14}$$

和电磁场的能量公式

$$w = w_e + w_m = \frac{1}{2}\varepsilon E^2 + \frac{1}{2\mu}B^2 \tag{17-15}$$

式(17-12)、式(17-13)、式(17-14)和式(17-15)构成了描述电磁场以及电磁场与物质间相互作用规律的一套完整的理论体系。

可以看出,上述关于电磁场的方程包含了静电场和稳恒磁场的基本规律。另外,对于自由空间的电磁场,因为 $j_c = 0, \rho_0 = 0$,麦克斯韦方程组可简化为

$$\oiint_S \boldsymbol{D} \cdot \mathrm{d}\boldsymbol{S} = 0 \tag{17-16a}$$

$$\oiint_S \boldsymbol{B} \cdot \mathrm{d}\boldsymbol{S} = 0 \tag{17-16b}$$

$$\oint_l \boldsymbol{E} \cdot \mathrm{d}\boldsymbol{l} = -\iint_S \frac{\partial \boldsymbol{B}}{\partial t} \cdot \mathrm{d}\boldsymbol{S} \tag{17-16c}$$

$$\oint_l \boldsymbol{H} \cdot \mathrm{d}\boldsymbol{l} = \iint_S \frac{\partial \boldsymbol{D}}{\partial t} \cdot \mathrm{d}\boldsymbol{S} \tag{17-16d}$$

此时,麦克斯韦方程组真正体现了电与磁是相互激发、相互依赖的不可分割整体的性质。

17.2 电磁波

17.2.1 电磁波波动方程

利用矢量场的高斯定理和斯托克斯定理,自由空间的麦克斯韦方程组(17-16a)~

(17-16d)可以改写成如下微分形式：

$$\nabla \cdot \boldsymbol{D} = 0 \tag{17-17a}$$

$$\nabla \cdot \boldsymbol{B} = 0 \tag{17-17b}$$

$$\nabla \times \boldsymbol{E} = -\frac{\partial \boldsymbol{B}}{\partial t} \tag{17-17c}$$

$$\nabla \times \boldsymbol{H} = \frac{\partial \boldsymbol{D}}{\partial t} \tag{17-17d}$$

式中 ∇ 为梯度微分算子，在直角坐标系中，$\nabla = \boldsymbol{i}\frac{\partial}{\partial x} + \boldsymbol{j}\frac{\partial}{\partial y} + \boldsymbol{k}\frac{\partial}{\partial z}$。结合关系式 $\boldsymbol{D} = \varepsilon \boldsymbol{E}$ 和 $\boldsymbol{B} = \mu \boldsymbol{H}$，可以得到电场和磁场满足的两个偏微分方程

$$\nabla^2 \boldsymbol{E} = \mu\varepsilon \frac{\partial^2 \boldsymbol{E}}{\partial t^2} \tag{17-18a}$$

$$\nabla^2 \boldsymbol{H} = \mu\varepsilon \frac{\partial^2 \boldsymbol{H}}{\partial t^2} \tag{17-18b}$$

式中 $\nabla^2 = \frac{\partial^2}{\partial x^2} + \frac{\partial^2}{\partial y^2} + \frac{\partial^2}{\partial z^2}$ 称为拉普拉斯算子。可以看出，电磁场的电、磁分量都具有波动特征。式(17-18a)和式(17-18b)称为电磁波的波动方程。这就是麦克斯韦提出电磁波预言的依据。电磁波的传播速度为

$$c = u = \frac{1}{\sqrt{\mu\varepsilon}} \tag{17-19}$$

在真空中，电磁波的传播速度为

$$u = \frac{1}{\sqrt{\mu_0 \varepsilon_0}} = 3 \times 10^8 \text{m/s}$$

真空中电磁波的传播速度与光在真空中的传播速度非常精确的一致性使得麦克斯韦认为光从本质上来讲应该是电磁波。在介质中，电磁波的传播速度可改写为

$$u = \frac{1}{\sqrt{\mu_r \mu_0 \varepsilon_r \varepsilon_0}} = \frac{c}{n}$$

式中 c 为电磁波（或光）在真空中的传播速度，$n = \sqrt{\mu_r \varepsilon_r}$ 称为介质的折射率。

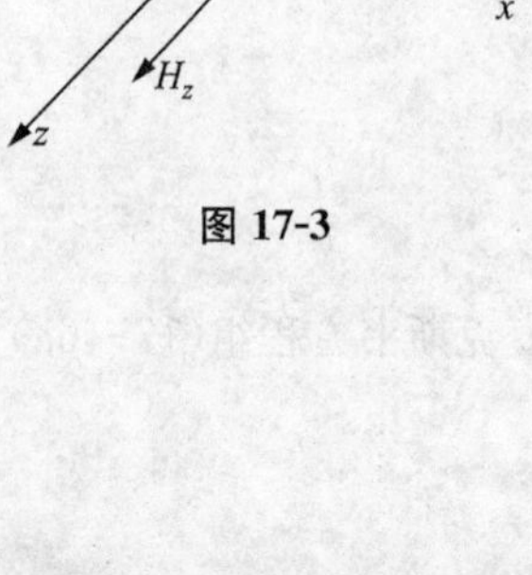

如图 17-3 所示，若设电磁波沿 x 方向传播，电场分量沿 y 轴方向，由麦克斯韦方程组可以推知，磁场分量一定沿 z 方向，此时电场分量和磁场分量分别满足

$$\frac{\partial^2 E_y}{\partial x^2} = \frac{1}{u^2} \frac{\partial^2 E_y}{\partial t^2} \tag{17-20a}$$

$$\frac{\partial^2 H_z}{\partial x^2} = \frac{1}{u^2} \frac{\partial^2 H_z}{\partial t^2} \tag{17-20b}$$

图 17-3

17.2.2 电磁波的性质

在各向同性介质中,波动方程(17-20a)和(17-20b)有如下平面简谐波解

$$E_y = E_0 \cos\omega\left(t - \frac{x}{u}\right) \tag{17-21}$$

$$H_z = H_0 \cos\omega\left(t - \frac{x}{u}\right) \tag{17-22}$$

式中 E_0,H_0 分别为平面电磁波电、磁分量的振幅;ω 为平面简谐电磁波的频率。原则上来讲,波动方程(17-20a)和(17-20b)对电磁波的频率没有限制。但是,电磁波的电、磁分量间的相互激发、相互依赖关系,使得电、磁分量的表达式并不相互独立。由 $\nabla \times \boldsymbol{E} = -\frac{\partial \boldsymbol{B}}{\partial t}$,可得电、磁分量振幅间的关系为

$$E_0 = \mu u H_0$$

或

$$\sqrt{\mu}H_0 = \sqrt{\varepsilon}E_0 \tag{17-23}$$

如图 17-4 所示为沿 x 轴正方向传播的平面简谐电磁波电、磁分量在某一时刻的空间分布情况。可以看出,平面电磁波具有如下性质:

(1) 电磁波的电场分量和磁场分量总与电磁波传播速度 $\boldsymbol{u}$ 的方向垂直,故电磁波是横波。

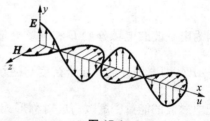

图 17-4

(2) 电磁波的电场分量和磁场分量都在各自确定的平面内振动,这称为电磁波的偏振性。电磁波在传播过程中,电场分量 $\boldsymbol{E}$、磁场分量 $\boldsymbol{H}$ 和传播速度 $\boldsymbol{u}$ 的方向满足右手螺旋关系,即 $(\boldsymbol{E} \times \boldsymbol{H}) /\!/ \boldsymbol{u}$。

(3) 电磁波的电场分量 E 和磁场分量 H 总是同相的。在任意时刻,任意空间位置,E 和 H 始终满足 $\sqrt{\mu}H = \sqrt{\varepsilon}E$。

根据如上分析,如果电磁波沿 x 轴负方向传播,其波动式(17-21)和式(17-22)应改写为

$$E_y = E_0 \cos\omega\left(t + \frac{x}{u}\right) \tag{17-24}$$

$$H_z = -H_0 \cos\omega\left(t + \frac{x}{u}\right) \tag{17-25}$$

仍然满足关系 $(\boldsymbol{E} \times \boldsymbol{H}) /\!/ \boldsymbol{u}$。

17.2.3 坡印廷矢量

我们知道,弹性介质中机械波传播时,伴随着弹性介质的形变有机械能量的传播。在电磁波传播(即使在真空中传播)时,伴随着电磁波的电磁分量间的相互激发,也会有电磁能量的传播。

与机械波相同,我们用能流密度,即单位时间内通过与电磁波的传播方向垂直的单位截面的电磁能量,来度量电磁波在传播过程中的能量传播性质。电磁波的能流密度称为坡印廷矢量,通常用 S 表示,其大小为

$$S = wu \tag{17-26}$$

式中 u 为电磁波在介质中的波速;w 是电磁波的能量密度,包含电场分量和磁场分量的能量密度,即

$$w = \frac{1}{2}\varepsilon E^2 + \frac{1}{2\mu}B^2$$

或

$$w = \frac{1}{2}\varepsilon E^2 + \frac{1}{2}\mu H^2 \tag{17-27}$$

因为电磁波的电场分量 E 和磁场分量 H 总是满足关系式 $\sqrt{\varepsilon}E = \sqrt{\mu}H$,则 $\frac{1}{2}\varepsilon E^2 = \frac{1}{2}\mu H^2$,即电场分量的能量密度与磁场分量的能量密度永远保持相同。我们可以把电磁波的能量密度改写成对称形式 $w = \sqrt{\varepsilon}E \cdot \sqrt{\mu}H$,结合 $u = \frac{1}{\sqrt{\mu\varepsilon}}$,坡印廷矢量的大小可改写为 $S = EH$。因为电磁波能量的传播方向就是电磁波的传播方向,则坡印廷矢量 S 可表示为

$$\boldsymbol{S} = \boldsymbol{E} \times \boldsymbol{H} \tag{17-28}$$

如图 17-5 所示为圆形平板电容器充电时电容器能量输入示意图。当电容器充电时,极板间电场 E 的方向向下,而磁场 H 的方向与电场 E 的方向满足右手螺旋关系。根据 $\boldsymbol{S} = \boldsymbol{E} \times \boldsymbol{H}$ 可知,坡印廷矢量从电容器侧面指向圆形电容器的对称轴。因此,电容器充电时,能量是通过坡印廷矢量携带能量的方式从电容器侧面输入的。

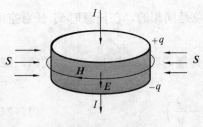

图 17-5

用同样的分析方法,可以推知:消耗在电路中电阻元件上的电能是通过坡印廷

矢量从电阻的侧面输入的;电源所输出的能量也是通过坡印廷矢量从电源的侧面输出的。

【例 17-2】 如图 17-5 所示,设真空中圆形平板电容器的极板半径为 R,极板间距为 d,证明圆形平板电容器充电时单位时间内从侧面输入的电磁能与电容器内电场能量随时间的增加率相同。

证明 如图 17-5 所示,电容器充电时,极板间电场 E 的方向向下,位移电流 I_d 的方向也向下,而磁场 H 的方向与电场 E 的方向满足右手螺旋关系。因为位移电流具有柱对称性,磁场分布也具有柱对称性。选取与磁场对称性相匹配、中心在圆形平板电容器对称轴上,半径为 r 的圆形回路作为安培环路 l,要求圆形回路平面与圆形平板电容器对称轴垂直。在闭合回路 l 内位移电流的大小为

$$I_d(r) = \frac{d}{dt}(D \cdot \pi r^2) = \frac{dD}{dt} \cdot \pi r^2 = \varepsilon_0 \pi r^2 \frac{dE}{dt}$$

由 $\oint_l \boldsymbol{H} \cdot d\boldsymbol{l} = H \cdot 2\pi r = I_d(r)$ 得到半径为 r 的圆形回路上各点的磁场强度的大小为

$$H = \frac{r}{2} \varepsilon_0 \frac{dE}{dt}$$

则单位时间内从电容器侧面输入电容器的电磁能量为

$$P = \iint (\boldsymbol{E} \times \boldsymbol{H}) \cdot d\boldsymbol{A} = 2\pi R d E H = \pi R^2 d \varepsilon_0 E \frac{dE}{dt}$$

式中 $d\boldsymbol{A}$ 为电容器侧面的面元。

我们知道,当极板间的电场为 E 时,电容器的电场能量为

$$W_e = \frac{1}{2} \varepsilon_0 E^2 (\pi R^2 d)$$

式中 $\pi R^2 d$ 为电容器极板间空间的体积。因此,电容器内电场能量随时间的变化率为

$$\frac{dW_e}{dt} = (\pi R^2 d) \varepsilon_0 E \frac{dE}{dt}$$

与单位时间内从电容器侧面输入电容器的电磁能量 P 相同,则命题得证。

【例 17-3】 如图 17-6 所示,内、外半径分别为 a 和 b 的同轴电缆用来作为电源(电动势为 $\mathscr{E}$)和电阻 R 的连接线,电缆本身的电阻可忽略不计,内、外筒间为真空。

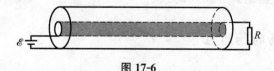

图 17-6

(1) 试求电缆中任一点($a < r < b$,r 为空间点到电缆对称轴的距离)处的坡印廷矢量 $\boldsymbol{S}$;

(2) 试求通过电缆横截面的能流,该结果说明什么物理图像?

解 (1) 设同轴电缆单位长度带电$\pm\lambda$,则同轴电缆内外筒间的电场强度大小为

$$E = \frac{\lambda}{2\pi\varepsilon_0 r}$$

E的方向由内筒指向外筒。当不考虑电源内阻时,电源电动势与同轴电缆内外筒间的电势差相同,即

$$\mathscr{E} = \int_{内筒}^{外筒} \boldsymbol{E} \cdot d\boldsymbol{l} = \int_a^b \frac{\lambda dr}{2\pi\varepsilon_0 r} = \frac{\lambda}{2\pi\varepsilon_0} \ln\frac{b}{a}$$

由此可得

$$\frac{\lambda}{2\pi\varepsilon_0} = \frac{\mathscr{E}}{\ln\frac{b}{a}}$$

则同轴电缆中的电场强度大小分布为

$$E = \frac{\mathscr{E}}{r \ln\frac{b}{a}}$$

按照安培环路定理,同轴电缆中的磁场强度大小为

$$H = \frac{I}{2\pi r} = \frac{\mathscr{E}}{2\pi r \cdot R}$$

方向与内筒电流的方向满足右手螺旋关系。则同轴电缆内的坡印廷矢量大小为

$$S = EH = \frac{\mathscr{E}^2}{2\pi r^2 R \ln\frac{b}{a}}$$

方向沿同轴电缆的对称轴向右。

(2) 根据上述结果,通过电缆横截面的能流,即单位时间内同轴电缆输送的电磁能量为

$$P = \iint \boldsymbol{S} \cdot d\boldsymbol{A} = \int_a^b \frac{\mathscr{E}^2}{2\pi r^2 R \ln\frac{b}{a}} \cdot 2\pi r \cdot dr = \frac{\mathscr{E}^2}{R \ln\frac{b}{a}} \int_a^b \frac{dr}{r} = \frac{\mathscr{E}^2}{R}$$

式中$d\boldsymbol{A}$为同轴电缆横截面的面元。上述结果表明,电源确实是通过电缆以坡印廷矢量的形式把能量输送到负载R的。

17.2.4 电磁场的物质性

如上所述,电磁波有在空间的能量分布(能量密度w)和随电磁波传播时的能量流动(坡印廷矢量$\boldsymbol{S}$)。在电磁波传播过程中,电磁波的能量密度w会随时间发生变化,那么,能量密度w随时间的变化率与坡印廷矢量$\boldsymbol{S}$间又有什么关系呢?

因为空间电荷分布(电荷密度 ρ)与电荷流动(电流密度 j)间存在一定的联系。按照电荷守恒定律,在任意空间体积 Ω 内,电荷的变化是因为有电荷流出(或流入) Ω 的边界面 A,即

$$-\frac{\mathrm{d}}{\mathrm{d}t}\iiint_{\Omega}\rho\,\mathrm{d}V = \oiint_{A} \boldsymbol{j}\cdot\mathrm{d}\boldsymbol{A} \tag{17-29}$$

按照能量守恒的观点,在任意空间体积 Ω 内,电磁波能量随时间发生变化的原因应该是因为有能量以坡印廷矢量 S 形式流出(或流入) Ω 的边界封闭曲面 A,则应有如下关系式:

$$-\frac{\mathrm{d}}{\mathrm{d}t}\iiint_{\Omega}w\,\mathrm{d}V = \oiint_{A} \boldsymbol{S}\cdot\mathrm{d}\boldsymbol{A} \tag{17-30}$$

下面,我们以无限大各向同性的均匀介质(不考虑介质的导电性)为例,结合麦克斯韦方程组推导式(17-30)。根据电磁场能量的定义,有

$$\frac{\mathrm{d}}{\mathrm{d}t}\iiint_{\Omega}w\,\mathrm{d}V = \frac{\mathrm{d}}{\mathrm{d}t}\iiint_{\Omega}\left(\frac{1}{2}\varepsilon E^{2}+\frac{1}{2}\mu H^{2}\right)\mathrm{d}V = \iiint_{\Omega}\left(\varepsilon\boldsymbol{E}\cdot\frac{\partial \boldsymbol{E}}{\partial t}+\mu\boldsymbol{H}\cdot\frac{\partial \boldsymbol{H}}{\partial t}\right)\mathrm{d}V$$

利用 $\boldsymbol{D}=\varepsilon\boldsymbol{E}$, $\boldsymbol{B}=\mu\boldsymbol{H}$ 和麦克斯韦方程组(介质中无传导电流)

$$\nabla\times\boldsymbol{E}=-\frac{\partial \boldsymbol{B}}{\partial t}, \quad \nabla\times\boldsymbol{H}=\frac{\partial \boldsymbol{D}}{\partial t}$$

得

$$\varepsilon\boldsymbol{E}\cdot\frac{\partial \boldsymbol{E}}{\partial t}+\mu\boldsymbol{H}\cdot\frac{\partial \boldsymbol{H}}{\partial t}=\boldsymbol{E}\cdot\frac{\partial \boldsymbol{D}}{\partial t}+\boldsymbol{H}\cdot\frac{\partial \boldsymbol{B}}{\partial t}=\boldsymbol{E}\cdot\nabla\times\boldsymbol{H}-\boldsymbol{H}\cdot\nabla\times\boldsymbol{E}$$

利用矢量分析的公式 $\nabla\cdot(\boldsymbol{A}\times\boldsymbol{B})=\boldsymbol{B}\cdot\nabla\times\boldsymbol{A}-\boldsymbol{A}\cdot\nabla\times\boldsymbol{B}$,上式变为

$$\varepsilon\boldsymbol{E}\cdot\frac{\partial \boldsymbol{E}}{\partial t}+\mu\boldsymbol{H}\cdot\frac{\partial \boldsymbol{H}}{\partial t}=-\nabla\cdot(\boldsymbol{E}\times\boldsymbol{H})$$

则

$$\frac{\mathrm{d}}{\mathrm{d}t}\iiint_{\Omega}w\,\mathrm{d}V=-\iiint_{\Omega}\nabla\cdot(\boldsymbol{E}\times\boldsymbol{H})\mathrm{d}V$$

再利用矢量分析的高斯定理 $\iiint_{\Omega}\nabla\cdot\boldsymbol{C}\,\mathrm{d}V=\oiint_{A}\boldsymbol{C}\cdot\mathrm{d}\boldsymbol{A}$,其中 $\boldsymbol{C}$ 为任意矢量;Ω 为封闭曲面 A 所围的空间体积;$\mathrm{d}\boldsymbol{A}$ 为封闭曲面 A 的面元,可得

$$\frac{\mathrm{d}}{\mathrm{d}t}\iiint_{\Omega}w\,\mathrm{d}V=-\oiint_{A}(\boldsymbol{E}\times\boldsymbol{H})\cdot\mathrm{d}\boldsymbol{A}$$

因坡印廷矢量 $\boldsymbol{S}=\boldsymbol{E}\times\boldsymbol{H}$,则式(17-30)成立。因此,在电磁波的传播过程中,任意空间体积 Ω 内电磁波能量随时间发生变化的原因是有能量以坡印廷矢量 S 形式流出(或流入) Ω 的边界面 A。所以,坡印廷矢量 S 的确能描述电磁能量的流动,则坡印廷矢量 $\boldsymbol{S}=\boldsymbol{E}\times\boldsymbol{H}$ 又称为电磁能流密度矢量。

式(17-30)的真正含义是表述了介质中的电磁能量守恒问题。实际上,电磁场

是与实物系统（介质）并存的。因此，介质中的电磁能量包含了介质中电磁场的能量和介质中带电粒子的电磁能量。因为电磁场与介质之间存在相互作用，介质自身的能量一般并不守恒，只有认为电磁场（电磁波）本身也有能量，才可能真正维持（广义的）能量守恒定律。

在人类认识的历史上，能量的概念起初是从力学开始引入的。当物体运动时有运动能量（即动能），当考虑物体在保守力场中运动时还有势能。在没有非保守力作用时，物体的机械能守恒。而机械能守恒的范围是有限的，当涉及耗散性力的作用时，机械能守恒定律不再成立。这时，需要推广关于能量概念的涵盖范围，比如，把物理系统的热运动能量包括进去后，人们提出了更广义的能量守恒定律——热力学第一定律。随着人类认识水平的提高，终于把能量的概念推广到物质一切可能的运动形式，包括核能，当然也包括电磁场（电磁波）的能量。

另外，对于动量概念的认识与能量一样，也经历了漫长的认识过程。那么，起始于力学中的动量是否也可以推广到电磁波呢？我们来看一个例子。

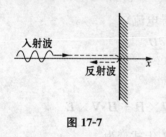

图 17-7

如图 17-7 所示，有一束平面电磁波入射到金属导体平板上并被导体板反射。设入射电磁波沿 x 方向，E 和 H 分别沿 y，z 方向；则反射电磁波沿 $-x$ 方向，反射波的 E 和 H 仍分别为沿 y，z 方向。由于电磁波的电场分量 E 的作用，导体表面附近的电子运动使导体表面出现传导电流（密度）$j_c = \gamma E$，式中 γ 为导体的电导率。而电磁波的磁场分量 H 将对传导电流 j_c 形成安培力的作用，作用力沿 $j_c \times H$ 的方向，也就是 x 方向。当然，这个作用力会通过自由电子与金属晶格粒子的碰撞的方式传递给导体平板，有可能使导体板在 x 方向获得动量。那么，导体平板的动量是如何得来的呢？因为考虑的系统只包含电磁波与导体平板，所以，导体平板所获得的动量只能是电磁波通过与导体平板间的作用传递给导体平板的。如果我们把力学中关于物体的动量概念扩展到电磁波，认为电磁波也有动量的话，上述讨论中的问题就会迎刃而解了。导体平板的动量增加必然伴随着电磁波动量的减小，而广义的动量仍然满足守恒定律。

可以证明，如果沿 x 方向入射电磁波和反射电磁波的坡印廷矢量分别为 S 和 S'，面积为 ΔA 的导体平板表面受到电磁波的作用力为

$$F = \frac{S - S'}{c} \Delta A \tag{17-31}$$

方向沿 x 正方向。按照动量定理，在 Δt 时间内，面积为 ΔA 导体平板获得的动量为

$$\Delta P' = F \Delta t = \frac{S - S'}{c} \Delta A \Delta t \tag{17-32}$$

按照上述讨论,导体获得的动量是电磁波给予的,则电磁波的动量在 Δt 时间内的改变量为

$$\Delta \boldsymbol{P} = -\Delta \boldsymbol{P}' = \frac{\boldsymbol{S}' - \boldsymbol{S}}{c}\Delta A \Delta t \tag{17-33}$$

因电磁波的传播速度为 c,在 Δt 时间内有体积为 $\Delta A(c\Delta t)$ 的电磁场与面积为 ΔA 的导体平板发生相互作用,则单位体积内电磁场(电磁波)所对应的动量为

$$\boldsymbol{g} = \frac{\boldsymbol{S}}{c^2} = \frac{1}{c^2}\boldsymbol{E} \times \boldsymbol{H} \tag{17-34}$$

式中 g 称为电磁波的动量密度,方向沿电磁波的传播方向。

电磁波具有动量的事实已经被大量的实验所证明,最具代表性的是 X 射线的康普顿效应。天体物理认为,恒星外层物质在其核心部分的强大引力的作用下之所以没有坍缩,在相当大的程度上是因为星核部分强大的光辐射压来平衡的。另外,正因为电磁波传播时携带着动量,当电磁波入射到物体上时,会对物体表面产生压力。光也是电磁波,因此光也会对物体表面产生压力,这称为光压。图

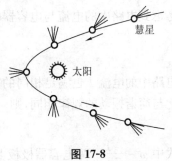

图 17-8

17-8 所示为太阳光的光压对彗星的作用造成部分彗星尘埃偏离慧核时形成彗尾的示意图。当然,光压的作用只是彗尾形成的部分原因。太阳辐射的高能粒子流也是形成彗星彗尾的原因之一。

如上所述,电磁波具有能量、能流和动量。自然我们会想到,电磁场(电磁波)也应具有质量。根据爱因斯坦的质能关系,磁场(电磁波)的质量密度为

$$m = \frac{w}{c^2} \tag{17-35}$$

式中 w 为电磁场(电磁波)的能量密度。

根据上述讨论,可以说电磁场(电磁波)具备了物质的属性。因此,电磁场(电磁波)也是一种物质。

17.3　电磁波的产生

17.3.1　LC 振荡电路

如图 17-9 所示为一含电容 C 和自感线圈 L 的 LC 电路。设初始时刻($t=0$),

电容器带电$\pm q_0$，电路中电流为$I_0 = 0$。合上开关K后，回路电压降方程为

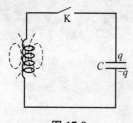

图 17-9

$$\mathscr{E}_L - \frac{q}{C} = 0 \quad (17\text{-}36)$$

式中$\mathscr{E}_L$为电流建立过程中线圈中的自感电动势

$$\mathscr{E}_L = -L\frac{dI}{dt}$$

L为线圈的自感，则

$$-L\frac{dI}{dt} - \frac{q}{C} = 0$$

考虑到电路中的电流与电容器极板上电荷变化率间的关系$I = \frac{dq}{dt}$，上式可改写为

$$\frac{d^2q}{dt^2} + \frac{1}{LC}q = 0 \quad (17\text{-}37)$$

电路中的电流I也满足相同的微分方程。很明显，电容器极板上电荷随时间的变化与简谐振动的规律相同，则

$$q = q_0 \cos\omega t \quad (17\text{-}38)$$

式中$\omega = \frac{1}{\sqrt{LC}}$为电容器极板上电荷的振荡频率。电路中的电流为

$$I = \frac{dq}{dt} = q_0 \omega \cos\left(\omega t + \frac{\pi}{2}\right) \quad (17\text{-}39)$$

因此，电路中电流随时间的变化也是简谐振动的形式。

下面我们讨论LC电路中的能量问题。在电容器和电感回路中，储存在电容器中的电场能量为

$$W_e(t) = \frac{[q(t)]^2}{2C} = \frac{q_0^2}{2C}\cos^2\omega t \quad (17\text{-}40)$$

储存在自感线圈中的磁场能量为

$$W_m(t) = \frac{1}{2}L[I(t)]^2 = \frac{1}{2}LI_m^2\cos^2\left(\omega t + \frac{\pi}{2}\right) \quad (17\text{-}41)$$

利用$\omega = \frac{1}{\sqrt{LC}}$和$I_m = q_0\omega$可得

$$\frac{1}{2}LI_m^2 = \frac{1}{2}L(q_0\omega)^2 = \frac{1}{2}Lq_0^2\omega^2 = \frac{q_0^2}{2C}$$

所以式(17-40)和式(17-41)中电场能量和磁场能量振荡的振幅是相同的。因此，LC振荡电路中的总能量为

$$W = W_e(t) + W_m(t) = \frac{[q(t)]^2}{2C} + \frac{1}{2}L[I(t)]^2 = \frac{q_0^2}{2C} \quad (17\text{-}42)$$

可以看出,对于封闭的 LC 振荡电路,总的电磁能量不随时间发生变化,所有的电磁能量被限制在元件内,不停地在自感线圈 L 中的磁场能量和电容器 C 中的电场能量间来回转换,但不向外辐射。

17.3.2 电磁波的产生

在 17.3.1 中,讨论了纯电感和电容电路中的电磁振荡规律。实际上,电路中的电阻因素总是存在的。在考虑到 LC 振荡电路的电阻效应后,电路中电磁能量不再守恒,而是逐渐地衰减掉。因此,必须不断地向电路中补充能量,才能维持电路中的电磁振荡。

另外,如何才能使 LC 电路中的电磁能量辐射出去从而形成电磁波呢?首先,LC 电路必须开放,以便于电磁能量能离开自感线圈和电容元件,从而形成电磁波,如图 17-10 所示。其次,按照电磁波辐射理论,电磁波的辐射功率正比于电磁振荡频率的四次方。因此,LC 电路的振荡频率必须足够高。按照振荡频率与电感 L 及电容 C 间的关系 $\left(\nu = \frac{\omega}{2\pi} = \frac{1}{2\pi\sqrt{LC}}\right)$,自感 L 和电容 C 必须足够小!按照图 17-10 所示的思想,除了满足电路开放的要求外,因为自感 L 和电容 C 变到最小,振荡频率也得到相应提高,有利于电磁波辐射的两个条件都得到满足。在图 17-10(d) 所示意的情况下,振荡电路最后完全退化为一根直导线。电流在直导线中往复振荡,直导线的两端出现正负交替的等量异号电荷。这样的一个电路称为振荡电偶极子(或称偶极振子)。实际中,广播电台的天线都可以看作为这类偶极振子。

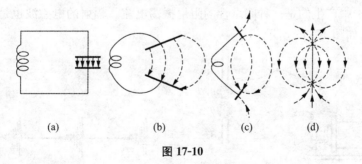

图 17-10

偶极振子可以在附近激发变化的磁场,变化的磁场又可以在自己周围激发涡旋电场,而变化的涡旋电场又能在自己周围激发涡旋磁场。交变的涡旋电场和涡旋磁场相互激发,从而形成电磁波在空间传播开来。图 17-11 示意了振荡电偶极子辐射电磁波的电力线和磁力线的空间分布情况。

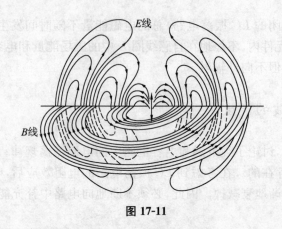

图 17-11

17.3.3 赫兹实验

在麦克斯韦预言电磁波 20 余年后,赫兹于 1888 年用类似上述的振荡偶极子的方法产生了电磁波。赫兹实验在历史上第一次直接验证了电磁波的存在。

赫兹实验中所用的振子如图 17-12 所示。图中 A_1B_1,A_2B_2 为两段共轴金属导体杆,金属杆的端点上焊有一对磨光的黄铜球,铜球间留有小间隙。金属杆与高压感应圈的两极相连。当感应圈的电压升高到一定程度时,铜球间隙电场达到击穿空气的程度从而在铜球间形成放电火花。这时,铜球间隙形成导电通路,产生变化的电流,产生电磁辐射。这样的方法类似于一个振荡偶极子。

在辐射电磁波的同时,由于系统能量的损失,电流不断减小,向外辐射的电磁波是高频减幅振荡。此后,感应圈电压再升高,铜球间再放电,再辐射电磁波。因此赫兹振子中产生的是一种间歇性的阻尼振荡电流。辐射的电磁波也是间歇性的电磁脉冲,如图 17-13 所示。

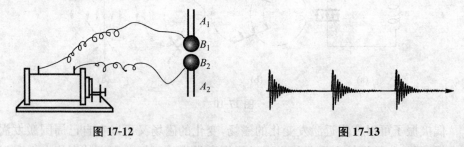

图 17-12　　　　　　　　　图 17-13

为了探测由振子发射出来的电磁波,赫兹用细铜线制成一个开口圆环作为电磁波接收器。圆环开口处一端装有磨光的黄铜球,另一端被磨尖,形成火花隙。实验中,赫兹发现,在与感应圈连接的振子产生火花时,位于附近的圆环接收器间隙处也出现火花,这个现象表明圆环接收器接收到了电磁波。这样,他在实验中初次观察到电磁振荡在空间的传播。

此后,为了进一步确证实验中所产生的确实是电磁波,赫兹用他的装置做了大量的实验。实验中,赫兹观察到了振荡偶极子辐射出的电磁波与由金属面反射的电磁波叠加形成的驻波现象,并据此测定了电磁波的波长和波的速率。发现该速率在实验误差范围内与当时所测得的光速相等。这使得人们不得不相信,他利用振荡偶极子发射的确实是电磁波,也使人们相信麦克斯韦关于光也是电磁波的论断。

17.3.4 电磁波谱

自从赫兹产生并检验到电磁波后,人们进行了许多实验,除了进一步证明光是电磁波外,还发现了更多形式的电磁波。1895 年,伦琴发现了 X 射线。1896 年贝克勒耳又发现放射性辐射。贝克勒耳发现,铀盐能放射出穿透力很强的并能使照相底片感光的看不见的未知射线。经过研究表明,X 射线和放射性辐射中的一种射线——γ 射线都是电磁波。这些电磁波本质上相同,只是它们的频率(或波长)有很大差别而已。例如光波的频率比无线电波的频率要高很多,而 X 射线和 γ 射线的频率则更高。

按照波长(或频率)长短(或高低)的顺序把这些电磁波排列起来,这就是所谓的电磁波谱,如图 17-14 所示。排列电磁波谱时,习惯上用电磁波在真空中的波长作为标度。我们知道,任何频率的电磁波在真空中是以光速 $c=3\times10^8$ m/s 传播的,所以真空中电磁波的波长 λ 与频率 ν 满足

$$\lambda = \frac{c}{\nu} \tag{17-43}$$

因此,在图 17-14 中电磁波谱相对于波长和频率的排列顺序正好相反。

首先我们来看无线电波。读者对无线电广播、电视以及移动通信已司空见惯,对雷达和无线电导航技术也并不陌生。我们常把这些电磁波应用统称为无线电通信,所用

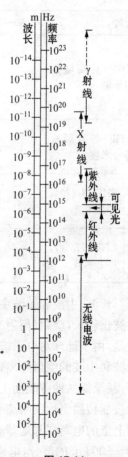

图 17-14

的电磁波统称为无线电波——这得名于马可尼的无线电报机。

由于电磁波的辐射功率随电磁波频率的减小而急剧下降,因此波长为几百 km 的低频电磁波的应用很少。实际中用的无线电波从波长为几 km(相当于频率在几百 kHz 左右)开始到几 mm(相当于频率在几百 GHz 左右)。根据电磁波的具体应用,无线电波又细分为:长波、中波、短波、米波、分米波和微波,如表 17-1 所示。

表 17-1 无线电波谱及应用

波 段		波 长	频 率	主要用途	附 注
长波		30～3 km	10～100 kHz	电报通信(早期曾用于广播)	主要靠地波传播
中波		3 000～200 m	0.1～1.5 MHz	无线电广播,电报	主要靠地波传播
中短波		200～50 m	1.5～6 MHz	无线电广播,电报	主要靠天波传播
短波		50～10 m	6～30 MHz	无线电广播,电报	主要靠天波传播
VHF(甚高频),即米波		10～1 m	30～300 MHz	广播(含调频),电视,雷达,导航,移动通信	以频率增高为序分成Ⅰ,Ⅱ,Ⅲ区。Ⅰ,Ⅲ区为电视频道(记作V_I,V_{III}),Ⅱ区为调频广播波段
UHF(特高频),即分米波		1～0.1 m	300～3 000 MHz	电视,雷达,导航,移动通信	UHF 是 Ultra High Frequency(特高频)的简写
微波	SHF(超高频),即厘米波	0.1～0.01 m	3～30 GHz	电视,雷达,导航	SHF 是 Super High Frequency(超高频)的简写
	EHF(极高频),即毫米波	0.01～0.001 m	30～300 GHz	电视,雷达,导航及其他	EHF 是 Extremely High Frequency(极高频)的简写

长波、中波和短波主要用于无线电广播和通信。因为长波和中波波段的电磁波波长较长,绕射(衍射)效应明显,可以沿地球表面绕地球传播,所以常称为地波。但是,由于地球对电磁波的吸收,地波的传播距离并不大。在通常的发射功率下,长波和中波的绕射距离也不过数千千米。然而人们却发现短波的传播距离要大得多,甚至能从地球表面上的一点传到地表的任何一点。为什么波长比中波更短的短波能传播更远的距离呢?后来,人们认识到短波并不是沿地表传播,是通过在地球上空的电离层和地球表面间的多次反射而传播的。电离层是大气层中高度约为 70～500 km 的部分,电离层中存在着因太阳光照射大气导致的大量离子和自由电子。因此,电离层相当于一种导体,对短波有很强的反射作用。所以,靠电离层反

射而传播的短波又称为天波。

米波(又称 VHF)、分米波(又称 UHF)主要用于电视、导航和移动通信。因这两个波段的频率比短波更高,波长更短,所以更难绕地面传播。并且,由于高频波段电磁波易于穿透电离层进入太空而很少被反射,所以米波和分米波的传播主要是直线传播。由此就不难理解电视信号发射塔高度对电视信号发射和接收的重要性。此外,地面建筑物和山丘对电磁波直线传播的阻碍作用很大,因此,移动通信需要在地面或建筑物顶(甚至在大型建筑物内部)建造大量的基站才能做到信号的全覆盖。

厘米波和毫米波统称为微波。微波的波长更短,所以微波的传播也主要是直线传播。因此,长距离的微波通信需要大量的地面中继站(微波也可以通过同轴电缆传输)。微波在民用和军事两方面都有日益重要的应用,主要用于电视和无线电定位技术(如雷达、卫星定位等)。

可见光的波长范围很窄,波长大约在 400~760 nm 之间。人和大部分动物通过可见光来辨别周围的环境。介于无线电波与可见光波之间的电磁波称为红外线。一些动物(如蛇)能够通过红外线感知世界。红外线是不可见光,是人类的视觉所不能感受的,只能利用特殊的仪器来探测。人们发明了各种红外探测器,用于辅助人类感知或探测世界,如红外夜视仪、红外摄影机、红外扫描仪和红外辐射计等。红外遥感技术就是利用安装在飞机或卫星上的红外摄影机探测远距离外的植被等地物所反射或辐射红外线特性差异的信息,以确定地面物体性质、状态和变化规律等信息。红外线的热效应特别显著,人们常用红外仪器发射的红外线对物品间接加热或取暖。

频率比可见光更高的电磁波是紫外线,它有显著的化学效应和荧光效应。利用气体放电管发出的紫外线可制成有杀菌作用的紫外线灯。太阳光中的紫外线由于被大气层的臭氧吸收而不至于危及地球上的生命。某些荧光粉在吸收紫外线后会放出可见光,据此人们制造出了荧光灯用于照明。

现代物理学表明,可见光、红外线或紫外线都是由原子或分子等微观客体的振荡所激发的。20 世纪下半叶以来,一方面由于超短波无线电技术的发展,无线电波的范围不断朝波长更短的方向拓展;而由于红外器件等技术的发展,红外线的范围不断朝波长更长的方向拓展。因此,超短波和红外线不再有明显的分界,如图 17-14 所示。

频率比紫外线更高的是 X 射线(伦琴射线),X 射线可通过高速电子流轰击金属靶得到,它是由原子中的内层电子发射的,其波长范围约在 $10 \sim 10^{-3}$ nm 范围。X 射线有很强的穿透力,但密度越高的材料对 X 射线的吸收越强,这就是人体 X 射线照片可以显示人体骨骼的道理。

频率高于 X 射线的电磁波统称 γ 射线，包括从 0.1 nm 左右算起，直到无穷短波长的电磁波。γ 射线来自原子核反应或其他高能过程。在肿瘤治疗中常用的 γ 刀就是 γ 射线在医学方面的应用。随着 X 射线技术的发展，它的波长范围也不断朝着波长的长、短两个方向扩展，在长波段已与紫外线范围有所重叠，而在短波段已经进入到 γ 射线的领域。

由上述讨论可知，电磁波谱中的各波段的划分实际上是按照电磁波的获得和探测方式的不同来划分的。随着科学技术的发展，各波段都已冲破原有界限与相邻电磁波波段有相互重叠。目前，在电磁波谱中，除了波长极短的一端以外，已经不再留有任何空白了。

习 题 17

17-1 平板电容器内的交变电场 $E=720\sin(10^5\pi t)$，E 的单位为 V/m，t 的单位为 s，正方向如题图所示。忽略边缘效应，求：

(1) 电容器内的位移电流密度；

(2) 电容器内距中心线为 $r=10^{-2}$ m 的点 P 在 $t=0$ s 和 $t=5\times10^{-6}$ s 时的磁场 $\boldsymbol{B}$ 的大小及方向。

习题 17-1 图

17-2 以 C，u 分别代表平板电容器的电容和电压，略去边缘效应，试证电容器中的位移电流可表示为 $i_{位}=C\dfrac{\mathrm{d}u}{\mathrm{d}t}$。

17-3 设电荷在半径为 R 的圆形平行板电容器极板上均匀分布，且边缘效应可以忽略。把电容器接在角频率为 ω 的简谐交流电路中，电路中的传导电流峰值为 I_0，求电容器极板间磁场强度的分布。

17-4 一平行板电容器面积为 S、极板间距为 d。电容器处于真空中，始终与一电源相连，保持极板间电势差为 ΔV。若两极板在 Δt 间隔内其间距变为 $(5/3)d$，求电容器中的平均位移电流强度大小。

17-5 已知电磁波在空气中的波速为 3.0×10^8 m/s，试计算下列各种频率的电磁波在空气中的波长：

(1) 上海人民广播电台使用的一种频率 $\nu=990$ kHz；

(2) 我国第一颗人造地球卫星播放东方红乐曲使用的无限电波的频率 $\nu=20.009$ MHz；

(3) 上海电视台八频道使用的图像载波频率 $\nu=184.25$ MHz。

17-6 一电台辐射电磁波，若电磁波的能流均匀分布在以电台为球心的球面上，功率为 10^5 W。求离电台 10 km 处电磁波的坡印廷矢量和电场分量的幅值。

17-7 真空中沿 x 正方向传播的平面余弦波，其磁场分量的波长为 λ，幅值为 H_0。在 $t=0$ 时刻的波形如题图所示。

(1) 写出磁场分量的波动表达式；

(2) 写出电场分量的波动表达式，并在图中画出 $t=0$ 时刻的电场分量波形；
(3) 计算 $t=0$ 时，$x=0$ 处的坡印廷矢量。

17-8 氦氖激光器发出的圆柱形激光束，功率为 10 mW，光束截面直径为 2 mm。求该激光的最大电场强度和磁感应强度。

17-9 如题图所示，已知入射平面电磁波的电场分量为 $E_x = E_0 \cos\omega\left(t-\dfrac{z}{c}\right)(z<0)$，电磁波垂直射向一波密介质，假设该电磁波全部被反射：
(1) 写出入射电磁波的磁场分量；
(2) 写出反射电磁波的电场分量和磁场分量；
(3) 若该电磁波的波长为 λ，求入射电磁波的平均强度；
(4) 波密介质受到的平均电磁辐射压强。

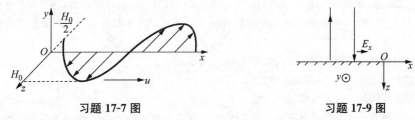

习题 17-7 图　　　　　　　习题 17-9 图

17-10 上海交通大学闵行本部的外语广播电台要求发射的电磁波在离电台 1 km 左右处的电场强度的幅值为 $E_0 = 10$ mV/m，求该处电磁波的磁感应强度幅值 B_0？该电台的发射功率 P 应为多少？（设电台发射的电磁波为球面波）

思 考 题 17

17-1 一平板电容器充电以后断开电源，然后缓慢拉开电容器两极板的间距，则拉开过程中两极板间有无位移电流？如有，位移电流为多大？若电容器两端始终维持恒定电压，则在缓慢拉开电容器两极板间距的过程中两极板间有无位移电流？若有，则位移电流的大小和方向如何？

17-2 题图(a)为一量值随时间减小，方向垂直纸面向内的变化电场，均匀分布在圆柱形区域内。试在图(b)中画出：
(1) 位移电流的大致分布和方向；
(2) 磁场的大致分布和方向。

思考题 17-2 图

17-3 试写出与下列内容相应的麦克斯韦方程的积分形式：
(1) 电力线起始于正电荷终止于负电荷；
(2) 磁力线无头无尾；
(3) 变化的电场伴有磁场；
(4) 变化的磁场伴有电场。

17-4 试简述电磁波的主要物理性质。

17-5 题图(a)为一 LC 电路，C 为圆形平行板电容器，L 为长直螺线管，题图(b)及题图(c)

分别表示电容器放电时平行板电容器的电场分布和螺线管内的磁场分布。

(1) 在题图(b)内画出电容器内部的磁场分布和坡印廷矢量分布;
(2) 在题图(c)内画出螺线管内部的电场分布和坡印廷矢量分布。

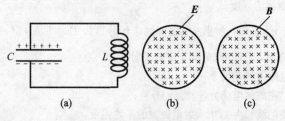

思考题 17-5 图

17-6 如题图所示,设在垂直纸面向内的匀强磁场中放置一平行板电容器,两极板上分别带有等量异号电荷。用一金属导线连接两极板,使电容器放电。设导线在极板间作无摩擦的自由移动,问:

(1) 放电前两极板间的能流方向如何?
(2) 放电时,金属导线的运动方向如何?
(3) 金属导线的动量是从哪里得来的?

17-7 考虑两个等量异号电荷组成的系统,它们在空间产生的静电场如题图所示。当用导线连接这两个异号电荷,使之放电,导线上将产生焦耳热。试定性说明,这部分能量是哪里来的? 能量是通过什么途径传递到放电导线中去的?

17-8 在一个可自由转动的塑料圆盘中部有一通电线圈,电流的方向如题图所示。在圆盘的边缘镶嵌有一些金属小球,小球均带正电。切断线圈的电流,圆盘是否会有转动? 如有转动,方向如何? 圆盘转动的角动量是从哪里得来的?

思考题 17-6 图　　　　思考题 17-7 图　　　　思考题 17-8 图

第 18 章 光的传播

人类对光现象的认识与研究已有三千多年的历史，一直可以追溯到公元前一千多年。但直到 17 世纪前半叶，人们对于光的认识仅限于光的直线传播及光的反射、折射现象，而未涉及光是什么这个问题。

17 世纪下半叶，牛顿提出光的微粒说：光由很小的物质颗粒组成，粒子在均匀媒质中按力学定律做匀速直线运动。光微粒极轻，因此地球对它的引力根本不表现出来。根据微粒说，能够很容易地解释反射定律（粒子与壁的弹性碰撞），但解释折射定律却显得牵强（假设当粒子撞在光密媒质表面的瞬间，媒质会对粒子施加一个瞬时的吸引力，从而使光偏离原来的飞行方向）。

在牛顿发表光的微粒说的十年之后，惠更斯提出了光的波动说，把光看成是机械振动在一种假想的特殊媒质（以太）中的传播，并由此解释了一些常见的光的现象。但在当时由于牛顿所具有的巨大的权威，也由于惠更斯学说本身的缺陷，使得这一理论并未引起大多数人的重视。直到 19 世纪初，托马斯·杨做了双缝干涉实验，并观察到了直边衍射现象，为波动说提供了充分的实验依据。1815—1826 年间，菲涅耳完成了关于光的波动说的理论，波动说逐渐代替了微粒说。

19 世纪中叶，麦克斯韦在电磁场理论的基础上提出了光的电磁波理论，人们才逐渐认识到光是波长在 $0.4\sim0.7\,\mu m$ 范围内的电磁波。应用麦克斯韦电磁波理论可以普遍解释光在两种媒质的分界面上发生的反射、折射现象，也能够满意地解释光的干涉、衍射和偏振等光学现象。

但在 19 世纪末和 20 世纪初，当科学实验研究深入到微观领域时，在一些新的实验事实（如共振荧光、黑体辐射、光电效应等）面前，光的电磁理论遇到了无法克服的困难，使光学的概念发生了从连续到量子化的飞跃。1905 年爱因斯坦提出了光子假说，完满地解释了光与物质相互作用时表现出粒子性的实验事实。从此，光的量子说登上了历史舞台，使人们认识到，光具有波粒二象性。

18.1 光源

光源由发射辐射的发光体（太阳、星体、各种人造光源等）构成。人们有时也把能够反射来自光源的光的物体称为次级光源（月亮、反射镜等）。光源的特性通常用它们的大小、强度、颜色来表征。点光源是线度小到可以忽略的光源，是实际光源的物理抽象与模型。

18.1.1 光源的发光机理

无论何种光源，均由大量的原子、分子组成，光源之所以发光就是由于这些原子、分子的运动所致。

一个孤立的原子，其能量只能处在一系列由低到高的分立的能量值上，这些分立的能量值称为原子能级。当原子处在某一个确定的能级时，并不向外辐射电磁波。通常，原子总是处在被称为基态的能级上，此时原子系统的能量值为最小。当原子吸收了外界的能量后，其能量增加，从而处在较高的能级，这样的能量状态称为激发态。处于激发态的原子是不稳定的，只能存在很短一段时间，大约为 $10^{-11} \sim 10^{-8}$ s，然后原子就会自发地跃迁到较低的能级，并将多余的能量以电磁波的形式发射出去，所发出的电磁波频率由玻耳公式确定，即 $\nu = \Delta E/h$，其中 ΔE 为高、低两能级间的能量差，h 为普朗克常数。处在激发态的原子何时向低能级跃迁是完全随机的，平均而言其发光的持续时间约为 10^{-8} s。由此可见，孤立原子在某一时刻所发射的是一具有一定频率、长度有限的光波列。

对于由两个以上原子组成的分子而言，还存在着转动和各种模式的振动，这些转动和振动能量也是分立的，因此其能级除组成分子的原子本身的能级外，还有转动和振动能级。由于相邻振、转能级间的间隔很小，当分子由高能级向相邻的不同低能级跃迁时所发出的光波列的频率非常接近。对于固体、液体和稠密气体，其原子、分子间存在着较强的相互作用，从而使这些原子、分子能级间的间隔变得非常之小，就像连续分布一样。当这类物质发光时，其发射的光波列就具有各种连续的频率。

对于普通光源来说，原子、分子的发光是一种随机过程，因此，一个原子或分子先后两次发射的波列之间，在相位和振动方向上都是各自独立的，两次发光之间的时间间隔也是随机的。而不同的原子或分子所发出的光波列，在相位及振动方向之间也各自独立。一个光源在极短时间（$\sim 10^{-8}$ s）内发出的光，就是在该时间内所有发射光波列的原子或分子所发出的光波列的叠加。大量原子和分子持续、随机地发射的光波列，构成了光源所发出的连续光辐射。

18.1.2 单色辐射和多色辐射

任何光源在持续地发光时，都需要以某种形式的能量补给来维持其发射。按能量补给方式的不同,通常可分为两类,即热辐射和非热辐射。热辐射是指当通过外界加热使物体维持一定的温度时持续发出的辐射。基于这种机制发光的光源称为热光源,如太阳、白炽灯等。非热辐射的种类有很多,利用电场来补充能量的发光过程称为电致发光,如各类气体放电管(霓虹灯、水银灯等)内的发光过程;还可以利用某些波段的电磁波照射或利用电子束轰击一定的物质,使其内部的原子、分子获得能量而发光,如日光灯管内表面的荧光物质、示波管和显像管的荧光屏的发光;除此之外,还有诸如化学发光、生物发光等各种类型的发光过程均为非热辐射。基于这一类发光机制的光源称为冷光源。

普通光源发出的辐射,一般都包含着各种不同的频率,而每一种频率所对应的光强各不相同,光强随频率的分布关系称为光谱。不同的光源由于其发光机理的不同而具有不同的光谱。热光源所发出的光包含了一定频率范围内的所有频率,这样的光谱称为连续光谱。气体、金属蒸气所发出的光则不同,光强集中在一些确定的、具有一定频率间隔的频率值附近,这种光谱称为线光谱。必须注意,线光谱并不意味着光强完全集中在某些确定的频率,而是集中在这些确定频率附近一个很小的频率范围内。这一频率范围越小,意味着单色性越好。

18.2 与光的传播有关的一些基本概念

18.2.1 光的直线传播和衍射

从光源发出的光在空间传播时,空间存在着的媒质将影响光的传播。如果媒质是真空,光可以在其中通过,而如果媒质是某种物质,则对于光而言,它可以是透明的,也可以是不透明的。

不太细致的观察表明,在透明、均匀的媒质中,光将沿着直线传播。按照这一观点,光在传播过程中如果遇到不透明物体将被挡住而无法继续向前传播。因此,当一个点光源发出的光通过一个一定直径的圆形光栏后,将形成一个圆锥形光束,并在屏上产生一个圆形光斑。当光栏直径很小或光源到光栏的距离很大时,上述圆锥形光束的顶角将变得很小,此时光束被方向基本相同的直线所限制,这样的光束被称为平行光束。可以设想当这样一束光越来越细,最后缩成一条直线时,便形成了所谓的光线。利用光线的概念,我们可以直观地画出光的传播方向。

光线的概念只是人的一种抽象思辨,无法用实验的方法获得一条光线。如果试图用逐渐减小光栏直径的方法来分离出一条光线时就会发现,当光栏直径减小到零点几毫米的数量级时,在屏上看到的不是一个单纯的圆形亮斑,而是一个弥散的复杂的光分布,这个光分布就是衍射图样。光栏的直径越小,衍射图样的分布越大。但当光栏的直径较大时,衍射现象便会消失,此时几何光学给出了良好的近似。

18.2.2 光速与折射率

由光源发出的光以有限的速度传播,历史上,人们利用各种方法测量了光速,但得到的结果都相同,真空中光速的最新测量值为 $c=299793\pm0.3$ km/s。在真空中,光速与光的颜色(光的频率)无关,即所有电磁辐射均以速度 c 传播。

在物质中,光的传播速度与光的频率有关,但所有单色光的速度 v 都小于 c。在空气中,v 与 c 相差很小,$v/c=0.9997$,因此通常把空气中的光速就看作是 c。对于物质中的光速,通常给出的不是 v 的数值,而是 c 和 v 的比值,并令

$$n = \frac{c}{v} \tag{18-1}$$

称为媒质相对于真空的折射率或绝对折射率。由于在媒质中光速与频率有关,因此一定媒质的折射率大小也与频率有关,当白光在媒质中传播时,不同频率的光的速度不同,从而产生色散现象。

18.2.3 波面与光程

考虑一个位于均匀各向同性媒质中的点光源 S,它在某一时刻(设该时刻为时间起点)发出一个极短的光脉冲。在时刻 t,沿任意方向传播的光都走过距离 $L=vt$。在此时刻,所有光线到达点所连成的轨迹是一个球面,我们把同一时刻所有光线到达点所形成的这个面称为光在所考虑媒质中的波阵面(或波面)。从波的传播角度看,由同一波源发出的波在同一时刻所到达的各点具有相同的相位,因此波面上各点光矢量振动的相位相等。

如果从 S 发出的光在传播过程中要经过一些由任意形状表面分开的不同的媒质,并且在各个不同的方向上媒质的厚度不同,则经过一段时间后,所有光线到达点所形成的将是一个形状复杂的曲面。如果光在传播过程中通过多层媒质,在各媒质中的速度分别为 $v_i(i=1,2,\cdots)$,媒质的厚度分别为 $l_i(i=1,2,\cdots)$,则所需要的时间为

$$t = \sum_i \frac{l_i}{v_i} = \frac{1}{c}\sum_i n_i l_i$$

式中 n_i 为各层媒质的折射率。把乘积 $L = ct = \sum_i n_i l_i$ 称为光程。若媒质连续变

化,则光程可表示为 $L = \int_l n \mathrm{d}l$,这里的积分沿着光线的路径 l。由定义可知,光程为在时间 t 内光在真空中传播的距离。即可以利用光程的概念将光在媒质中走过的路程折算为光在真空中的路程,以便于比较光在不同媒质中走过路程的长短。而波面则是那些光程都相等的光线所到达的点构成的曲面。

18.3 光的反射与折射

18.3.1 费马原理

费马原理是一个描述光线传播行为的原理,费马原理指出,光从空间的一点到另一点是沿着时间为极值的路径而传播的。这里的空间指的是均匀或不均匀的媒质。这个原理最直接的一个例子就是光在均匀媒质中的直线传播。

当光在一系列不同的均匀媒质中传播时,若速度分别为 $v_i (i=1,2,\cdots)$,所经过的几何路径分别为 $s_i (i=1,2,\cdots)$,则光由 A 点到 B 点所需时间为

$$t = \sum_i \frac{s_i}{v_i} = \frac{1}{c} \sum_i n_i s_i$$

式中 n_i 为媒质的折射率,$\sum_i n_i s_i$ 即光程。如果光在折射率连续变化的媒质中传播,则上式可表示为

$$t = \frac{1}{c} \int_A^B n \mathrm{d}s$$

由于 c 为常量,因此费马原理也可表述为:光从空间一点到另一点是沿着光程为极值的路径而传播的。即光沿光程或为极小,或为极大,或为恒量的路径传播。

当光在两种媒质的分界面上反射或折射时,其光程即取极小值。如图 18-1 所示,设光由 Q 入射到折射率分别为 n_1 和 n_2 的两种媒质的分界面上的 O,经折射传播到 P。NM 间距为 L,OM 间距为 x,QN 间距为 h_1,MP 间距为 h_2。光程

$$\delta = n_1 \cdot \overline{QO} + n_2 \cdot \overline{OP}$$
$$= n_1 \sqrt{h_1^2 + (L-x)^2} + n_2 \sqrt{h_2^2 + x^2}$$

取极值

$$\frac{\mathrm{d}\delta}{\mathrm{d}x} = n_1 \frac{-(L-x)}{\sqrt{h_1^2 + (L-x)^2}} + n_2 \frac{x}{\sqrt{h_2^2 + x^2}} = 0$$

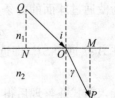

图 18-1

即得 $n_1 \sin i = n_2 \sin \gamma$。

为了说明光程并不一定总是最小,考虑如图 18-2 所示的旋转椭球面反射镜。如果光源 S 和探测器 P 都在椭圆焦点上,则根据椭圆定义,无论 Q 点在反射镜上何处,长度 SQP 都相等,同时由椭圆的几何性质,对椭圆上任何位置的 Q 都有 $i = \gamma$。因此经过反射由 S 点到 P 点的一切光程均相等。若另有一个凹面镜 σ,与旋转椭球面内切于 Q 点,由 S 点发出的光要到达 P 点必定经过路径 SQP,而凹面镜上的其他各点均在椭球面之内,所以光线 SQP 的光程较其他任何光线的光程都大,这是光程为最大的一个例子。

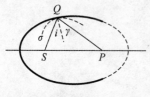

图 18-2

应用费马原理可以得到光通过曲面的聚焦性质以及薄透镜公式。如图 18-3(a) 所示,设点光源 S 位于折射率为 n_1 的媒质之中,为使由 S 点发出的发散的球面波会聚到位于折射率为 n_2 的媒质中的一点 P 而形成点 S 的一个理想像,两种媒质的分界面必须满足一定的形状。根据费马原理,界面形状一定要保证由 S 到 P 的不同光线通过相同的光程。如果有 $n_1 < n_2$,则可以断言界面必为图 18-3(a) 所示形状,并满足 $n_1 u + n_2 v = n_1 l_1 + n_2 l_2$,式中 u 称为物距,v 称为像距。若 S,P 两点确定,则 $n_1 l_1 + n_2 l_2 = \text{const}$,此为笛卡尔卵形线。当点光源 S 移向无穷远时,可以证明界面形状应为抛物线。

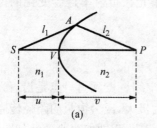 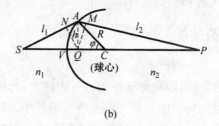

图 18-3

由于受加工方法的限制,实际的透镜表面形状通常都是球面[如图 18-3(b)]。为使通过球面的各条光线聚于 P,必须有

$$n_1 \overline{SA} + n_2 \overline{AP} = n_1 \overline{SV} + n_2 (\overline{VQ} + \overline{QP})$$

在 A 接近于 SP(即近轴情况)的条件下

$$\overline{SQ} \approx \overline{SN} \qquad \overline{QP} \approx \overline{MP}$$

代入前式并整理后得

$$n_1 \overline{NA} + n_2 \overline{AM} = (n_2 - n_1) \overline{VQ}$$

由几何关系有

$$\overline{NA} = l_1 - \sqrt{l_1^2 - h^2} \approx l_1 - l_1\left[1 - \frac{1}{2}\left(\frac{h}{l_1}\right)^2\right] = \frac{h^2}{2l_1}$$

$$\overline{AM} = l_2 - \sqrt{l_2^2 - h^2} \approx l_2 - l_2\left[1 - \frac{1}{2}\left(\frac{h}{l_2}\right)^2\right] = \frac{h^2}{2l_2}$$

$$\overline{VQ} = R - \sqrt{R^2 - h^2} \approx R - R\left[1 - \frac{1}{2}\left(\frac{h}{R}\right)^2\right] = \frac{h^2}{2R}$$

最后可得

$$\frac{n_1}{l_1} + \frac{n_2}{l_2} = (n_2 - n_1)\frac{1}{R} \tag{18-2}$$

式中 R 为球面半径,此即球面折射成像公式。

由式(18-2)可知,设 $f = \dfrac{R}{n_2 - n_1}$,则对于通过球面的近轴光线有

$$\frac{n_1}{l_1} + \frac{n_2}{l_2} = \frac{1}{f}$$

f 称为球面折射成像焦距。从而可以有多对 S 和 P。当 $l_1 < f$ 时,有 $l_2 < 0$,这意味着 P 点移到了 S 点的同一侧,此时由 S 点发出的光线经球面折射后不是会聚到一点而是发散,其反向延长线交于 P 点,形成 S 点的虚像。

式(18-2)亦可用物距 u 与像距 v 表示。由图 18-3(b)可知,物距 u 即为 S,V 之间距离,而像距 v 为 V,P 间距。利用余弦定理可得

$$l_1 = \sqrt{R^2 + (u+R)^2 - 2R(u+R)\cos\varphi}$$

$$l_2 = \sqrt{R^2 + (v-R)^2 - 2R(v-R)\cos(\pi-\varphi)}$$

考虑到近轴条件 $\varphi \to 0$,即得 $l_1 \approx u, l_2 \approx v$,式(18-2)可改写为

$$\frac{n_1}{u} + \frac{n_2}{v} = (n_2 - n_1)\frac{1}{R} \tag{18-3}$$

一般的凸透镜都由两个球面组成(见图 18-4),由点 S 发出的光首先在表面 V_1 发生折射,由式(18-3)可知此时应有

$$\frac{1}{u_1} + \frac{n}{v_1} = \frac{n-1}{R_1}$$

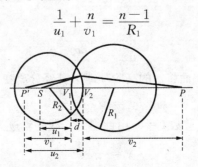

图 18-4

式中 $v_1<0$。即由 S 点发出的光线将聚焦在 P' 点。对于表面 V_2，光线由 P' 点向它射来，P' 点为 V_2 的物点，相应的物距为 u_2，且处在折射率为 n 的媒质中。由图 18-4 可知，$u_2=-v_1+d(v_1<0)$，利用式 (18-3) 可得

$$\frac{n}{-v_1+d}+\frac{1}{v_2}=\frac{1-n}{R_2}$$

将上述两式相加并整理得

$$\frac{1}{u_1}+\frac{1}{v_2}=(n-1)\left(\frac{1}{R_1}-\frac{1}{R_2}\right)+\frac{nd}{(v_1-d)v_1}$$

当 $d\to 0$（薄透镜）时，即得薄透镜成像公式

$$\frac{1}{u_1}+\frac{1}{v_2}=(n-1)\left(\frac{1}{R_1}-\frac{1}{R_2}\right)=\frac{1}{f} \tag{18-4}$$

很多自然现象都与光在媒质中沿光程为极值的路径传播有关。当来自太阳的光线穿过地球的不均匀的大气层时，它们就会弯曲，以尽可能大的偏角穿过下部密度较大的区域，从而使光程最小。所以在太阳实际已经落到地平线以下时，我们仍然可以看见它。同样，经常发生在海边和沙漠地区的海市蜃楼现象，也是由于光线经过不同密度的空气层发生显著偏转时，把远处景物显示在空中或地面的奇异幻景。

【例 18-1】 渐变折射率媒质中光线的弯曲。设媒质的折射率为 $n=n_0+n'y$，式中 n_0 为 $y=0$ 处的折射率，$n'\ll n_0$，光线由原点出发沿 x 轴正方向传播。

解 设在 $y\to y+\mathrm{d}y$ 薄层内光线沿 x 方向传播了 $\mathrm{d}x$ 距离（见图 18-5），在该薄层内折射率为 n，由折射定律，$n_0=n_1\sin\theta_1=\cdots=n\sin\theta$，即

$$n_0=n_0\left(1+\frac{n'}{n_0}y\right)\sin\theta=n_0(1+\alpha y)\sin\theta$$

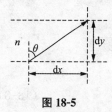

图 18-5

由几何关系可知

$$\sin\theta=\sqrt{\frac{1}{1+\cot^2\theta}}=1\Big/\sqrt{1+\left(\frac{\mathrm{d}y}{\mathrm{d}x}\right)^2}$$

代入前式并整理后得

$$\frac{\mathrm{d}y}{\mathrm{d}x}=\sqrt{2\alpha y}$$

式中已考虑到由于 α 很小而将 α 的高阶项略去。经分离变量后积分得

$$2\sqrt{y}=\sqrt{2\alpha}x+C$$

因 $x=0$ 时，$y=0$，故积分常数 $C=0$，由此得到光线的轨迹为

$$y=\frac{1}{2}\alpha x^2$$

这一结果提示我们，光线在媒质中传播时总是向着折射率高的方向偏折。

18.3.2 费涅耳公式

光作为一定频率范围内的电磁波,存在着电场分量与磁场分量。由于人的眼睛、一般的感光物质都是非磁性的,仅对电场有响应,因此通常用电场波来描述光波,并把相应的电矢量称为光矢量。从能量传播的角度而言,可以用坡印廷矢量 S 描述其传播特性。由于在光频范围内 S 是一个随时间变化非常快的函数,因此在实际测量所测得的是一段时间内的平均值 $<S>$。在光学中,把 $<S>$ 称为辐照度(即通常所称的光强),用 I 表示,$I \propto E_0^2$,E_0 为电场波的振幅。由于在光学中通常讨论的是光强的相对大小,因此在以后的讨论中我们取 $I = E_0^2$。

当电磁波入射到两种媒质的分界面时,会产生反射与折射。利用麦克斯韦的电磁理论,可以解释电磁波反射和折射的基本规律,并能给出反射波、折射波与入射波的振幅、相位间的对应关系。设一单色平面波以一定角度入射到两种媒质的分界面上,分别考虑电场矢量 E 垂直和平行于入射平面两种情况。

当 E 垂直于入射平面时,电场波与磁场波的振动正方向如图 18-6(a)所示,并设其振幅分别为 E_0, E_{10} 和 E_{20}。由电磁场在两种媒质分界面上的边界条件可得

$$E_0 + E_{10} = E_{20} \quad -H_0\cos\theta_1 + H_{10}\cos\theta_1 = -H_{20}\cos\theta_2$$

利用电场波与磁场波振幅间关系

$$H = \frac{B}{\mu} = \frac{1}{\mu u}E = \frac{n}{\mu c}E$$

并考虑到 $\mu_1 \approx \mu_2 \approx \mu_0$(非磁性物质),上述电磁场的边界条件可改写为

$$E_0 + E_{10} = E_{20} \quad -n_1 E_0\cos\theta_1 + n_1 E_{10}\cos\theta_1 = -n_2 E_{20}\cos\theta_2$$

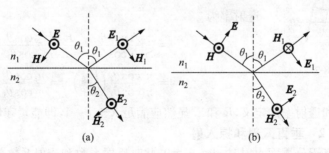

图 18-6

定义 $r = E_{10}/E_0$ 为界面对光的振幅反射系数,$t = E_{20}/E_0$ 为界面对光的振幅透射系数,可得

$$r_\perp = \left(\frac{E_{10}}{E_0}\right)_\perp = \frac{n_1\cos\theta_1 - n_2\cos\theta_2}{n_1\cos\theta_1 + n_2\cos\theta_2} \tag{18-5a}$$

$$t_\perp = \left(\frac{E_{20}}{E_0}\right)_\perp = \frac{2n_1\cos\theta_1}{n_1\cos\theta_1 + n_2\cos\theta_2} \tag{18-5b}$$

当 E 平行于入射平面时，电场波与磁场波的振动正方向如图 18-6(b)所示，设其振幅分别为 E_0, E_{10} 和 E_{20}。此时电磁场在两种媒质分界面上的边界条件为

$$H_0 - H_{10} = H_{20} \quad E_0\cos\theta_1 + E_{10}\cos\theta_1 = E_{20}\cos\theta_2$$

同理可得

$$r_{/\!/} = \left(\frac{E_{10}}{E_0}\right)_{/\!/} = \frac{-n_2\cos\theta_1 + n_1\cos\theta_2}{n_2\cos\theta_1 + n_1\cos\theta_2} \tag{18-5c}$$

$$t_{/\!/} = \left(\frac{E_{20}}{E_0}\right)_{/\!/} = \frac{2n_1\cos\theta_1}{n_2\cos\theta_1 + n_1\cos\theta_2} \tag{18-5d}$$

利用折射定律 $n_1\sin\theta_1 = n_2\sin\theta_2$，式(18-5a)～式(18-5d)可改写为

$$r_\perp = -\frac{\sin(\theta_1 - \theta_2)}{\sin(\theta_1 + \theta_2)} \quad r_{/\!/} = -\frac{\tan(\theta_1 - \theta_2)}{\tan(\theta_1 + \theta_2)}$$
$$t_\perp = \frac{2\cos\theta_1\sin\theta_2}{\sin(\theta_1 + \theta_2)} \quad t_{/\!/} = \frac{2\cos\theta_1\sin\theta_2}{\sin(\theta_1 + \theta_2)\cos(\theta_1 - \theta_2)} \tag{18-6}$$

上述式(18-5)或式(18-6)称为费涅耳公式，利用这一公式，可以讨论电磁波在两种媒质分界面上反射、折射时的相互关系。下面讨论一些基本结论。

18.3.2.1　反射率和透射率

反射率和透射率定义为：两种媒质分界面上某一面积反射（透射）的能流与入射能流之比。如图 18-7 所示，设光束以入射角 θ_1 入射到分界面上的面积为 A，入射能流为 S_0，反射能流和透射能流分别为 S_1, S_2，则其反射率

$$R = \frac{S_1 A\cos\theta_1}{S_0 A\cos\theta_1} = \left(\frac{E_{10}}{E_0}\right)^2 = r^2 \tag{18-7}$$

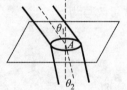

图 18-7

透射率为

$$T = \frac{S_2 A\cos\theta_2}{S_0 A\cos\theta_1} = \frac{E_{20}H_{20}\cos\theta_2}{E_0 H_0\cos\theta_1}$$
$$= \frac{n_2\cos\theta_2}{n_1\cos\theta_1}\left(\frac{E_{20}}{E_0}\right)^2 = \frac{n_2\cos\theta_2}{n_1\cos\theta_1}t^2 \tag{18-8}$$

根据反射率和透射率的定义，R 和 T 显然应满足 $R + T = 1$，即能量守恒。

18.3.2.2　垂直入射和掠入射

当光垂直于分界面入射时，$\theta_1 = \theta_2 = 0$，此时反射系数和透射系数分别为

$$r = \frac{E_{10}}{E_0} = \frac{n_1 - n_2}{n_1 + n_2} \quad t = \frac{E_{20}}{E_0} = \frac{2n_1}{n_1 + n_2} \tag{18-9}$$

由式(18-9)可知，此时在任何情况下都有 $t > 0$，所以透射光与入射光始终同相位。而在 $n_1 < n_2$，即入射光由光疏媒质垂直入射到光密媒质的情况下 $r < 0$，反射光的振幅与入射光振幅的方向始终相反，其相位相差 π，这种现象被称为相位突变。

当光在两种媒质分界面上掠入射时,$\theta_1 \to \pi/2$,$\sin\theta_1 \approx 1$,$\cos\theta_1 \approx 0$。由式(18-5a)和式(18-5c)可知,此时总有 $r_\perp = -1$,$r_{/\!/} = 1$。因此只要入射光光矢量的方向不在入射面内,光经媒质表面反射时必然产生相位突变。此时由式(18-7),式(18-8)可知,$R=1$ 而 $T=0$,这意味着在掠入射时,任何比较光滑的媒质表面都趋于反射100%的能流,即变得如同镜面一般。

18.3.2.3 全反射与迅衰波

由折射定律 $n_1\sin\theta_1 = n_2\sin\theta_2$ 可知,若 $n_1 > n_2$,则一定有 $\theta_1 < \theta_2$,因此当入射角 θ_1 逐渐增大到某一个角度 θ_c($\theta_c < \pi/2$)后,继续增大入射角 θ_1,θ_2 将大于 $\pi/2$,这意味着光线不能进入第二种介质传播而产生全反射现象,即此时光入射到两种媒质分界面时将全部按反射定律反射回去。要产生全反射,入射角必须大于或等于 θ_c,称 θ_c 为产生全反射的临界角,当 $\theta_1 = \theta_c$ 时,$\theta_2 = \pi/2$,因此临界角可表示为

$$\theta_c = \sin^{-1}\frac{n_2}{n_1} = \sin^{-1} n_{21} \tag{18-10}$$

式中 n_{21} 称为相对折射率。

改写式(18-5a)和式(18-5c),可将其表示为 θ_1 的函数如下:

$$r_\perp = \frac{\cos\theta_1 - (n_{21}^2 - \sin^2\theta_1)^{1/2}}{\cos\theta_1 + (n_{21}^2 - \sin^2\theta_1)^{1/2}}$$

$$r_{/\!/} = \frac{-n_{21}^2\cos\theta_1 + (n_{21}^2 - \sin^2\theta_1)^{1/2}}{n_{21}^2\cos\theta_1 + (n_{21}^2 - \sin^2\theta_1)^{1/2}}$$

由于 $\sin\theta_c = n_{21}$,当 $\theta_1 > \theta_c$ 时有 $\sin\theta_1 > n_{21}$,因此 $r_\perp$,$r_{/\!/}$ 为复数。不难算出,这时正好有 $r_\perp r_\perp^* = 1$ 和 $r_{/\!/} r_{/\!/}^* = 1$,而 $rr^* = |r|^2 = R$ 为光的反射率,这说明全反射光的强度等于入射光的强度,即入射光的能流全部返回原来的媒质。

在全反射现象中,能流虽然全部返回原媒质之中,但不等于在第二种媒质(光疏媒质)中没有透射波存在。因为如果没有透射波存在,电磁场在分界面上的边界条件将不能满足。考虑如图18-8所示的情况,设透射波为

$$\boldsymbol{E}_2 = \boldsymbol{E}_{20} \mathrm{e}^{\mathrm{i}(\boldsymbol{k}_2 \cdot \boldsymbol{r} - \omega t)}$$

式中 $\boldsymbol{k}_2$ 为透射波的波矢,而 $\boldsymbol{k}_2 \cdot \boldsymbol{r} = k_{2x}x + k_{2y}y$,式中

$$k_{2x} = k_2\sin\theta_2 = \frac{k_2}{n_{21}}\sin\theta_1$$

$$k_{2y} = k_2\cos\theta_2 = \pm k_2\sqrt{1 - \frac{\sin^2\theta_1}{n_{21}^2}}$$

当产生全反射时有 $\sin\theta_1 > n_{21}$,k_{2y} 为虚数,可将其写为 $k_{2y} = \pm\mathrm{i}\beta$。因此透射波为

$$\boldsymbol{E}_2 = \boldsymbol{E}_{20}\mathrm{e}^{-\beta y}\mathrm{e}^{\mathrm{i}\left(\frac{k_2}{n_{21}}x\sin\theta_1 - \omega t\right)}$$

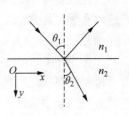

图 18-8

这是一束沿 x 方向传播的波,但其振幅沿 y 方向衰减,由于振幅按 e 指数规律衰减,可以算出其衰减得非常快,通常在 y 方向只能传播几个波长的距离。这说明在全反射时,仍有一指数衰减波(通常称为迅衰波)进入界面另一侧的媒质中,即能流不是绝对不能透过边界,而是进入边界另一侧后又返了回来,平均而言,透过的能流为零。因此在全反射过程中,光波入射到分界面后,将分别沿 x,y 方向传播,当沿 y 方向传播的迅衰波衰减为零时,沿 x 方向传播的行波将在 x 方向传播一定距离,然后返回第一种媒质继续传播,入射点与反射点之间将有一定的位移,如图 18-9 所示,这种现象称为古斯-汉森效应(或古斯-汉森位移)。这一现象可以通过实验加以验证。如图 18-10 所示,两块棱镜(光密媒质)间夹一空气薄层(光疏媒质),让光由一块棱镜入射,如果空气层厚度较大时,入射光就在第一块棱镜的底面上全反射。若空气层厚度足够小,由于空气层中的迅衰波尚未完全衰减完便已进入到第二块棱镜,在第二块棱镜中便有光沿入射方向射出。利用这一现象,可以做成光分束器件和光耦合器件。

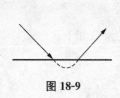

图 18-9

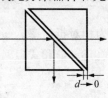

图 18-10

18.4 光在光纤中的传播

光纤的概念和利用光纤传输光信号的思想早在 20 世纪 50 年代就已经提出,其基本想法是用低折射率的媒质包在高折射率媒质之外,从而使光在高折射率媒质中利用全反射传播。到 20 世纪 60 年代,又出现了自聚焦光纤,光在这种光纤中会自动地弯曲前进。光纤自出现以来,由于其可以弯曲,结构简单和成本低等特点,受到了人们的重视,特别是它在通信技术方面的应用,促进了光纤研究和光纤技术的发展。早期的光纤用光学玻璃作为传输媒质,光在其中传播时损耗很大,只能传输很短的距离,到 20 世纪 70 年代初,光纤的损耗问题得到突破,从而使得光纤通信系统开始进入实用化阶段。

光在光纤中的传播机制主要取决于光纤的尺寸。当光纤的直径比波长大得多时,传播过程就服从几何光学定律;而当光纤的直径为波长数量级时,光在其中的传播就与微波在波导中的传播方式非常相似,在这种情况下,光的波动性就必须被考虑。

光纤通常分为反射型和折射型两种,反射型光纤的折射率沿光纤横截面的径向呈阶跃型分布,即内芯的折射率高,外层的折射率低;而折射型光纤的折射率由光纤中心轴线起沿径向向外连续地减小,是渐变的,两种光纤的折射率分布如图 18-11 所示。

反射型光纤由两层均匀媒质组成，其内层为芯线，光就在其中传播，外层称为包层，光在反射型光纤中是基于全反射方式传播的。当光进入光纤后，将在芯线和包层的分界面上产生反射和折射，当入射角大于临界角时，光便由于全反射而在光纤内部曲折前进。为简单计，仅讨论沿着某一平面传播的光线，在此情况下，光线的传播路径始终在同一平面之内，这样的光线称为子午光线，包含子午光线的平面称为子午面。对于圆柱形光纤而言，子午面就是包含圆柱体轴线的平面。

图 18-12 为圆柱形光纤的某一子午面，光由光纤的左端面以一定的角度 i 入射，并在包层的内表面反射。为保证能发生全反射，要求 $\sin\theta \geqslant n_c/n_f$，这就对角 γ，亦即角 i 提出一定的要求，由于

$$\sin\theta = \sin\left(\frac{\pi}{2} - \gamma\right) = \cos\gamma$$

而 $n_0 \sin i = n_f \sin\gamma = n_f \sqrt{1-\sin^2\theta}$，由此可得

$$\sin i \leqslant \frac{1}{n_0}\sqrt{n_f^2 - n_c^2}$$

这说明沿端面入射的光线有一个最大的入射角，其大小满足

$$\sin i_{\max} = \frac{1}{n_0}\sqrt{n_f^2 - n_c^2}$$

当入射角大于这一数值时，进入光纤的光线便会通过折射进入包层并进而散失到周围空间。把 $n_0 \sin i_{\max}$ 定义为光纤的数值孔径(写为 N.A.)，即对于单根光纤，其数值孔径

$$\text{N.A.} = (n_f^2 - n_c^2)^{1/2} \tag{18-11}$$

它决定了能够进入光纤中传播的光线的最大入射角。一般情况下 $n_0=1$，因此数值孔径的最大值为 1，这意味着所有入射到光纤中的光线都能在光纤中传播。由于光纤的数值孔径仅仅决定于光纤媒质的折射率而与尺寸无关，因此只要选择适当的媒质便可将光纤的数值孔径做得很大，而光纤本身又可以做得很细，从而使其变得柔软并易于弯曲，这就使得光纤具有一般光学体器件所没有的优点。

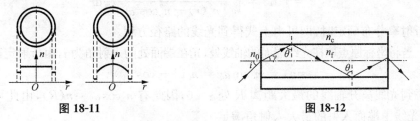

图 18-11　　　　　　　　　图 18-12

子午光线沿着光纤曲折前进时，在一米的距离上将发生数千次反射。设光纤直径为 d，长度为 L，则光在光纤中所通过的几何路程为 $S=L/\cos\gamma$，根据折射定

律，S 可表示为

$$S = \frac{L}{\sqrt{1-\sin^2\gamma}} = \frac{L}{\sqrt{1-\frac{n_0^2}{n_f^2}\sin^2 i}} = \frac{n_f L}{\sqrt{n_f^2 - n_0^2 \sin^2 i}}$$

由此可得反射次数为

$$N = \frac{S\sin\gamma}{d} = \frac{n_0 L \sin i}{d\sqrt{n_f^2 - n_0^2\sin^2 i}}$$

可见几何程长 S 由入射角决定，与光纤的几何尺寸无关，而反射次数与光纤直径成反比，光纤越细，对于界面反射率的要求越高。

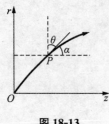

图 18-13

折射型光纤也称为梯度折射率光纤，其折射率沿截面半径逐渐改变，因此对于圆柱形光纤而言，各子午面内的折射率分布相同且在任一子午面内以光纤的轴线为中心呈对称分布。可以根据费马原理分析光在此类光纤中的传播。如图 18-13 所示，设 Oz 为光纤的中心对称轴，Or 为光纤半径，子午光线由 O 点入射，若折射率沿半径递减，则由例 18-1 光线向折射率大的方向弯曲的结论，光必然沿图 18-13 所示方向传播。随着光线的弯曲，θ 将逐渐增大并达到 $\pi/2$，此时光线的传播方向与光纤的轴线平行，然后 θ 又将逐渐变小。因此，光在光纤中将沿某周期性轨道传播，在 $\theta = \pm\pi/2$ 时离轴距离最大。可见光在折射型光纤中的传播机制与反射型光纤不同，前者是通过折射而后者是通过全反射进行传输的。

对于折射型光纤而言，若设原点处折射率为 n_0，光线传播方向与 x 轴间的夹角为 α_0，根据折射定律 $n_0\cos\alpha_0 = n(r)\cos\alpha$，因此在任一点 P 有

$$\frac{\mathrm{d}r}{\mathrm{d}z} = \tan\alpha = \frac{(1-\cos^2\alpha)^{1/2}}{\cos\alpha} = \frac{[n^2(r) - n_0^2\cos^2\alpha_0]^{1/2}}{n_0 \cos\alpha_0}$$

由此得

$$z = \int_0^z \mathrm{d}z = \int_0^r \frac{n_0\cos\alpha_0}{[n^2(r) - n_0^2\cos^2\alpha_0]^{1/2}} \mathrm{d}r$$

当折射率分布确定时，即可由上式得到光线的路径方程。

若将坐标原点取在光纤端面的轴线处，光在端面处的入射角为 i，由折射定律可得

$$\sin i = n_0 \sin\alpha_0 = n_0(1-\cos^2\alpha_0)^{1/2}$$

考虑到光线离开轴线的最大距离 R 处 $\alpha = 0$，因此有 $n_0\cos\alpha_0 = n(R)$，由此可以知道，光线由端面入射的最大入射角满足

$$\sin i_{\max} = \sqrt{n_0^2 - n^2(R)}$$

由于折射率总满足 $n(R) < n_0$，因此对于折射型光纤而言，最大入射角一定小于 $\pi/2$，

即入射光线只能位于顶角小于最大入射角的锥面之内。

可以证明，当折射型光纤的折射率分布 $n(r)$ 为某些特定的函数时，以不同的入射角进入光纤的各条子午光线在一个周期内传播相同的距离，即这些光线在一个周期内的光程相等，如图 18-14 所示。这意味着在这种情况下光线具有自聚焦的特性，它可以如同透镜一样对物体成像。

图 18-14

习 题 18

18-1 在题图所示的光路中，S 点为光源，透镜 L_1，L_2 的焦距都为 f，求：

(1) 图中光线 SaF 与光线 SOF 的光程差为多少？

(2) 若光线 SbF 路径中有长为 l，折射率为 n 的玻璃，那么这光线与 SOF 的光程差为多少？

18-2 如题图所示，单色平行光垂直照射到厚度为 e 的薄膜上，若 $n_1 < n_2 > n_3$，λ_1 为入射光在折射率为 n_1 的媒质中的波长。入射光经上下两表面反射，求两束反射光之间的相位差。

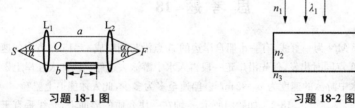

习题 18-1 图　　　　　　　习题 18-2 图

18-3 试由费马原理导出光的反射定理。

18-4 如题图所示，一束平行于光轴的光线入射到抛物面镜上反射后会聚于焦点 F。证明所有到达焦点的光光程相等（图中 MN 是抛物线的准线）。

18-5 如题图所示，折射率分别为 n_1，n_2（$n_1 > n_2$）的两种介质的分界面为 Σ，在折射率为 n_1 的介质中有一点光源 S，它与界面顶点 P 相距为 d。设点光源 S 发出的球面波经界面折射后成为平面波，证明该分界面的形状为椭圆。

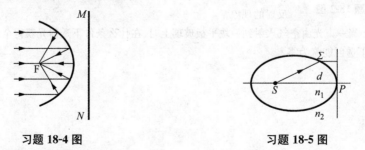

习题 18-4 图　　　　　　　习题 18-5 图

18-6 折射率为 1.62 的透明媒质平板置于空气中，用一束光垂直入射到平板表面，并经平板出射，该平板总的透射率为多少？

18-7 一长度为 1 km，截面为圆(半径为 10 μm)的反射型光纤置于空气中，芯线和包层的折射率分别为 $n_f=1.62$ 和 $n_c=1.52$。求：

(1) 光纤的数值孔径；

(2) 入射光的最大入射角；

(3) 当以最大入射角入射时，光在光纤中传播的距离和全反射的次数。

18-8 如题图所示，光由端面折射进入折射型光纤后在其子午面内传播，光纤的折射率分布满足 $n^2(r)=n_0^2(1-\alpha^2 r^2)$，其中 $\alpha=140$ rad/mm。若光以很小的入射角入射，求光在光纤中传播一个周期的长度。若光纤总长度为 1 km，则光在光纤中共传播了多少周期？

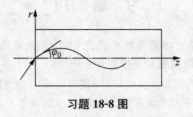

习题 18-8 图

思 考 题 18

18-1 设湖岸 MN 为一直线，有一小船自岸边的 A 点沿与湖岸成 $\alpha=15°$ 角方向匀速向湖中驶去。有一人自 A 点同时出发，他先沿岸走一段再入水中游泳去追船。已知人在岸上走的速度为 $v_1=4$ m/s，在水中游泳的速度为 $v_2=2$ m/s。船速至多为多少，此人才能追上船？

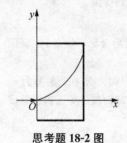

思考题 18-2 图

18-2 如题图所示，y 轴在一块介质的界面上，光线垂直于介质从 $y=0$ 点射入。已知该介质在 y 为同一值的面上有相同的折射率，y 值不同折射率也随之变化。若在 $y=0$ 处介质的折射率为 n_0，光线射入后沿抛物线 $y=ax^2$ 传播，则折射率随 y 的变化规律如何？

18-3 证明 $R+T=1$。

18-4 证明在全反射时 $R=1$。

18-5 当一束光入射到两种介质分界面时能否产生只有透射而无反射的现象？

18-6 当一束光由空气入射到一块平板玻璃上时，在什么条件下透射光获得全部入射能流，什么条件下透射能流为零？

第 19 章 光的偏振

光的电磁理论指出,光是电磁波,光的振动矢量(称电矢量或光矢量 **E**)与光的传播方向垂直。但是,在垂直于光传播方向的平面内,光矢量 **E** 还可能有各种不同的振动状态。我们把光在与传播方向相垂直的平面内的各种振动状态称为光的偏振。偏振现象是横波区别于纵波的一个标志。

19.1 偏振光与自然光

通常将光在垂直于传播方向的平面内的振动状态分为五种偏振态,分别为线偏振态(或称线偏振光)、椭圆偏振态(椭圆偏振光)、圆偏振态(圆偏振光)、自然光和部分偏振光。

19.1.1 线偏振光

在光的传播过程中,如果光振动矢量 E 始终保持在一个确定的平面内(见图 19-1),这样的光称为线偏振光,光矢量振动所在平面称为偏振面。在与光传播相垂直的平面内,线偏振光的偏振面表现为一直线(见图 19-2)。也可用图 19-3 中的短线和点分别表示在纸面内和垂直于纸面的光矢量的振动方向。

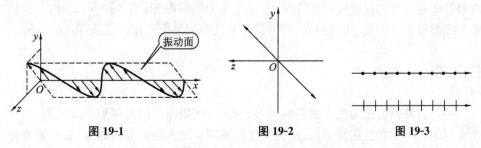

图 19-1　　　　　　图 19-2　　　　　　图 19-3

对于在 Oyz 平面内沿任一方向振动的线偏振光而言,总是可以把它看作是两束分别沿 y 和 z 方向振动的,相位差为 0 或 π 的线偏振光的叠加。

19.1.2 椭圆偏振光与圆偏振光

迎着光的传播方向看,在 Oyz 平面内光矢量绕着光的传播方向旋转,其旋转角速度对应光的角频率;光矢量端点的轨迹是一个椭圆(或圆),称这种光为椭圆(或圆)偏振光,如图 19-4 所示。当迎着光的传播方向看时,如果光矢量的旋转方向作顺时针转动时,称为右旋椭圆(或圆)偏振光,反之则为左旋椭圆(或圆)偏振光。

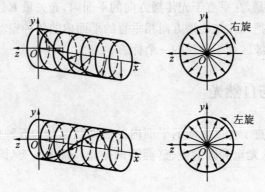

图 19-4

椭圆偏振光和圆偏振光都可看作是由两个振动面相互垂直,存在确定相位差的线偏振光的叠加而成的,设沿 y 和 z 方向振动的两偏振光分别为

$$E_y = E_{y0} \cos[\omega t - kx + \varphi_1] \quad (19\text{-}1)$$

$$E_z = E_{z0} \cos[\omega t - kx + \varphi_2] \quad (19\text{-}2)$$

则当 $\Delta\varphi = \varphi_2 - \varphi_1 \neq 0, \pi$ 时,两线偏振光的合成结果为椭圆偏振光;当 $\Delta\varphi = \pm \dfrac{\pi}{2}$ 且两相互垂直的线偏振光振幅相等时,合成结果为圆偏振光;当 $\Delta\varphi = 0, \pi$ 时,合成结果为线偏振光。因此,线偏振光、圆偏振光都是椭圆偏振光在一定条件下的特例。

19.1.3 自然光

在以自发辐射作为发光机制的普通光源中,大量原子同时辐射出光波列,每个光波列的频率、相位、振动方向、波列长度均不同。就其振动方向而言,在迎着光传播方向看,具有轴对称性(见图 19-5)。这种由普通光源发出的,大量原子随机发射的光波列的集合,构成了自然光。

由于每一个光矢量都可以看作两个相互垂直的光矢量的叠加,因此自然光可以看作两个振动方向互相垂直,没有恒定相位关系的独立光矢量的叠加,它们的振幅相等,光强各占总光强的一半。即一束自然光可分解为两束振动方向相互垂直的、等幅的、不相干的线偏振光(见图 19-6)。

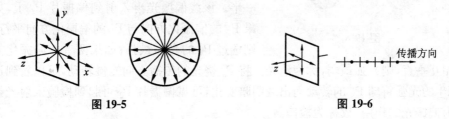

图 19-5　　　　　　　　　　　　　图 19-6

19.1.4　部分偏振光

部分偏振光可以看作是线偏振光、椭圆偏振光、圆偏振光和自然光的混合光,在部分偏振光中光矢量的振动方向不具有轴对称分布,不同方向的振幅大小不同,如图 19-7 所示。

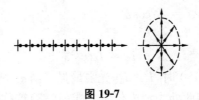

图 19-7

19.2　偏振片、马吕斯定律

如果将自然光中沿某一方向振动的成分去除而只留下沿另一特定方向的振动成分,则可以得到偏振光,从自然光获得偏振光的过程称为起偏,产生起偏作用的光学元件称为起偏器。偏振片是一种常用的起偏器,只有沿某个方向的光矢量或光矢量振动沿该方向的分量才能通过偏振片。偏振片的这种起偏作用是由于在某些天然或人造材料内部存在着一个特定的方向,当光通过这些材料时,某方向的光振动被吸收而消失,而与其相垂直的另一方向的光振动因吸收很小而得以通过。如最简单的偏振片就是将聚乙烯醇薄膜经碘溶液浸泡,然后沿一个方向拉伸、烘干。碘—聚乙烯醇分子沿拉伸方向排列为一条长链。当自然光入射到用这种材料制成的光学元件时,就会由于吸收而得到与吸收方向垂直的线偏振光。这样的元件就称为偏振片,偏振片上能通过光振动的方向称偏振化方向。

如图 19-8 所示,两个平行放置的偏振片,它们的偏振化方向分别为 L_1 和 L_2,

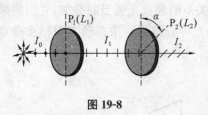

图 19-8

当自然光垂直入射到偏振片 P_1 后,透过的光将成为线偏振光,其振动方向平行于 P_1 的偏振化方向,强度 I_1 等于入射自然光强度 I_0 的一半。该线偏振光再入射到偏振片 P_2 上,如果 P_2 的偏振化方向与 P_1 的偏振化方向平行,则透过 P_2 的光强最强;如果两者的偏振化方向相互垂直,则光强最弱,称为消光。将 P_2 绕光的传播方向慢慢转动,可以看到透过 P_2 的光强将随 P_2 的转动而出现明暗变化,可见偏振片 P_2 可起到检验入射光是否为偏振光的作用,故称为检偏器。

如图 19-9 所示,设 A_1 为入射线偏振光光矢量的振幅,L_2 是检偏器 P_2 的偏振化方向。入射光矢量的振动方向与 L_2 方向间的夹角为 α,将光振动分解为平行于 L_2 和垂直于 L_2 的两个分振动,它们的振幅分别为 $A_1\cos\alpha$ 和 $A_1\sin\alpha$。因为只有平行分量可以透过偏振片 P_2,所以透射光的振幅 A_2 和光强 I_2 分别为

$$A_2 = A_1\cos\alpha$$

和

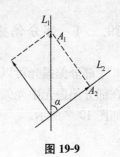

图 19-9

$$I_2 = I_1\cos^2\alpha \tag{19-3}$$

由上式可知,当 $\alpha=0°$ 或 $180°$ 时,$I_2=I_1$,光强最强。当 $\alpha=90°$ 或 $270°$ 时,$I_2=0$,这时没有光从检偏器射出,即此处为消光位置。式(19-3)被称为马吕斯定律。根据马吕斯定律的结论,我们可以利用偏振片来检验一束光是否为线偏振光,其方法是让待检验的光垂直入射到一偏振片,以光线为轴旋转偏振片,并观察出射光强,如果在出射过程中出射光强出现强弱变化,并存在消光位置,则一定是线偏振光。

【例 19-1】 两块性质完全相同的偏振片 P_1,P_2 平行放置,其偏振化方向 L_1,L_2 间夹角为 $\pi/6$。光强为 I_0 的自然光垂直入射,经过第一块偏振片后的光强为 $0.32I_0$,求经过第二块偏振片后的出射光强。

解 光强经偏振片 P_1 后小于 $0.5I_0$,说明偏振片有吸收。其透过率

$$\gamma = \frac{0.32I_0}{0.5I_0} = 0.64$$

由马吕斯定律,通过偏振片 P_2 后的出射光强为

$$I = \gamma I_1\cos^2\alpha = 0.64 \times 0.32I_0\cos^2 30° = 0.15I_0$$

【例 19-2】 一束光由自然光和线偏振光混合而成。当它垂直通过一偏振片时,透射光的强度随偏振片的转动而变化,其最大光强是最小光强的 5 倍。问入射光中自然光和线偏振光的强度各占入射光强度的百分之几?

解 设自然光和偏振光的强度分别为 I_0 和 I_1，自然光通过偏振片后的强度为 $I_0/2$，线偏振光通过偏振片后的强度为 $I_1\cos^2\alpha$，则透射偏振光的总强度 I 为

$$I = \frac{1}{2}I_0 + I_1\cos^2\alpha$$

式中 α 为入射偏振光的振动方向与偏振片的偏振化方向间的夹角。

由此得 $\qquad\qquad\qquad I_{\max} = \frac{1}{2}I_0 + I_1, \quad I_{\min} = \frac{1}{2}I_0$

按题意有 $\qquad\qquad\qquad I_{\max} = 5I_{\min}$

解得 $\qquad\qquad\qquad\qquad I_1 = 2I_0$

因此自然光所占百分比为 $\qquad \dfrac{I_0}{I_0 + I_1} = \dfrac{I_0}{3I_0} = \dfrac{1}{3}$

线偏振光所占百分比为 $\qquad \dfrac{I_1}{I_0 + I_1} = \dfrac{2I_0}{3I_0} = \dfrac{2}{3}$

19.3 反射和折射时的偏振现象

实验表明，自然光在两种介质的分界面上反射和折射时，反射光和折射光都将成为部分偏振光；在特定情况下，反射光为振动方向垂直于入射面的线偏振光。这一规律称为布儒斯特定律。

由费涅耳公式(18-6)及反射率定义式(18-7)得

$$R_\perp = (r_\perp)^2 = \frac{\sin^2(\theta_1 - \theta_2)}{\sin^2(\theta_1 + \theta_2)} \quad R_{/\!/} = (r_{/\!/})^2 = \frac{\tan^2(\theta_1 - \theta_2)}{\tan^2(\theta_1 + \theta_2)}$$

由上式可知，在反射光的两个振动分量中，垂直于入射面的振动分量在任何情况下都不为零，因此一定存在。而位于入射面内的振动分量有可能为零，其条件为 $\theta_1 + \theta_2 = \pi/2$。将此条件代入折射定律可得

$$\tan\theta_1 = \frac{n_2}{n_1} = n_{21}$$

这意味着当自然光以这一特殊的入射角入射到两种介质的分界面时，反射光将是线偏振光，其振动方向垂直于入射面，这一特殊入射角称为布儒斯特角，通常用 θ_B 表示，其大小为

$$\theta_B = \tan^{-1}\frac{n_2}{n_1} \tag{19-4}$$

并且当自然光以布儒斯特角入射到两种媒质表面时，反射光与折射光之间的夹角恰好垂直，如图 19-10 所示。

必须指出，当自然光按起偏角入射时，在经过一次反射、折射后，反射光虽然是

完全偏振光,但光强很弱,如对于单独一个玻璃表面来说,垂直于入射面振动的光能只被反射一小部分(约15%),因此折射光(即透射光)是部分偏振光。在实际应用中,为了增强反射光的强度和折射光的偏振化程度,可以把玻璃片叠起来,成为玻璃片堆(见图19-11),当光经过多个表面的折射和反射后,折射光与反射光都是线偏振光。利用玻璃片堆在起偏角下的反射和折射,都可以获得偏振光。同样,利用它也可以检查偏振光。

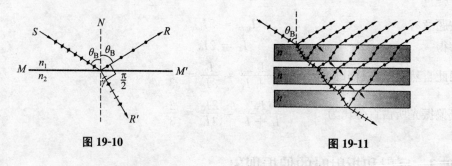

图 19-10　　　　　　　　　　　　　图 19-11

19.4　晶体的双折射现象

在自然界中存在着一些晶态物质,当光入射到这些透明晶体如方解石($CaCO_3$)上时,会在晶体内产生两束沿不同方向传播的折射光,这种现象称为晶体的双折射现象。

实验证明,晶体内的这两束折射光线中一束遵守通常的折射定律,称为寻常光,通常用 o 表示(称为 o 光)。另一束光不遵守折射定律,称为非常光,用 e 表示(称为 e 光),甚至在入射角 $i=0$ 时,寻常光沿原方向前进,而非常光一般不沿原方向前进,如图 19-12 所示。这时,如果将晶体以入射光线为轴旋转,将发现 o 光不动,而 e 光却随着晶体的旋转而转动起来。

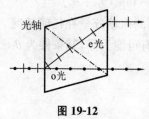

图 19-12

当改变光的入射方向时,可以发现在晶体内部有一个特殊方向,当光沿着这个方向传播时将不产生双折射现象,我们把这个特殊方向称为晶体的光轴。必须强调的是,光轴并不是在晶体内的某一个轴,而是一个方向,晶体内所有平行于此方向的直线都是光轴。在光轴方向上 o 光和 e 光的折射率相等,传播速度也相同。某些晶体(如方解石、石英等)内只有一个这样的方向,这些晶体称为单轴晶体而某些晶体(如云母、硫黄等)内有两个这样的方向,称为双轴晶体。这里仅讨论单轴晶体的情况。

在晶体中,我们把包含光轴和任一已知光线所组成的平面称为晶体中该光线的主平面。由 o 光和光轴所组成的平面,称为 o 光的主平面;由 e 光和光轴所组成的平面,称为 e 光的主平面。

实验发现,o 光和 e 光都是线偏振光,它们的光矢量的振动方向不同,o 光的振动方向垂直于它对应的主平面;而 e 光的振动方向则在它对应的主平面内。一般情况下,o 光和 e 光的主平面并不重合,但当光轴位于入射面内时,这两个主平面是重合的。

光在晶体中传播时出现的双折射现象,来源于晶体结构上的各向异性。具体来说是由于介电常数 ε 与方向有关,因而导致了在晶体中沿各不同方向传播的光速不同,即光在晶体内传播速度的大小和光矢量与光轴间的相对取向密切相关。如图 19-13 所示,寻常光在晶体中传播时其光矢量方向始终与光轴垂直,因此其速率在各个方向上相同,在晶体中任意一子波源所发出的子波波面是一球面。非常光在晶体中传播时其光矢量方向与光轴间的夹角随传播方向而异,因此其速率在各个方向上是不同的,在晶体中任一子波源发出的子波波面可以证明是个旋转椭球面(或球面)。两束光只有在沿光轴方向上传播时,它们的速率才是相等的,因此上述两子波波面在光轴上相切。在垂直于光轴的方向上,两束光的速率相差最大。

根据惠更斯原理,可利用作图方法画出 o 光和 e 光在晶体内的传播方向。如图 19-14 所示,当平行光入射到晶体表面时,在晶体内激发出相应的 o 光和 e 光,其波阵面分别为球面与旋转椭球面,它们在光轴方向上相切。作出某时刻 t 晶体内所有 o 光的子波源发出的子波的公切面(包络面),即为 o 光的波阵面,同样也可作出同一时刻所有 e 光的子波源发出的子波的公切面,得到 e 光的波阵面。从子波源向子波波面与公切面的切点作连线,该连线方向就是晶体中 o 光和 e 光的传播方向。

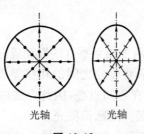

图 19-13

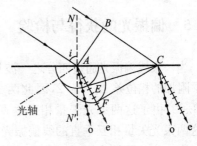

图 19-14

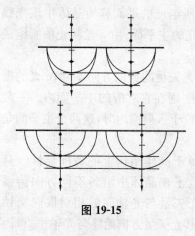

图 19-15

当按一定方式切割双折射晶体,使光轴与晶体表面平行,并以平行光垂直入射于这些晶体表面时,晶体内光振动方向互相垂直的 o 光和 e 光的传播方向如图 19-15 所示。在这两种情况下,进入晶体后光振动方向相互垂直的两束光在空间并未分开,但这并不表明此时不存在双折射现象。必须看到,在这种情况下,相互垂直的两束线偏振光在晶体内的传播速度并不一致,两者波阵面不重合。若经过一定厚度的晶体后,同时出射的这两束线偏振光之间将存在着光程差(或相位差),这一现象在实际应用中很有意义。

设晶体厚度为 d,则由于 o 光和 e 光的传播速度不同,即折射率不同,因此由晶体出射的两束光之间将存在着一定的光程差 $\delta=(n_\text{o}-n_\text{e})d$,相应的相位差为

$$\Delta\varphi = \frac{2\pi}{\lambda}\delta = \frac{2\pi}{\lambda}(n_\text{o}-n_\text{e})d$$

在实验室中经常用到以上述方式切割而成的晶片,称为波片。当波片的厚度 d 一定而使两束出射光间的相位差 $\Delta\varphi = \frac{\pi}{2}$,即波片厚度满足

$$(n_\text{o}-n_\text{e})d = \frac{\lambda}{4}$$

时,称为四分之一波片。当波片的厚度满足

$$(n_\text{o}-n_\text{e})d = \frac{\lambda}{2}$$

即两束出射光间的相位差 $\Delta\varphi=\pi$ 时,称为二分之一波片。必须注意无论是四分之一波片还是二分之一波片,都是对一定的波长而言。

19.5 偏振光的获得与检验

当一束线偏振光通过四分之一波片后,由于在两个相互垂直的振动成分之间引入了附加的相位差 $\Delta\varphi=\pi/2$,因此两个相互垂直振动成分之间的相位差将为 $\pi/2$ 或 $3\pi/2$,由于这两束光矢量相互垂直的线偏振光在空间重叠,因此合成的结果是使这两束光矢量相互垂直的线偏振光叠加而成为椭圆或圆偏振光。

当一束线偏振光通过二分之一波片后,由于在两个相互垂直的振动成分之间引入了附加的相位差 $\Delta\varphi=\pi$,因此两个光矢量相互垂直振动成分之间的相位差将仍为 0 或 π,因此合成的结果将仍是线偏振光,只是其振动方向将转过 2α 角,这里 α

是入射线偏振光振动方向与光轴之间的夹角,如图 19-16 所示,该图为线偏振光垂直纸面(即晶体表面)入射的情况。椭圆(或圆)偏振光经过四分之一或二分之一波片出射后的情况也可以按上述方法分析。

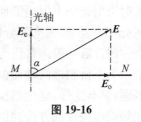

图 19-16

自然光通过波片后仍为自然光,其原因在于:自然光为大量原子、分子间歇发光的总效应,无确定的相位与偏振关系。因此通过波片后出射的仍为大量无规的椭圆偏振光、圆偏振光和线偏振光,其总效果仍为无规振动,所以还是自然光。

由上述讨论可知,利用四分之一波片,可以由一束线偏振光获得椭圆(或圆)偏振光,为了获得圆偏振光,除了利用四分之一波片外,还要求入射的线偏振光的振动方向与光轴方向成 π/4 角(参见图 19-16),其理由请读者自行考虑。

【例 19-3】 在两个偏振化方向相同的偏振片之间平行地插入一厚度 $d=0.01\,\text{mm}$ 的波片,其光轴方向与偏振化方向之间夹角为 π/4。以白光入射,出射光中缺少哪些波长的光(设对于可见光范围的所有波长有 $n_o - n_e = 0.172$)?

解 入射光经第一块偏振片 P_1 后为线偏振光,若对于某一波长,该波片恰为半波片,则经过该波片后此波长的光将不能透过第二块偏振片 P_2。

由
$$\frac{2\pi}{\lambda}(n_o - n_e)d = (2k+1)\pi$$

式中 $k = 1, 2, 3, \cdots$

得
$$\lambda = \frac{2(n_o - n_e)}{2k+1}d = \frac{34.4 \times 10^2}{2k+1}\,\text{nm}$$

以 $k=2, 3$ 代入,即得 $\lambda = 688\,\text{nm}, 491.4\,\text{nm}$。

对于一束偏振状态未知的光束,为检验其偏振状态,可以利用不同的偏振光经过偏振片和四分之一波片后的性质加以区别。首先让光束垂直通过偏振片,并以光束为轴旋转偏振片,观察出射光强,可以发现存在着光强不变、光强周期性变化但无消光位置或有消光位置三种不同的情况。若光强不变,则说明入射光为自然光或圆偏振光;若光强有变化但无消光位置,则入射光为部分偏振光或椭圆偏振光;若光强有变化且存在消光位置,则一定是线偏振光。

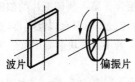

图 19-17

为了区分自然光与圆偏振光,除了利用偏振片外,还需利用四分之一波片。让待检测的光通过四分之一波片后再通过偏振片,转动偏振片并观察出射光强的变化(见图 19-17)。由于自然光经过四分之一波片后仍为自然光,因此在偏振片转动过程中出射光强无变化;而圆偏振光经过四分之一波片后为线偏振光,当转动偏片时出射光强不仅周期性变化,并且存在消光位置。部分偏振光与椭圆偏振光的区分较为复杂,因为部分偏振光经过波片后仍为部分偏振,而椭圆偏振光经过四分之一波片后一般而言仍为椭圆偏振,此时即使转动偏振片,所观察到的现象是相同的。为了辨别这两种偏振态,必须使椭圆偏振光相对四分之一波片而言是一个正椭圆,只有这样,椭圆偏振光经过四分之一波片后才会成为线偏振光,从而可以利用转动偏振片的方法加以检验。在实际操作中,为得到正椭圆需首先确定长轴或短轴的方向,为此可以让光直接通过偏振片,在旋转偏振片的过程中观察出射光强的变化,找出出射光强最大或最小的位置,此时偏振片的偏振化方向即为长轴或短轴的方向。然后将四分之一波片的光轴沿此方向放置,并使待鉴别光束垂直入射,在该波片后同轴地放置一偏振片,这样就可以通过旋转偏振片来区分椭圆偏振光与部分偏振光了。

习 题 19

19-1 一束光强为 I_0 的自然光垂直通过两偏振片,两偏振片的偏振化方向成 $45°$ 角,求通过两偏振片后的出射光强。

19-2 一束由自然光和线偏振光组成的混合光,垂直通过偏振片。当偏振片顺时针转动到某一位置时,出射光的光强最小,记为 I;当偏振片继续顺时针转过 $90°$ 时,出射光强最大,且为 $3I$;若偏振片再继续转过 $60°$,出射光的光强为多大?

19-3 一束由自然光和线偏振光混合的光垂直通过一块偏振片时,透射光的强度取决于偏振片的取向,已知最大光强是最小光强的 4 倍,求入射光束中两种光的强度与入射光总强度的比值。

19-4 自然光投射到叠在一起的两块理想偏振片上,则两偏振片的偏扳化方向夹角为多大才能使

(1) 透射光强为入射光强的 1/3;

(2) 透射光强为最大透射光强的 1/3。

19-5 一束光由自然光和线偏振光混合构成。通过偏振片观察,发现当偏振片由对应最大透射光强的位置转过 $60°$ 时,透射光强减为一半,求该光束中自然光和线偏振光光强各占的比例。

19-6 强度为 I_0 的线偏振光依次通过 9 块平行放置的理想偏振片。第一块偏振片的偏振化方向与线偏振光光矢量的振动方向间夹角为 $10°$,第二块偏振片再转过 $10°$,其余以此类推,直到第 9 块的偏振化方向正好与线偏振光间夹角为 $90°$。求出射光强。若不是 9 块偏振片而是 90 块,每块偏振片的偏振化方向依次转过 $1°$,出射光强又为多少?

19-7 若从湖水表面反射的日光恰好是完全偏振光,已知湖水的折射率为 1.33。求太阳在地平线上的仰角,并说明反射光中光矢量的振动方向。

19-8 自然光从空气入射到液面表面,当折射角为 γ 时,反射光为线偏振光。求该液体的折

射率。

19-9 将一介质平板放在水中,板面与水平面的夹角为 θ,如题图所示。已知水的折射率为 n_1,介质的折射率为 n_2。一束自然光从真空以某特定入射角入射到水面,发现经水面和介质面反射的光均为线偏振光,求板面与水平面的夹角 θ。

19-10 如题图所示,在折射率为 n 的玻璃中夹了三层厚度均匀折射率分别为 n_1,n_2 和 n_1 的透明薄膜,且 $n_1>n>n_2$。自然光以 45°角入射到界面 A 上,为使经界面 B 和界面 C 反射的光线均为线偏振光,求玻璃折射率 n 与介质折射率 n_1,n_2 之间的关系。

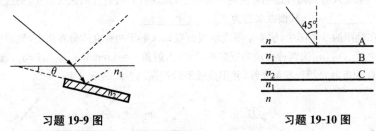

习题 19-9 图   习题 19-10 图

19-11 (1) 平面偏振光垂直入射到一个表面与光轴平行的晶片,透射后,原来在晶片中的 o 光与 e 光间产生了 π 的位相差。问晶片的厚度至少为多少?已知 $n_o=1.5442$,$n_e=1.5533$,$\lambda=500$ nm。

(2) 这块晶片应怎样放置才能使透射光是线偏振光,并且它的振动面与入射光的振动面成 90°角。

19-12 由钠灯射出的波长为 589.0 nm 的平行光束以 50°角入射到方解石制成的晶片上,晶片光轴垂直于入射面且平行于晶片表面,已知折射率 $n_o=1.65$,$n_e=1.486$,求:

(1) 在晶片内 o 光与 e 光的波长;

(2) o 光与 e 光两光束间的夹角。

19-13 在两个偏振化方向正交的偏振片之间平行于偏振片插入一厚度为 l 的双折射晶体薄片,晶体的主折射率分别为 n_o 和 n_e。光轴平行于晶体表面且与第一块偏振片的偏振化方向间成 α 角。用波长为 λ,振幅为 E_0 的单色自然光垂直入射,求通过第二块偏振片射出的两束光的振幅大小和它们的相位差。

19-14 一束线偏振光($\lambda=589.3$ nm)垂直通过一块厚度为 1.62×10^{-2} mm 的石英波片,波片折射率 $n_o=1.5442$,$n_e=1.5533$,光轴沿 x 方向。

(1) 当入射线偏振光的振动方向与 x 轴成 45°角时,出射光的偏振态怎样?

(2) 若该出射光再垂直入射到一块四分之一波片,波片光轴同样沿 x 轴方向,则透过四分之一波片后光的偏振态怎样?如果把四分之一波片换成八分之一波片,透射光的偏振态又怎样?

思 考 题 19

19-1 如何用实验来判别:

(1) 自然光与线偏振光;

(2) 自然光与圆偏振光;

(3) 部分偏振光与椭圆偏振光。

19-2 要使一束线偏振光通过偏振片之后振动方向转过 90°,至少需要让这束光通过多少块理想偏振片? 在此情况下,透射光强最大是原来光强的多少倍?

19-3 如题图为三种媒质的分界面,折射率分别为 n_1、n_2 和 n_3,一束自然光以 i 角入射时,其折射角 γ 满足关系式 $\gamma = \arctan \dfrac{n_3}{n_2}$。试讨论①②③④⑤光的偏振态,并在图中标出。

19-4 一束光入射到两种透明介质的分界面上,发现只有透射光而无反射光,则这束光的入射角为_____,其偏振状态为_____。

19-5 在题图的 5 个图中,前 4 个图表示线偏振光入射于两种介质分界面上,最后一图表示入射光是自然光。n_1、n_2 为两种介质的折射率,图中入射角 $i_0 = \arctan(n_2/n_1)$,$i \neq i_0$。试在图上画出实际存在的折射光线和反射光线,并用点或短线把振动方向表示出来。

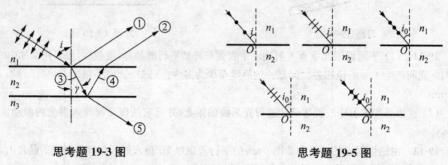

思考题 19-3 图　　　　　思考题 19-5 图

19-6 一右旋圆偏振光和一左旋圆偏振光叠加后为何种偏振态? 设两者具有相同的振幅和频率,并一起沿 x 轴传播,当右旋圆偏振光的 E 矢量指向 y 轴正方向时,左旋圆偏振光的 E 矢量也指向 y 轴正方向。若当右旋圆偏振光的 E 矢量指向 y 轴正方向时,左旋圆偏振光的 E 矢量指向 y 轴负方向,则情况又如何?

19-7 一 1/2 波片或 1/4 波片的光轴与起偏器的偏振化方向成 30°角,且平行放置。若自然光垂直入射到偏振片上,则经 1/2 波片和经 1/4 波片的出射光将成为什么偏振态的光。

19-8 仅用一个偏振片观察一束单色光时,发现当偏振片的偏振化方向与沿直线 MN 平行时,出射光强度最大,但旋转偏振片一周,发现不存在消光位置。若在偏振片前放置一块四分之一波片,且使波片的光轴与 MN 方向平行,再旋转偏振片一周,观察到有消光位置,则这束单色光是(　)。

　　(A) 线偏振光　　　　　　　　　　(B) 椭圆偏振光

　　(C) 自然光与椭圆偏振光的混合　　(D) 自然光与线偏振光的混合

19-9 有一双折射晶体($n_o > n_e$)切成一个截面为正三角形的棱镜,光轴方向如题图所示。若自然光以入射角 i 入射并产生双折射,试定性地分别画出 o 光和 e 光在晶体内部的光路及光矢量振动方向。

19-10 如题图(a)所示,一束非偏振光通过方解石(与光轴成一定的角度)后,有几条光线射出来? 如果把方解石切割成厚度相等的 A、B 两块,并平移开一点,如题图(b)所示,此时通过这两块方解石有多少束光线射出来？如果把 B 块绕光线转过一角度，此时将有几束光线从 B 块射出来？为什么？

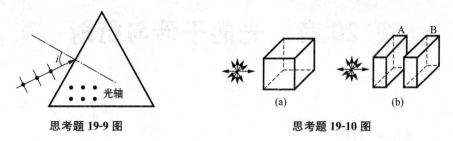

思考题 19-9 图　　　　　　　　思考题 19-10 图

第 20 章 光的干涉与衍射

20.1 光的相干性

在讨论机械波时已知,两列波相遇发生干涉现象的条件是:振动频率相同、振动方向相同和相位差恒定。但在实验中发现,从两个独立的同频率的单色普通光源发出的光相遇,却不能得到干涉图样。

设两个振动方向相同、频率相同的单色光在空间某一点相遇,它们的光矢量大小分别为

$$E_1 = E_{10}\cos(\omega t + \varphi_{10}), \quad E_2 = E_{20}\cos(\omega t + \varphi_{20})$$

叠加后合成的光矢量的大小为 $E = E_1 + E_2$。合成光矢量的量值为

$$E = E_0 \cos(\omega t + \varphi_0)$$

式中

$$E_0 = \sqrt{E_{10}^2 + E_{20}^2 + 2E_{10}E_{20}\cos(\varphi_{20} - \varphi_{10})}$$

在观测时间内,平均光强 I 正比 E^2,即

$$I \propto I_1 + I_2 + 2\sqrt{I_1 I_2} \cdot \overline{\cos(\varphi_{20} - \varphi_{10})}$$

如果这两束同频率的单色光分别由两个独立的普通光源发出的,由于光源中原子或分子发光的独立性和随机性,两光波间的相位差 $\Delta\varphi$ 也将随机地变化,并等概率地取 $0 \sim 2\pi$ 间的所有值。因此,在所观测的时间内

$$\overline{\cos(\varphi_{20} - \varphi_{10})} = 0$$

由此得

$$I = I_1 + I_2$$

上式表明两束光重合后的光强等于两束光分别照射时的光强 I_1 和 I_2 之和,我们把这种情况称为光的非相干叠加。

如果这两束光来自同一光源而使它们的相位差始终保持恒定,则其合成后的光强为

$$I = I_1 + I_2 + 2\sqrt{I_1 I_2}\cos(\varphi_{20} - \varphi_{10}) \tag{20-1}$$

此时 $\cos(\varphi_{10}-\varphi_{10})$ 将不随时间而变, $2\sqrt{I_1 I_2}\cos(\varphi_{20}-\varphi_{10})$ 被称为干涉项,这种情况称为光的相干叠加。由上式可知,由于两光束间存在着相位差,合成后的光强不仅取决于两束光的光强 I_1 和 I_2,还与两束光之间的相位差 $\Delta\varphi$ 有关。当两束光在空间不同位置相遇时,由于在这些位置离光源的距离不同,因此其相位差 $\Delta\varphi$ 也将不同,在空间各个不同点处的光强将发生连续变化,即光强在空间重新分布。

当 $\Delta\varphi=\pm 2k\pi(k=0,1,2,\cdots)$ 时, $I=I_1+I_2+2\sqrt{I_1 I_2}$,在这些位置光强最大,称为干涉相长。当 $\Delta\varphi=\pm(2k+1)\pi(k=0,1,2,\cdots)$ 时, $I=I_1+I_2-2\sqrt{I_1 I_2}$,在这些位置光强最小,称为干涉相消。如果 $I_1=I_2$,那么合成后的光强为

$$I = 2I_1(1+\cos\Delta\varphi) = 4I_1\cos^2\frac{\Delta\varphi}{2} \quad (20\text{-}2)$$

光强 I 随相位差 $\Delta\varphi$ 的变化情况如图 20-1 所示,这就是光的干涉现象。

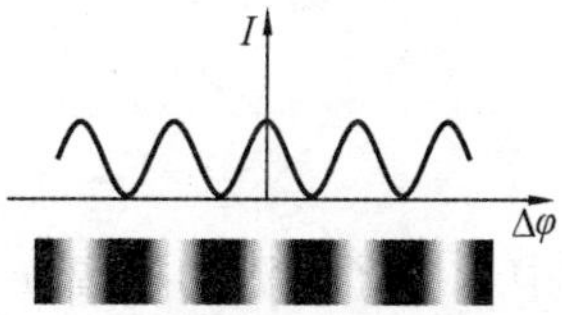

图 20-1

综上所述,我们把能产生相干叠加的两束光称为相干光,相干叠加必须满足振动频率相同、方向相同、相位差恒定的条件。只有从同一光源的同一部分发出的光,通过某些装置进行分束后,才能获得符合相干条件的相干光。

20.2 惠更斯-菲涅耳原理

惠更斯原理告诉我们,一个波阵面上的每一个点可以看成是次级球面子波的一个波源,于是波阵面或其任一部分在空间的进一步传播应当可以预见。因为在任一特定时刻,波阵面的形状是次级子波的包络。但是,这一方法忽略了各个次级子波的大部分,只保留了包络所共有的部分。由于这种不完整性,惠更斯原理不能解释光在经过障碍物后,在屏上出现明暗相间的条纹的现象。菲涅耳通过引入相干叠加的概念,对惠更斯原理加以补充,提出了惠更斯-菲涅耳原理,成功地解决了这一问题。

惠更斯-菲涅耳原理指出,波在传播过程中,从同一波阵面上各点发出的子波,经传播而在空间某点相遇时,将产生相干叠加。菲涅耳对惠更斯原理的发展,不仅使人们可以对干涉、衍射问题进行定量的描述,同时也揭示了现象的本质。

为定量地描述惠更斯-菲涅耳原理,需要引入光波的复振幅表示。理想单色光波的表达式为

$$\boldsymbol{E}(\boldsymbol{r},t) = \boldsymbol{A}(\boldsymbol{r})\cos(\omega t - \boldsymbol{k}\cdot\boldsymbol{r}+\varphi_0) = \boldsymbol{A}(\boldsymbol{r})\cos[\omega t - \varphi(\boldsymbol{r})]$$

其复数表示为

$$\widetilde{E}(r,t) = A(r)e^{-i[\omega t - \varphi(r)]} = A(r)e^{-i\omega t}e^{i\varphi(r)} = \psi(r)e^{-i\omega t}$$

式中 $\psi(r) = A(r)e^{i\varphi(r)}$ 称为光波的复振幅,其模 $A(r)$ 代表振幅在空间的分布,而幅角代表相位 $\varphi(r)$ 在空间的分布。在光学中,我们所关心的主要是由空间位置决定的相因子 $\varphi(r)$,因此当 $\psi(r)$ 给定后,空间的光场便完全给定,并且其光强为

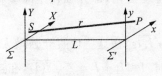

图 20-2

$$I = \psi(r) \cdot \psi^*(r) \tag{20-3}$$

考虑如图 20-2 情况,设波阵面上某一点 S 位于 Σ 平面,Σ' 为观察屏所在平面,由子波源发出的一个球面波传播到 P 点的复振幅可表示为

$$\psi_{sp} = \frac{A}{r}e^{-ikr}$$

式中 A 是子波源的振幅;r 是 S,P 间距离。若以 $A(X,Y)$ 表示 Σ 平面上各点处子波源的振幅(称为光孔函数),则由惠更斯-菲涅耳原理可知,观察屏 Σ' 上任一点 P 处的复振幅应是所有子波源所发出的球面子波在 P 点处复振幅的叠加,用数学表达式可表示为

$$\psi(x,y) = \int_\Sigma KA(X,Y) \frac{e^{-ikr(X,Y,x,y)}}{r(X,Y,x,y)} dXdY \tag{20-4}$$

式中 K 称为倾斜因子,它表示由某一面元发射的子波不是各向同性的。上式表示,Σ 平面未被遮挡住的波阵面上的每一点均发射一个振幅为 $A(X,Y)$ 的球面子波,从而在观察屏上任一点处的光的复振幅由所有这些球面子波的叠加而决定。

如果把 S 和 P 限制在光轴附近适当小的范围内(这称为近轴条件),K 基本上是个常数。式(20-4)中有两处出现 $r(X,Y,x,y)$,在分母上的 r 仅仅影响波的振幅,在近轴情况下,r 随 S,P 位置不同而变化不大,因此可近似视为常量,其大小为 L。而指数上的 r 将影响到不同位置的相位,必须计及其随 S,P 位置的变化。考虑到上述原因,式(20-4)可写为

$$\psi(x,y) = \frac{K}{L}\int_\Sigma A(X,Y)e^{-ikr(X,Y,x,y)}dXdY \tag{20-5}$$

由图 20-2 所示的几何关系有

$$r = [(x-X)^2 + (y-Y)^2 + L^2]^{1/2}$$
$$\approx L + \frac{x^2+y^2}{2L} + \frac{X^2+Y^2}{2L} - \frac{xX+yY}{L}$$

此处的近似是考虑到近轴的情况。若进一步考虑到 Σ 与 Σ' 平面间距离较大而满足 $2L \gg X^2+Y^2$ 和 $2L \gg x^2+y^2$(称为远场条件),则式(20-5)可近似表示为

$$\psi(x,y) = \frac{K}{L}\int_\Sigma A(X,Y) e^{-ik\left(L-\frac{xX+yY}{L}\right)} dXdY$$

$$= \frac{K}{L}e^{-ikL}\int_\Sigma A(X,Y) e^{\frac{ik}{L}(xX+yY)} dXdY \tag{20-6}$$

积分号之前为常量，仅决定观察屏上光强大小而与光强分布无关，因此考虑屏上光强相对分布情况时，仅考虑积分即可。

20.3 双缝干涉

20.3.1 杨氏双缝实验

杨氏双缝实验的装置如图 20-3 所示。在普通单色光源后放一狭缝 S，S 相当于一个线光源，S 后再放置与 S 平行而且等距离的两平行狭缝 S_1 和 S_2，两缝间距 d 很小，由 S 发出的光的波阵面同时到达 S_1 和 S_2，S_1 和 S_2 构成两个相干光源，从 S_1 和 S_2 发出的光波在空间叠加，从而产生干涉现象。应用式(20-6)即可得到观察屏上的光强分布。这里狭缝所在平面即上节中的 Σ 平面，S_1，S_2 沿 X 轴作一维分布，因此

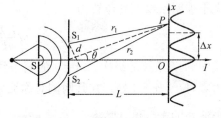

图 20-3

$$\psi(x) = \int_\Sigma A(X) e^{\frac{ik}{L}xX} dX$$

杨氏双缝是一种理想模型，其缝宽为 0，但通过的光强不为零。因此式中 $A(X)$ 可表示为

$$A(X) = a\delta\left(X-\frac{d}{2}\right) + a\delta\left(X+\frac{d}{2}\right)$$

式中 a 为通过一条狭缝的光振幅；$\delta(X)$ 为 δ-函数，其定义为

$$\delta(X) = \begin{cases} 0 & X \neq 0 \\ \infty & X = 0 \end{cases}$$

$$\int_{-\infty}^{\infty} \delta(X) dX = 1$$

由于 δ 函数的积分

$$\int_{-\infty}^{\infty} \delta(X) f(X) dX = f(0)$$

因此

$$\psi(x) = \int_X a\delta\left(X-\frac{d}{2}\right)e^{\frac{ik}{L}}dX + \int_X a\delta\left(X+\frac{d}{2}\right)e^{\frac{ik}{L}}dX$$

$$= ae^{\frac{ik}{L}\cdot\frac{d}{2}x} + ae^{\frac{-ik}{L}\cdot(-\frac{d}{2})x} = 2a\cos\frac{kd}{2L}x$$

由式(20-3)可得，观察屏上的光强分布为

$$I(x) = \psi^2(x) = 4I_0\cos^2\frac{kd}{2L}x$$

式中 $I_0 = a^2$ 为光强。

对照式(20-2)可知，由 S_1，S_2 发出的两束相干光在 P 点的相位差

$$\Delta\varphi = k\frac{d}{L}x = \frac{2\pi}{\lambda}\cdot\frac{d}{L}x = k\delta$$

式中 δ 为点 P 到 S_1 和 S_2 的光程差，由图(20-3)可知 $\delta = r_2 - r_1 \approx d\sin\theta$，在杨氏实验中，$d \sim 10^{-4}$ m 而 $L \sim 10^{-1}$ m 的量级，因此 $\sin\theta \approx \tan\theta \approx x/L$，由式(5-24)可知，当光程差为波长的整数倍，即 $\delta \approx \frac{xd}{L} = \pm m\lambda$ 时，两光波的合振动加强，屏上 P 点处出现干涉明条纹。其位置为

$$x_m = \pm m\frac{L\lambda}{d} \quad m = 0, 1, 2, \cdots$$

式中 m 为条纹的级次。$m=0$ 的明条纹称为零级明纹或中央明纹，对应的光程差为零，位于 $x=0$ 处。在其两侧对称地分布着 $m=1,2,3,\cdots$ 级明条纹。当光程差为半波长的奇数倍，即 $\delta \approx \frac{xd}{L} = \pm(2m+1)\frac{\lambda}{2}$ 时，两光波的合振动减弱，屏上 P 点处为干涉暗条纹，其位置为

$$x_m = \pm(2m-1)\frac{L\lambda}{2d} \quad m = 1, 2, \cdots$$

由此可得，屏上相邻两明条纹（或暗条纹）间的距离均为

$$\Delta x = x_{m+1} - x_m = \frac{L\lambda}{d}$$

因此屏上两相邻明条纹（或暗条纹）间距离相等，即条纹等间距分布。

杨氏干涉是两个相干光源干涉的一个典型例子，历史上还有很多与杨氏实验类似的干涉实验。如洛埃曾提出一种简单的观察干涉的装置，如图 20-4 所示。MN 为一块平面反射镜，S 是一狭缝光源，从光源发出的光波，一部分掠射到平玻璃板上，经玻璃表面反射到达屏上；另一部分直接射到屏上。反射光可看成是由虚光源 S_1 发出的，S 和 S_1 构成一对相干光源。该装置在几何构型上与杨氏试验类似，因此干涉条纹特征的分析与杨氏实验相同。图中画有阴影的区域表示相干光在空间叠加的区域，在屏上相应的位置可以观察到明暗相间的干涉条纹。由于光

由 MN 反射时存在着半波损失，因此洛埃镜实验中明暗条纹的位置与杨氏实验的条纹位置正好相反。

菲涅耳也进行了很多类似实验，其中比较主要的有双棱镜实验和双面镜实验。双棱镜实验装置如图 20-5 所示。双棱镜的截面是一个等腰三角形，两底角各约 1°左右。由狭缝光源 S 发出的光波，经双棱镜折射后分为两束相干光，这两束光可等效地看作由两个虚光源 S_1 和 S_2 发出，在这两束光的重叠区域内将发生干涉，把观察屏放在这一区域中，屏上将出现干涉图样。由于棱镜的底角很小，S_1 和 S_2 之间的距离也很小，因此其几何构型也与杨氏双缝实验相似，同样可以用相同方法进行分析。

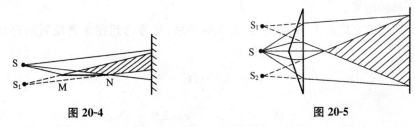

图 20-4　　　　　　　　　　　图 20-5

菲涅耳双镜由两个夹角很小的平面反射镜组成，如图 20-6 所示。从狭缝光源 S 发出的光波，经平面镜 M_1 和 M_2 反射后，分成向不同方向传播的两束光，等效于从两相干虚光源 S_1 和 S_2 发出的光，由于 M_1 和 M_2 之间的夹角很小，在两波交叠区域内将产生干涉。

如果不考虑如何获得两个独立的相干光源，而更抽象地假设在空间有两个相距一定距离的相干点光源存在，则空间所有与这两个点光源间的光程差为常数的点的集合将在同一个曲面上，这个曲面由 $r_2 - r_1 =$ 常量决定。如果考虑由所有干涉极大的点 $r_2 - r_1 = m\lambda$ 的集合，这是一族以两个点光源的连线为对称轴的旋转双曲面（见图 20-7），各个双曲面顶点之间的距离为 λ。放置在干涉区域内的屏上所出现的亮带和暗带的集合即为干涉条纹，杨氏实验所得到的干涉条纹即为与两相干光源连线相平行的平面与双曲线族的交线。

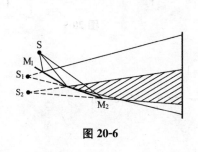

图 20-6

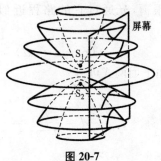

图 20-7

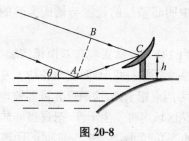

图 20-8

【例 20-1】 如图 20-8 所示,一射电望远镜的天线设在湖岸上,距湖面高度为 h。对岸地平线上方有一颗恒星正在升起,发出波长为 λ 的电磁波。当天线第一次接收到电磁波的一个极大强度时,恒星的方位与湖面所成的角度 θ 为多大?

解 天线接收到的电磁波一部分直接来自恒星,另一部分经湖面反射,这两部分电磁波满足相干条件,天线接收到的极大是它们干涉的结果。

设电磁波在湖面上 A 点反射,由几何关系,并考虑到在水面反射时存在着半波损失

$$\delta = AC - BC \pm \frac{\lambda}{2}$$

$$AC - BC = \frac{h}{\sin\theta}(1 - \cos 2\theta) = 2h\sin\theta$$

所以

$$\delta = 2h\sin\theta + \frac{\lambda}{2} = m\lambda$$

取 $m = 1$,即得 $\theta_1 = \arcsin\left(\dfrac{\lambda}{4h}\right)$。

【例 20-2】 用薄云母片($n = 1.58$)覆盖在杨氏双缝的任一条缝上,这时屏上的零级明纹移到原来的第七级明纹处。如果入射光波长为 550 nm,问云母片的厚度为多少?

解 如图 20-9 所示,设原来的第七级明纹在 P 点处,则

$$r_2 - r_1 = 7\lambda$$

插入云母片后,P 处为零级明纹,考虑到云母片很薄,光通过它的路程近似为其厚度,所以有

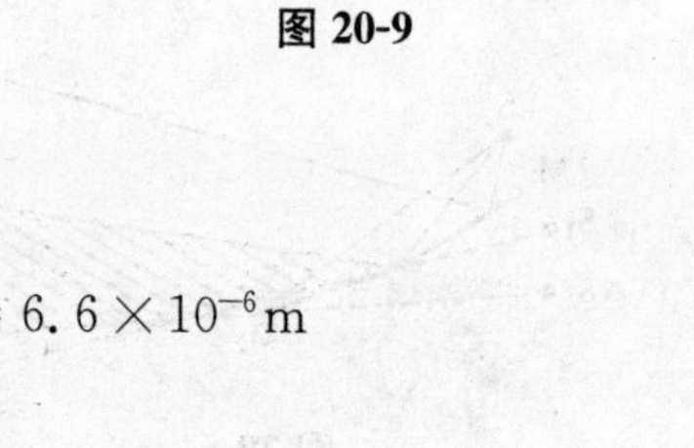

$$r_2 - (r_1 - d + nd) = 0$$

图 20-9

由上面两式可得

$$7\lambda = d(n - 1)$$

所以

$$d = \frac{7\lambda}{n-1} = \frac{7 \times 550 \times 10^{-9}}{1.58 - 1} = 6.6 \times 10^{-6}\,\text{m}$$

20.3.2 光源宽度与单色性对干涉条纹的影响

20.3.2.1 干涉条纹的可见度

在实验中,为了获得明显清晰的干涉现象,参与叠加的两束光除了要满足上述相干条件外,两束光的强度也不能相差太大。由式(20-1)可以得到当 $I_1=I_2$,$I_1\neq I_2$ 和 $I_1\ll I_2$ 时的光强分布曲线如图 20-10 所示,从图中可以看到,这几种情形的干涉条纹中,条纹的分布规律完全相同,不同之处是由于干涉项中的 $2\sqrt{I_1 I_2}$ 与 I_1+I_2 的相对大小不同而表现出不同的明暗对比。随着 I_1 和 I_2 相对大小差别的增加,明暗条纹间的光强差变小,条纹的明暗变化越来越不明显,I_1 和 I_2 相差越大,所观察到的干涉条纹越模糊,以致最后将无法观察到干涉条纹。可以用干涉条纹的可见度来描述这种情况,可见度的定义为

$$V = \frac{I_{\max} - I_{\min}}{I_{\max} + I_{\min}} = \frac{2\sqrt{I_1 I_2}}{I_1 + I_2} \quad (20\text{-}7)$$

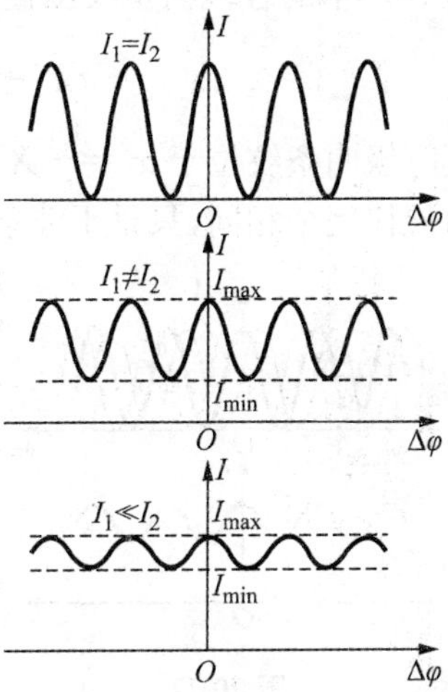

图 20-10

式中 $I_{\max}$ 与 $I_{\min}$ 分别为干涉条纹中相邻的最大光强和最小光强,I_1,I_2 分别为参与干涉的两束光的光强。根据定义,应有 $0\leqslant V\leqslant 1$。当 $I_1=I_2$ 时,$V=1$,当 $I_1\ll I_2$ 时,$V\to 0$(见图 20-10)。即当两束光的光强相差太大时,虽然从理论上说仍能产生干涉,但此时干涉相长与干涉相消间的光强差很小,背景十分明亮,条纹会很不清晰,以致无法分辨。由此可知,要获得明显清晰的干涉条纹,必须要求两束光的光强不能相差太大。

20.3.2.2 光源宽度对干涉条纹的影响

在讨论杨氏双缝干涉问题时,我们假设光源是一条与双缝平行的不计宽度的线光源,但实际的光源总有一定的宽度,因此可以将其视为许多不相干的单色线光源的组合。如图 20-11 所示,MN 表示一宽度为 b 的带状光源,其上任一点均代表一条垂直于图面的线光源。由于每一条线光源均在屏上产生一组干涉条纹,屏上所显示的条纹分布是所有线光源产生的条纹的叠加。

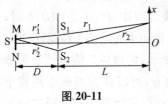

图 20-11

考虑某一线光源 S' 在屏上的干涉条纹分布。

设 S' 距 MN 中点距离为 X,此时由 S' 传播到 S_1,S_2 的光所经过的光程不等,因此在屏上 P 点处两束光的光程差为 $\delta=(r'_2-r'_1)+(r_2-r_1)$ 考虑到 $D\gg b,L\gg d$,光程差可近似写为

$$\delta=\left(\frac{X}{D}+\frac{x}{L}\right)d$$

由 S' 产生的各级明条纹位置为

$$x_m=\pm m\frac{\lambda L}{d}-\frac{XL}{D} \quad m=0,1,2,\cdots$$

其零级明条纹位于 $x_0=-XL/D$。与前述杨氏双缝干涉的结果比较可知,条纹分布规律完全相同,只是干涉条纹整体向 x 轴负方向平移了 XL/D 的距离。

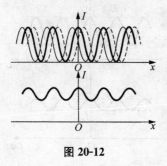

图 20-12

由此可见,光源 MN 上每一条线光源都在屏上产生相同的干涉条纹分布,只是这些条纹在垂直于条纹的方向上相互错开一定距离。由于各线光源间互不相干,因此屏上的光强分布应是所有这些干涉条纹分布的简单相加。图 20-12 上面的图线给出了光源 MN 上位于中心及两端点处的三条线光源发出的光各自产生的干涉条纹分布,下方图线给出了屏上的总光强分布。从图中可以看到,屏上总的光强分布与单个线光源的干涉条纹相比较,条纹间距不变,但条纹的可见度下降了,且可见度的下降程度随干涉条纹之间错开的总距离而改变。当光源宽度为 b 时,错开的总距离 $\Delta x_{MN}=bL/D$,即光源的宽度越大,可见度越小,当这一距离恰好等于单个线光源所产生的干涉条纹间距时,干涉条纹完全消失,此时有 $b=D\lambda/d$,这说明当双缝间距及单色光源离狭缝间距一定时,要在屏上获得干涉条纹,对光源的宽度有一定要求,即光源宽度必须满足 $b<D\lambda/d$。

由上述讨论还可以知道,当光源宽度一定时,在不改变 D 和 λ 的情况下,干涉条纹的可见度随双缝间距 d 的变化而变化。当 d 增加时,条纹可见度下降,当 $d=D\lambda/b$ 时干涉条纹消失。由于双缝的作用就是在光源所发出的光场中取出两个光源并使之叠加,因此,在宽度为 b 的非相干光源的光场中,在距光源为 $D(D\gg d)$ 的平面上,用两个狭缝取得两个光源时,只有当两个狭缝间距 $d\leqslant d_{min}=D\lambda/b$ 时,这两束光才是相干的。d 越小,干涉条纹的可见度越大,即两束光的相干性越好,当 $d>d_{min}$ 时两束光就不相干了。因此,d_{min} 作为一个极限距离,可以成为能否产生干涉的标志,称为相干距离。在光场中,相干距离越大的地方,可以认为光的空间相干性越好。由上述讨论可以得出结论,当光源的宽度越小时,它所发出的光场的空间相干性就越好;另一方面,即使是一个很大的非相干光源,在离开它足够远的地方,它

所发出的光场也具有一定的空间相干性,可以利用太阳光产生干涉图像就是一个例子。

20.3.2.3 光源单色性对干涉条纹的影响

实际光源发出的光,都不是严格地只有一个频率(或波长),而是包含了一定频率范围内的各种频率成分,并且这些频率成分所具有的强度也各不相同。白炽灯所发出的光中包含了可见光范围的所有频率成分,通常称之为白光;而汞灯、钠灯和单频激光器等光源所发出的光仅含有某一中心频率附近一个很窄的频率范围内的成分,如图 20-13 所示,通常用强度为峰值一半处的两个频率之间的频率间隔 $\Delta\nu$ 或对应的波长间隔 $\Delta\lambda$(称为谱线宽度,简称线宽)来表征单色性的好坏,线宽越小,单色性越好。

若在杨氏干涉实验中所用光源是谱线宽度为 $\Delta\lambda$ 的非单色光,由明条纹位置表达式可知,在屏上 $x=0$ 处,由于 $m=0$,不同波长的光在此作非相干叠加,故中央明纹所呈现的颜色即为光源发出的光的颜色。在 $m\neq 0$ 处,由于 $x\propto\lambda$,不同波长的同一级明条纹在屏上的位置将相互错开,从而形成彩色的条纹分布。进一步考虑到 $\Delta x\propto\lambda$,可知干涉级次越高,错开的距离就越大,由于不同波长的光是非相干的,它们在屏上是简单的光强叠加,因此随着离原点 O 距离的增加,条纹宽度也将增加。当宽度增加到一定时,相邻条纹将发生重叠,从而使条纹可见度下降以致消失(见图 20-14)。同时由图 20-14 还可看到,入射光的线宽 $\Delta\lambda$ 越大(即入射光的单色性越差),可见度随 x 下降得也越快,由于 x 与到达屏上的两束光之间的光程差成正比,因此在非单色光的情况下,屏上是否存在干涉图像取决于光程差的大小。

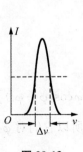

图 20-13

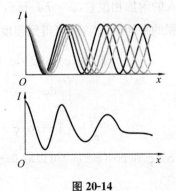

图 20-14

考虑屏上一点 P,若 P 沿 x 轴由原点向 x 正方向移动,两狭缝发出的光在 P 点的光程差将由零开始增加。当光程差增加到某一数值 L_{max} 时干涉条纹刚好消失(即可见度刚好为零),则可以利用这一数值来表征非单色光源的相干性质。这种

与光波的线宽 $\Delta\lambda$ 有关的相干性质称为光的时间相干性,而把 L_{max} 称为光的相干长度。由图 20-14 可以看到,当光程差增大到波长为 λ_{min} 的单色光所产生的第 $m+1$ 级明条纹与波长为 λ_{max} 的单色光所产生的第 m 级明条纹重合时,条纹可见度下降为零,即 $L_{max}=(m+1)\lambda_{min}=m\lambda_{max}$。考虑到 $\Delta\lambda=\lambda_{max}-\lambda_{min}$,若设 λ_0 为 λ_{max} 与 λ_{min} 的中心波长,则上式可写为

$$L_{max} = (m+1)\left(\lambda_0 - \frac{\Delta\lambda}{2}\right) = m\left(\lambda_0 + \frac{\Delta\lambda}{2}\right)$$

考虑到 $\Delta\lambda \ll \lambda_0$,相干长度可近似表示为

$$L_{max} = \frac{\lambda_0^2}{\Delta\lambda} \tag{20-8}$$

由此可见,光的单色性越好,相干长度就越长,在光程差较大时仍能观察到干涉条纹,从而能得到较高级次的干涉条纹。

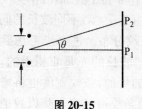

图 20-15

当两束光之间的光程差大于相干长度时,干涉条纹就会消失。由于相干长度与原子发光时间之间满足 $L_{max}=c\Delta t$,而谱线宽度与相干时间之间关系满足 $\Delta\nu\Delta t\approx 1$,如果能在 $\Delta t=1/\Delta\nu$ 的时间内测量出光的强度分布,就应该能够得到两个独立的不相干光源的干涉图像。要做到这一点,关键是使用两个探测器。如图 20-15 所示,将探测器 P_1 固定在 $\theta=0$ 处,而将探测器 P_2 放在一系列不同的 θ 处进行测量。如果在小于 Δt 的很短时间间隔内两光源的相位差为 φ,则探测器 P_1 测得的光强为 $I_1=2I_0(1+\cos\varphi)$,而对于探测器 P_2,则有 $I_2=2I_0[1+\cos(\varphi+\varphi_0)]$,式中 φ_0 是由于位置不同而引入的附加相位差,$\varphi_0=kd\sin\theta$,对于所有可能的 φ 值求两个探测器所得到的光强乘积的平均值 $\overline{I_1 I_2}$,便可得到强度对时间的平均值为

$$\overline{I_1 I_2} = \frac{\int_0^{2\pi} I_1(\varphi) I_2(\varphi) d\varphi}{\int_0^{2\pi} d\varphi}$$

$$= \frac{2I_0^2}{\pi} \int_0^{2\pi} [1 + \cos\varphi + \cos(\varphi+\varphi_0) + \cos\varphi\cos(\varphi+\varphi_0)] d\varphi$$

因为 $\cos\varphi$ 和 $\cos(\varphi+\varphi_0)$ 可以取 $0\to 2\pi$ 之间的所有值,所以它们对 φ 的积分为零,因此

$$\overline{I_1 I_2} = \frac{2I_0^2}{\pi}\left[2\pi + \int_0^{2\pi}\cos\varphi(\cos\varphi\cos\varphi_0 - \sin\varphi\sin\varphi_0)d\varphi\right]$$

$$= \frac{2I_0^2}{\pi}[2\pi + \pi\cos\varphi_0] = 2I_0^2[2 + \cos(kd\sin\theta)]$$

由上式可得到强度随 $\sin\theta$ 变化曲线如图 20-16 所示,可以看到,强度随探测器 P_2 位置变化而发生周期性变化,这就是强度干涉曲线,这一方法称为强度干涉测量。在实际实现中要获得这样的干涉图样,要求探测器具有很短的时间分辨率,并且要利用电子学的方法将每个探测器所获得的信号相乘,因此实现这样的实验比较困难。目前,已经可以用这样的方法测量双星之间的距离。

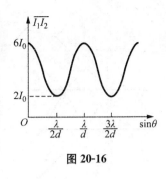

图 20-16

20.4 薄膜干涉

日常生活中我们经常能见到各种薄膜干涉现象。如阳光照射下的肥皂膜、水面上的油膜以及许多昆虫(如蜻蜓、蝴蝶等)翅膀上所呈现出来的彩色花纹。薄膜干涉现象是由于光在薄膜的两个表面上反射后在空间的一些区域内相遇而产生的。薄膜干涉时,由于反射波和透射波的能量是由入射波的能量分出来的,因此可以认为入射波的振幅被"分割"成若干部分,这样获得相干光的方法被称为分振幅法。

薄膜干涉不仅与薄膜的表面形状有关,如膜的厚度是否均匀、表面本身是否平整等等;同时与光的照射方式也密切相关,如所用的光源是否可以看作点光源、光的入射角度如何等等。正是由于形成薄膜干涉的条件丰富多样,导致了薄膜干涉情况的复杂性。由于条件不同,所产生的干涉条纹形状各异,能产生干涉的区域也各不相同,可能在薄膜表面,可能在无穷远处,也可能在空间某一特定区域。在实际中,比较简单而应用较多的是厚度不均匀薄膜表面上出现的等厚干涉条纹和厚度均匀的薄膜在无穷远处形成的等倾干涉条纹。

20.4.1 等倾干涉条纹

等倾干涉条纹是当点光源发出的光照射到表面平整,厚度均匀的薄膜上时,在无穷远处产生的干涉条纹。如图 20-17 所示,设薄膜的折射率为 n_2,置于折射率为 n_1($n_1 > n_2$)的介质中,薄膜厚度为 d。由点光源发出的一条光线以某一入射角 i 入射到薄膜的上表面,一部分被上表面反射,另一部分经折射进入下表面,被下表面反射后又经过折射回到入射空间。当薄膜厚度很小时,由反射和折射定律可知,在入射空间的两条反射光线相互平行,因此只能在无穷远处相交而产生干涉。实际应用时,通常利用透镜将这两条光线聚焦在透镜的焦平面上,以获得干涉条纹。严

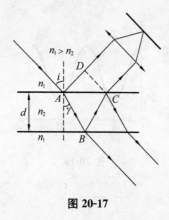

图 20-17

格说来,一束入射光在薄膜内可相继发生多次反射和折射,应考虑多束反射光和折射光间的干涉,但由于经多次反射后光的强度将迅速下降,因此在通常情况下不予考虑,并认为参与干涉的两束光振幅相等。

由图 20-17 可知,在薄膜上、下表面反射后的两束平行光线之间的光程差为

$$\delta = n_2(AB+BC) - n_1 AD + \frac{\lambda}{2}$$

其中出现 $\frac{\lambda}{2}$ 是因为光在薄膜下表面反射时出现了半波损失。由几何关系

$$AB = BC = d/\cos\gamma \quad AD = AC\sin i = 2d\cdot\tan\gamma\cdot\sin i$$

可得两束光的光程差为

$$\delta = 2n_2 \frac{d}{\cos\gamma} - 2n_1 d\cdot\tan\gamma\cdot\sin i + \frac{\lambda}{2}$$

$$= \frac{2n_2 d}{\cos\gamma}(1-\sin^2\gamma) + \frac{\lambda}{2} = 2n_2 d\cos\gamma + \frac{\lambda}{2} \tag{20-9}$$

利用折射定律 $n_1\sin i = n_2\sin\gamma$,上式可改写为

$$\delta = 2d\sqrt{n_2^2 - n_1^2\sin^2 i} + \frac{\lambda}{2} \tag{20-10}$$

当光程差为波长的整数倍时,即

$$\delta = 2d\sqrt{n_2^2 - n_1^2\sin^2 i} + \frac{\lambda}{2} = m\lambda, \quad m = 1, 2, 3, \cdots$$

时,两反射光干涉相长,m 为明条纹的级次。

当光程差是半波长的奇数倍时,即

$$\delta = 2d\sqrt{n_2^2 - n_1^2\sin^2 i} + \frac{\lambda}{2} = (2m+1)\frac{\lambda}{2}, \quad m = 0, 1, 2, \cdots$$

时,反射光干涉相消,m 为暗条纹的级次。

由式(20-10)可知,对于厚度均匀的薄膜,光程差是由入射角 i 决定的。所有相同倾角入射的光经薄膜的上、下表面反射后产生的相干光束都有相同的光程差,从而对应于干涉图样中的一条条纹,故将此类干涉条纹称为等倾条纹。

在实验上获得等倾干涉条纹的装置如图 20-18 所示。从光源 S 发出的光入射到半透半反的平面镜 M 上,被 M 反射的部分光射向薄膜,再被薄膜上、下表面反射,透过 M 和透镜 L 会聚到光屏上。S 发出的沿不同方向传播的光只要以相同入射角 i 入射到薄膜表面上的光线应该在同一圆锥面上,它们的反射光在屏上会

聚在同一个圆周上。因此，整个干涉图样是由一些明暗相间的同心圆环组成。

等倾干涉图样的特点可由式(20-10)予以分析，当入射角 i 越大时，光程差 δ 越小，相应的干涉级也越低。由图 20-18 可看到，半径越大的圆环对应的 i 也越大，所以等倾干涉图样中心处的干涉级最高，越向外干涉级越低。此外，从中央向外各相邻明纹或相邻暗纹的间距也不同，呈内疏外密分布，如图 20-19 所示。

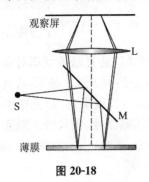

图 20-18

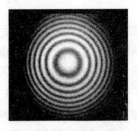

图 20-19

通常实验中所用的光源为面光源，面光源上每一点发出的光都要产生一组相应的干涉条纹，由于方向相同的平行光都将被透镜会聚到焦平面上同一点，所以由光源上不同点发出的光线，只要入射角相同，它们所形成的条纹将重叠在一起。所以，干涉条纹的总光强是面光源上所有点发出的光产生的干涉条纹光强的非相干叠加，这样就将使干涉条纹更加明亮。

20.4.2 等厚干涉条纹

当用平行光照射到表面平整，厚度不均匀的薄膜上时，产生的干涉条纹将出现在薄膜的上表面，通常我们在肥皂膜、油膜表面看到的就是这一类干涉条纹。在实验室中，通常利用平行光垂直入射获得此类干涉条纹，最常见的是劈形膜和牛顿环的干涉。

20.4.2.1 劈形膜的干涉

劈形膜由两个平整的表面组成，两个面之间有一个角度很小的夹角，简称劈尖，如图 20-20 所示。当平行光垂直入射时，在膜的上下表面产生的反射光可以在膜的上表面处相遇而产生干涉。由于劈的顶角很小，可以近似把在上下表面反射的两束光看作均沿垂直方向向上传播，由此可得两反射光之间的光程差为

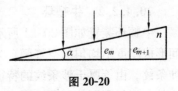

图 20-20

$$\delta = 2ne + \frac{\lambda}{2}$$

式中 e 为薄膜上某一位置处的厚度；$\frac{\lambda}{2}$ 为两反射光线之一在反射时由于半波损失而产生的附加光程差。由干涉极大与极小的条件可知

$$\delta = 2ne + \frac{\lambda}{2} = \begin{cases} m\lambda & \text{干涉极大} \\ (2m+1)\frac{\lambda}{2} & \text{干涉极小} \end{cases} \quad m = 1, 2, \cdots$$

由上式可看到，对应于一定的级次 m，无论是明条纹还是暗条纹都对应着一定的薄膜厚度 e，即在膜厚相同的地方是同一级条纹，正是由于这一特征，将其称之为等厚干涉条纹。由于劈形膜的厚度仅由距劈尖棱边的长度决定，因此劈尖干涉条纹应为平行于棱边的直条纹，在劈尖的棱边处为零级暗条纹，条纹级次随膜厚的增加而增加。若相邻两干涉条纹所对应的厚度分别为 e_m 和 e_{m+1}，如图 20-20 所示，则相邻条纹所对应的薄膜厚度差为

$$\Delta e = e_{m+1} - e_m = \frac{\lambda}{2n}$$

式中 λ/n 是折射率为 n 的媒质中的波长，因此对于等厚干涉条纹而言相邻两条纹所在位置对应的厚度差为薄膜媒质中的半个波长，这是此类干涉条纹的一个重要特点，利用此特点可以有很多应用。由几何关系可得相邻条纹的间距为

$$l = \frac{e_{m+1} - e_m}{\sin\alpha} = \frac{\lambda}{2n\sin\alpha} \approx \frac{\lambda}{2n\alpha}$$

显然，干涉条纹是等间距的，而且 α 愈小，干涉条纹愈疏；α 愈大，干涉条纹愈密。如果劈尖的夹角太大，干涉条纹将密集得无法看清，因此劈尖干涉条纹只能在 α 很小时才能看到。

由上述结论可知，如果已知劈尖的夹角，那么，测出干涉条纹的间距 l，就可以测出单色光的波长。同样，如果已知单色光的波长，那么就可以测出微小的角度。利用这个原理，可以测定细丝的直径或薄片的厚度。利用等厚干涉原理还可以检测物体表面的平整度。比如在凹凸不平的玻璃板上放一块光学平板玻璃块，根据所显示的等厚干涉条纹的形状和间距，能够判断其表面的情况。

20.4.2.2 牛顿环

牛顿环装置如图 20-21 所示，曲率半径为 R 的平凸透镜置于平板玻璃上，两者间形成厚度不均匀的空气膜。当单色平行光垂直地入射时，可以产生一组等厚干涉条纹。由等厚干涉条纹的特征及装置的几何结构可知，条纹是以接触点 O 为圆心的一组间距不等的同心圆环，称为牛顿环（见图 20-22）。

由于透镜的曲率半径很大，因此在空气膜（折射率 $n=1$）上下表面反射的两束

光的光程差与劈形膜的情形相似,可表示为

$$\delta = 2e + \frac{\lambda}{2}$$

当 $\delta = 2e + \frac{\lambda}{2} = m\lambda$ 时为明条纹,$\delta = 2e + \frac{\lambda}{2} = (2m+1)\frac{\lambda}{2}$ 时为暗条纹。

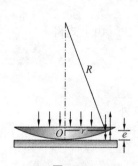

图 20-21

图 20-22

在中心接触点 O,由于膜厚为零,由上面的暗纹条件可知,牛顿环的中心是一个暗斑,由中心沿半径向外,由于膜厚的变化是非线性的,因此条纹将呈内疏外密分布。由图 20-21 可知

$$r^2 = R^2 - (R-e)^2 = 2Re - e^2 \approx 2eR$$

所以

$$e = \frac{r^2}{2R}$$

由此得牛顿环明纹和暗纹的半径分别为

$$r = \sqrt{\frac{(2m-1)R\lambda}{2}} \quad m = 1,2,3,\cdots \quad \text{明纹}$$

$$r = \sqrt{mR\lambda} \quad m = 1,2,3,\cdots \quad \text{暗纹}$$

对于第 m 级和第 $m+k$ 级的暗环

$$r_m^2 = mR\lambda$$

$$r_{m+k}^2 = (m+k)R\lambda$$

$$r_{m+k}^2 - r_m^2 = kR\lambda$$

由此可得透镜的曲率半径

$$R = \frac{1}{k\lambda}(r_{m+k}^2 - r_m^2) = \frac{1}{k\lambda}(r_{m+k} - r_m)(r_{m+k} + r_m)$$

在实验中,通常是通过测量明环或暗环的直径来达到测量透镜曲率半径的目的,这主要是因为在牛顿环中心是一个暗斑,因此无法准确地确定圆心位置,给准确测量

半径带来困难。

【例 20-3】 如用白光垂直入射到空气中厚为 320 nm 的肥皂膜上(其折射率 $n=1.33$),问肥皂膜呈现什么色彩?

解 由于是垂直入射,因此经薄膜上下表面反射后光程差为

$$2nd + \frac{\lambda}{2} = m\lambda$$

其中考虑了由空气入射到薄膜表面反射时的半波损失。由上式得

$$\lambda = \frac{2nd}{m - 1/2}$$

以 $m=1,2,3$ 分别代入上式,得

$$\lambda_1 = 4nd = 1700 \text{ nm} \quad 红外$$

$$\lambda_2 = \frac{4}{3}nd = 567 \text{ nm} \quad 黄光$$

$$\lambda_3 = \frac{4}{5}nd = 341 \text{ nm} \quad 紫外$$

肥皂膜呈黄色。

【例 20-4】 平面单色光垂直照射在厚度均匀的油膜上,油膜覆盖在玻璃板上。所用光源波长可以连续变化,观察到 500 nm 与 700 nm 波长的光在反射中消失。油膜的折射率为 1.30,玻璃折射率为 1.50,求油膜的厚度。

解 由于光由空气入射到油膜反射时以及由油膜入射到玻璃时都存在半波损失,因此光程差为 2 倍的油膜厚度与油膜折射率的乘积。设油膜厚度为 d,则由题意可写出

$$2n_1 d = (2m+1)\frac{\lambda_1}{2} \quad 2n_1 d = [2(m-1)+1]\frac{\lambda_2}{2}$$

所以

$$(2m+1)\frac{\lambda_1}{2} = (2m-1)\frac{\lambda_2}{2}$$

将 $\lambda_1 = 500$ nm, $\lambda_2 = 700$ nm 代入后解得 $m=3$。

所以

$$d = 6.73 \times 10^{-4} \text{ (mm)}$$

【例 20-5】 如图 20-23 所示,两偏振片之间有一块厚度为 d 的波片,三者相互平行放置。偏振片的偏振化方向 L_1, L_2 相互垂直,波片光轴与 L_1 间夹角为 α。若以光强为 I_0 的单色自然光垂直入射到第一块偏振片上,求由第二块偏振片出射的光强与入射光强之比。

解 图 20-23 所示装置为偏振光的干涉装置。自然光经第一块偏振片后成为线偏振光,进入波片后分为沿入射方向传播但振动方向相互垂直的 o 光和 e 光。由波片出射时这两束相互垂直的线偏振光间产生一定的相位差,再经过第二块偏

振片后成为振动方向相同并且具有确定相位差的两束相干光,因此可以产生干涉。

设经过第一块偏振片后的线偏振光振幅为 E,该线偏振光进入波片后所成的 o 光和 e 光的振幅分别为 E_o 和 E_e,由图 20-24 可知,由第二块偏振片出射的两振动方向平行的线偏振光的振幅均为

$$E_{o2} = E_{e2} = E\sin\alpha\cos\alpha$$

它们之间的相位差为

$$\Delta\varphi = \frac{2\pi}{\lambda}d\,|n_o - n_e| + \pi$$

上式中第一项是光经波片后形成的相位差,第二项是考虑到 E_{o2} 和 E_{e2} 本身取向相反而附加的相位差。这两束光叠加后合光强应为

$$I_{\text{out}} = I_{o2} + I_{e2} + 2\sqrt{I_{o2}I_{e2}}\cos\Delta\varphi = 4I\sin^2\alpha\cos^2\alpha\cos^2\frac{\Delta\varphi}{2}$$

式中 $I = E^2$ 为入射到波片的线偏振光强度,它与入射到第一块偏振片上的自然光强度 I_0 间满足关系 $I = I_0/2$。由此可得

$$\frac{I_{\text{out}}}{I_0} = 2\sin^2\alpha\cos^2\alpha\cos^2\left(\frac{\pi}{\lambda}d\,|n_o - n_e| + \frac{\pi}{2}\right)$$

可见,在波长一定的条件下,出射光的强弱取决于波片的厚度,当波片厚度不均匀时,在第二块偏振片后的屏上应能观察到一定形状的干涉条纹。

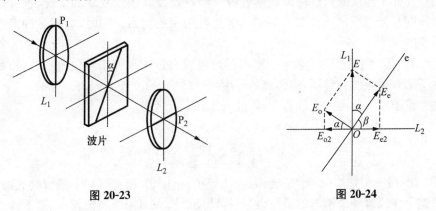

图 20-23　　　　　　　　　　图 20-24

20.4.3　迈克耳孙干涉仪

迈克耳孙干涉仪的结构如图 20-25 所示。平面反射镜 M_1 和 M_2 安置在相互垂直的两臂上,M_2 固定不动,M_1 可沿臂的方向作微小移动。与两臂成 45°角放置的 G_1 为半透半反镜,可以将入射光分成强度相等的透射光 1 和反射光 2,G_2 是与 G_1 完全相同的平板玻璃,与 G_1 平行放置。G_2 起补偿光程的作用,使分束后的光

线 1 与光线 2 均两次通过相同厚度的平板玻璃，从而保证光线 1′ 和 2′ 会聚时的光程差与 G_1 的厚度无关。透射光 1 被 M_1 反射后又被分束器反射，成为光线 1′ 进入观察系统 E。M_1' 是 M_1 对 G_1 反射所成的虚像，光线 1′ 可等效地看作反射自 M_1'。反射光 2 则被 M_2 反射后又经 G_1 透射，成为光线 2′ 进入观察系统 E。光线 1′ 和 2′ 是相干光，它们相遇时可以形成干涉现象。

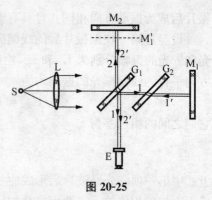

图 20-25

当 M_1 和 M_2 相互严格垂直时，M_1' 和 M_2 之间形成厚度均匀的空气膜，这时可以观察到等倾干涉现象。当 M_1 和 M_2 不严格垂直时，M_1' 和 M_2 之间形成空气劈尖，可以观察等厚干涉现象。

迈克耳孙干涉仪可精确测定微小位移。当 M_1 的位置发生微小变化时，M_1' 和 M_2 之间的空气劈保持夹角不变，但厚度发生变化。在 E 处可观察到等厚干涉条纹的平移。当 $M_1(M_1')$ 的位置变化了半个波长时，视场中某一处将移过一个明（或暗）条纹。当连续移过 N 个干涉条纹时，M_1 移动的距离为 $N\frac{\lambda}{2}$。

迈克耳孙干涉仪既可以用来观察各种干涉现象及其条纹变动的情况，也可以用来对长度及光谱线的波长和精细结构等进行精密的测量。同时，它还是许多近代干涉仪的原型。

【例 20-6】 当把折射率为 $n=1.40$ 的薄膜放入迈克耳孙干涉仪的一臂时，如果产生了 7.0 条条纹的移动，求薄膜的厚度（已知钠光的波长 $\lambda=589.3\,\text{nm}$）。

解 设未放入薄膜时光程差为零，放入薄膜后光程差
$$\Delta\delta = 2(n-1)t = \Delta m\lambda$$
所以
$$t = \frac{\Delta m \cdot \lambda}{2(n-1)} = \frac{7 \times 589.3 \times 10^{-9}}{2(1.4-1)} = 5.154 \times 10^{-6}\,\text{m}$$

【例 20-7】 用钠灯（$\lambda_1=589\,\text{nm}, \lambda_2=589.6\,\text{nm}$）作为迈克耳孙干涉仪的光源，首先调整干涉仪得到最清晰的条纹，然后移动反射镜 M_1，条纹逐渐模糊，至干涉现象第一次消失时，M_1 由原来位置移动了多少距离？

解 这是不同波长的两组干涉条纹的非相干叠加。条纹最清晰时两组相干光各自的相位差均为 2π 的整数倍，随着光程差增加，两组相干光的相位差也在变化，但变化的快慢程度不同，两组条纹将相互错开，由于是非相干叠加，条纹变模糊。当两组相干光的相位差相差 π 时，条纹消失。

所以
$$\Delta\phi_1 - \Delta\phi_2 = \frac{2\pi}{\lambda_1}\cdot 2d - \frac{2\pi}{\lambda_2}\cdot 2d = \pi$$

$$d = \frac{1}{4}\left(\frac{1}{\lambda_1} - \frac{1}{\lambda_2}\right)^{-1} = 0.145\,\text{mm}$$

20.5 夫琅禾费衍射

当光在传播过程中遇到障碍物后会偏离原来的直线传播方向绕过障碍物继续传播,并在障碍物后的空间各点产生一定规律的光强分布,这种现象称为光的衍射现象,这是光的波动性的具体表现。在一般情况下,光的衍射现象并不明显。实验表明,只有当障碍物的大小与光的波长可以相比拟时,才能观察到衍射现象。

为观察光的衍射现象,在实验室一般由光源、障碍物(亦称衍射屏)和观察屏组成实验装置。根据三者间相互距离的不同,通常将衍射分为两类:一类是衍射屏与光源和观察屏间距均为有限远时的衍射,称为菲涅耳衍射;另一类是衍射屏与光源和观察屏的距离都是无穷远的衍射,即入射到衍射屏上的入射光和离开衍射屏的衍射光都是平行光,称为夫琅禾费衍射。在实验上夫琅禾费衍射可用两个透镜实现(见图 20-26)。

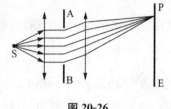

图 20-26

在大多数光学仪器中出现的主要是夫琅禾费衍射,而且其分析与计算比菲涅耳衍射简单,因此这里只讨论夫琅禾费衍射。由于在夫琅禾费衍射时入射到衍射屏上的是一束平行光,其波阵面与衍射屏平行,在衍射屏处未被阻挡的波阵面上的为相干的子波源,因此可以根据惠更斯-菲涅耳原理分析其衍射过程。由于观察屏位于无穷远(实验中即透镜的焦平面)处,满足近轴远场的条件,此时惠更斯-菲涅耳原理的数学表达式即为式(20-6)。可见,只要知道具体的障碍物分布函数,就可以应用式(20-6)分析夫琅禾费衍射的光强分布。

20.5.1 单缝夫琅禾费衍射

如图 20-27 所示,设位于衍射屏上的狭缝 A,B 宽度为 a,单色平行光垂直于衍射屏入射到狭缝上,在其波阵面上只有位于 A,B 之间的一部分未被挡住而可以通过狭缝继续向前传播。由惠更斯原理可知,未被挡住的波阵面上所有子波源都向各个方向发射球面子波,由各个子波源发出的所有沿衍射角 θ 方向传播的衍射光线经透镜后将会聚在置于其焦平面处的观察屏 E 上。按照菲涅耳的思想,A,B 间所有的子波源都是相干波源,且初相位相同(不妨设为零),它们在透镜焦平面上某处 P 点相遇时将发生干涉。

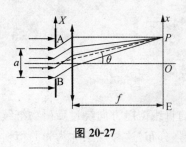

图 20-27

设沿缝宽度的方向为 X 轴，表述衍射屏上障碍物分布的函数 $A(X)$ 可表示为

$$A(X) = \begin{cases} A & \text{当}\ |X| < \dfrac{a}{2} \\ 0 & \text{当}\ X \geqslant \dfrac{a}{2} \end{cases}$$

将上式代入式(20-6)并积分，得到观察屏上光的复振幅分布为

$$\psi(x) = \int_{-a/2}^{a/2} A\mathrm{e}^{\frac{\mathrm{i}k}{f}xX}\mathrm{d}X = \frac{Af}{\mathrm{i}kx}(\mathrm{e}^{\frac{\mathrm{i}kax}{2f}} - \mathrm{e}^{-\frac{\mathrm{i}kax}{2f}}) = aA\frac{\sin\dfrac{kax}{2f}}{\dfrac{kax}{2f}}$$

式中 f 为透镜焦距，由此得观察屏上光强分布为

$$I = \psi^2(x) = I_0\left(\frac{\sin\beta}{\beta}\right)^2 \tag{20-11}$$

式中 $\beta = kax/2f = \pi a\sin\theta/\lambda$。由式(20-11)可以讨论观察屏上单缝衍射的光强分布。由于 $\sin^2\beta$ 的值域为 $[0,1]$，显然 β 小时光强 I 较大，当 $\beta \to 0$（即 $\theta \to 0$）时，$I \to I_0$，这说明观察屏中央（$x=0$ 处）为明条纹，称为中央明条纹；暗条纹的位置由 $\sin\beta = 0$ 决定，即当 $\beta = m\pi, m=\pm1,\pm2,\cdots$ 时，屏上相应位置为暗条纹。由 β 的定义可得暗条纹的角位置 θ 应满足

$$a\sin\theta = \pm m\lambda \quad m=1,2,\cdots \tag{20-12}$$

即对于暗条纹而言，$a\sin\theta$ 为波长的整数倍。除中央明条纹外，其他明条纹应满足 $\mathrm{d}I/\mathrm{d}\beta = 0$，即满足 $\tan\beta = \beta$，这是一个超越方程，利用作图法可解得，$\beta = \pm1.43\pi, \pm2.46\pi, \pm3.47\pi, \cdots$，将 β 的解代回式(20-11)可得到其他明条纹的光强 I 分别为 $0.0472I_0, 0.0165I_0, 0.0083I_0, \cdots$，即 $I_{其他} \ll I_{中央}$。由 β 的定义同样可得其他明条纹的角位置 θ 应满足 $a\sin\theta = \pm1.43\lambda, \pm2.46\lambda, \pm3.47\lambda, \cdots$，可见，近似地有

$$a\sin\theta = \pm(2m+1)\lambda/2, \quad m=1,2,\cdots$$

即对于明条纹而言，$a\sin\theta$ 为半波长的奇数倍。

由式(20-12)可知中央明条纹的角宽度应满足 $a\sin\theta = \pm\lambda$，而由图 20-27 所示的几何关系可知 $\sin\theta = x_{\pm1}/f$，由此可得 $x_{\pm1} = \pm\lambda f/a$，因此中央明条纹宽度 $\Delta x = x_{+1} - x_{-1} = 2\lambda f/a$；同理可得其他暗条纹位置 $x_m = \pm m\lambda f/a$，由此得明条纹宽度 $\Delta x = x_{m+1} - x_m = \lambda f/a$。可见，中央明条纹宽度为其他明条纹宽度的 2 倍，并且光强亦远大于其他明条纹，单缝衍射光强分布如图 20-28 所示。

由上面讨论可知单缝衍射明条纹近似满足 $a\sin\theta$ 为半波长的奇数倍，而暗条纹满足 $a\sin\theta$ 为半波长的偶数倍，这一结论可用菲涅耳半波带法予以解释。如图

20-29 所示,沿 θ 角方向衍射的平行光将会聚于观察屏上的一点(定义为 P 点),该处的光振动决定于所有到达该处的子波的光程差。作一些平行于衍射波波阵面 AC 的平面,使相邻平面间距等于入射光的半个波长。如果这些平面将单缝处的波阵面 AB 分成 AA_1, A_1A_2, A_2B 等整数个半波带(见图 20-29),由于各半波带的面积相等,所以各半波带在 P 点引起的光振动振幅近乎相等。由于透镜不产生附加光程差,考虑两相邻波带上任意两个相应点所发出的子波,在 P 点的光程差均为 $\lambda/2$,满足干涉相消条件。因此任意两个相邻波带所发出的子波在 P 点引起的光振动将相互抵消。可见,对应于一定的衍射角 θ,当单缝可分成偶数个半波带时,所有半波带的作用相互抵消,在 P 点处将出现暗纹;如果单缝可分成奇数个半波带,其中偶数个半波带作用相互抵消,剩下的一个半波带由于未被抵消,在 P 点处将出现明纹。

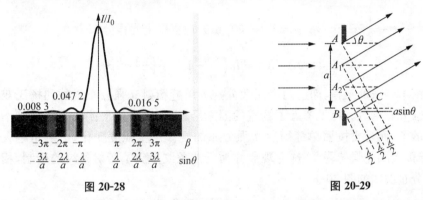

图 20-28　　　　　　　　　图 20-29

在任意衍射角情况下,AB 一般不能恰好被分为整数个半波带,此时,衍射光经透镜会聚后,在屏上形成介于最亮与最暗之间的中间区域。随着衍射角的增大,产生子波的波阵面上划分出的波带数也增加,而未被抵消的波带面积仅占单缝面积的一小部分,因此,随着级次的增加,衍射极大的光强迅速下降,能量主要集中在中央极大范围之内。

由于当波长一定时,明条纹宽度与缝宽成反比,因此 a 越小,中央明纹越宽,衍射越显著。反之,随着 a 的扩大,各级条纹将逐渐向中央靠近,当 $a \gg \lambda$ 时,在屏上将出现缝的几何像,可见要产生明显的衍射现象,缝宽应与波长相近。当缝宽一定时,如果用白光入射,由于衍射角正比于波长,除中央明纹中心因各单色光非相干地重叠在一起仍为白色外,各级明条纹都由紫到红地向两侧对称排列,形成衍射光谱。

20.5.2　双缝衍射

在讨论杨氏双缝干涉实验时,认为缝宽趋于零,即不考虑缝宽对结果的影响,但实际实验中构成双缝的每条狭缝总有一定宽度,设每条狭缝缝宽为 a,狭缝间距为 d(见图 20-30),则描述衍射屏上双缝分布的函数为

$$A(X) = \begin{cases} A & \text{当} -\frac{1}{2}(d+a) \leqslant X \leqslant \frac{1}{2}(d-a) \text{ 及 } \frac{1}{2}(d-a) \leqslant X \leqslant \frac{1}{2}(d+a) \text{时} \\ 0 & \text{当 } X \text{ 为其他值时} \end{cases}$$

应用式(20-6),观察屏上的复振幅分布为

$$\psi(x) = \int_\Sigma A(X) e^{\frac{jk}{f}xX} dX = A\left[\int_{-\frac{1}{2}(d+a)}^{-\frac{1}{2}(d-a)} e^{\frac{jk}{f}xX} dX + \int_{\frac{1}{2}(d-a)}^{\frac{1}{2}(d+a)} e^{\frac{jk}{f}xX} dX\right]$$

经简单运算即得

$$\psi(x) = 2aA\cos\alpha \cdot \frac{\sin\beta}{\beta}$$

式中 $\alpha = \frac{kd}{2f}x = \frac{1}{2}kd\sin\theta, \beta = \frac{ka}{2f}x = \frac{1}{2}ka\sin\theta$,观察屏上光强分布为

$$I = \psi(x)\psi^*(x) = I_0\left(\frac{\sin\beta}{\beta}\right)^2 \cos^2\left(\frac{\pi d}{\lambda}\sin\theta\right)$$

上式为两个函数的乘积,而这两个函数分别为单缝衍射光强分布函数和杨氏双缝干涉光强分布函数。可见考虑了缝宽的因素后,观察屏上的干涉极大光强已不是等强度的了,而是要按照单缝衍射光强分布的规律产生强度变化,衍射角越大之处,干涉极大的光强越弱,把这种现象称为干涉条纹受到了衍射条纹的调制,相应的光强分布曲线如图 20-31 所示。

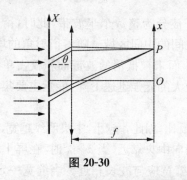

图 20-30

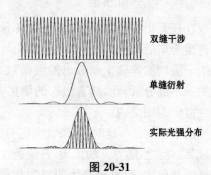

图 20-31

上述结果表明,双缝衍射光强分布函数是不考虑缝宽的双缝干涉光强分布函数和任一狭缝的衍射光强分布函数的乘积,这一结论可以推广到一般情况,即:若衍射屏上存在着一系列形状相同的孔的排列,则观察屏上的光强分布函数是两个相应的光强分布函数的乘积,这两个函数分别是单个孔的衍射光强分布函数和位于各个孔所在位置的点源的干涉光强分布函数的乘积,这一结论称为列阵定理。

20.5.3 圆孔衍射、光学仪器的分辨本领

20.5.3.1 圆孔夫琅禾费衍射

当衍射屏上通光部分的形状为圆孔而非单缝时,则可在观察屏上得到夫琅禾费圆孔衍射图样,如图 20-32 所示。夫琅禾费圆孔衍射图样中心是一个大而亮的圆斑,称为艾里斑。如果增大圆孔的直径直至 $d \gg \lambda$,衍射图样将向中心靠拢,最后成为一个亮斑,这就是孔的几何像。圆孔衍射现象普遍存在于光学仪器中,如照相机、望远镜、显微镜及人眼的瞳孔。所有对波阵面有限制的孔径,都会产生衍射现象,从而影响光学仪器分辨物体细节的能力。

图 20-32

由式(20-6)计算可得,与艾里斑直径相对应的第一级暗条纹的衍射角 θ_1 满足下式:

$$\sin \theta_1 = 0.61 \frac{\lambda}{r} = 1.22 \frac{\lambda}{d}$$

式中 r 和 d 分别为圆孔的半径和直径。艾里斑的角半径 θ_0 就是第一级暗纹所对应的衍射角,所以

$$\theta_0 \approx \sin \theta_1 = 0.61 \frac{\lambda}{r} = 1.22 \frac{\lambda}{d} \tag{20-13}$$

若透镜焦距为 f,则艾里斑的半径为

$$R = f \tan \theta_1 \approx f \theta_0$$

可见 λ 越大或 d 越小,衍射现象就越明显,当 $\frac{\lambda}{d} \ll 1$ 时,衍射现象可忽略。艾里斑中集中了全部衍射光强的 84%,第一级亮环只占 7.2%,其他亮环则更小。

20.5.3.2 光学仪器的分辨本领

如图 20-33 所示,由物体上的两个点发出的光线通过透镜(或人眼的瞳孔)时,将发生衍射,因此在透镜的焦平面(或人眼的视网膜)上所成的不是严格的几何像点,而是两个衍射斑(对于孔的形状为圆形的一般成像系统而言即为艾里斑)。由于这两束光是由物体不同部分发出的,因而为非相干光,在它们的重叠区域内合光强为两束光光强的简单相加。如果这两个物点相距很近,以至两个艾里斑的绝大部分互相重叠,就有可能分辨不出是两个物点,如果艾里斑尺度足够

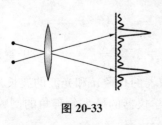

图 20-33

小,或两者间距离足够远,那么两艾里斑虽有重叠,我们也能分辨。

由图 20-34 可知,当两个点光源相互接近时,它们在像平面(即观察屏)上形成的艾里斑也相互接近,重叠得越来越多,从而导致渐渐地就不能辨认出是两个点源的像。那么在什么情况或条件下两个相距一定距离的点源所成之像刚好能够被分辨开来呢? 通过对大量该类现象的总结发现,对一个光学仪器而言,如果一个点光源的衍射图样的中央最亮处刚好与另一个点光源的衍射图样的第一个最暗处相重合[见图 20-34(b)],这时两衍射图样重叠区的光强(凹陷处)约为单个衍射图样的中央最大光强的 80%,这样的可见度是一般人的眼睛刚能分辨出这是两个光点像的极限,规定此时这两个点光源恰好能为这一光学仪器所分辨。上述条件称为瑞利判据,将由此所得到的两物点间距作为光学仪器所能分辨的两物点间的最小距离。

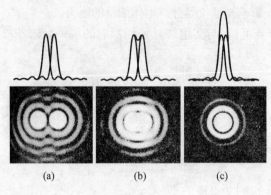

图 20-34

以圆孔形透镜为例,"恰能分辨"的两点光源的两衍射图样中心之间的距离,应等于艾里斑的半径。此时,两点光源在透镜处所张的角称为最小分辨角,用 $\delta\theta$ 表示(见图 20-35)。对于直径为 d 的圆孔衍射图样而言,艾里斑的角半径 θ_0 由下式给出

$$\theta_0 \approx \sin\theta_1 = 1.22\frac{\lambda}{d}$$

最小分辨角 $\delta\theta$ 可表示为

$$\delta\theta = \theta_0 = 1.22\frac{\lambda}{d} \qquad (20\text{-}14)$$

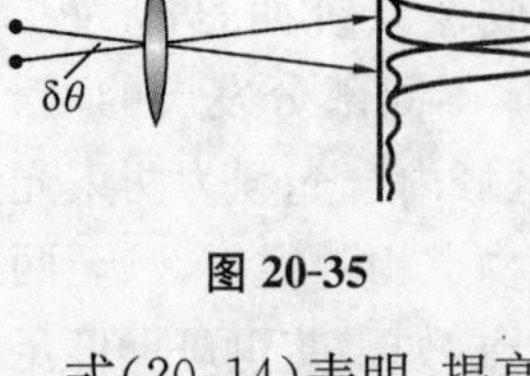

即最小分辨角的大小由仪器的孔径 d 和光波的波长 λ 决定。在光学中,常将光学仪器的最小分辨角的倒数称为仪器的分辨本领(或分辨率)。

图 20-35

式(20-14)表明,提高光学仪器分辨本领的有效途径是增大透镜的直径或采用

较短的波长。在天文观测中,为了提高望远镜的分辨本领,必须加大透镜的直径,如哈勃望远镜主镜的直径达 2.4 m。同理,若所用光的波长 λ 越短,分辨本领也越高。因此,利用波长约 10^{-3} nm 的电子束,可以制成最小分辨距离达 10^{-1} nm 的电子显微镜,其放大倍数远大于光学显微镜。

20.5.4 光栅衍射

光栅是由 N 个(N 数目极大,通常在几个厘米的长度上 $N\sim10^3$ 或 10^4)等间距、等宽度的平行狭缝所构成的光学元件,在现代实验技术与实验仪器中有着广泛的应用。通常用缝宽 a,缝间距 b 和光栅常数 d 描述光栅的几何结构(见图 20-36),必须注意,这里的缝宽 b 表示的是相邻两通光部分间不通光部分的宽度,而光栅常数 $d=a+b$ 则是一般意义上的两条狭缝之间的距离。当用单色平行光照射这 N 条狭缝时,观察屏上的衍射光强分布可应用列阵定理加以分析,即可以分别考虑单缝衍射光强分布和 N 条缝的干涉光强分布。

对于由单色平行光入射的 N 条间距为 d 的狭缝,可以看成是 N 个相位相同的相干子波源,每个子波源发出的所有沿衍射角 θ 方向传播的衍射光线经透镜后将会聚在位于透镜焦平面处的观察屏上的某处,由于第 j 个子波源在该处产生的复振幅为 Ae^{-ikr_j},该处光场的复振幅可表示为

$$\psi = A\sum_{j=1}^{N} e^{-ikr_j} = Ae^{-ikr_1}\sum_{j=1}^{N} e^{-ik(r_j-r_1)}$$

图 20-36

由图 20-36 可知,相邻子波源在观察屏上同一点处的光程差为 $d\sin\theta$,若令 $\Delta\varphi=kd\sin\theta$(相邻子波源在观察屏上同一点处的相位差),则有

$$k(r_2-r_1) = \Delta\varphi \quad k(r_3-r_1) = 2\Delta\varphi \cdots k(r_N-r_1) = (N-1)\Delta\varphi$$

所以

$$\psi = Ae^{-ikr_1}\sum_{j=1}^{N} e^{-i(j-1)\Delta\varphi} = Ae^{-i\left[kr_1+(N-1)\frac{\Delta\varphi}{2}\right]}\frac{\sin N\frac{\Delta\varphi}{2}}{\sin\frac{\Delta\varphi}{2}}$$

观察屏上光强分布为

$$I = \psi\psi^* = I_0\left(\frac{\sin N\frac{\Delta\varphi}{2}}{\sin\frac{\Delta\varphi}{2}}\right)^2 = I_0\left(\frac{\sin N\alpha}{\sin\alpha}\right)^2 \quad (20\text{-}15)$$

由式(20-15)可知,当 $\alpha=m\pi, m=0,1,2,\cdots$ 时,$I=N^2I_0$,光强取极大值,将满

足该条件的极大称为主极大。此时 $kd\sin\theta_m = \pm 2m\pi \quad m = 0, 1, 2, \cdots$，以 $k = 2\pi/\lambda$ 代入得

$$d\sin\theta_m = \pm m\lambda \quad m = 0, 1, 2, \cdots \tag{20-16}$$

上式称为光栅方程，它给出了光栅衍射主极大的角位置 θ_m。同样可以由式(20-15)得到衍射极小所满足的条件，即 $\sin N\alpha = 0$，此时有

$$d\sin\theta_m = \pm \frac{m}{N}\lambda \quad m = 1, 2, \cdots \quad m \neq N, 2N, \cdots \tag{20-17}$$

比较式(20-16)和式(20-17)可知，在 k 和 $(k+1)$ 两个主极大之间存在着 $m = kN+1, kN+2, \cdots, [(k+1)N-1]$ 共 $N-1$ 个暗纹，可以想见，在这 $N-1$ 个暗纹间一定还存在着 $N-2$ 个次极大。不考虑缝宽时，光栅衍射的光强分布如图 20-37 所示，在观察屏上存在着一系列窄而亮的亮条纹(主极大)，在相邻主极大间还有一些光强很弱的亮条纹(次极大)；主极大的位置由光栅方程(20-16)决定而与狭缝数 N 无关，随着 N 增加，主极大宽度变窄，强度增加；虽然相邻主极大间存在一系列极小和次极大，但由于 N 很大，次极大强度很弱，可见度趋于零，因此在实验上所观察到的是相邻主极大间存在较宽的暗背景。

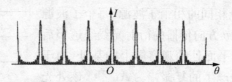

图 20-37

若进一步考虑到单缝衍射的效应，由列阵定理即得光强分布为

$$I = I_0 \left(\frac{\sin\beta}{\beta}\right)^2 \left(\frac{\sin N\alpha}{\sin\alpha}\right)^2$$

即多缝干涉光强分布受到了单缝衍射光强分布的调制。光栅衍射主极大光强的包络线形状由单缝衍射的光强分布决定，如图 20-38 所示。由于单缝衍射除中央极大外的其他较高级次极大的光强随衍射角增大而迅速减小，因此在实验中所能看到的光栅衍射主极大主要位于单缝衍射中央极大范围之内。

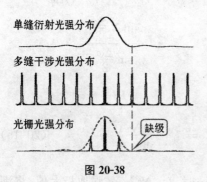

图 20-38

由图 20-38 可以看到，在一定条件下，由于多缝干涉主极大的角位置与单缝衍射极小的角位置重合，应该出现主极大的位置上出现了极小，把这种现象称为缺级现象。出现缺级的条件为，衍射角 θ 同时满足光栅衍射主极大和单缝衍射极小的条件，即

和
$$(a+b)\sin\theta = \pm m\lambda \quad m = 0,1,2,\cdots$$

$$a\sin\theta = \pm m'\lambda \quad m' = 1,2,\cdots$$

同时成立,由以上两式可得缺级条件

$$m = \pm \frac{a+b}{a}m' \quad m' = 1,2,\cdots$$

由光栅方程可知,不同波长同一级主极大的衍射角不同,即在光栅常数和级次均确定的情况下,衍射角随波长增加而增加,而在 $m=0$ 即中央(或零级)主极大处,衍射角与波长无关。因此,当用白光照射时,在屏上将出现除中央零级条纹是白光条纹外,其他各级条纹都将由紫至红地向两侧排列,从而出现衍射光谱。并且随着级次的增加,同一级光谱中各不同波长成分的主极大间距也将变大,如图 20-39 所示。由于每一条谱线都既窄又亮,很容易被分辨开,从而使衍射光栅成为一种重要的分光元件。

图 20-39

光栅分辨波长差为 $\Delta\lambda$ 的两条谱线的能力称光栅的分辨本领,其定义为

$$R = \frac{\lambda}{\Delta\lambda} \tag{20-18}$$

根据瑞利判据,当波长为 λ 的 m 级主极大恰好与波长为 $\lambda+\Delta\lambda$ 的 $Nm-1$ 级极小的角位置重合时,这两条谱线恰可分辨。将此条件代入式(20-16)和式(20-17)即得

$$m\lambda = \frac{mN-1}{N}(\lambda + \Delta\lambda)$$

由此可得光栅的分辨本领为

$$R = \frac{\lambda}{\Delta\lambda} = mN - 1 \approx mN \tag{20-19}$$

光栅的分辨本领取决于光谱的级次 m 和光栅的缝数 N 的乘积。一般光栅的缝数达几千甚至上万条,因此其分辨不同波长的能力很强。同时,在缝数一定的情况下,级次越高,分辨本领也越强。但由于受单缝衍射调制的影响,级次高的衍射主极大强度急剧下降,一般而言,不宜靠利用高级次的条纹来提高分辨率。

【例 20-8】 波长为 600 nm 的单色光垂直入射一光栅上,相邻的两条明纹分别出现在 $\sin\theta=0.20$ 与 $\sin\theta=0.30$ 处,第四级缺级。试问:

(1) 光栅常数多大?

(2) 狭缝的最小宽度为多大?

解 由光栅方程和单缝衍射极小所满足的条件有

$$(a+b)\sin\theta = m\lambda \quad (a+b) = 4a$$

由此得

$$\sin\theta = \frac{m\lambda}{4a}$$

按题意有

$$\sin\theta_m = \frac{m\lambda}{4a} = 0.20 \quad \sin\theta_{m+1} = \frac{(m+1)\lambda}{4a} = 0.30$$

联立后得

$$\frac{(m+1)\lambda}{4a} = \frac{m\lambda}{4a} + \frac{\lambda}{4a} = 0.20 + \frac{\lambda}{4a} = 0.30$$

解得

$$a = \frac{\lambda}{4(0.30-0.20)} = 1.5 \times 10^{-6} \text{m} \quad (a+b) = 6.0 \times 10^{-6} \text{m}$$

【**例 20-9**】 设计一平面光栅,要求当用白光垂直入射时,能在 30°的衍射方向上看到 600 nm 波长的第二级主极大,但在该方向上 400 nm 波长的第三级主极大不出现。

解 由光栅方程 $(a+b)\sin\theta = m\lambda$,因为在 30°的方向能看到 600 nm 波长的第二级主极大,所以有

$$(a+b) = \frac{2 \times 600 \times 10^{-9}}{\sin 30°} = 24 \times 10^{-4} \text{mm}$$

以 $\lambda = 400$ nm 和 $\theta = 30°$代入光栅方程得到

$$m = \frac{24 \times 10^{-4} \sin 30°}{4 \times 10^{-4}} = 3$$

可见在 30°的方向应能看到 400 nm 波长的第三级主极大,为使其不出现,必须是在该位置上存在缺级现象,即:在 30°方向上有 $(a+b)\sin\theta = m\lambda$ 和 $a\sin\theta = m'\lambda$ 同时成立。

所以

$$k = \frac{a+b}{a}k' = 3$$

以 $(a+b) = 24 \times 10^{-4}$ mm 代入得

$$a = \frac{24 \times 10^{-4}}{3}m' = 8 \times 10^{-4} m'$$

当 $m' = 1$ 时,$a = 8 \times 10^{-4}$ mm,$b = 16 \times 10^{-4}$ mm;

当 $m' = 2$ 时,$a = 16 \times 10^{-4}$ mm,$b = 8 \times 10^{-4}$ mm。

【例20-10】 为了实现电磁波的定向发射,可以利用天线阵列。图20-40 为沿直线排列的四振子天线阵,其中任意两个相邻振子(即发射天线)之间的相位差均为 $\pi/2$,间隔 d 均为 $\lambda/4$,求所发射的电磁波强度与 θ 的函数关系。

解 这个系统可以看作由四个相干点源构成,考虑沿图示方向的衍射波,它们在足够远处相互干涉,其强度满足式(20-15),即

$$I = I_0 \left[\frac{\sin(N\Delta\varphi/2)}{\sin(\Delta\varphi/2)}\right]^2$$

这里

$$\Delta\varphi = kd\sin\theta - \frac{\pi}{2} = \frac{2\pi}{\lambda} \cdot \frac{\lambda}{4}\sin\theta - \frac{\pi}{2} = \frac{\pi}{2}(\sin\theta - 1)$$

$N=4$,由此即得

$$I = I_0 \frac{\sin^2(\pi\sin\theta - 1)}{\sin^2\left[\frac{\pi}{4}(\sin\theta - 1)\right]}$$

由上式得到发射强度随衍射角变化曲线如图20-41所示,可见在沿天线阵的排列方向上所发射的电磁波最强。由此例子可以看到,如果改变相邻天线间的相位差,便可改变强度最大的发射方向。此即相控阵雷达的基本思想。

图 20-40　　　　　　　图 20-41

20.5.5　衍射与信息

所谓衍射,是指光在传播过程中遇到障碍物后会偏离原来的直线传播方向,并在绕过障碍物后,空间各点的光强会产生一定规律的分布。通过不同形状的障碍物,衍射图样不同。这一事实如果从波阵面传播的角度理解,可以认为当光通过衍射屏后波阵面发生了畸变。而衍射屏在使通过它的波面发生畸变时,已经将自身的信息附加在其之上了,因此衍射的过程也是信息载波的过程。前面几节讨论的都是知道了障碍物的分布如何得出观察屏上衍射光强分布的问题。如果能利用衍射现象所得到的空间衍射光强分布规律反推,从而得知空间障碍物分布的信息,这

是一个十分有意义的问题,这样就可以通过衍射图样分析物体的空间分布。这种从现象反推得到物体本质信息的方法称为反演的方法,但这一方法的实现相对比较困难。因为光在传播过程中总会丢失一部分所携带的信息,所以所获得的衍射图样不能给出物体本身的全部信息,这就使反演变得较为困难。

20.5.5.1 衍射与空间频率的关系

空间频率与某一物理量在空间区域内所具有的周期性分布有关,以熟知的一维平面简谐波

$$\psi(z,t) = A\cos 2\pi\left(\frac{t}{T} - \frac{z}{\lambda}\right) = A\cos(\omega t - kz)$$

为例,介质中每个质元的运动具有时间上的周期性,而就某个时刻而言,各不同空间位置的质元离开平衡位置的距离分布则具有空间上的周期性。这里描述时间周期的物理量是周期 T 或圆频率 ω,而描述空间分布周期性的物理量则是波长 λ(空间周期)或波矢 k(空间圆频率)。

衍射图样的空间分布取决于障碍物的形状,而障碍物形状的空间分布则决定了它所具有的空间频率成分。以熟知的光栅衍射为例,常见的光栅由透光与不透光部分有规律地构成(称为黑白光栅),若两部分的透光率分别为 1 和 0,则其透过率分布如图 20-42 所示,而这一分布函数可以在数学上表示为一系列不同频率、不同振幅的正弦或余弦函数的叠加(在数学上称为傅里叶级数),图 20-43 给出了前五个空间频率分别为 $\nu_0, 3\nu_0, 5\nu_0, 7\nu_0, 9\nu_0$ 的简谐成分以及它们的叠加结果。由此可见作为障碍物的光栅是由具有不同空间频率的成分所构成。

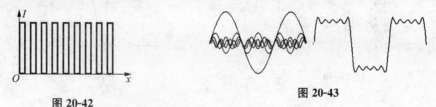

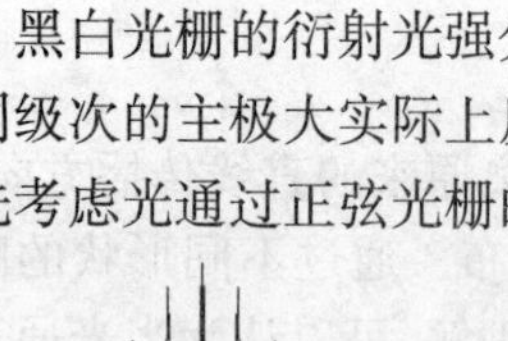

图 20-42 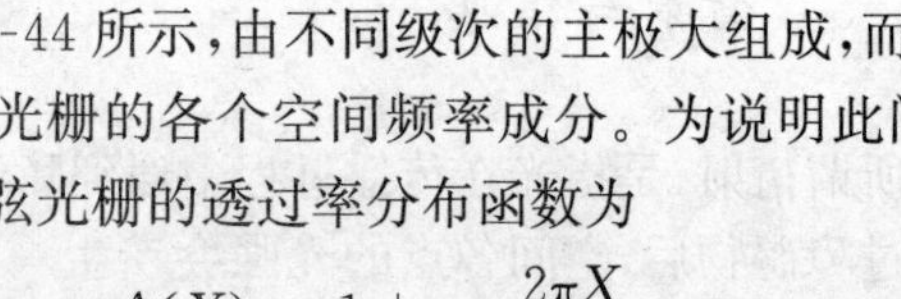 图 20-43

黑白光栅的衍射光强分布如图 20-44 所示,由不同级次的主极大组成,而这些不同级次的主极大实际上反映了构成光栅的各个空间频率成分。为说明此问题,首先考虑光通过正弦光栅的衍射。正弦光栅的透过率分布函数为

$$A(X) = 1 + \cos\frac{2\pi X}{d}$$

图 20-44

式中 d 为光栅常数,即空间周期。它与黑白光栅的区别在于其透光部分的不同位置具有不同的透过率。根据列阵定理,只要先计算一个基元(即一条缝)的衍射,即

$$\sigma(x) = \int_\Sigma A(X) e^{\frac{ik}{L}xX} dX = \int_{-\frac{d}{2}}^{\frac{d}{2}} \left(1 + \cos\frac{2\pi X}{d}\right) e^{\frac{ik}{L}xX} dX$$

$$= \int_{-\frac{d}{2}}^{\frac{d}{2}} \left(1 + \frac{1}{2} e^{i\frac{2\pi X}{d}} + \frac{1}{2} e^{-i\frac{2\pi X}{d}}\right) e^{\frac{ik}{L}xX} dX$$

$$= \frac{\sin\beta}{\beta} + \frac{1}{2} \cdot \frac{\sin(\beta-\pi)}{\beta-\pi} + \frac{1}{2} \cdot \frac{\sin(\beta+\pi)}{\beta+\pi}$$

$$= \sigma_0(x) + \sigma_{+\pi}(x) + \sigma_{-\pi}(x)$$

式中 $\beta = kdx/2f = \pi d\sin\theta/\lambda$；$\theta$ 为衍射角。基元衍射由三项组成，除了振幅及中心位置不同之外，其函数形式完全一样，图 20-45 的上图分别给出了它们的分布曲线。这是正弦光栅一个单元的衍射。

而 N 条狭缝的干涉为 $\varphi(x) = \dfrac{\sin N\beta}{\sin\beta}$（见图 20-45 中），由于 $\sigma(x)$ 所给出的是中心分别位于 $\beta = 0, \pm\pi$ 处的三个单缝衍射分布，它们所在位置正好是 $\varphi(x)$ 的 $0, \pm 1$ 级主极大，而其他的所有主极大均与 $\sigma(x)$ 的零点相重合，两者的乘积决定了正弦光栅的衍射仅为三条明条纹（见图 20-45 下）。可见，只有一个空间频率的正弦光栅衍射图像中只存在 $0, \pm 1$ 级主极大。当改变光栅的空间频率时，我们发现，衍射明条纹的间距将随之发生变化，空间频率越大（空间周期越小），条纹间距就越大。因此可以由条纹间距推出该正弦光栅的周期（即光栅常数）。图 20-46 给出了具有不同空间频率正弦光栅的衍射花样分布。

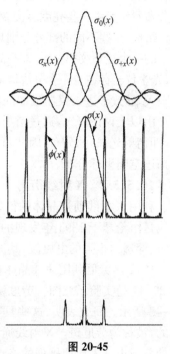

图 20-45

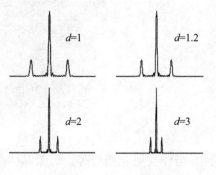
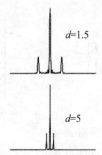

图 20-46

黑白光栅可以看作是具有不同空间频率的许多正弦光栅的叠加，因此其衍射图像也应为这些正弦光栅衍射花样的叠加。由此可见，黑白光栅衍射图像的光强分布携带了其特征信息，不同级次的主极大对应着不同的空间频率，级次越高，所对应的空间频率也越大。我们将正弦光栅和黑白光栅的衍射图像做一对比可知，正弦光栅透过率沿空间的变化较为平缓，其衍射图像只有 $0, \pm 1$ 级明条纹，即只存在空间频率的低频成分，而黑白光栅的透过率变化急剧，其衍射花样不仅含有低频成分，而且还包含对应着高级次明条纹的高频成分。因此，我们可以把光栅的透过率分布看作是由一些亮度缓慢变化的背景、反映画面主要形状的轮廓以及很多细节部分组成，这些不同的部分分别具有不同的空间频率，而每一个空间频率均与衍射图像中的一个亮条纹相对应，即空间频率越高的成分，对应的衍射角越大。根据这一思想，光学仪器存在着一个分辨极限的结论就非常容易理解，这是因为仪器孔径直径的有限大，导致了进入仪器成像的物体高频信息的丢失，从而使很多细节无法分辨。

由以上讨论可知，通过衍射可以将障碍物按空间坐标的分布变换为按空间频率（即衍射光强）的分布，因此可以通过分析衍射分布规律实现用空间频率的语言来描述空间坐标分布。

20.5.5.2　X射线衍射

利用 X 射线通过晶体的衍射分布分析晶体结构，是一种典型的反演方法。X 射线是由伦琴于 1895 年发现的。它是高速电子撞击某些固体时产生的一种波长很短、穿透力很强的电磁波，其波长约为 $0.1 \mathrm{~nm}$ 量级。

1912 年劳厄利用薄片晶体作为衍射光栅，直接观察到了 X 射线的衍射图样。图 20-47 是实验示意图。劳厄所拍摄的第一张 X 射线通过晶体后的衍射照片如图 20-48 所示。研究表明，这些具有某种对称性的斑点是由晶体衍射线的主极大形成的，被称为劳厄斑。X 射线通过晶体衍射的图样表明，晶体具有周期性结构，可以抽象成由许多周期排列的格点组成的点阵。

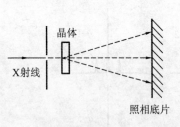

图 20-47

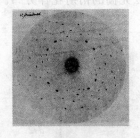

图 20-48

布拉格把晶体的空间点阵简化，当作反射光栅处理。想象晶体是由一系列的平行的原子层（称为晶面）所构成的，如图 20-49 所示。各原子层（或晶面）之间的

距离为 d，称为晶面间距。当一束单色平行的 X 射线以掠射角 θ 入射到晶面上时，一部分将为表面层原子所散射，其余部分将为内部各原子层所散射。但是，在各原子层所散射的射线中，只有沿镜反射方向的射线强度最大。上、下两原子层所发出的反射线的光程差为

$$\delta = AC + CB = 2d\sin\theta$$

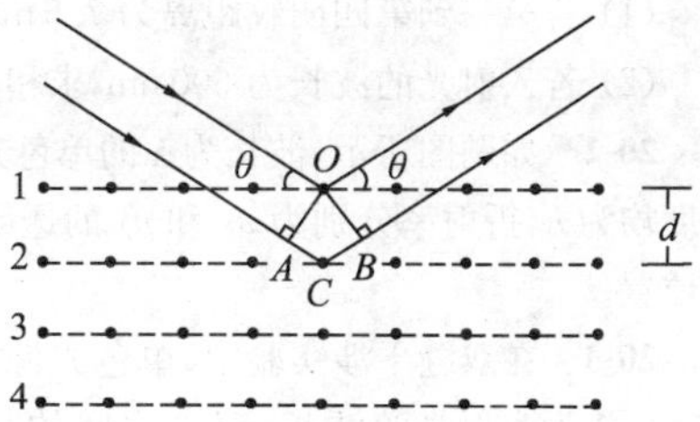

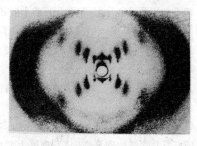

图 20-49

显然，各层散射射线相互加强而形成亮点的条件是

$$2d\sin\theta = m\lambda \quad m = 1,2,3,\cdots \tag{20-20}$$

上式称为布拉格公式（或布拉格条件）。

一个晶格点阵可以有许多不同取向的晶面族，如图 20-50 所示，aa、bb 和 cc 分别表示不同取向的晶面族，它们的晶面间距各不相同。对一束入射 X 射线而言，不同的晶面族有不同的掠射角，只有满足布拉格条件的晶面族才能形成劳厄斑点。

X 射线的衍射，已广泛地用来解决两个方面的问题。当晶体的晶格常数或晶面间距已知时，可利用 X 射线衍射测出 X 射线的波长。反之，用已知波长的 X 射线在晶体上衍射，可以测定晶体的晶格常数，这是进行晶体结构分析的重要手段。图 20-51 是利用 X 射线在 DNA 上衍射所获得的图像，由此可以分析其结构。

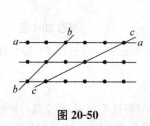

图 20-50

图 20-51

现代物质结构、成分的分析技术已经相当成熟，除了利用 X 射线外，还可以利用中子束、电子束等的衍射。而研究对象除了单晶、多晶物质外，还可以是非晶、液晶、生物大分子等。虽然手段、方法和研究对象各异，但其基本思想是相同的，即衍射分布携带了物质空间分布的特征信息，而结构分析技术的基本方法就是反演。

习　题　20

20-1 杨氏双缝的间距为 0.2 mm，距离屏幕为 1 m。求：

(1) 若第一到第四明纹距离为 7.5 mm,求入射光波长;

(2) 若入射光的波长为 600 nm,求相邻两明纹的间距。

20-2 如题图所示,波长为 λ 的单色光照在间距为 d 的双缝上,双缝到光屏的间距为 D。用厚度均为 h,折射率分别为 n_1 和 n_2 的透明薄膜片,分别覆盖在上下两条缝上,求各级明暗条纹的位置。

20-3 在双缝干涉实验中,单色光源 S_0 到两缝 S_1 和 S_2 的距离分别为 l_1 和 l_2,并且 $l_1 - l_2 = 3\lambda$,λ 为入射光的波长,双缝之间的距离为 d,双缝到屏幕的距离为 $D(D \gg d)$,如题图所示。求:

(1) 零级明纹到屏幕中央 O 点的距离;

(2) 相邻明条纹间的距离。

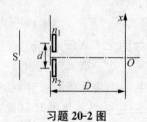

习题 20-2 图

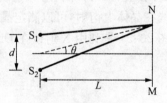

习题 20-3 图

20-4 如题图所示,两波源 S_1,S_2 发出波长相同、振动方向相同但相位差为 π 的电磁波,若 $d \ll L$,求屏 NM 上的光强 I 与 θ 的关系;若同时还有条件 $d \ll \lambda$,写出 I 与 θ 的关系。

20-5 一无线电发射机向相距半个波长的两天线发送相同的信号,为使在与两天线连线成 60°角方向上的较远距离处发射信号最小,输入两天线信号之间的相位差为多少?

20-6 如题图所示为用双缝干涉来测定空气折射率 n 的装置。实验时,先在长度均为 l 的密封玻璃管内都充以一大气压的空气,然后将上管中的空气逐渐抽去。

(1) 观察屏上的干涉条纹将向什么方向移动?

(2) 当上管被抽到真空时,发现屏上波长为 λ 的干涉条纹移过了 N 条,求空气的折射率。

20-7 如题图所示,M 为平面反射镜,由光源发出的单色光分别经 M 反射及直射到达 P 点,为使 P 点处出现干涉极大和干涉极小,d 和 r 间应满足什么关系?

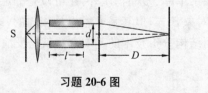

习题 20-6 图

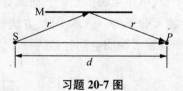

习题 20-7 图

20-8 以波长为 λ 的单色平行光垂直入射到相邻狭缝间距为 d 的三缝上,证明观察屏上干

涉光强分布函数为 $I=I_0(1+2\cos\Delta\varphi)^2$，式中 $\Delta\varphi=\dfrac{2\pi}{\lambda}d\sin\theta$。

20-9 如题图所示，三个非相干光源 S_1，S_2，S_3 位于一直线上，相邻光源间距均为 d，设 $\Delta\varphi_1$ 为 S_1，S_2 之间的随机相位差，$\Delta\varphi_2$ 为 S_2，S_3 之间的随机相位差。

(1) 证明探测器 P_1 接收到的光强为 $I=I_0[3+2\cos\Delta\varphi_1+2\cos\Delta\varphi_1+2\cos(\Delta\varphi_2-\Delta\varphi_1)]$；

(2) 求探测器 P_2 接收到的光强；

(3) 证明 $\overline{I_1 I_2}=I_0^2[6+(1+2\cos\Delta\varphi_0)^2]$，式中 $\Delta\varphi_0=kd\sin\theta$，并与三缝干涉光强分布进行比较。

20-10 将两架射电天文望远镜的抛物面接收天线调谐到 1 000 MHz，并同时对准一颗双星。已知该双星离地球 100 光年，题图给出了两天线测得的强度乘积随天线间距的关系。求该双星的主、伴星之间的距离。

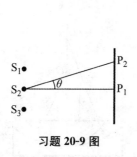

习题 20-9 图

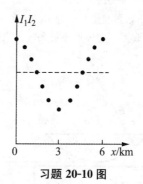

习题 20-10 图

20-11 在玻璃板(折射率为 1.50)上有一层油膜(折射率为 1.30)。已知对于波长为 500 nm 和 700 nm 的垂直入射光都发生反射相消，这两波长之间没有别的波长的光反射相消，求此油膜的厚度。

20-12 一块厚 1.2 μm 的折射率为 1.50 的透明膜片。以波长介于 400～700 nm 的可见光垂直入射，求反射光中哪些波长的光最强？

20-13 人造水晶是用玻璃(折射率为 1.50)作材料，表面镀一氧化硅(折射率为 2.0)以增强反射。为增强 λ=560 nm 垂直入射光的反射，镀膜厚度应为多少？

20-14 用 λ=589.3 nm 的光垂直入射到劈形薄透明片上，形成等厚干涉条纹，已知膜片的折射率为 1.52，相邻纹间距为 5.0 mm，求劈尖的夹角。

20-15 由两块平玻璃板构成的一密封空气劈尖，在单色光照射下，形成 4 001 条暗纹的等厚干涉，若将劈尖中的空气抽空，则留下 4 000 条暗纹。求空气的折射率。

20-16 如题图所示，两直径有微小差别，彼此平行的圆柱形细丝(其一为标准件，直径 D_0，另一为待测，直径设为 D)，夹在两块平板玻璃之间，以单色光垂直入射。测得 m 与 $m+k$ 级暗条纹间距为 l，两细丝间距为 L，则两细丝的直径差 ΔD 为多少？如何判断待测直径大于还是小于标准直径？

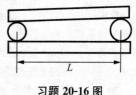

习题 20-16 图

20-17 用钠灯(λ=589.3 nm)观察牛顿环，看到第 m 条暗环

的半径为 $r=4$ mm，第 $m+5$ 条暗环半径 $r=6$ mm，求所用平凸透镜的曲率半径 R。

20-18 在牛顿环实验中，当平凸透镜的凸面与平板玻璃之间是空气时，第 m 级明条纹的半径为 r_0，当平凸透镜的凸面与平板玻璃之间充以某种液体时，第 m 级明条纹的半径变为 r，求该液体的折射率。

20-19 如题图所示，若牛顿环装置中平凸透镜与平块玻璃接触不良而留有一厚度为 e_0 的气隙，已知观测所用的单色光波长为 λ，平凸透镜的曲率半径为 R。

（1）导出 m 级明条纹和暗条纹的公式；

（2）调节平凸透镜，使其向平板玻璃靠近，在此过程中牛顿环将如何变化？

（3）分析并说明在调节过程中，距中心 r 处的干涉条纹宽度 Δr_m 的变化情况，并求该处的条纹宽度。

20-20 如题图所示，平凸透镜放入平凹透镜内，凸透镜的凸球面中心与凹透镜的凹球面中心接触，凸球面的曲率半径 R_1 小于凹球面的曲率半径 R_2。用波长为 λ 的单色光观测，在反射光部分可以观测到圆环形干涉条纹。求第 m 级明、暗干涉条纹的半径表达式。

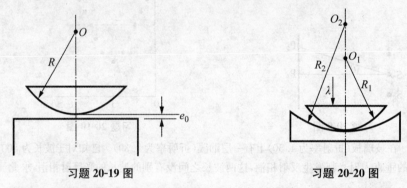

习题 20-19 图　　　　　　　　习题 20-20 图

20-21 两个偏振化方向正交的偏振片 P_1 和 P_2 平行放置，以光强为 I_0 的单色自然光正入射。若在两块偏振片中间平行插入一块 1/4 波片，其光轴与第一块偏振片的偏振化方向成 $30°$ 角，则通过第二块偏振片后的透射光强为多少？

20-22 把一个顶角为 $0.33°$ 的石英劈尖（光轴平行于棱）放在偏振化方向正交的两偏振片之间。用 $\lambda=654.3$ nm 的红光垂直入射，并将透射光的干涉条纹显示在屏上。已知石英的主折射率 $n_o=1.5419, n_e=1.5509$，计算相邻干涉条纹的间距。

20-23 如题图所示，一束单色线偏振光垂直照射双缝，设两缝分别位于 $x=\pm d/2$ 处，缝沿 y 方向垂直于纸面，入射线偏振光的振动方向与 x 轴正方向成 $45°$ 角。分别在两条缝前各放置一块偏振片 P_1, P_2，P_1 的偏振化方向与缝平行，P_2 的偏振化方向与缝垂直。若通过任一条缝到达屏上的光强均为 I_0，经过双缝到达屏上 a, b, c 点处的两束光之间的相位差分别为 $0, \pi/2$ 和 π，求 a, b, c 处的光强和偏振态。

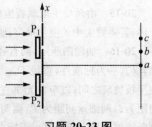

习题 20-23 图

20-24 当把折射率为 $n=1.40$ 的薄膜放入迈克耳孙干涉

仪的一臂时,如果产生了 7.0 条条纹的移动,求薄膜的厚度(已知钠光的波长为 $\lambda=589.3\,\text{nm}$)。

20-25 利用迈克耳孙干涉仪测量单色光的波长。当平面镜 M_2 移动距离为 $0.20\,\text{mm}$ 时,测得某单色光的干涉条纹移过了 800 条,求该单色光的波长。

20-26 用光源波长为 λ 的迈克耳孙干涉仪测量空气的折射率时,在干涉仪的一臂放入一管长为 l,充以 1 大气压的空气,在将玻璃管内抽到真空状态的过程中,观测到干涉条纹移动了 N 条,空气的折射率为多少?

20-27 如题图所示,迈克耳孙干涉仪的光源波长为 λ。先将反射镜 M_1 和 M_2 调整到严格垂直,然后在干涉仪的一臂上放一折射率为 n 的劈形透明介质。此时观察到视场中出现间距为 l 的干涉条纹,求该劈形介质的劈角。

20-28 在宽度 $a=0.05\,\text{mm}$ 的狭缝后放一焦距 f 为 $0.8\,\text{m}$ 的透镜,观察屏位于透镜的焦平面。当以单色光垂直照射单缝时,在屏上离中央明条纹上方 $x=1.6\,\text{cm}$ 的 P 处恰为暗条纹,求该单色光的波长。

20-29 如题图所示,当用平行光束照射宽度为 a 的较宽的缝时,屏上将出现宽度 $x=a$ 的光带。当缝宽逐渐减小时,光带也随之变窄,直至出现衍射效应,此时,光带的宽度将大于缝宽。问缝宽 a_0 为多大时,屏上出现的光带最窄?

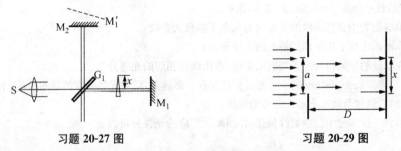

习题 20-27 图   习题 20-29 图

20-30 佘山天文台的一台反射式望远镜的口径 $d=156\,\text{cm}$,假定所观测的星体发出的光波波长为 $550\,\text{nm}$,求该望远镜能分辨的两颗星相对望远镜的最小张角。

20-31 设汽车的两盏前灯相距 $1.2\,\text{m}$,夜间人眼瞳孔直径 $d=3.0\,\text{mm}$,人眼敏感波长为 $\lambda=550\,\text{nm}$,若只考虑人眼的圆孔衍射,则人眼可分辨出汽车两前灯时,汽车离人的最大距离为多少?

20-32 假设一恒星的直径对地球所张之角为 $10^{-7}\,\text{rad}$,分析并说明:
(1) 用光学望远镜能否测定该恒星的直径?
(2) 用强度干涉仪能否测定该恒星的直径?

20-33 如题图所示,针孔相机由一个带针孔(无透镜)的长为 $10\,\text{cm}$ 的暗盒构成,为得到最清晰的像,小孔直径应为多少?

20-34 以波长为 $500\,\text{nm}$ 的平行光垂直入射到每厘米 2 000 条刻线的光栅上,观察屏与光栅间距离为 $3\,\text{m}$,求中央主极大与一级主极大间的距离。

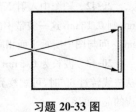

习题 20-33 图

20-35 波长 $600\,\text{nm}$ 的单色光垂直照射在光栅上,第二级明条

纹出现在 $\sin\theta = 0.20$ 处,第四级缺级。求此光栅的光栅常数和缝的最小宽度。

20-36 波长为 600 nm 的单色光垂直照射在等距的平行四缝上,在 $\sin\theta = 0.03$ 处应出现的第三级干涉明条纹正好缺级。求缝宽及缝间不通光部分的宽度。

20-37 波长 $\lambda = 600$ nm 的单色光垂直入射到一光栅上,测得第二级主极大的衍射角为 30°,且第三级缺级。求:

(1) 光栅常数;

(2) 缝的最小宽度;

(3) 由所求得的(1)、(2)的数据确定可能观察到的全部主极大的级次。

20-38 波长 400 nm 到 750 nm 的白光垂直照射到某光栅上,在离光栅 0.50 m 处的屏上测得第一级光谱离中央明条纹中心最近的距离为 4.0 cm,求:

(1) 第一级光谱的宽度;

(2) 第三级光谱中哪些波长的光与第二级光谱的光相重合。

20-39 钠黄线由波长分别为 589.0 nm 和 589.6 nm 的两条谱线构成。用每厘米 1 500 条刻线的光栅能否将这两条谱线分辨出来(光栅总宽度为 2 cm)?

20-40 双缝的缝间距 $d = 0.10$ mm,缝宽 $a = 0.02$ mm,用波长 $\lambda = 600$ nm 的平行单色光垂直入射,双缝后放一焦距 $f = 2.0$ m 的透镜,求:

(1) 单缝衍射中央亮条纹的宽度内有几条干涉极大条纹;

(2) 作图画出位于焦平面的屏上的光强分布;

(3) 在双缝的中间再开一条相同的单缝,作图画出相应的光强分布。

20-41 将波长为 600 nm 的平行光垂直照射在一多缝上,衍射光强分布如题图所示,求:

(1) 缝数;缝宽及缝间不通光部分的宽度;

(2) 若将上述多缝中的偶数缝挡住,作图画出相应的光强分布。

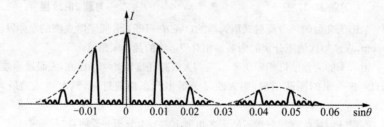

习题 20-41 图

20-42 题图中入射 X 射线束不是单色的,而是含有由 0.095 nm 到 0.13 nm 这一波带中的各种波长,晶体的晶格常数 $a_0 = 0.275$ nm。问与图中所示平面相联系的 X 射线的衍射是否会产生?

20-43 波长为 0.3 nm 的 X 射线入射到氯化钠晶体上,当光束从法线转过 60°时,可观察到布拉格反射。试求氯化钠晶体中所对应的晶面间距。

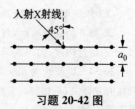

习题 20-42 图

思考题 20

20-1 双缝干涉装置如题图所示,采用波长为 λ 的单色光照射。

(1) 求干涉明条纹位置和条纹间距;

(2) 若将原来对称位置处的线光源 S 向上移至 S′,则原中央零级明条纹位置将如何变化?若零级条纹移动的距离为条纹宽度的 N 倍,则可通过在某一缝上遮一块折射率为 n 的透明介质薄片而使零级明纹回到中央 O 处,该介质薄片应置于哪条缝处?厚度 h 应为多少?

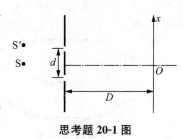

思考题 20-1 图

20-2 在劈尖的干涉实验中,相邻明纹的间距_____(填"相等"或"不等"),当劈尖的角度增加时,相邻明纹的间距离将_____(填"增加"或"减小"),当劈尖内介质的折射率增加,相邻明纹的间距将_____(填"增加"或"减小")。

20-3 如题图所示为一干涉膨胀仪示意图,上下两平行玻璃板用一对热膨胀系数极小的石英柱支撑着,被测样品 W 在两玻璃板之间,样品上表面与上玻璃板下表面间形成一空气劈尖,在以波长为 λ 的单色光照射下,可以看到平行的等厚干涉条纹。当 W 受热膨胀时,条纹将( )。

(A) 变密,向右靠拢 (B) 变疏,向上展开

(C) 疏密不变,向右平移 (D) 疏密不变,向左平移

20-4 如题图所示由三种透明材料构成的牛顿环装置中,用单色光垂直照射,在反射光中看到干涉条纹,则在接触点 P 处形成的圆斑为( )。

(A) 全明 (B) 全暗

(C) 右半部明,左半部暗 (D) 右半部暗,左半部明

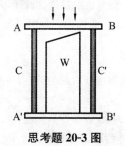

思考题 20-3 图

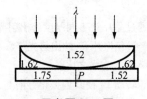

思考题 20-4 图

20-5 在一块光学平玻璃片 B 上,端正地放一锥顶角很大的圆锥形平凸透镜 A,在 A,B 间形成劈尖角 φ 很小的空气薄层,如图所示。当波长为 λ 的单色平行光垂直地射向平凸透镜时,可以观察到在透镜锥面上出现干涉条纹。

(1) 画出干涉条纹的大致分布并说明其主要特征;

(2) 计算明暗条纹的位置;

(3) 若平凸透镜稍向左倾斜,干涉条纹有何变化?用题图表示。

20-6 若待测透镜的表面已确定是球面，还可用观察等厚条纹半径变化的方法来确定透镜球面半径比样规所要求的半径是大还是小。如题图所示，若轻轻地从上面往下按样规，则图 _____ 中的条纹半径将缩小。

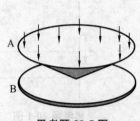
思考题 20-5 图

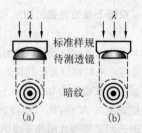
思考题 20-6 图

20-7 图(a)为检查块规的装置，G_0 为标准块规，G 为待测上端面的块规，用波长为 λ 的平行光垂直照射，测得平晶与块规之间空气劈尖的干涉条纹如题图所示，对应于与 G_0 和 G 的条纹间距分别为 l_0 和 l，且 $l_0 < l$。若将 G 转过 $180°$，两侧条纹均比原来密。
（1）判断并在图(c)中画出 G 规上端面的形貌示意图；
（2）求 G 规左、右侧与 G_0 的高度差。

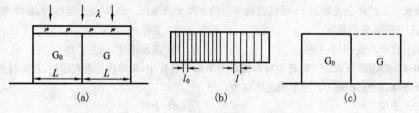
思考题 20-7 图

20-8 如题图所示的偏振光干涉装置中，C 是劈尖角很小的双折射晶片，折射率 $n_e > n_0$，P_1，P_2 的偏振化方向相互正交，与光轴方向皆成 $45°$ 角。若以波长为 λ 的单色自然光垂直照射，试讨论：
（1）通过晶片 C 不同厚度处出射光的偏振态；
（2）经过偏振片 P_2 的出射光干涉相长及相消位置与劈尖厚度 d 之间的关系，并求干涉相长的光强与入射光光强之比；
（3）若转动 P_2 使其偏振化方向与 P_1 的偏振化方向平行时，干涉条纹如何变化？为什么？

20-9 在如题图所示缝宽为 a 的单缝衍射实验中，在单缝前用正交的偏振片 P_1 和 P_2 各遮住半条单缝，此时在屏上看到的光强分布（　　）。
(A) 仍为单缝衍射条纹，但中央光强为原来的一半
(B) 仍为单缝衍射条纹，但中央光强为原来的四分之一
(C) 变为缝间距为 $a/2$ 的双缝干涉条纹
(D) 不产生干涉和衍射现象，屏上光强均匀分布。

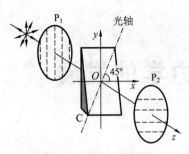
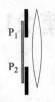

思考题 20-8 图　　　　　　　　思考题 20-9 图

20-10 登月宇航员声称在月球上唯独能够用肉眼分辨地球上的人工建筑是长城。你依据什么可以判断这句话是否正确？需要哪些数据？

第 21 章 量子力学的发展

量子力学是研究原子、分子、原子核和基本粒子等微观粒子运动规律的理论，它不但是近代物理学的基本理论之一，同时在现代科学技术中得到了广泛的应用。

量子力学是在旧量子论基础上发展起来的，所谓旧量子论主要包括普朗克量子假说、爱因斯坦光量子理论和玻耳原子理论。1900 年，普朗克为了解决黑体辐射遇到的理论困难，提出了量子的概念。为了解决波动理论无法解释的光电效应实验，爱因斯坦发展了普朗克理论，在 1905 年提出了光量子假说，并成功地将量子概念应用到了固体上，解释了固体比热实验规律。康普顿 X 射线散射实验进一步证实了爱因斯坦光量子假说。玻耳在普朗克和爱因斯坦光量子基础上，在 1913 年提出了原子量子模型，成功地揭开了原子光谱之谜。本章简单介绍普朗克能量子和爱因斯坦光量子概念，以及康普顿光与电子散射理论和玻耳氢原子理论。

21.1 普朗克的能量子假说

21.1.1 热辐射现象

普朗克的能量子理论是在解释热辐射现象的实验规律时提出的。所有物体在任何温度下都要发射电磁波，例如太阳向地球发射电磁波、火炉向周围空间发射电磁波，称这种与温度有关的辐射为热辐射。

人们根据电磁波的不同效应把电磁波分成若干波段（见图 21-1）。波长小于 $0.4\,\mu m$ 的电磁波分为紫外线、X 射线和 γ 射线等，波长在 $0.38\sim0.76\,\mu m$ 范围的电磁波段为可见光波段，波长在 $0.76\sim1000\,\mu m$ 的电磁波段为红外波段，波长大于 $1000\,\mu m$ 的电磁波段为无线电波段。波长在 $0.1\sim1000\,\mu m$ 范围内的电磁波（包括紫外线、可见光和红外线）被物体吸收后可产生热效应，因此这一波长范围的电磁波称为热射线。

热辐射是各类物质的固有特性，本质是原子内部的电子受热振动时会发出电磁波。所辐射的电磁波的波长和强度与物体的性质、温度和表面形状等因素有关。

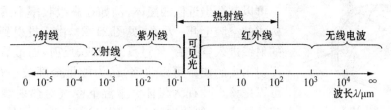

图 21-1

热辐射是物体间能量传递的重要方式之一,当热辐射投射到物体表面上时,一般会发生吸收、反射和透射三种现象。物体的透射性能与波长有关,也就是说,它对于某一波长范围的辐射表现出良好的透射性能,而对另一些波长范围则表现为非透明体性能,这就是物体对波长的选择性。例如普通玻璃对可见光来说是良好的透明体,但对紫外线和红外线来说就不是透明体。

在单位时间内,设入射到物体上波长为 λ 的热射线能量为 $Q(T,\lambda)$,经过物体吸收、反射和透射的能量分别为 $Q_\alpha(T,\lambda)$,$Q_\rho(T,\lambda)$ 和 $Q_\tau(T,\lambda)$,则能量守恒要求

$$Q(T,\lambda) = Q_\alpha(T,\lambda) + Q_\rho(T,\lambda) + Q_\tau(T,\lambda)$$

或

$$\frac{Q_\alpha(T,\lambda)}{Q(T,\lambda)} + \frac{Q_\rho(T,\lambda)}{Q(T,\lambda)} + \frac{Q_\tau(T,\lambda)}{Q(T,\lambda)} = 1$$

若定义物体的单色吸收系数、单色反射系数和单色透射系数分别为

$$\alpha(T,\lambda) = \frac{Q_\alpha(T,\lambda)}{Q(T,\lambda)}$$

$$\rho(T,\lambda) = \frac{Q_\rho(T,\lambda)}{Q(T,\lambda)}$$

$$\tau(T,\lambda) = \frac{Q_\tau(T,\lambda)}{Q(T,\lambda)}$$

则三者有关系

$$\alpha(T,\lambda) + \rho(T,\lambda) + \tau(T,\lambda) = 1 \tag{21-1}$$

对于大多数的固体和液体:$\tau(T,\lambda)=0$,$\alpha(T,\lambda)+\rho(T,\lambda)=1$;对于不含颗粒的气体:$\rho(T,\lambda)=0$,$\alpha(T,\lambda)+\tau(T,\lambda)=1$。

若吸收系数 $\alpha(T,\lambda)=1$,意味着物体能全部吸收投射来的各种波长的辐射能,是吸收能力最强的一种物体,因此称为绝对黑体或黑体。

若反射系数 $\rho(T,\lambda)=1$,说明物体将投射来的辐射全部反射掉,称这种物体为白体。若透射系数 $\tau(T,\lambda)=1$,说明它能将投射来的辐射能全部透射过去,称为透明体。

在自然界完全符合理想要求的黑体、白体和透明体并不存在,但有和它们相像的物体。例如,煤炭的吸收比达到 0.96,磨光的金子反射比几乎等于 0.98。人们

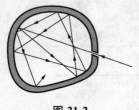

图 21-2

也可以制造出近似的黑体,例如在高吸收率不透明材料构成的空腔上开一小孔(见图 21-2),由于投射到小孔上的射线进入空腔后,经过反复吸收、反射,而最后从小孔反射出去的能量可以忽略,认为能量全部被小孔吸收,可以把该小孔视为黑体。常温下空气对热射线呈现透明的性质,一般的物体 $1<\alpha(T,\lambda)<1$,称为灰体。

吸收、反射和透射是物体热辐射特性的一个方面,物体的另一个重要热辐射特性是物体热辐射能力。为了描述物体辐射电磁波能量的能力,定义物体单位表面在单位时间内发出的波长在 λ 附近单位波长间隔内电磁波的能量为单色辐出度,记为 $M(\lambda,T)$,即

$$M(\lambda,T) = \frac{\mathrm{d}E_\lambda}{\mathrm{d}\lambda} \tag{21-2}$$

其单位为 $W/(m^2 \cdot \mu m)$。将上式对所有波长积分,得到物体从单位面积上辐射的各种波长总辐射功率,称为物体的总辐出度,简称为辐出度,用 $M(T)$ 表示,且有关系

$$M(T) = \int_0^\infty M(\lambda,T)\mathrm{d}\lambda \tag{21-3}$$

其单位为 W/m^2。下面给出辐出度、单色辐出度相关的规律。

21.1.2 黑体辐射的基本规律

21.1.2.1 基尔霍夫定律

早在 1860 年,德国物理学家基尔霍夫在实验规律的基础上,用理论方法得出一条热辐射辐出度所遵从的规律:温度一定时物体在某波长 λ 处的单色辐出度与单色吸收比成正比,比例系数只与物体的温度和波长有关,而与辐射源的性质无关。令比例系数为 $M_B(\lambda,T)$,则

$$\frac{M_1(\lambda,T)}{\alpha_1(\lambda,T)} = \frac{M_2(\lambda,T)}{\alpha_2(\lambda,T)} = \cdots = M_B(\lambda,T) \tag{21-4}$$

称这一结论为基尔霍夫(Kirchoff)定律。其中脚标不同对应不同的辐射源,该定律说明比例系数 $M_B(\lambda,T)$ 是与辐射源无关的普适函数,或者说同一个物体的发射本领和吸收本领有内在联系,一个好的发射体一定也是好的吸收体。

对于黑体,由于吸收系数 $\alpha=1$,黑体的单色辐出度正是普适函数,即

$$M(\lambda,T) = M_B(\lambda,T)$$

寻找黑体的单色辐出度是热辐射理论的一个重要问题。

21.1.2.2 斯忒藩-玻耳兹曼定律

物理学家约瑟夫·斯忒藩(J. Stefan)于 1879 年通过对实验数据的归纳总结,

得到黑体的总辐出度与温度的四次方成正比

$$M_B(T) = \sigma T^4 \tag{21-5}$$

式中 $\sigma = 5.67 \times 10^{-8}$ W/(m² · K⁴) 称为斯忒藩恒量。奥地利物理学家路德维希·玻耳兹曼(L. Boltzmann)于 1884 年从热力学理论出发,推导出与斯忒藩相同的结论,故称这一规律为斯忒藩-玻耳兹曼定律。

21.1.2.3 维恩位移定律

德国物理学家威廉·维恩(Wilhelm Wien)通过对实验数据的经验总结,发现黑体单色辐出度的极值波长 λ_m 与黑体温度 T 之积为常数,即

$$T\lambda_m = b \tag{21-6}$$

式中 $b = 2.898 \times 10^{-3}$ m·K 为维恩常数,称该规律为维恩位移定律。

斯忒藩-玻耳兹曼定律和维恩位移定律是遥感、高温测量和红外追踪等技术的物理基础。若能测出黑体单色辐出度的极值波长 λ_m,由维恩位移定律可以推测该黑体的温度。恒星的有效温度常常是通过这种方法测量,例如从太阳的光谱可测得峰值波长 $\lambda_m \approx 0.49\ \mu m$,由此可推算太阳的温度约为 5 900 K。

21.1.2.4 维恩公式

维恩在 1896 年从理论上导出黑体单色辐出度的数学表达式,他将空腔内的热平衡辐射认为是由一系列驻波振动组成,每一频率的驻波振动可对应相同频率的简谐振子,空腔中的电磁波可等效为一系列不同频率的简谐振子集合,简谐振子的能量分布服从类似经典麦克斯韦速度分布律,基于这些假设,再利用经典统计理论可推出单色辐出度为

$$M(\lambda, T) = \frac{c_1}{\lambda^5} e^{-c_2/(\lambda T)} \tag{21-7}$$

式中 c_1, c_2 为常数,称该公式为维恩公式(非前面的维恩位移定律)。维恩公式在短波段与实验相符,当波长较大时与实验偏差较大。

21.1.2.5 瑞利-金斯公式

瑞利(L. Rayleigh)和金斯(J. Jeans)分别在 1900 年和 1905 年根据经典统计理论,研究密封在空腔中的电磁场,得到的单色辐出度为

$$M(\lambda, T) = \frac{2\pi c k_B T}{\lambda^4} \tag{21-8}$$

式中 $k_B = 1.380\,658 \times 10^{-23}$ J/K 为玻耳兹曼常数;c 为真空中的光速。将式(21-8)称为瑞利-金斯公式。瑞利-金斯公式在长波波段与实验相符,但在短波波段(紫外区)与实验有明显的差别,特别是当波长趋于零时,得出辐出度趋于无穷大的不合理结论(见图 21-3),在历史上称为"紫外灾难"。

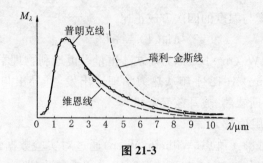

图 21-3

21.1.2.6 普朗克公式

1900年10月德国物理学家普朗克(Max Karl Ernst Ludwig Planck)为了使长短两个波段分别与瑞利-金斯和维恩公式相符(见图 21-3),利用内插法得到一个纯粹经验公式:

$$M_0(\lambda, T) = \frac{c_1}{\lambda^5} \frac{1}{e^{c_2/\lambda T} - 1} \quad (21\text{-}9)$$

称式(21-9)为普朗克公式。其中

$$c_1 = 2\pi hc^2 = 3.7417749 \times 10^{-16} \text{ W} \cdot \text{m}^2$$
$$c_2 = hc/k_B = 0.01438769 \text{ m} \cdot \text{K}$$

分别称为第一和第二辐射常数,$h = 6.6260755 \times 10^{-34}$ J·s 为普朗克常数。式(21-9)也可用频率改写为如下形式

$$M_0(\nu, T) = \frac{2\pi \nu^2}{c^2} \frac{h\nu}{e^{h\nu/k_B T} - 1} \quad (21\text{-}10)$$

图 21-4 为由普朗克公式所绘制的黑体在不同温度时单色辐出度与波长的关系,在全波段与实验结果惊人符合。

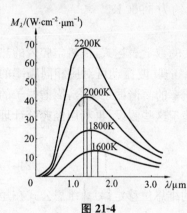

图 21-4

21.1.3 普朗克的能量子假说

完美的普朗克公式背后一定隐含重要的物理现象。普朗克为了从理论上解释他所得到的半经验公式,认为密闭空腔中的电磁波可等效看为不同频率的振子系统,振子能量按频率的分布满足玻耳兹曼能量分布律,但是他认为振子的能量与经典振子不同,大胆地假设频率为 ν 的振子系中振子的能量是不连续的,只能取最小能量 $\varepsilon = h\nu$ 的整数倍

$$\varepsilon_n = nh\nu \quad (21\text{-}11)$$

式中 h 为普朗克常数;n 为整数,称为量子数;$\varepsilon = h\nu$ 为振子最小能量,称为普朗克

能量子。

按照普朗克假设很容易由玻耳兹曼能量分布律推出普朗克公式。频率为 ν 的振子能量取 $\varepsilon_n = nh\nu$ 的概率正比于玻耳兹曼因子 $e^{-\varepsilon_n/k_BT}$，所以频率为 ν 的振子的平均能量为

$$\bar{\varepsilon} = \frac{\sum_{n=0}^{\infty}\varepsilon_n e^{-nh\nu/k_BT}}{\sum_{n=0}^{\infty} e^{-nh\nu/k_BT}} = \frac{\sum_{n=0}^{\infty} nh\nu e^{-nh\nu/k_BT}}{\sum_{n=0}^{\infty} e^{-nh\nu/k_BT}} = \frac{h\nu}{e^{h\nu/k_BT}-1}$$

考虑到在频率 ν 附近有多个振子，可以得到空腔中电磁波的单色辐出度与 $\bar{\varepsilon}$ 的关系为

$$M_0(\nu,T) = \frac{2\pi\nu^2}{c^2}\bar{\varepsilon}$$

或者表示为

$$M_0(\nu,T) = \frac{2\pi\nu^2}{c^2}\frac{h\nu}{e^{h\nu/k_BT}-1}$$

这就是普朗克公式。

从经典的观点看，能量子假设是不可思议的，普朗克本人也感到难以相信。他曾宣称谐振子的能量是量子化的，而不必认为辐射场本身也是量子化的。他花了毕生精力试图回到经典理论的体系中，但最后证明还是徒劳的，直到 1905 年爱因斯坦为了解释光电效应，在普朗克能量子假设的基础上提出了光量子概念后，能量子假设才逐渐被人们接受。

普朗克是量子物理学的开创者和奠基人，因他对量子理论的杰出贡献，在 1918 年获得诺贝尔物理学奖。

21.2 爱因斯坦的光量子假设

21.2.1 光电效应

21.2.1.1 光电效应

光照射在金属及其化合物的表面上发射电子的现象称为光电效应。光电效应最早是在 1887 年赫兹 (H. Hertz) 在做火花放电实验时偶然发现的。他发现如果接收电磁波的电极受到紫外线的照射火花放电就变得容易产生。1888 年，德国物理学家霍尔瓦克斯 (Wilhelm Hallwachs) 证实，由于在放电间隙内出现了荷电体，所以火花放电就变得容易。1899 年，著名的英国物理学家约瑟夫·约翰·汤姆孙 (J. J. Thomson) 通过荷质比的测定证实荷电体就是电子流。1899—1902 年，勒

纳德(P·Lenard)对光电效应进行了系统的研究,并首先将这一现象称为"光电效应"。1905年,爱因斯坦用光量子理论对光电效应进行了全面的解释。1916年,美国科学家密立根通过精密的实验证明了爱因斯坦的理论解释,从而也证明了光量子理论。

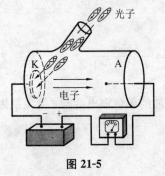

图 21-5

图 21-5 为光电效应实验装置示意图,在抽成真空的容器中装有阴极 K 和阳极 A,阴极 K 为金属板,在阳极 A 和阴极 K 之间加上电压,当单色光通过石英窗口照射到金属板上,在阴极金属表面会逸出电子,称这种电子为光电子,电路中出现的电流称为光电流。通过改变所加的电压大小、方向、照射光的频率和强度可以分析光电流与这些因素的关系。下面给出光电效应的实验规律。

21.2.1.2 光电效应的实验规律

勒纳德通过实验总结出了如下一系列重要规律:

(1) 不管入射光强有多大,只有当入射光频率 ν 大于一定的频率 ν_0 时,才会产生光电效应,称 ν_0 为截止频率或红限频率。

(2) 光电子脱出物体时的初速度和入射光的频率有关而和光的强度无关。

(3) 当入射光的频率给定后($\nu > \nu_0$),从金属材料发射的光电流与入射光强成正比。

(4) 无论入射光如何弱,光电子在光照射的瞬间可产生。这段时间很短,从光照射阴极到光电子逸出这段时间一般不超过 10^{-9} s。

(5) 在入射光强和频率一定时,光电流还与加在 A,K 极之间的电压 U 有关,正向电压增大光电流亦增大,当电压达到一定值后光电流会达到一饱和值 i_m。图 21-6 为光强一定时光电流与电压的关系,而且饱和电流与入射光强 I 有关,饱和电流随光强增加而增加,如图 21-7 所示。

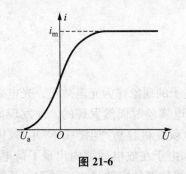

图 21-6

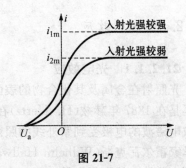

图 21-7

(6) 当电压为零时光电流并不为零,只有当反向电压大到一定数值 U_a 时,光电流完全变为零,称 U_a 为遏止电压。遏止电压随入射光频率的增加而增加,两者成线性关系(见图 21-8),与入射光强无关,即

$$U_a = K\nu - U_0 \qquad (21-12)$$

式中 U_0 为常数。

经典电磁理论无法解释这些现象,而爱因斯坦利用他的光量子假设可非常完美地解释这些实验现象。

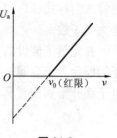

图 21-8

21.2.2 爱因斯坦的光量子假设

21.2.2.1 经典物理学所遇到的困难

按照光的经典电磁理论,光波的能量与光的强度或振幅有关,与光的频率无关。一定强度的光、不管频率有多小,照射金属一段时间后,只要电子吸收的能量积累到一定程度即可逸出金属表面,这与存在截止频率矛盾。用大于红限频率、但强度很微弱的光照射金属,光强弱到可使电子积累的能量达到能够挣脱表面束缚能量(逸出功)A 需要的时间很长。例如,用光强为 1 mW 的光照射逸出功为 1 eV 的金属,积累时间大约为十几分钟,这与光电效应瞬时发生矛盾。

以上事实说明,用光的经典理论无法解释光电效应。

21.2.2.2 爱因斯坦光量子假设

为了解释光电效应,爱因斯坦在普朗克能量子假设的基础上提出了光量子假设。"在我看来,如果假定光的能量在空间的分布是不连续的,就可以更好地理解黑体辐射、光致发光、紫外线产生阴极射线(即光电效应),以及其他有关光的产生和转化的现象的各种观测结果。根据这一假设,从点光源发射出来的光束的能量在传播中将不是连续分布在越来越大的空间之中,而是由一个数目有限的局限于空间各点的能量子所组成。这些能量子在运动中不再分散,只能整个地被吸收或产生。"爱因斯坦认为不管是在空腔中还是在自由空间中,光是由一粒粒的光量子(光子)组成,而且每个光子的能量与其频率成正比,即

$$E = h\nu \qquad (21-13)$$

一个光子只能整个地被电子吸收或放出(只能将光子"整体吞咽"),光量子具有"整体性"。爱因斯坦根据他在相对论中提出的能量动量关系 $p = E/c$,提出光量子的动量和波长有关系

$$p = \frac{h}{\lambda} \qquad (21-14)$$

通常人们称式(21-13)和式(21-14)为普朗克-爱因斯坦关系。爱因斯坦还认为光强大光子数多。

在光量子假设的基础上可很容易解释光电效应。根据能量守恒定律,只有光子的能量大于金属表面的逸出功,电子吸收光子后才能逸出金属表面形成光电流,电子离开金属面时具有的初动能应等于

$$\frac{1}{2}mv^2 = h\nu - A \tag{21-15}$$

上式即为光电效应方程。

电子离开金属表面的动能至少为零,故当 $\nu < A/h$ 时,不发生光电效应,可发生光电效应的最小频率即红限频率

$$\nu_0 = \frac{A}{h} \tag{21-16}$$

只要入射光的频率大于红限频率,光电效应可瞬时发生。不同金属的逸出功 A 不同,则红限频率不同。表 21-1 给出了几种金属的逸出功和红限频率。

表 21-1 金属的逸出功和红限频率

金 属	逸出功 A/eV	红限频率 $\nu_0/(10^{14}\text{Hz})$
铯 Cs	1.94	4.69
铷 Rb	2.13	5.15
钾 K	2.25	5.44
钠 Na	2.29	5.53
钙 Ca	3.20	7.73
铍 Be	3.90	9.40
汞 Hg	4.53	10.95
金 Au	4.80	11.60

电子吸收频率为 ν 的光子后初动能若不为零,则有光电流产生,只有加上反向电压,电子的运动受到抑制,光电流才会为零,所以存在遏止电压。显然遏止电压和初动能之间应有关系

$$\frac{1}{2}mv^2 = eU_a \tag{21-17}$$

结合式(21-15)有

$$U_a = \frac{h\nu - A}{e} \tag{21-18}$$

可见遏止电压与光子频率成线性关系。

爱因斯坦的光量子理论成功地解释了光电效应,为此获得了 1921 年的诺贝尔物理学奖。美国物理学家密立根(R. A. Millikan)极力反对爱因斯坦的光量子假

说,花了十年时间测量光电效应,得到了遏止电压和光子频率的严格线性关系,并由直线斜率的测量测得普朗克常数的精确值,测量值与热辐射和其他实验测得的 h 符合得很好。由于密立根在研究元电荷和光电效应方面取得的突出成绩,获得了1923年的诺贝尔物理学奖。

【例 21-1】 已知铯的逸出功 $A=1.9\,\text{eV}$,用钠黄光 $\lambda=589.3\,\text{nm}$ 照射铯。计算:
(1) 钠黄光光子的能量、质量和动量;
(2) 铯在光电效应中释放的光电子的动能;
(3) 铯的遏止电压、红限频率。

解 (1) 钠黄光光子的能量、质量和动量分别为

$$E = h\nu = \frac{hc}{\lambda} = 3.4 \times 10^{-19}\,\text{J}$$

$$m = \frac{h\nu}{c^2} = 3.7 \times 10^{-36}\,\text{kg}$$

$$p = \frac{h\nu}{c} = 1.1 \times 10^{-27}\,\text{kg·m/s}$$

(2) 铯在光电效应中释放的光电子的动能为

$$E_k = \frac{mv^2}{2} = h\nu - A = 2.9 \times 10^5\,\text{eV}$$

(3) 铯的遏止电压为

$$U_a = \frac{E_k}{e}$$

红限频率为

$$\nu_0 = \frac{A}{h} = 4.6 \times 10^{14}\,\text{Hz}$$

21.2.3 康普顿效应

除光电效应外,光的量子性还表现在光与物质的作用,例如光子与电子的散射作用。1922—1923 年,康普顿研究了 X 射线在石墨上的散射,发现在散射的 X 射线中不但存在与入射波长相同的射线,同时还存在波长大于入射波长的射线成分,称这一现象为康普顿效应。该效应是光显示出其粒子性的又一著名实验,该实验证实了爱因斯坦提出的关于光量子具有动量的假设,证明了 X 射线具有粒子性。康普顿为此获得了 1927 年诺贝尔物理学奖。

21.2.3.1 康普顿散射实验规律

康普顿散射的实验装置如图 21-9 所示,X 光源发出的 X 射线经过光栏射向散

射物质,给定入射的 X 射线波长(设为 λ_0),在不同的 θ 方向探测散射光的波长(设为 λ)。下面给出实验的主要结论:

(1) 散射光除原波长 λ_0 外,还出现了波长大于 λ_0 的新的散射波长 λ(见图 21-10)。

(2) 波长差 $\Delta\lambda = \lambda - \lambda_0$ 随散射角的增大而增大(见图 21-11)。

(3) 新波长的谱线强度随散射角 θ 的增加而增加,但原波长的谱线强度降低(见图 21-11)。

(4) 对不同的散射物质,只要在同一个散射角下,波长的改变量 $\lambda - \lambda_0$ 都相同,与散射物质无关(见图 21-12)。

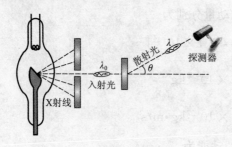

图 21-9

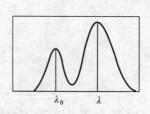

图 21-10

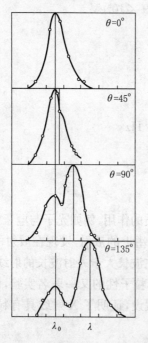

图 21-11

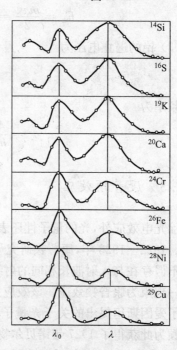

图 21-12

21.2.3.2 康普顿效应的理论解释

用经典电磁理论是无法解释康普顿效应的,如果入射 X 射线是某种波长的电磁波,散射物质中的电子在入射电磁波作用下以相同的频率振动,然后进一步发射同频率的电磁波,所以散射光的波长是不会改变的,经典电磁理论不能解释散射光中有新的波长成分。

康普顿认为 X 射线的散射应是光子与原子内层和外层电子碰撞的结果。X 射线光子与原子内层电子发生弹性碰撞,由于内层电子与原子核结合较为紧密(大约为 keV 数量级),散射过程实际上是光子与整个原子间的碰撞,由于原子核质量很大,碰撞后光子基本上不失去能量,从而保持原波长不变。但是当 X 射线光子与原子外层电子发生碰撞时,由于外层电子与原子核结合较弱(约为几个 eV),这些电子近似可看成为"自由"电子,当光子与这些电子碰撞时,光子会失去部分能量,使频率下降、波长增大,这就是康普顿效应中新波长出现的原因。

下面给出康普顿效应的定量计算结果,为了简化,设散射过程是 X 射线光子与静止的自由电子发生了弹性碰撞(见图 21-13),所以散射过程满足能量、动量守恒。动量守恒要求

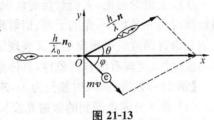

图 21-13

$$\frac{h}{\lambda_0}\boldsymbol{n}_0 = \frac{h}{\lambda}\boldsymbol{n} + m\boldsymbol{v} \qquad (21\text{-}19)$$

式中 $\boldsymbol{n}_0, \boldsymbol{n}$ 为单位矢量。能量守恒要求

$$h\nu_0 + m_0 c^2 = h\nu + mc^2 \qquad (21\text{-}20)$$

考虑到 X 射线光子的能量较大,碰后电子的速度也很大(一个电子若吸收一个波长为 0.1 nm 的光子,读者可以自己估算电子的速度),应该考虑相对论效应,即电子的质量应取为

$$m = \frac{m_0}{\sqrt{1 - v^2/c^2}} \qquad (21\text{-}21)$$

联立式(21-19)~式(21-21),可得 X 射线光子经过与电子碰撞后波长增量为

$$\Delta\lambda = \lambda - \lambda_0 = \frac{h}{m_0 c}(1 - \cos\theta) = 2\lambda_c \sin^2\frac{\theta}{2} \qquad (21\text{-}22)$$

式中 $\lambda_c = h/m_0 c = 0.024\,262$ Å 称为康普顿波长,是一个与散射物质的种类无关的普适常量,式(21-22)和实验结果符合得很好。康普顿的成功也不是一帆风顺的,起先他认为散射光频率的改变是由于"混进来了某种荧光辐射",在计算中起先只考虑能量守恒,后来才认识到还要用动量守恒。

由于康普顿波长很短,只有当入射 X 射线的波长 λ_0 与康普顿波长 λ_c 可比拟

时,康普顿效应才显著,因此要用 X 射线才能观察到康普顿散射。因可见光波长比康普顿波长大得多($\Delta\lambda/\lambda_0 \approx 10^{-5} \sim 10^{-6}$),用可见光基本观察不到康普顿散射。

有读者会想到:自由电子为什么不完全吸收光子转化为电子的动能？若自由电子完全吸收光子,碰撞前后仍满足能量守恒和动量守恒,这会导致矛盾的结果(读者自己论证)。所以在康普顿效应中,自由电子不能像光电效应那样完全吸收光子而没有散射光存在。

在康普顿效应中光子似乎将一部分能量传给了电子而破坏了光子的整体性,其实不然。光子仍然是整体被电子吸收(这是一个虚过程),电子然后又发射了光子。正如康普顿所作出的解释:"当 X 射线量子被散射时,它把全部能量和动量耗在某个电子上,这个电子反过来又将 X 射线散射到某一确定方向。散射的 X 射线量子的动量的变化导致电子的反冲。散射的 X 射线量子的能量的减小变为反冲电子的动能……"总之,在光与物质的相互作用过程中不会破坏光子的整体性。

从以上讨论可见,人们对光的认识过程是一个螺旋式上升的过程:光的直线传播规律说明光是粒子,光的干涉、衍射现象又表明光是波,而在黑体辐射规律、光电效应和康普顿效应等现象中光又表现出"粒子性",即光有时表现出粒子性、有时表现出波动性,光具有波粒二象性,具体如何理解光的波粒二象性留到下一章讨论。

【例 21-2】 已知入射波长为 λ_0,求：
(1) 在 θ 方向观测到的散射光波长；
(2) 计算相应康普顿散射反冲电子的动量与动能。

解 (1) 参考图 21-13,在 θ 方向观测到的散射光波长的增量为

$$\Delta\lambda = \lambda - \lambda_0 = 2\lambda_c \sin^2 \frac{\theta}{2}$$

波长为

$$\lambda = \Delta\lambda + \lambda_0 = \lambda_0 + 2\lambda_c \sin^2 \frac{\theta}{2}$$

(2) 由动量守恒

$$\boldsymbol{p} = \frac{h\nu_0}{c}\boldsymbol{n}_0 - \frac{h\nu}{c}\boldsymbol{n}$$

可得动量分量为

$$p_x = \frac{h\nu_0}{c} - \frac{h\nu}{c}\cos\theta = \frac{h}{\lambda_0} - \frac{h}{\lambda}\cos\theta$$

$$p_y = -\frac{h\nu}{c}\sin\theta = -\frac{h}{\lambda}\sin\theta$$

由能量守恒可得电子的动能为

$$E_k = mc^2 - m_0c^2 = h\nu_0 - h\nu = hc\left(\frac{1}{\lambda_0} - \frac{1}{\lambda}\right) = hc\frac{\lambda - \lambda_0}{\lambda\lambda_0}$$

【例 21-3】 在康普顿效应中,入射光子的波长为 3×10^{-3} nm,反冲电子的速度为光速的 60%,求散射光子的波长和散射角。

解 由能量守恒

$$h\nu + m_0 c^2 = h\nu' + mc^2$$

将相对论质量速度公式(21-21)代入,有

$$\frac{hc}{\lambda} + m_0 c^2 = \frac{hc}{\lambda'} + \frac{m_0}{\sqrt{1-v^2/c^2}}c^2$$

或

$$\frac{1}{\lambda'} = \frac{1}{\lambda} + \frac{m_0 c}{h}\left(1 - \frac{1}{\sqrt{1-v^2/c^2}}\right)$$

而 $\dfrac{1}{\sqrt{1-v^2/c^2}} = 1.25$,所以散射光波长为

$$\lambda' = 4.34 \times 10^{-12}\,\text{m}$$

再由关系

$$\Delta\lambda = \lambda' - \lambda = \frac{2h}{m_0 c}\sin^2\frac{\theta}{2}$$

可得散射角满足关系

$$\sin\frac{\theta}{2} = \sqrt{\frac{\Delta\lambda m_0 c}{2h}} = 0.543$$

最后得散射角 $\theta = 65.8°$。

21.3 氢原子光谱、玻耳理论

21.3.1 氢原子光谱实验规律

爱因斯坦的光量子理论给出了光的量子性,这里自然会引出一个问题:发光的原子本身结构如何?具有怎样的量子行为?许多情况下光是由原子内部电子的运动产生的,原子光谱一定与原子内部结构有关,不同的原子有不同的特征光谱,因此光谱研究是探索原子结构的重要途径之一。1885 年瑞士数学家兼物理学家巴尔末(J. J. Balmer)对可见光区氢原子的 14 条谱线作了分析,发现这些谱线的波长可以用一个经验公式表示:

$$\lambda = B\frac{n^2}{n^2 - 4}$$

式中 λ 为谱线的波长；$n=3,4,5,\cdots$ 为整数；$B=3.6546\times10^{-7}$ m 是一个常数，该式称为巴耳末公式。在 1888 年瑞典物理学家、数学家里德伯(J. R. Rydberg)将巴耳末公式表示为更一般化的形式

$$\tilde{\nu}=R\left(\frac{1}{m^2}-\frac{1}{n^2}\right) \quad (m=1,2,3,\cdots,n=m+1,m+2,m+3,\cdots) \quad (21\text{-}23)$$

式中 $\tilde{\nu}=\lambda^{-1}$ 为波长的倒数，称为波数；$m=1,2,3,\cdots$ 为整数；$n=m+1,m+2,m+3,\cdots$ 亦为整数；$R=1.096776\times10^7$ m^{-1} 为里德伯(Rydberg)恒量，称式(21-23)为里德伯公式。给定 m 后，n 取不同值对应不同谱线系(见图 21-14)。当 $m=2$，里德伯公式变为巴耳末公式，所对应的谱线系称为巴耳末系。$m=1$ 时里德伯公式变为

$$\tilde{\nu}=R\left(\frac{1}{1^2}-\frac{1}{n^2}\right) \quad (n=2,3,4,\cdots) \quad (21\text{-}24)$$

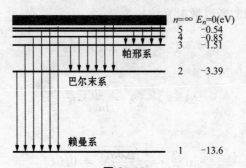

图 21-14

对应的谱线系在紫外区，由赖曼(T. Lyman)在 1914 年发现，称为赖曼系。当 $m=3$ 的光谱线位于红外线区，由帕邢(F. Paschen)在 1908 年发现，称为帕邢系

$$\tilde{\nu}=R\left(\frac{1}{3^2}-\frac{1}{n^2}\right) \quad (n=4,5,6,\cdots) \quad (21\text{-}25)$$

当 $m=4$ 的光谱线位于近红外区，称为布拉开(F. Brackett)系

$$\tilde{\nu}=R\left(\frac{1}{4^2}-\frac{1}{n^2}\right) \quad (n=5,6,7,\cdots) \quad (21\text{-}26)$$

当 $m=5$ 的光谱线位于远红外区，称为普丰德(H. A. Pfund)系

$$\tilde{\nu}=R\left(\frac{1}{5^2}-\frac{1}{n^2}\right) \quad (n=6,7,8,\cdots) \quad (21\text{-}27)$$

当 $m=6$ 的光谱线位于远红外区，称为汉弗莱(C. S. Humphreys)系。

1908 年里兹(W. Ritz)将里德伯公式表示为更普遍的形式

$$\tilde{\nu}=T(m)-T(n) \quad (21\text{-}28)$$

式中 $T(m)=\dfrac{R}{m^2}$ 称为光谱项。氢原子光谱的任何一条谱线的波数都是两个"光谱项"之差。按照当时对原子结构的认识，很难用经典理论解释氢原子光谱的实验规律。

21.3.2 经典原子模型的困难

当时人们对原子结构以及相关知识的了解,除了氢原子光谱的实验规律以外,1895 年伦琴(W. Röntgen)发现了 X 射线存在;1897 年,汤姆孙从实验上确认了电子的存在;1910 年,密立根用油滴实验精确地测定了电子电荷;1909 年,卢瑟福(E. Rutherford)的 α 粒子散射实验中发现部分大角度散射事例(见图 21-15),并又由此提出了原子的核结构模型,认为原子中带正电的部分集中在很小的区域($<10^{-14}$ m)中,原子质量主要集中在带正电的部分,形成原子核,电子绕着原子核转动如同行星绕太阳转动一样满足开普勒三定律,又称太阳系模型;1913 年,盖革和马斯顿在卢瑟福的指导下做了进一步的实验,证明了卢瑟福原子模型的正确性。

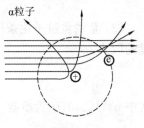

图 21-15

虽然原子核式结构模型可很好地解释 α 粒子散射实验,但却无法用经典电磁理论解释原子的线状光谱问题。按照经典电磁理论,加速带电粒子一定要辐射电磁波,若电子做圆周运动的周期为 T,发射的电磁波的周期也应该是 T,由于辐射能量损失,电子运动半径会越来越小,电子的周期由于运动半径越来越小是连续变化的,原子辐射的电磁波应该是连续谱,所以按卢瑟福的原子模型,原子辐射的光谱应该是连续的,不应该是分立线状光谱。其次原子核式结构模型还无法解释原子结构是稳定的这一基本性质:随着电磁波的不断辐射,电子的机械能越来越小,半径越来越小,最后电子被吸引到原子核上,电子的轨道是不稳定的,从而原子是不稳定的,这与实际情况不符。

究竟是核式结构模型不对还是经典电磁理论不对?玻耳认为两者均有问题。1912 年,玻耳来到卢瑟福的实验室,参加了 α 粒子散射实验的研究工作,并深深地为卢瑟福的原子结构及其稳定性问题所吸引,他没有完全放弃原子的核式结构模型,同时对经典电磁理论作了修改,形成了玻耳的氢原子理论。

21.3.3 玻耳理论

玻耳将原子的核式结构模型与爱因斯坦的光量子假设结合起来,于 1913 年以"原子构造和分子构造"为题,接连发表了三篇划时代的论文,提出了他的氢和类氢原子的"行星模型",并成功地解释了氢原子的实验规律,并为此获得了 1922 年的诺贝尔物理学奖。下面给出玻耳的假设,以及氢原子光谱的玻耳理论。

21.3.3.1 玻耳假设

玻耳的原子行星模型主要有如下三个假设：

(1) 定态条件：电子绕原子核做圆周运动是稳定的状态，不辐射能量，称为定态。每一个定态对应于电子的一个能级[见图21-16(a)]。

(2) 频率条件：当原子从某一能量状态跃迁到另一能量状态吸收或产生电磁辐射[见图21-16(b),(c)]，且电磁波的频率满足条件

$$h\nu = E_m - E_n \tag{21-29}$$

(3) 角动量量子化条件：电子绕原子核做圆周运动时角动量是量子化的，角动量的取值为

$$mv_n r_n = n\frac{h}{2\pi} \tag{21-30}$$

式中 $n=1,2,3,\cdots$ 为整数。

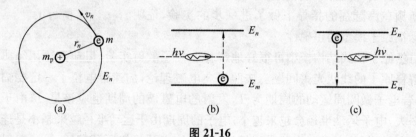

图 21-16

21.3.3.2 氢原子光谱的玻耳理论

利用 Bohr 假设结合经典电磁理论可很好地解释氢原子光谱规律。库仑力作为电子绕原子核做圆周运动的向心力，即

$$\frac{e^2}{4\pi\varepsilon_0 r^2} = m\frac{v^2}{r} \tag{21-31}$$

并不是所有可能半径的圆周运动均存在，电子的运动满足玻耳角动量量子化条件

$$L = mvr = n\frac{h}{2\pi} \tag{21-32}$$

由式(21-31)和式(21-32)立即得到氢原子的半径为

$$r_n = n^2 \frac{\varepsilon_0 h^2}{\pi m e^2} = n^2 r_1 \tag{21-33}$$

其中：

$$r_1 = \frac{\varepsilon_0 h^2}{\pi m e^2} = a_0 = 0.053 \text{ nm} \tag{21-34}$$

称为玻耳半径。

对半径的约束导致对原子能量的约束，氢原子的能量为电子的动能和电子与

原子核相互作用势能之和，即

$$E = \frac{1}{2}mv^2 - \frac{e^2}{4\pi\varepsilon_0 r} \tag{21-35}$$

而 $\frac{1}{2}mv^2 = \frac{e^2}{8\pi\varepsilon_0 r}$，代入上式有

$$E = -\frac{e^2}{8\pi\varepsilon_0 r} \tag{21-36}$$

将氢原子半径公式(21-34)代入，有

$$E = -\frac{e^2}{8\pi\varepsilon_0 r_n} = -\frac{me^4}{8\varepsilon_0^2 h^2 n^2} \tag{21-37}$$

或

$$E = E_n = \frac{E_1}{n^2} \tag{21-38}$$

式中 $n=1,2,\cdots$ 为整数；$E_1 \approx -13.6\,\mathrm{eV}$ 为氢原子基态能，也称为氢原子的电离能。

式(21-37)为氢原子的能级公式，由该式很容易得到氢原子的光谱公式。由频率条件知氢原子在两能态跃迁所放出的光子的频率为

$$\nu = \frac{E_n - E_m}{h} = \frac{me^4}{8\varepsilon_0^2 h^3}\left(\frac{1}{m^2} - \frac{1}{n^2}\right) \tag{21-39}$$

波数为

$$\tilde{\nu} = \frac{\nu}{c} = R\left(\frac{1}{m^2} - \frac{1}{n^2}\right) \tag{21-40}$$

式中 $R = \frac{me^4}{8\varepsilon_0^2 h^3 c} = 1.097\,373 \times 10^7\,\mathrm{m}^{-1}$ 即为里德伯恒量。可见用玻耳理论成功地解释了氢原子光谱的实验规律。

应该说明，玻耳理论只是半经典理论，他在经典理论上生硬地强加了一个量子化条件，这是玻耳理论的不足之一。除此以外，这一理论不能解释复杂原子的光谱，不能计算光谱线相对强度，要更准确地描述原子的行为需要量子力学。但玻耳的氢原子理论仍然受到普遍的重视，其主要原因是：①它能够解释氢原子光谱的主要特征；②玻耳提出的一些基本概念，例如原子能量的量子化和量子跃迁的概念以及频率条件等，至今仍然是正确的；③打开了人们认识原子的大门。

【例 21-4】 如用能量为 12.6 eV 的电子轰击氢原子，将产生哪些光谱线？

解 设原子在该能量的轰击下跃迁到第 n 个能态上，则有关系

$$\Delta E = E_n - E_1 = \frac{E_1}{n^2} - E_1$$

将 $E_1 = -13.6\,\mathrm{eV}$ 和 $\Delta E = 12.6$ 代入上式，可解出

$$n \approx 3.69$$

用 12.6 eV 的电子轰击氢原子,只能使原子所处的最高能级为 $n=3$,在该能态上可以向低能级跃迁,所以可能的能级跃迁有如下三种情况:

(1) $3 \rightarrow 1: \dfrac{1}{\lambda_1} = R\left(\dfrac{1}{1^2} - \dfrac{1}{3^2}\right) = 0.975 \times 10^7$

波长为 $\lambda_1 = 1.025 \times 10^{-7}$ m;

(2) $2 \rightarrow 1: \dfrac{1}{\lambda_2} = R\left(\dfrac{1}{1^2} - \dfrac{1}{2^2}\right) = 0.975 \times 10^7$

波长为 $\lambda_2 = 1.216 \times 10^{-7}$ m;

(3) $3 \rightarrow 2: \dfrac{1}{\lambda_3} = R\left(\dfrac{1}{2^2} - \dfrac{1}{3^2}\right) = 0.152 \times 10^7$

波长为 $\lambda_3 = 6.579 \times 10^{-7}$ m。

习　题　21

21-1　测量星体表面温度的方法之一是将其看作黑体,测量它的峰值波长 λ_m。已知太阳、北极星和天狼星的峰值波长 λ_m 分别为 0.50×10^{-6} m,0.43×10^{-6} m 和 0.29×10^{-6} m,利用维恩定律计算它们的表面温度。

21-2　某黑体的表面温度为 6 000 K,此时辐射的峰值波长 $\lambda_m = 483$ nm。

(1) 则当 λ_m 增加 5 nm 时,该黑体的表面温度变为多少?

(2) 求当 λ_m 增加 5 nm 时,辐出度的变化 ΔE 与原辐出度 E 之比。

21-3　宇宙大爆炸遗留在宇宙空间的均匀背景辐射相当于温度为 3 K 的黑体辐射,试计算:

(1) 此辐射的单色辐出度的峰值波长;

(2) 地球表面接收到此辐射的功率。

21-4　已知垂直射到地球表面每单位面积的日光功率为 P(称太阳常数),地球与太阳的平均距离为 R_{SE},太阳的半径为 R_S。

(1) 求太阳辐射的总功率;

(2) 把太阳看作黑体,试计算太阳表面的温度。

21-5　已知 2 000 K 时钨的辐出度与黑体的辐出度之比为 0.259。设灯泡的钨丝面积为 10 cm²,其他能量损失不计,求维持灯丝温度所消耗的电功率。

21-6　天文学中常用热辐射定律估算恒星的半径。现观测到某恒星热辐射的峰值波长为 λ_m,辐射到地面上单位面积的功率为 W。已测得该恒星与地球间的距离为 l,若将恒星看作黑体,试求该恒星的半径。

21-7　由黑体辐射公式导出维恩位移定律。

21-8　如题图所示,真空中有三块很大且彼此平行的金属板,表面涂黑(可看成绝对黑体)。最外侧两块金属板分别保持恒定温度 T_1 和 T_3,当辐射达到平衡时,试求中间金属板的温度 T_2。

习题 21-8 图

21-9 分别求出红色光($\lambda = 7 \times 10^{-5}$ cm), X 射线($\lambda = 0.25$ Å), γ 射线($\lambda = 1.24 \times 10^{-2}$ Å)的光子的能量、动量和质量。

21-10 钨丝灯(100 W)在 1 800 K 温度下工作。假定可视其为黑体, 试估算每秒钟内, 在 5 000 Å 到 5 001 Å 波长间隔内发射多少个光子?

21-11 如题图所示, 波长为 λ 的单色光照射某金属 M 表面发生光电效应, 发射的光电子(电荷绝对值为 e, 质量为 m)经狭缝 S 后垂直进入磁感应强度为 B 的匀强磁场。今已测出电子在该磁场中做圆周运动的最大半径为 R。求金属材料的逸出功和遏止电势差。

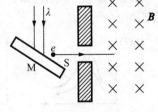

习题 21-11 图

21-12 在康普顿散射实验中, 用波长 $\lambda_0 = 7.2 \times 10^{-3}$ nm 的 γ 射线对石墨中的电子散射, 求:

(1) 在所有散射光中最长的散射波长 λ_m;

(2) 反冲电子中动能最大的电子的动能 E_{km}(eV)。

21-13 波长为 1 Å 的 X 射线在石墨上发生康普顿散射, 如在 $\theta = \dfrac{\pi}{2}$ 处观察散射光。试求:

(1) 散射光的波长 λ';

(2) 反冲电子的运动方向和动能。

21-14 入射的 X 射线光子的能量为 0.60 MeV, 被自由电子散射后波长变化了 20%, 则反冲电子的动能为多少?

21-15 设康普顿效应中入射 X 射线(伦琴射线)的波长 = 0.700 Å, 散射的 X 射线与入射的 X 射线垂直, 求:

(1) 反冲电子的动能 E_k;

(2) 反冲电子运动的方向与入射的 X 射线之间的夹角。

21-16 在氢原子被外来单色光激发后发出的巴耳末系中, 仅观察到三条光谱线, 试求这三条谱线的波长以及外来光的频率。

21-17 一个氢原子从 $n=1$ 的基态激发到 $n=4$ 的能态。

(1) 计算原子所吸收的能量;

(2) 若原子回到基态, 可能发射哪些不同能量的光子?

(3) 若氢原子原来静止, 则从 $n=4$ 直接跃回到基态时, 计算原子的反冲速率。

21-18 利用玻耳量子化条件, 求质量为 m、带电量为 q 的粒子在均匀外磁场 B 中做圆周运动时粒子轨道的可能半径和动能。

思 考 题 21

21-1 在加热黑体过程中, 其最大单色辐出度对应的波长由 0.8 μm 变到 0.4 μm, 则其辐射出射度(总辐射本领)增大为原来的多少倍?

21-2 把表面洁净的紫铜块、黑铁块和铝块放入同一恒温炉膛中达到热平衡。炉中这三块金属对红光的辐出度和吸收比之比依次用 M_1/a_1,M_2/a_2 和 M_3/a_3 表示,则有( )。

(A) $\dfrac{M_1}{a_1}>\dfrac{M_2}{a_2}>\dfrac{M_3}{a_3}$ (B) $\dfrac{M_2}{a_2}>\dfrac{M_1}{a_1}>\dfrac{M_3}{a_3}$

(C) $\dfrac{M_3}{a_3}>\dfrac{M_2}{a_2}>\dfrac{M_1}{a_1}$ (D) $\dfrac{M_1}{a_1}=\dfrac{M_2}{a_2}=\dfrac{M_3}{a_3}$

21-3 如题图所示,已知 $T_2>T_1$,能定性地正确反映黑体单色辐出度 $M_\lambda(T)$ 随 λ 和 T 的变化规律的为( )?

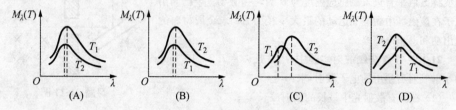

思考题 21-3 图

21-4 如题图所示为在 $T_1=3\,000\,\text{K}$ 黑体辐射的能谱曲线,图中所示阴影面积的物理意义为何?

21-5 温度为 T 时钨的辐出度与黑体的辐出度之比为 k。设灯泡的钨丝面积为 S,其他能量损失不计,则维持灯丝温度所消耗的电功率为多少?

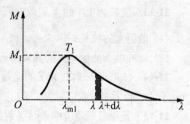

思考题 21-4 图

21-6 在光电效应试验中,用光强相同频率为 ν_1 和 ν_2 的光作伏安特性曲线。如题图所示,已知 $\nu_2>\nu_1$,那么它们的伏安特性曲线应该是( )?

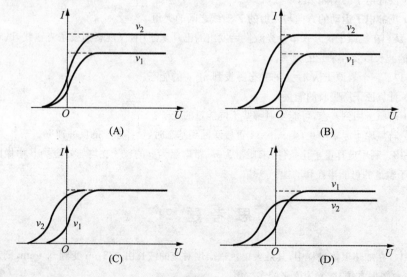

思考题 21-6 图

21-7 在光电效应实验中,对逸出功 A 不同的 $1,2$ 两种金属($A_2 > A_1$),作遏止电压 U_a 与光频 ν 的比较实验曲线,试判别题图中哪张图曲线是正确的。

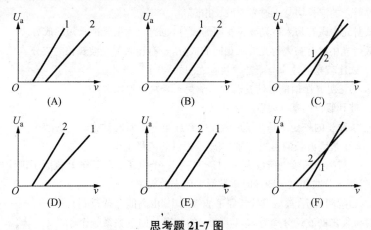

思考题 21-7 图

21-8 用频率为 ν_1 的单色光照射某一种金属时,测得光电子的最大动能为 E_1;用频率为 ν_2 的单色光照射另一种金属时,测得光电子的最大动能为 E_2。如果 $E_1 > E_2$,那么( )。

(A) ν_1 一定大于 ν_2 　　　　　(B) ν_1 一定小于 ν_2
(C) ν_1 一定等于 ν_2 　　　　　(D) ν_1 可能大于也可能小于 ν_2

21-9 设用频率为 ν_1 和 ν_2 的两种单色光,先后照射同一种金属均能产生光电效应。已知该金属的红限频率为 ν_0,测得两次照射时的遏止电压 $|U_{a2}| = 2|U_{a1}|$,则这两种单色光的频率满足( )。

(A) $\nu_2 = \nu_1 - \nu_0$ 　　　　　(B) $\nu_2 = \nu_1 + \nu_0$
(C) $\nu_2 = 2\nu_1 - \nu_0$ 　　　　(D) $\nu_2 = \nu_1 - 2\nu_0$

21-10 在光电效应实验中,从金属表面逸出的光电子的最大初动能取决于( )。

(A) 入射光的强度和红限 　　　　(B) 入射光的强度和金属的逸出功
(C) 入射光的频率和光照时间 　　(D) 入射光的频率和金属的逸出功

21-11 用频率为 ν_1 的单色光照射某种金属时,测得饱和电流为 I_1,以频率为 ν_2 的单色光照射该金属时,测得饱和电流为 I_2,若 $I_1 > I_2$,则( )。

(A) $\nu_1 > \nu_2$ 　　　　　　　　(B) $\nu_1 < \nu_2$
(C) $\nu_1 = \nu_2$ 　　　　　　　　(D) ν_1 与 ν_2 的关系还不能确定

21-12 在匀强磁场 B 内放置一极薄的金属片,其红限波长为 λ_0。今用单色光照射,发现有电子放出,有些放出的电子(质量为 m,电荷的绝对值为 e)在垂直于磁场的平面内做半径为 R 的圆周运动,那么此照射光光子的能量是( )。

(A) $\dfrac{hc}{\lambda_0}$ 　　　　　　　　(B) $\dfrac{hc}{\lambda_0} + \dfrac{(eRB)^2}{2m}$

(C) $\dfrac{hc}{\lambda_0} + \dfrac{eRB}{m}$ 　　　　(D) $\dfrac{hc}{\lambda_0} + 2eRB$

21-13 康普顿效应的实验结果表明（　）。

(A) 散射光的波长比入射光的波长短

(B) 散射光的波长均与入射光的波长相同

(C) 散射光中既有与入射光波长相同的成分，也有比入射光波长短的成分

(D) 散射光中既有与入射光波长相同的成分，也有比入射光波长长的成分

21-14 试比较光电效应与康普顿效应之间的异同。

21-15 用可见光照射能否使基态氢原子受到激发？为什么？

21-16 玻耳假设的基本要点有哪几条？

21-17 氢原子的赖曼系是原子由激发态跃迁至基态而发射的谱线系，为使处于基态的氢原子发射此线系中最大波长的谱线，则向该原子提供的能量至少应为多少？

21-18 类氢离子的核电荷数为 Z_e，核外只有一个电子。根据玻耳氢原子理论推导类氢离子轨道半径、能级公式和电子跃迁时所发射单色光的频率公式。

21-19 如题图所示，被激发的氢原子能级图中，由高能态跃迁到较低能态时可发出的波长分别为 λ_1，λ_2 和 λ_3 的辐射。如下关系哪个正确？（　）。

(A) $\lambda_1 + \lambda_2 = \lambda_3$

(B) $\lambda_1 + \lambda_3 = \lambda_2$

(C) $\dfrac{1}{\lambda_1} + \dfrac{1}{\lambda_2} = \dfrac{1}{\lambda_3}$

(D) $\dfrac{1}{\lambda_1} + \dfrac{1}{\lambda_3} = \dfrac{1}{\lambda_2}$

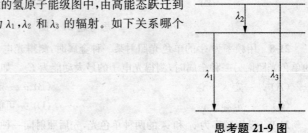

思考题 21-9 图

第 22 章　量子力学的基本原理

量子力学在旧量子论的基础上、在短短的 5 年时间(1923～1927 年)几乎同时建立了两套等价的量子理论:波动力学和矩阵力学。本书主要介绍波动力学。

量子力学与经典力学虽然有很大不同,但其理论体系与经典力学相同,也是由运动学和动力学两部分构成。具体地说,量子力学的研究对象是微观粒子,认为粒子具有波动性,微观粒子的运动状态不是用位置和动量表示,而是用波函数表示其运动状态;经典波的波函数有确切的物理意义,如机械波波函数代表媒质质元的位移、电磁波波函数代表电场强度或磁场强度,但描述微观粒子状态的波函数本身无直接物理意义,其物理意义是采用玻恩对波函数所赋予的统计解释;机械波和电磁波的动力学方程是牛顿运动定律和麦克斯韦方程组,量子力学中波函数也满足一个波动方程——薛定谔方程,通过求解薛定谔方程可以得到描述微观粒子运动状态的波函数;由机械波的波函数可直接求出媒质质元的速度、加速度、动能、势能等,而电磁波波函数本身就是电势分布、电场分布等,也就是说由经典波波函数可以直接计算所关心的任何物理量,同样利用量子力学波函数也可以计算所关心的物理量,其中涉及力学量算符表示假设。

本章先介绍微观粒子的波函数,然后给出薛定谔方程,最后简单介绍力学量算符表示。

22.1　波函数及统计解释

22.1.1　德布罗意物质波假设

正当人们沉浸在旧量子论所取得的伟大成就的喜悦中,法国物理学家路易·德布罗意(L. de Broglie)在喜悦的气氛中投下了一颗重磅炸弹——所有微观粒子具有波动性。德布罗意这一假设在物理学界掀起了轩然大波,因为他的思想是如此新颖、如此大胆,以致像普朗克、洛仑兹这些人都很难相信它的正确性。1924 年,在巴黎大学提交的博士论文中德布罗意提出:"我们因而倾向于假定,任何运动物体都伴随着一个波动,而且不可能把物体的运动跟波的传播拆开。"他的导师朗之万对他梦幻般的想象感到非常惊讶,认为他的想象过分大胆、几近荒谬,但又找不到他的论述和数学推演方面的错误,为慎重起见,朗之万将论文寄给了爱因斯坦,爱因斯坦看后评价道:"瞧瞧吧!揭开了巨大帐幕的一角。"下面给出德布罗意的假设。

德布罗意认为具有能量 E 和动量 p 的实物粒子具有波动性,所联系波的频率 ν 和波长 λ 分别为

$$E = h\nu \tag{22-1}$$

$$\lambda = \frac{h}{p} \tag{22-2}$$

式中 λ 称为德布罗意波长,这就是著名的德布罗意假设。此假说当时纯粹是理论推测,当然这一假设的提出并不是偶然的,既然光波具有粒子性,自然也会想到实物粒子具有波动性。当有人问到如何检查这种波时,德布罗意相信这种波动性可以从电子在晶体上散射这样的实验中检查到,在1927年确实由戴维孙和革末完成了这样的实验。于是,德布罗意在1929年获得了诺贝尔物理学奖。

为什么我们在日常生活中没有看到粒子的波动性呢?从下个例子中可以找到答案。

【例 22-1】 估算 $m = 1\,\text{g}, v = 1\,\text{cm/s}$ 的实物粒子的波长。

解 由于粒子速度不高,可不考虑相对论效应

$$\lambda = \frac{h}{p} = \frac{h}{mv} = 6.63 \times 10^{-29}\,\text{m}$$

可见粒子对应的波长实在太小,其波动性根本无法表现出来。

【例 22-2】 用 $U = 150\,\text{V}$ 的电压加速电子后,求电子波长。

解 虽然电子的质量小,但因加速电压不是很高,本题亦可不考虑相对论效应,加速后电子获得的动能为

$$\frac{1}{2}mv^2 = eU$$

速度为

$$v = \sqrt{\frac{2eU}{m}}$$

波长为

$$\lambda = \frac{h}{mv} = \frac{h}{\sqrt{2emU}} \tag{22-3}$$

或

$$\lambda \approx \frac{12.25}{\sqrt{U}} \text{Å} \tag{22-4}$$

将 $U=150\text{ V}$ 代入上式,可得 $\lambda=1\text{ Å}$。

这一长度与晶体中原子间距的数量级相当,故电子的波动性可通过类似于晶体对 X 射线的衍射来观测,戴维孙和革末实验正是晶体对电子的衍射实验。

【例 22-3】 德布罗意把物质波假设用于氢原子,认为电子在经典的圆轨道上运动时,只有圆周周长满足驻波条件才有可能(见图 22-1),也就是说周长为物质波波长的整数倍,即

$$2\pi r = n\lambda$$

式中 $n=1,2,3,\cdots$ 为整数。所以圆周运动的半径为

$$r = n\frac{\lambda}{2\pi} = n\frac{h}{2\pi m v}$$

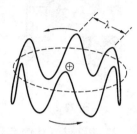

图 22-1

对应的角动量为

$$L = rmv = n\frac{h}{2\pi}$$

上式这正是玻耳的量子化条件,德布罗意用物质波的概念成功地解释了玻耳提出的轨道量子化条件。

22.1.2 物质波的实验验证

22.1.2.1 戴维孙-革末实验

在 1927 年,贝尔电话公司实验室的戴维孙和革末研究了电子镍单晶上的衍射,实验装置如 22-2 所示,电子枪发射的电子束经过电压 U 加速后,投射到镍的晶面上,经晶面散射后进入探测器,进入探测器的电子数目可由电流计测出。

镍单晶相当一块"光栅"(见图 22-3),假如电子具有波动性,电子经过晶体散射后在不同方向应表现出衍射特征,像分析 X 光经过晶体的衍射一样,电子衍射应满足布拉格公式

$$2d\sin\theta = k\lambda \tag{22-5}$$

凡满足上式的探测方向上探测,电流计中应出现电流的极大值。将式(22-4)代入上式可得到电流取极大的方向满足下式:

$$2d\sin\theta = k\frac{12.25}{\sqrt{U}}$$

式中 $k=1,2,3,\cdots$ 为整数。或

$$\sqrt{U} = k\frac{12.25}{2d\sin\theta} = \frac{12.25}{2d\sin\theta}, \quad 2\times\frac{12.25}{2d\sin\theta}, \quad 3\times\frac{12.25}{2d\sin\theta},\cdots \quad (22\text{-}6)$$

若固定 θ 角,加速电压满足式(22-6)时电流取极大。图 22-4 为实验结果,探测电流随着电压的增大,确实呈现出振荡形式的变化,验证了电子运动具有波动性。

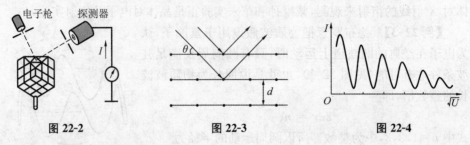

图 22-2　　　　　　　　　图 22-3　　　　　　　　　图 22-4

22.1.2.2　其他实验

除了电子在镍单晶上的衍射实验外,还有其他实验说明实物粒子具有波动性。1927 年英国物理学家汤姆孙(G. P. Thomson)成功做了电子通过金多晶薄膜的衍射实验,为此在 1937 年戴维孙与汤姆孙获诺贝尔物理奖。1961 年约恩孙(C. Jönsson)运用铜箔制成的 2~5 条细缝得到了电子的多缝干涉图样。1930 年艾斯特曼(Estermann)、斯特恩(Stern)和他们的同事们证实了普通原子具有波动性。后来其他实验又验证了质子、中子等实物粒子都具有波动性。

22.1.3　波函数

22.1.3.1　波函数

既然微观粒子具有波动性,应引入描述这种波的波函数。德布罗意认为能量为 E、动量大小为 p 的"自由粒子"沿 x 方向运动时,对应的物质波应为"单色平面波"。即,对应一列角波数和圆频率分别为 (k,ω) 单色波

$$\Psi(x,t) = \psi_0 e^{-i(\omega t - kx)} \quad (22\text{-}7)$$

式中 ψ_0 为复数(待定),可见波函数 $\Psi(x,t)$ 为一复变函数。按德布罗意假设,可将波函数用粒子的能量和动量表示为

$$\Psi(x,t) = \psi_0 e^{-\frac{i}{\hbar}(Et - px)} \quad (22\text{-}8)$$

式中 $\hbar = h/2\pi$。

若粒子为三维自由运动,则波函数可表示为

$$\Psi(\boldsymbol{r},t) = \psi_0 e^{-\frac{i}{\hbar}(Et - \boldsymbol{p}\cdot\boldsymbol{r})} \quad (22\text{-}9)$$

奥地利物理学家薛定谔(E. Schrödinger)在 1925 年将自由粒子推广到一般情况,认为在势场中运动的粒子,描述其运动状态应该也是时空的复函数 $\Psi(\boldsymbol{r},t)$,当

然这个波函数可能不是平面波,确定波函数是量子力学的中心任务之一。

22.1.3.2　波函数的统计解释

波函数的物理意义是什么?究竟粒子的什么性质在波动?描述粒子运动状态的波函数作为一个重要的新概念登上量子力学舞台后,其本身的物理意义却模糊不清,使许多物理学家感到迷惑不解而大伤脑筋。

爱因斯坦为了解释光具有粒子和波的二象性,把光波的强度解释为光子出现的概率密度。玻恩在这个观点的启发下,给出了波函数的统计意义:波函数模的平方代表在时刻 t、空间 r 处单位体积中微观粒子出现的概率,即

$$\rho(r,t) = |\Psi(r,t)|^2 = \Psi(r,t)^* \Psi(r,t)$$

为粒子的概率密度,其中 $\Psi^*(r,t)$ 是 $\Psi(r,t)$ 的复共轭。由于波函数的模方具有概率的意义,故也将德布罗意波称为概率波。在体积元 dV 中发现粒子的概率为

$$\rho(r,t)dV = \Psi(r,t)^*\Psi(r,t)dV = |\Psi(r,t)|^2 dV$$

由于在全空间一定能找到粒子,故概率密度在全空间积分为1,即

$$\int_\Omega \Psi^*(r,t)\Psi(r,t)dV = 1 \tag{22-10}$$

式中 Ω 表示全空间区域,称该式为波函数的归一化条件。

玻恩所给出的波函数统计解释,是量子力学的基本假设之一,为此在1954年获得了诺贝尔物理学奖。

量子力学建立以后,爱因斯坦和玻耳争论了近30年。以玻耳为首包括海森伯、狄拉克、玻恩的哥本哈根学派认为:宇宙中事物偶然性是根本的,必然性是偶然性的平均表现。以爱因斯坦为首包括薛定谔、德布罗意学派认为:自然规律根本上是决定论的,"上帝肯定不是用掷骰子来决定电子应如何运动的!"但实验事实和现代物理的成就更偏爱玻耳的观点。

22.1.3.3　微观粒子的波粒二象性

光和微观粒子均具有波粒二象性(wave-particle duality),如何理解微观粒子的波粒二象性?爱因斯坦在他生命快结束时还在考虑"什么是光量子"这个问题,他不明白一个光子怎么能够有频率呢?

为了更好地认识微观粒子的波粒二象性,先回顾经典波、经典粒子的概念。一粒尘埃、一发子弹等是经典的粒子,它们在运动时的主要特点是具有局域性、有确定的轨道、不同粒子可以区分。机械波、电磁波均是经典的波,它们的主要特点是具有弥散性或非局域性、两列波可相互叠加、会出现波"干涉"和"衍射"等现象。

而量子力学中微观粒子的"粒子性"和"波动性"的含义与经典的粒子和经典的波不同:①"粒子性"主要指微观粒子的整体性和不可分割性,性质相同的微观粒子是不可区分的、粒子没有确定的轨道;②"波动性"主要指描述微观粒子状态的波函

数是可以叠加的,像经典波一样可以出现"干涉"、"衍射"等现象。但与经典的波不同,波函数并不对应真实物理量的波动。

"波粒二象性"是指微观粒子可显示出"波动"和"粒子"两种不同属性。在一些情况下,微观粒子突出显示出其粒子特性,而在另一些情况下,则突出显示出波动特性。例如,光的直线传播规律、反射规律和折射规律显示了光的粒子性,在光电效应和康普顿散射过程中光子被整体吸收也显示粒子性。而光的干涉、衍射等现象显示了光的波动性。

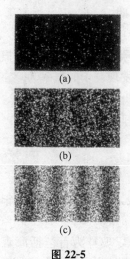

图 22-5

在电子双缝衍射实验中,开始时底片上出现一个个无规则分布的点子[见图 22-5(a)],说明电子具有"粒子性"。随着电子数增大,逐渐形成衍射图样[见图 22-5(b)、(c)],说明电子具有波动性。

在历史上有人认为电子的波动性是大量电子相互影响的结果,其实不然,单个粒子具有波动性。正如狄拉克所说"是电子自身的干涉"。若在电子双缝衍射实验中,让入射电子流极其微弱,以致让入射电子几乎一个一个地通过狭缝,使得前后通过的电子不相互作用,随着电子数增大,仍能形成衍射图样[见图 22-5(b)、(c)]。说明电子的波动性是单个电子具有的,不是大量电子相互影响的结果。

有人将粒子看成波包来解释波粒二象性,仔细分析这一模型也不符合实际,若将粒子看成波包,由于波包是分布在有限空间内,波包一定不是单色波,组成波包不同频率单色波的速度会由于色散不相同,最后导致波函数在空间的分布不稳定,但实际情况并不是这样。

在 1927 年玻耳为了解释波粒二象性提出了一个著名的哲学原理——互补原理(Complementary Principle)。他认为任何事物都有不同的侧面,一方面它们是互斥的,另一方面两者又是互补的。波粒二象性正是这一原理的一个实例,玻耳认为微观粒子的波动性和粒子性不能同时出现,是相互排斥的,但波动性与粒子性是微观粒子属性的两个侧面,是相互补充的,量子现象必须用这种既互斥又互补的方式来描述。

总之,应该用发展的眼光来理解微观粒子的波粒二象性。微观粒子的波粒二象性会带来一系列与经典物理不同的全新的结论,例如下面介绍的不确定性关系就是其中之一。

22.2 不确定关系

一列单色机械波在空间分布一定是周期性的、无头无尾的(见图 22-6),无法说清楚波的位置在哪里、波的位置很不确定,但波长(或动量)完全确定。换一个说法,由于波列无限长,波通过空间任意 P 点的时间会持续无限长,无法说清楚波是哪个时刻通过 P 点,但波的频率(能量)完全确定。

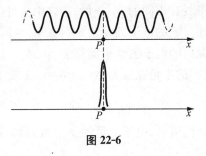

图 22-6

如果是一个窄的波包,则波的位置比较确定,但因波包是由很多频率的单色波叠加而成,波长(或动量)不确定范围变大。换一个说法,波包通过 P 点持续的时间间隔变小,但波包的频率不确定。

总之,由于波的弥散性,经典波存在不确定关系:波的位置和动量不能同时确定,或波的能量和时间不能同时确定。这种不确定性关系对于物质波同样适用。

22.2.1 位置和动量不确定关系

1927 年海森伯(W. Heisenberg)提出了著名的位置-动量不确定关系:粒子的坐标和动量不能同时取确定值,存在一个不确定关系

$$\Delta x \cdot \Delta p_x \geqslant \frac{\hbar}{2} \tag{22-11}$$

式中 $\Delta x=\sqrt{\overline{(x-\bar{x})^2}}$ 为微观粒子位置的不确定范围;$\Delta p_x=\sqrt{\overline{(p_x-\bar{p}_x)^2}}$ 为微观粒子动量的 x 分量的不确定范围($\bar{x}$ 和 $\bar{p}_x$ 分别为 x 和 p_x 的平均值),将其称为海森伯不确定性原理(Heisenberg Uncertainty Principle),有人称其为测不准关系,实际上与测量无关。

海森伯不确定关系是通过一个想象的光学显微镜实验推理得到:设想用一个 γ 射线显微镜来观察电子的坐标,所用光的波长 λ 越短,显微镜的分辨率越高,从而测定电子坐标不确定的程度 Δx 就越小,所以 $\Delta x \propto \lambda$。但另一方面,光照射电子是光子和电子发生碰撞,波长 λ 越短,光子的动量就越大,电子与光子碰撞后动量改变 Δp 越大,所以有 $\Delta p \propto 1/\lambda$。经过推理计算海森伯得出:$\Delta x \Delta p = h/4\pi$。

不确定性关系告诉我们,被束缚在某有限空间区域内的粒子,粒子的运动范围相对确定,不可能具有确定的动量,或者说描述粒子的物质波不可能是单色的。相反,如果物质波是单色的,则粒子的动量完全确定,$\Delta p_x=0$,由式(22-11)可得,$\Delta x \to \infty$,对粒子的运动范围不能约束,粒子自由传播。

动量为 p_0 的电子通过单缝作自由运动,如图 22-7 所示,当在电子的运动前方放置一个宽度为 Δx 的单缝,相当将电子在 x 轴的运动范围约束在 Δx 宽度内,换句话说,电子通过单缝后,其 x 坐标的不确定度为 Δx。这不确定度会导致动量的

x 分量的不确定,形成电子单缝衍射"中央亮纹"。落在中央亮纹不同位置处的电子具有不同的 p_x 分量,落在中央处的电子的动量的 x 分量为零,即 $p_{0x}=0$,落在其他位置的电子的动量 x 分量 $p_x=p_{0x}+\Delta p_x=\Delta p_x \neq 0$。下面估算落在中央亮纹边缘处的电子的动量偏移 $p_x=\Delta p_x$。按照波的衍射理论可知,电子单缝衍射"中央亮纹"的半角宽度为 $\Delta x \sin\varphi = \pm\lambda$ 或

$$\varphi \approx \sin\varphi \approx \frac{\lambda}{\Delta x}$$

由图可见,电子动量的 x 分量偏移与总动量的比值一定满足

$$\varphi = \tan^{-1}\frac{\Delta p_x}{p} = \frac{\Delta p_x}{p}$$

联立以上两式,有

$$\frac{\Delta p_x}{p} = \frac{\lambda}{\Delta x}$$

将德布罗意关系代入可得 $\Delta x \cdot \Delta p_x \sim h$。可见,对坐标 x 约束得越精确(Δx 越小),动量不确定性 Δp_x 就越大(衍射越显著),如果去掉狭缝、取消对电子的约束,电子自由运动,对应一列单色平面波,电子的动量可以取确定值。

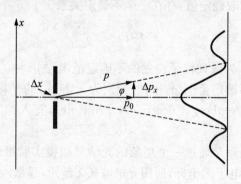

图 22-7

对三维运动,不确定关系为

$$\begin{cases} \Delta x \cdot \Delta p_x \geqslant \hbar/2 \\ \Delta y \cdot \Delta p_y \geqslant \hbar/2 \\ \Delta z \cdot \Delta p_z \geqslant \hbar/2 \end{cases} \tag{22-12}$$

不确定性,是微观粒子波-粒二象性的体现。不确定性的物理根源是粒子的波动性。不确定关系表明微观粒子不存在坐标和动量同时确定的状态,因而微观粒子的运动不存在轨道,无法用经典力学的方法描述粒子运动。

对于宏观物体,由于观察精度远达不到不确定关系所给出的限度,因而认为物体具有"确定"的轨道。例如,一小球质量 $m=10^{-3}$ kg,速度 $v=10^{-6}$ m/s,如果位置

的不确定范围为 $\Delta x = 10^{-6}$ m(宏观上看对位置的观察比较精确了),则其动量的不确定范围为 $\frac{\Delta p}{mv} \sim \frac{h}{mv\Delta x} \sim 10^{-19}$,完全可以认为动量是确定的。但对原子中的电子情况完全不同,取电子位置不确定范围为原子的大小 $\Delta x = 10^{-10}$ m,电子绕原子核运动的速度大致为 $v \sim 10^6$ m/s,由不确定关系可估算 $\frac{\Delta p}{m_e v} \sim 1$,可见动量的不确定性很大,根本无法忽略,从而电子没有确定的轨道。

微观粒子的不确定关系虽然与测量无关,但对测量或观测精度提出了限制。在实际测量过程中,无论怎样改善测量仪器和测量方法,都不可能超越不确定关系所给出的限度。

【例 22-4】 氦氖激光器发光波长 $\lambda = 632.8$ nm,谱线宽度为 $\Delta\lambda = 10^{-9}$ nm,求激光的相干长度。

解 由于激光的谱线宽度不为零,所以激光的波列长度不是无限长。当激光光子沿 x 方向传播时,它的 x 坐标的不确定可以认为是相干长度。由关系

$$p = \frac{h}{\lambda}$$

可得

$$\Delta p_x = \frac{h}{\lambda^2}\Delta\lambda \tag{22-13}$$

谱线展宽导致光子动量的不确定 Δp_x 与 $\Delta\lambda$ 有关,将式(22-13)代入式(22-11)有

$$\Delta x = \frac{\hbar}{2\Delta p_x} = \frac{\lambda^2}{4\pi\Delta\lambda} \tag{22-14}$$

最后得激光的相干长度约为 30 千米。

【例 22-5】 由不确定关系确定线性谐振子的基态能量

解 线性谐振子的能量为

$$E = \frac{p^2}{2m} + \frac{1}{2}m\omega^2 x^2$$

上式说明,x 坐标减少虽然可以减少势能,但因空间运动范围变小使得动量增大、总能量增大,故存在一个合理的空间坐标范围使得能量取最小值,设为 $x = \Delta x$(注意 $\bar{x} = 0$),由不确定关系可得动量的不确定范围 $\Delta p = \frac{\hbar}{2\Delta x}$,取粒子的动量为 $p = \Delta p$(注意 $\bar{p} = 0$),则粒子的总能量

$$E = \frac{(\Delta p)^2}{2m} + \frac{1}{2}m\omega^2(\Delta x)^2 = \frac{\hbar^2}{8m(\Delta x)^2} + \frac{1}{2}m\omega^2(\Delta x)^2$$

令 $(\Delta x)^2 = y$

$$E = \frac{\hbar^2}{8my} + \frac{1}{2}m\omega^2 y$$

极值条件为

$$\frac{dE}{dy} = 0$$

解之得 $y = \frac{\hbar}{2m\omega} = (\Delta x)^2$ 以及

$$E_{\min} = \frac{1}{2}\hbar\omega$$

这就是线性谐振子的基态能量或零点能。

22.2.2 能量和时间的不确定关系

由微观粒子动量和位置满足的不确定关系,可以推测,时间和能量也满足类似的不确定关系。以光子(波)为例,若光波列长度为 Δx,它是光子位置的不确定范围,光子通过空间某点时间的不确定范围设为 Δt,显然两者有关系

$$\Delta x = c\Delta t$$

代入光子位置-动量不确定性关系中

$$\Delta x \cdot \Delta p = (c\Delta t) \cdot \Delta p \geqslant \hbar/2$$

因为光子的能量 $E = cp$,所以能量和时间的不确定性关系为

$$\Delta E \cdot \Delta t \geqslant \hbar/2 \tag{22-15}$$

虽然能量时间不确定关系很容易由坐标动量不确定关系得到,因为时间不是算符,在早期 Δt 的准确意义并不清楚。后来才逐步认识到能量时间不确定关系意义:Δt 为粒子处在某量子态的寿命、ΔE 为该量子态能量的不确定范围。一个只能暂时存在的量子态,不能拥有明确的能量。或者说量子系统为了要拥有明确的能量,要求量子态持久不变。

例如,在光谱学里,激发态的寿命是有限的,激发态没有明确的能量,每次衰变所释放的能量都会稍微不同,使得发射出的光子的频率分布在一定范围,这就是光谱自然线宽。衰变快的量子态线宽比较宽阔,而衰变慢的量子态线宽比较狭窄。

【例 22-6】 原子在激发态的寿命为 10^{-8} s,求原子谱线自然宽度。

解 利用时间能量不确定关系,原子从该激发态跃迁时所辐射的光子能量不确定范围为

$$\Delta E \geqslant \hbar/(2\Delta t) \approx 1 \times 10^{-7} \text{ eV}$$

所以谱线宽度为

$$\Delta \nu = \frac{\Delta E}{h} \approx 1 \times 10^8 \, \text{Hz}$$

原子处在激发态的寿命越长,辐射光的谱线宽度越小。

22.3 态叠加原理

在媒质中传播了两列机械波,其波函数分别用 $y_1(x,t)$,$y_2(x,t)$ 表示,则其线性叠加 $y(x,t)=c_1y_1(x,t)+c_2y_2(x,t)$ 对应的波函数是描述两列波相遇时媒质的振动状态,这是机械波所满足的态叠加原理,这一原理对物质波同样成立。

设 $\Psi_1(x,t)$ 是描述粒子运动的一个态,$\Psi_2(x,t)$ 也是描述粒子运动的一个态,则它们的线性叠加

$$\Psi(x,t) = c_1\Psi_1(x,t) + c_2\Psi_2(x,t) \tag{22-16}$$

也是描述粒子运动的一个态,这是物质波所满足的态叠加原理。

在电子的双缝衍射实验中,用 $\Psi_1(x,t)$ 表示打开第一个狭缝时电子的状态,$\Psi_2(x,t)$ 表示打开第二个狭缝电子的状态。那么,当把两个狭缝同时打开,电子处在这两个态的叠加态 $\Psi(x,t)=c_1\Psi_1(x,t)+c_2\Psi_2(x,t)$ 上,叠加态波函数的模平方自然出现了双缝干涉项。

态叠加原理是量子力学的另一个基本原理,其核心思想说明物质波像经典波一样满足可叠加性、可产生干涉和衍射等波特有的现象。

很难用经典的观点理解量子力学的态叠加原理,在 1935 年薛定谔提出一个物理学佯谬:设想将一只猫关在一个盒子里,盒子里置有一个放射源、一个毒气瓶以及一套受检测器控制的、由锤子构成的传动装置。放射源放射一个粒子,这个粒子触发检测器,驱动锤子击碎毒气瓶将猫毒死;如果没有粒子释放出来,则猫仍然活着。若放射源处于"放射"和"不放射"的叠加态上,比如以 50% 的概率放射或不放射粒子(源何时放射粒子是不确定的),那么这只猫也应处于"死猫"和"活猫"的叠加态上——称这样的态为薛定谔猫态。这是一个什么样的状态呢?在未打开盒子进行观测前,猫的死活是不能确定的,只有观察后才能确定猫的死活,这显然与经典常识相悖,然而在实验上现在已制备出各种各样的"薛定谔猫态"。

22.4 薛定谔方程

到现在为止,我们引入了波函数来描述微观粒子的运动状态,这对应经典力学中的运动学部分,波函数在变化时遵从怎样的规律?或者说物质波的波动方程是什么?

德布罗意关于电子波动性的假设提出后,年轻的奥地利物理学家薛定谔

(Schrödinger)就开始思考波函数所满足的方程,并在 1926 年得到了这个方程。为此薛定谔获得了 1933 年的诺贝尔物理学奖。这一方程像经典力学中的牛顿方程一样,是量子力学中的基本方程之一,称为薛定谔方程。

22.4.1. 薛定谔方程的建立

机械波的波函数(媒质质元的位移)$y(x,t)$满足波动方程$\frac{\partial^2 y}{\partial t^2}=u^2\frac{\partial^2 y}{\partial x^2}$(其中 u 为波速),是一个关于时间和坐标的二阶微分方程。物质波的波动方程也应该是类似的微分方程,为此先分析自由粒子波函数时空导数间的关系。

自由粒子的波函数为

$$\Psi(x,t)=\Psi_0 e^{-\frac{i}{\hbar}(Et-p_x x)}$$

将波函数对时间求导得

$$\frac{\partial \Psi(x,t)}{\partial t}=-\frac{i}{\hbar}E\Psi(x,t)$$

或

$$i\hbar\frac{\partial \Psi(x,t)}{\partial t}=E\Psi(x,t) \tag{22-17}$$

将波函数对坐标求导得

$$\frac{\partial \Psi(x,t)}{\partial x}=i\frac{p_x}{\hbar}\Psi(x,t)$$

或

$$-i\hbar\frac{\partial \Psi(x,t)}{\partial x}=p_x\Psi(x,t)$$

上式对坐标再求一次导数得

$$\frac{\partial^2 \Psi(x,t)}{\partial x^2}=-\frac{p_x^2}{\hbar^2}\Psi(x,t) \tag{22-18}$$

若不考虑相对论效应,能量动量有关系

$$E=\frac{p_x^2}{2m} \tag{22-19}$$

由式(22-18)和式(22-19)可得

$$\frac{\partial^2 \Psi(x,t)}{\partial x^2}=-\frac{p_x^2}{\hbar^2}\Psi(x,t)=-\frac{2m}{\hbar^2}E\Psi(x,t)$$

或

$$-\frac{\hbar^2}{2m}\frac{\partial^2}{\partial x^2}\Psi(x,t)=E\Psi(x,t) \tag{22-20}$$

比较式(22-17)和式(22-20)可得

$$i\hbar \frac{\partial}{\partial t}\Psi(x,t) = -\frac{\hbar^2}{2m}\frac{\partial^2}{\partial x^2}\Psi(x,t) \tag{22-21}$$

这就是自由粒子波函数满足的波动方程,可以称为自由粒子的薛定谔方程。

对非自由粒子(例如势场中的粒子),粒子的能量为

$$E = \frac{p_x^2}{2m} + U(x,t) \tag{22-22}$$

式中 $U(x,t)$ 为粒子的势函数,并认为有关系

$$\left[-\frac{\hbar^2}{2m}\frac{\partial^2}{\partial x^2} + U(x,t)\right]\Psi(x,t) = E\Psi(x,t)$$

同时认为关系式(22-17)仍成立,有

$$i\hbar\frac{\partial}{\partial t}\Psi(x,t) = \left[-\frac{\hbar^2}{2m}\frac{\partial^2}{\partial x^2} + U(x,t)\right]\Psi(x,t)$$

令

$$\widehat{H} = -\frac{\hbar^2}{2m}\frac{\partial^2}{\partial x^2} + U(x,t) \tag{22-23}$$

称其为能量算符或哈密顿算符,则有

$$i\hbar\frac{\partial}{\partial t}\Psi(x,t) = \widehat{H}\Psi(x,t) \tag{22-24}$$

称上式为含时薛定谔方程。进一步将一维势场推广到三维势场 $U(\boldsymbol{r},t)$ 中,三维运动粒子的能量为

$$E = \frac{p_x^2 + p_y^2 + p_z^2}{2m} + U(\boldsymbol{r},t)$$

对应的哈密顿算符取如下形式

$$\widehat{H} = -\frac{\hbar^2}{2m}\left(\frac{\partial^2}{\partial x^2} + \frac{\partial^2}{\partial y^2} + \frac{\partial^2}{\partial z^2}\right) + U(\boldsymbol{r},t) = -\frac{\hbar^2}{2m}\nabla^2 + U(\boldsymbol{r},t) \tag{22-25}$$

式中 $\nabla = \frac{\partial}{\partial x}\boldsymbol{i} + \frac{\partial}{\partial y}\boldsymbol{j} + \frac{\partial}{\partial z}\boldsymbol{k}$。最后得到三维势场中运动粒子的含时薛定谔方程为

$$i\hbar\frac{\partial}{\partial t}\Psi(\boldsymbol{r},t) = \widehat{H}\Psi(\boldsymbol{r},t) \tag{22-26}$$

以上分析过程并不是对薛定谔方程的推导过程,薛定谔方程的正确性只能由实验检验。另外,薛定谔方程对时间和坐标的导数不对称,这是因为还没有考虑到相对论效应,当考虑到相对论效应后,薛定谔方程是对时间、空间坐标二阶导数的微分方程。

波函数的玻恩解释要求波函数在变化的全空间区域必须是单值和有限(个别情况除外),薛定谔方程要求波函数及其一阶导数连续,称单值、连续和有限为波函

数的标准条件。

薛定谔方程广泛地用于原子物理、核物理和固体物理,对于原子、分子、核、固体等一系列量子系统的处理最终归结为求解薛定谔方程。

22.4.2 定态薛定谔方程

一般情况下势函数是时间和坐标的函数,若微观粒子处在稳定的势场中,则势能函数与时间无关,称这类问题为定态问题。例如,自由运动粒子相当于处在势能为零的势场中,即

$$U(r) = 0$$

氢原子中的电子所处的势场为

$$U(r) = -\frac{1}{4\pi\varepsilon_0}\frac{e^2}{r}$$

均与时间无关,自由粒子和氢原子均为定态问题。在定态问题中,哈密顿算符也与时间无关

$$\hat{H} = -\frac{\hbar^2}{2m}\nabla^2 + U(r)$$

含时的薛定谔方程(22-26)可用分离变量法求解,将波函数 $\Psi(r,t)$ 分离为坐标函数和时间函数两个因子的乘积,即

$$\Psi(r,t) \equiv \Phi(r)T(t)$$

代入薛定谔方程中

$$i\hbar\frac{dT(t)}{dt}\Phi(r) = [\hat{H}\Phi(r)]T(t)$$

或

$$i\hbar\frac{dT(t)}{dt}\frac{1}{T(t)} = \frac{1}{\Phi(r)}\hat{H}\Phi(r)$$

在上式中,等式左边只含变量 t,右边只含变量 r,若该式对任意 (t,r) 成立,等式左右两边只能是与时间和坐标均无关的常数,设该常数为 E,则有

$$i\hbar\frac{dT(t)}{dt} = ET(t)$$

$$\hat{H}\Phi(r) = E\Phi(r)$$

第一个方程是关于变量为 t 的微分方程,其解为

$$T(t) \propto e^{-\frac{i}{\hbar}Et} \tag{22-27}$$

是时间的振动函数。

第二个方程变为如下形式

$$\left[-\frac{\hbar^2}{2m}\nabla^2+U(x,y,z)\right]\Phi(x,y,z)=E\Phi(x,y,z) \tag{22-28}$$

是关于坐标(x,y,z)的二阶微分方程,称为定态薛定谔方程,又称为能量算符的本征方程。其解 $\Phi(x,y,z)$ 与粒子所处的外力场 U 和边界条件有关。若求得该方程的解,则可将波函数表示为两部分的乘积

$$\Psi(\boldsymbol{r},t)=\Phi(\boldsymbol{r})\mathrm{e}^{-\frac{\mathrm{i}}{\hbar}Et}$$

粒子概率密度

$$\rho(\boldsymbol{r},t)=|\Psi(\boldsymbol{r},t)|^2=|\Phi(\boldsymbol{r})\mathrm{e}^{-\frac{\mathrm{i}}{\hbar}Et}|^2=|\Phi(\boldsymbol{r})|^2 \tag{22-29}$$

与时间无关,只由定态波函数确定。可见定态问题最后归结为求解定态薛定谔方程,在下一章讨论定态问题的具体例子之前,先介绍量子力学的另一个基本原理——力学量的算符表示。

22.5　力学量的算符表示

22.5.1　力学量的算符表示

在量子力学理论中,每一个力学量均对应一个算符,例如坐标对应坐标算符、动量对应动量算符、角动量对应角动量算符、能量对应能量算符等等。力学量用算符表示是量子力学的一条基本假设。

薛定谔在1926年发现,将波函数对坐标求导后再乘以因子 $-\mathrm{i}\hbar$,所得结果相当于对波函数直接乘以动量,算符 $-\mathrm{i}\hbar\dfrac{\partial}{\partial x}$ 与动量 p_x 对应,称 $-\mathrm{i}\hbar\dfrac{\partial}{\partial x}$ 为动量算符,表示为

$$\hat{p}_x=-\mathrm{i}\hbar\frac{\partial}{\partial x} \tag{22-30}$$

若将坐标作用在波函数上,只是将坐标与波函数作乘积,故坐标算符就是它自己,表示为

$$\hat{x}=x \tag{22-31}$$

对三维运动,坐标算符、动量算符可表示为

$$\hat{\boldsymbol{r}}=\boldsymbol{r} \tag{22-32}$$

$$\hat{\boldsymbol{p}}=-\mathrm{i}\hbar\nabla \tag{22-33}$$

算符也可以运算,例如动量算符的平方为

$$\hat{\boldsymbol{p}}^2=\hat{\boldsymbol{p}}\cdot\hat{\boldsymbol{p}}=(-\mathrm{i}\hbar\nabla)\cdot(-\mathrm{i}\hbar\nabla)=-\hbar^2\nabla^2$$

动能算符可表示为

$$\hat{E}_k = \frac{\hat{\boldsymbol{p}} \cdot \hat{\boldsymbol{p}}}{2m} = \frac{-\hbar^2 \nabla^2}{2m}$$

哈密顿算符可表示为

$$\hat{H} = \frac{\hat{\boldsymbol{p}}^2}{2m} + U(\boldsymbol{r}) \tag{22-34}$$

因为角动量为 $\boldsymbol{L}=\boldsymbol{r}\times\boldsymbol{p}$，所以对应的角动量矢量算符可表示为

$$\hat{\boldsymbol{L}} = \hat{\boldsymbol{r}} \times \hat{\boldsymbol{p}} = \begin{vmatrix} \boldsymbol{i} & \boldsymbol{j} & \boldsymbol{k} \\ x & y & x \\ \hat{p}_x & \hat{p}_y & \hat{p}_z \end{vmatrix} \tag{22-35}$$

式中 $\boldsymbol{i}, \boldsymbol{j}$ 和 $\boldsymbol{k}$ 分别为直角坐标系三个轴向的单位矢量，角动量算符的三个分量分别为

$$\begin{aligned} \hat{L}_x &= y\hat{p}_z - z\hat{p}_y \\ \hat{L}_y &= z\hat{p}_x - x\hat{p}_z \\ \hat{L}_z &= x\hat{p}_y - y\hat{p}_x \end{aligned} \tag{22-36}$$

角动量算符的平方为

$$\hat{L}^2 = \hat{\boldsymbol{L}} \cdot \hat{\boldsymbol{L}} = \hat{L}_x^2 + \hat{L}_y^2 + \hat{L}_z^2 \tag{22-37}$$

在以上算符假设中，最基本的算符是坐标算符和动量算符，其他力学量对应的算符可按照与坐标算符、动量算符的关系通过运算得到。

22.5.2 算符的本征值问题

只要知道算符的具体形式，便可以确定其本征值和本征态。设有一个算符 $\hat{F}$，其本征值为 λ，对应的本征函数为 ψ，则该算符一定满足本征值方程

$$\hat{F}\psi = \lambda\psi \tag{22-38}$$

定态薛定谔方程实际上是一个能量算符的本征值问题。即

$$\hat{H}\Phi(\boldsymbol{r}) = E\Phi(\boldsymbol{r})$$

式中 $\Phi(\boldsymbol{r})$ 为能量算符的本征函数；E 为能量算符的本征值。在求解能量算符的本征值方程时，为了使波函数单值、连续、有限，能量的取值受到了限制。对于处在束缚态势场中的粒子能量取一系列的分立值：

$$E_1, E_2, \cdots, E_n, \cdots$$

同理，通过求解其他算符的本征方程可得到相应的本征函数和本征值。

粒子处在某波函数描述的状态时，诸如动量、能量、角动量取何值？要回答这

个问题涉及量子力学的另一个基本假设——测量公设:若对某力学量测量,测量结果只能是对应力学量算符的本征值中的一个值。若粒子处在某叠加态 $\Psi = \sum_i c_i \varphi_i$ 上,测量会对状态 Ψ 产生严重干扰,使其突变到某本征态 φ_i 上,称这种突变为测量造成的波函数塌缩。波函数 Ψ 究竟向哪个本征态 φ_i 突变,是不能事先预言的,突变是随机的、不可逆的、非局域的,但塌缩到某本征态 φ_i 的概率是确定的、等于 $|c_i|^2$。波函数的塌缩过程是一个极其深邃的、尚未了解的过程。

习 题 22

22-1 在 0 K 附近,钠的价电子能量约为 3 eV,求其德布罗意波长。

22-2 以速度 $v=6\times10^3$ m/s 运动的电子射入场强为 $E=5$ V/cm 的匀强电场中逆着电场被加速,为使电子波长 $\lambda=1$ Å,电子在此场中应该飞行多长的距离?

22-3 氦原子的动能是 $E=\frac{3}{2}kT$(k 为玻耳兹曼常数),求 $T=1$ K 时,氦原子的德布罗意波长。

22-4 α 粒子在磁感应强度为 $B=0.025$ T 的匀强磁场中沿半径为 $R=0.83$ cm 的圆形轨道运动,求其德布罗意波长。

22-5 某金属产生光电效应的红限频率为 ν_0,当用频率为 $\nu(\nu>\nu_0)$ 的单色光照射该金属时,从金属中逸出质量为 m 的光电子的德布罗意波长等于多少?

22-6 设某一维运动粒子的波函数为 $\psi(x)=Ae^{-\frac{1}{2}\alpha^2 x^2}$,其中 α 为一常数,求常数 A。

22-7 粒子在范围 $0<x<a$ 时波函数为
$$\psi_n(x) = \sqrt{2/a}\sin(n\pi x/a)$$
在 $x<0$ 或 $x>a$ 时 $\psi_n(x)=0$,若 $n=1$,粒子处在 $0\sim a/4$ 区间内的概率是多少?

22-8 一粒子被限制在相距为 l 的两个不可穿透的壁之间,如题图所示。描写粒子状态的波函数为 $\psi=c\sqrt{x(l-x)}$,其中 c 为待定常量。求在 $0\sim\frac{1}{4}l$ 区间发现该粒子的概率。

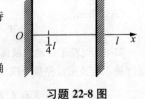

习题 22-8 图

22-9 设电子的位置不确定度为 0.1 Å,计算它的动量的不确定度;若电子的能量约为 1 keV,计算电子能量的不确定度。

22-10 某光的波长 $\lambda=600$ nm,其频谱宽度为 0.003 nm,那么对应光子位置的不确定范围多大?

22-11 氢原子的吸收谱线 $\lambda=4340.5$ Å 的谱线宽度为 10^{-8} Å,计算原子处在被激发态上的平均寿命。

22-12 若红宝石发出中心波长 $\lambda=6.3\times10^{-7}$ m 的短脉冲信号,时间为 1 ns(10^{-9} s),计算该信号的波长宽度 $\Delta\lambda$。

22-13 利用测不准关系估计氢原子的基态能量。

22-14 设粒子做圆周运动,试证其不确定性关系可以表示为 $\Delta L \Delta \theta \geqslant \dfrac{\hbar}{2}$,式中 ΔL 为粒子角动量不确定度,$\Delta \theta$ 为粒子角位置的不确定度。

22-15 设描写粒子状态的函数 ψ 可以写成 $\psi = c_1 \varphi_1 + c_2 \varphi_2$,其中 c_1 和 c_2 为复数,φ_1 和 φ_2 分别为粒子的能量为 E_1 和 E_2 的能量本征态。试说明式子 $\psi = c_1 \varphi_1 + c_2 \varphi_2$ 的含义,并指出在状态 ψ 中测量体系的能量的可能值及其概率。

22-16 在一维势场中运动的粒子,势能对原点对称:$U(-x) = U(x)$,证明粒子的定态波函数满足 $\psi(-x) = \pm \psi(x)$。

22-17 试求算符 $\hat{F} = -\mathrm{i}\mathrm{e}^{\mathrm{i}x} \dfrac{\mathrm{d}}{\mathrm{d}x}$ 的本征函数。

思 考 题 22

22-1 试写出德布罗意公式或德布罗意关系式,简述其物理意义。

22-2 简述玻恩关于波函数的统计解释,按这种解释,描写粒子的波是什么波?

22-3 根据量子力学中波函数的概率解释,说明量子力学中的波函数与描述声波、光波等其他波动过程的波函数的区别。

22-4 试简述波函数 Ψ 的标准条件。

22-5 为什么说电子既不是经典意义的波,也不是经典意义的粒子?

22-6 测不准关系 $\Delta x \Delta p_x \geqslant h$ 有以下几种理解,哪种正确( )。

(A) 粒子的动量不可能确定

(B) 粒子的坐标不可能确定

(C) 粒子的动量和坐标不可能同时确定

(D) 测不准关系仅适用于光子,不适用于其他粒子

22-7 波长 $\lambda = 5\,000$ Å 的光沿 x 轴正向传播,若光的波长的不确定量 $\Delta\lambda = 10^{-3}$ Å,则利用不确定关系式 $\Delta p_x \Delta x \geqslant h$ 可得光子的 x 坐标的不确定量至少为( )。

(A) 25 cm (B) 50 cm

(C) 250 cm (D) 500 cm

22-8 设粒子运动的波函数图线分别如题图(a),(b),(c),(d)所示,那么其中粒子动量不确定度最小的波函数是哪个图?( )。

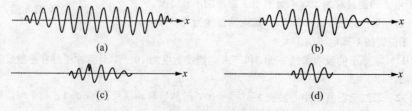

思考题 22-8 图

22-9 某微观粒子在宽度为 10 nm 的一维空间运动时最低能量为 1 eV。若将该微观粒子运动范围缩小到 1.0 nm,则它的最小能量为(　)。

(A) 0.01 eV　　　　　　　　　(B) 0.10 eV

(C) 10 eV　　　　　　　　　　(D) 100 eV

22-10 如题图所示为电子波干涉实验示意图,S 为电子束发射源,发射出沿不同方向运动的电子,F 为极细的带强正电的金属丝,电子被吸引后改变运动方向,下方的电子折向上方,上方的电子折向下方,在前方交叉区放一电子感光板 A,S_1,S_2 分别为上、下方电子束的虚电子源,$S_1 S = SS_2$,底板 A 离源 S 的距离为 D,设 $D \gg a$,电子的动量为 p,试求:

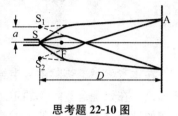

思考题 22-10 图

(1) 电子出现概率密度最大的位置;

(2) 相邻暗条纹的距离。

22-11 下列函数哪些是算符 $\dfrac{d^2}{dx^2}$ 的本征函数,其本征值是什么?

① x^2;② e^x;③ $\sin x$;④ $3\cos x$;⑤ $\sin x + \cos x$。

第23章 定态问题

在本章将讨论势阱中被束缚粒子的运动、势垒对粒子的散射作用和氢原子量子理论。在处理这些简单的定态问题时,主要通过求解定态薛定谔方程,确定微观系统的波函数和所关心的力学量的本征值。

23.1 一维定态问题

23.1.1 一维无限深势阱中的粒子

金属中的电子由于金属表面势能(势垒)的束缚,被限制在一个有限的空间范围内运动。如果金属表面势垒很高,可以将金属表面看作一刚性盒子的壁。若只考虑一维运动,金属就是一维的刚性盒子,其势能函数可简化为

$$U(x) = \begin{cases} 0 & (0 \leqslant x \leqslant L) \\ \infty & (x < 0, x > L) \end{cases} \tag{23-1}$$

称为一维无限深方势阱(见图 23-1)。

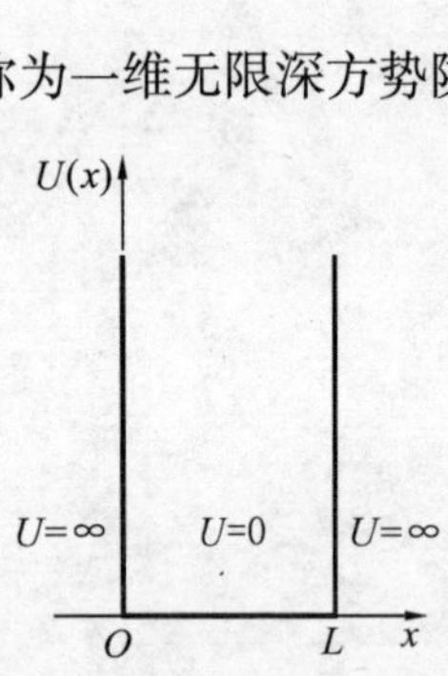

一维无限深方势阱中运动的粒子的哈密顿算符为

$$\hat{H} = \begin{cases} -\dfrac{\hbar^2}{2m}\dfrac{d^2}{dx^2} & (0 \leqslant x \leqslant L) \\ -\dfrac{\hbar^2}{2m}\dfrac{d^2}{dx^2} + \infty & (x < 0, x > L) \end{cases}$$

在势阱内,定态薛定谔方程

$$-\dfrac{\hbar^2}{2m}\dfrac{d^2}{dx^2}\Phi_i(x) = E\Phi_i(x) \tag{23-2}$$

令

$$k^2 = \dfrac{2mE}{\hbar^2} \tag{23-3}$$

得

图 23-1

$$\frac{d^2\Phi_i}{dx^2} + k^2\Phi_i = 0$$

该方程的解为

$$\Phi_i(x) = C\sin(kx+\delta) \tag{23-4}$$

待定常数 C 和 δ 由波函数的自然条件确定。

在势阱外，定态薛定谔方程为

$$\left(-\frac{\hbar^2}{2m}\frac{d^2}{dx^2} + \infty\right)\Phi_e(x) = E\Phi_e(x)$$

按照波函数的自然条件，对任意 x 等式的右边应是有限的，左边也应有限，必然要求乘积 $\infty\cdot\Phi_e(x)$ 有限，这就要求这波函数在阱外只能是零

$$\Phi_e(x) = 0 \tag{23-5}$$

利用波函数的连续性条件，阱内波函数在阱壁上也应为零，即

$$\Phi_i(0) = \Phi_e(0) = 0 \tag{23-6}$$

$$\Phi_i(L) = \Phi_e(L) = 0 \tag{23-7}$$

由式(23-6)可得

$$C\sin\delta = 0$$

由于 C 不为零，故可取

$$\delta = 0$$

由式(23-7)可得

$$C\sin kL = 0$$

由上式有

$$kL = n\pi$$

或

$$k = \frac{n\pi}{L} \tag{23-8}$$

式中 n 取正整数（原因稍后讨论）。波函数的系数 C 由归一化条件确定

$$\int_{-\infty}^{+\infty}\rho(x)dx = 1$$

或

$$\int_{-\infty}^{+\infty}|\Phi(x)|^2 dx = \int_0^L C^2\sin^2\frac{n\pi x}{L}dx = 1$$

由此式可得

$$C = \sqrt{\frac{2}{L}} \tag{23-9}$$

最后将式(23-4)、式(23-5)、式(23-8)和式(23-9)合并起来可得

$$\Phi_n(x) = \begin{cases} \sqrt{\dfrac{2}{L}} \sin \dfrac{n\pi}{L} x, & 0 \leqslant x \leqslant L \\ 0, & 0 > x, x > L \end{cases} \qquad (23\text{-}10)$$

在定态波函数中加了下标 n，n 不同对应不同的态。粒子在势阱中的概率分布为

$$\rho_n(x) = \Phi_n^2(x) = \begin{cases} \dfrac{2}{L} \sin^2 \dfrac{n\pi}{L} x, & 0 \leqslant x \leqslant L \\ 0, & 0 > x, x > L \end{cases} \qquad (23\text{-}11)$$

图 23-2 给出了 $n=1,2,3$ 和 4 时的定态波函数及其模平方在势阱中的分布。

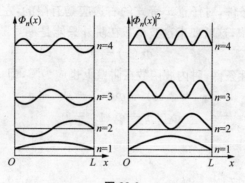

图 23-2

由式(23-3)和式(23-8)可得粒子的能量本征值为

$$E_n = \frac{k^2 \hbar^2}{2m} = n^2 E_1 \qquad (23\text{-}12)$$

式中 $E_1 = \dfrac{\pi^2 \hbar^2}{2mL^2}$，式(23-12)说明，势阱中粒子能量取分立值，能量是量子化的(见图 23-3)，不同能量对应不同的能级，能量间隔为

$$\Delta E_n = E_{n+1} - E_n = (2n+1)E_1 = (2n+1)\frac{\pi^2 \hbar^2}{2mL^2} \qquad (23\text{-}13)$$

能级间隔与粒子的质量有关，微观粒子的质量越小，粒子的能级间隔越大，量子效应越明显，当粒子质量变大，粒子的能级间隔越小，对于宏观粒子，能级间隔趋于零，粒子的能量可以连续取值，量子效应消失；另一方面能级间隔与势阱宽度有关，势阱宽度越小，能级间隔越大，量子效应明显，势阱宽度越大，能级间隔越小，如果 $L \to \infty$，能级间隔趋于零，粒子的能量可以连续取值，即自由粒子的能量可以取任意值。

束缚在势阱中的粒子，能量的最小值不能任意取值，有一个下限，称其为最低能量或称零点能。对方势阱中的粒子，零点能为 $n=1$ 时对应的能量：

$$E_1 = \frac{\pi^2 \hbar^2}{2mL^2} \qquad (23\text{-}14)$$

可见零点能不为零,这是粒子波动性的必然结果,是另一个量子效应。

利用能量动量关系将势阱中粒子的动量表示为

$$p_n = \pm\sqrt{2mE_n} = \pm n\frac{\pi h}{2\pi L} \tag{23-15}$$

再利用德布罗意关系可将粒子的波长表示为

$$\lambda_n = \frac{h}{|p_n|} = \frac{2L}{n} \tag{23-16}$$

上式也可写成 $L = n\frac{\lambda_n}{2}$,阱宽正好为半波长的整数倍。说明势阱中粒子的每一个能态(n确定)对应的波函数为一个特定波长的驻波。将波函数的时间振荡因子与定态波函数相乘,得到粒子在阱内的波函数

$$\begin{aligned}\Psi_n(x,t) &= \Phi_n(x)\mathrm{e}^{-\frac{\mathrm{i}}{\hbar}E_n t} \\ &= \frac{1}{2\mathrm{i}}\sqrt{\frac{2}{L}}\left[\mathrm{e}^{-\frac{\mathrm{i}}{\hbar}(E_n t - p_n x)} - \mathrm{e}^{-\frac{\mathrm{i}}{\hbar}(E_n t + p_n x)}\right] \\ &= C_1 \mathrm{e}^{-\frac{\mathrm{i}}{\hbar}(E_n t - p_n x)} + C_2 \mathrm{e}^{-\frac{\mathrm{i}}{\hbar}(E_n t + p_n x)} \end{aligned} \tag{23-17}$$

泡利根据上式认为,方势阱中粒子波函数为两列平面波的叠加,这两列波的频率相同、波长相同,只是传播方向相反,叠加后形成驻波,而且在阱壁处为波节。对阱中粒子波函数的解释还有其他不同观点,此处略。

下面讨论 n 的取值问题,整数 n 不能取零,否则定态波函数处处为零,说明没有粒子,不符合题意。n 也不取负整数,当 n 改变符号后,相当于对定态波函数乘以 "-1",即

$$\Phi_{-n}(x) = -\Phi_n(x)$$

但 $|\Phi_{-n}(x)|^2 = |\Phi_n(x)|^2$,说明两个波函数描述的粒子的概率分布相同,同时因为 $E_{-n} = E_n$,能量也相同,$-n$ 和 n 描述的态没有区别,n 取负数时不对应粒子新的状态,故舍弃。

【例 23-1】 已知质量为 m 的一维粒子的波函数为

$$\psi_n(x,t) = \begin{cases} \sqrt{\dfrac{2}{L}}\sin\left(\dfrac{n\pi}{L}x\right)\mathrm{e}^{-\mathrm{i}a_n t/\hbar} & (0 < x < L) \\ 0 & (x \leqslant 0, x \geqslant L) \end{cases}$$

式中 $a_n = \dfrac{\pi^2 \hbar^2}{2mL^2}n^2$,$n = 1,2,3,\cdots$ 为整数。

(1) 求基态和第 4 激发态的能量。
(2) 求粒子的概率密度分布函数。
(3) 求粒子在基态和第 2 激发态时的最概然位置。

解 由波函数可知,粒子处在宽度为 L 的势阱中,因为

$$i\hbar \frac{\partial \psi_n(x,t)}{\partial t} = E_n \psi_n(x,t)$$

所以粒子的能级为

$$E_n = \alpha_n$$

(1) 当 $n=1$ 时对应基态,能量为

$$E_1 = \frac{\pi^2 \hbar^2}{2mL^2}$$

当 $n=5$ 时为第 4 激发态,对应的能量为

$$E_5 = 5^2 E_1 = \frac{25\pi^2 \hbar^2}{2mL^2}$$

(2) 波函数的模平方为概率密度

$$\psi_n^*(x,t)\psi_n(x,t) = \begin{cases} \dfrac{2}{L} \sin^2 \dfrac{n\pi x}{L} & (0 < x < L) \\ 0 & (x \leqslant 0, x \geqslant L) \end{cases}$$

(3) 最概然位置对应概率密度的极值位置,概率密度的一阶导数应为零。因为基态概率密度为

$$|\psi_1|^2 = \frac{2}{L} \sin^2 \frac{\pi x}{L}$$

令

$$\frac{d |\psi_1|^2}{dx} = 0$$

得

$$\frac{2\pi}{L^2}\left(2 \sin \frac{\pi x}{L} \cos \frac{\pi x}{L}\right) = \frac{2\pi}{L^2} \sin \frac{2\pi x}{L} = 0$$

由此可解出最概然位置为

$$x = 0, \frac{L}{2}, L$$

在这三个位置中,可以验证只有 $x=L/2$ 时概率密度最大。

第二激发态的概率密度为

$$|\psi_3|^2 = \frac{2}{L} \sin^2 \frac{3\pi x}{L}$$

令

$$\frac{d |\psi_3|^2}{dx} = 0$$

可解出最概然位置为

$$x = 0, \frac{L}{6}, \frac{L}{3}, \frac{L}{2}, \frac{2L}{3}, \frac{5L}{6}, L$$

在这些位置中只有 $x = \frac{L}{6}, \frac{L}{2}, \frac{5L}{6}$ 三个位置粒子的概率密度最大。

23.1.2 一维谐振子(抛物线势阱)

晶体原子处于其他原子的势场中,原子围绕平衡位置做小振动时可近似认为是简谐振动,若只讨论一维运动,势能函数为

$$U(x) = \frac{1}{2} k x^2$$

哈密顿量为

$$\hat{H} = -\frac{\hbar^2}{2m} \frac{d^2}{dx^2} + \frac{1}{2} k x^2 \tag{23-18}$$

定态薛定谔方程

$$\left(-\frac{\hbar^2}{2m} \frac{d^2}{dx^2} + \frac{1}{2} k x^2 \right) \Phi(x) = E \Phi(x)$$

或

$$\frac{d^2 \Phi}{dx^2} + \frac{2m}{\hbar^2} \left(E - \frac{1}{2} m \omega^2 x^2 \right) \Phi = 0 \tag{23-19}$$

式中 $\omega = \sqrt{k/m}$ 为谐振子的角频率。利用级数展开法可求解该微分方程,在求解时由于波函数要受到自然条件的约束,使得谐振子的能量 E 成为量子化的。此处忽略求解过程,只给出主要结论:

23.1.2.1 谐振子能量

能量 E 是量子化的

$$E_n = \left(n + \frac{1}{2} \right) \hbar \omega \tag{23-20}$$

式中 $n = 0, 1, 2, \cdots$ 为非负整数。任意两个能级的差为

$$E_{n+1} - E_n = \hbar \omega = h \nu \tag{23-21}$$

能量间隔是均匀的(见图23-4),当 $n=0$ 时能量最小,故零点能为

$$E_0 = \frac{1}{2} \hbar \omega \tag{23-22}$$

零点能不等于零,这与普朗克假设不同。零点能的存在是波动性或不确定性原理的必然结果,如果微观粒子完全静止,则其动量和位置完全确定,这必然违反不确定原理。

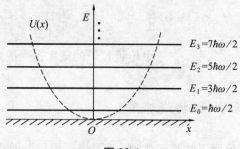

图 23-4

零点能也称为真空能,在 1948 年,荷兰物理学家亨德里克·卡西米尔(Hendrik Casimir,1909~2000)提出了一个检验真空能存在的方案,后来被物理学家进行了测定,测量结果与理论计算结果相吻合。既然真空能真实存在,如何利用真空能将是一项具有重大战略意义的创新工程。

23.1.2.2 谐振子波函数

谐振子的定态波函数为

$$\Phi_n(x) = \left(\frac{\alpha}{2^n \sqrt{\pi} n!}\right)^{1/2} H_n(\alpha x) e^{-\frac{1}{2}\alpha^2 x^2} \tag{23-23}$$

式中 $\alpha = \sqrt{m\omega/\hbar}$;$H_n$ 为厄密特(Hermite)多项式,其最高阶为 $(\alpha x)^n$。当 $n=0,1$ 和 2 时的定态波函数分别为

$$\Phi_0(x) = \left(\frac{\alpha}{\sqrt{\pi}}\right)^{1/2} e^{-\frac{1}{2}\alpha^2 x^2}$$

$$\Phi_1(x) = \left(\frac{\alpha}{2\sqrt{\pi}}\right)^{1/2} \cdot 2(\alpha x) e^{-\frac{1}{2}\alpha^2 x^2}$$

$$\Phi_2(x) = \left(\frac{\alpha}{8\sqrt{\pi}}\right)^{1/2} [2 - 4(\alpha x)^2] e^{-\frac{1}{2}\alpha^2 x^2} \cdots$$

图 23-5 给出了当 $n=0,1,2$ 和 8 时的谐振子概率密度分布。

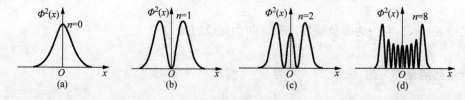

图 23-5

图 23-6 给出了经典概率分布(粗虚线)和量子概率分布(实线),细虚线是谐振子的势能曲线。两个概率分布有明显的区别:经典谐振子在经过平衡位置(势阱中心)时粒子的速度最大,对应的概率取最小值,但量子谐振子在势阱中心反而取最大值。

能量为 E_0 的经典振子不可能到达势能 U 大于总能量 E_0 的位置,如图 23-6 所示,粒子的最大位移为 x_C,这时粒子的动能为零,然后被阱壁反弹回去,或者说经典的粒子沿阱壁只能爬到 E_0 高度(竖直点画线与势能曲线的交点)。但对能量为 E_0 的量子振子,粒子沿阱壁爬的高度可以大于 E_0(竖直点画线的外侧),粒子的位移 x_Q 可以大于 x_C,或说能量为 E_0 的粒子可以穿入势阱壁内部,这是无

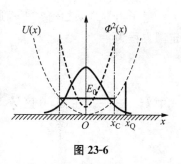

图 23-6

法用经典物理解释的(否则会得到粒子的势能大于粒子的总能量、动能为负值的结论)。但将粒子看为波,自然可以透入势阱壁内,即量子粒子具有隧穿效应。

当 $n=8$ 时,量子概率分布接近经典概率分布[图 23-5(d)中的虚线]。可以推断当 $n \to \infty$ 时,量子概率分布趋于经典概率分布。在 1923 年玻耳提出:在大量子数情况下,量子理论所得的结果应趋近于经典理论的结果。或者说,当普朗克常数可看成零的情况下,量子力学应过渡为经典力学,这就是玻耳对应原理。

23.1.3 一维散射问题

在经典力学中通常会碰到粒子之间的碰撞(散射)问题,散射实际上是一个自由粒子与另一个粒子势场的相互作用问题,如果势场是排斥势,则称该势场为势垒。按照经典力学,如果粒子进入势场前的动能小于势垒的最大高度时,粒子会被势垒反射回去,只有当粒子的动能大于势垒的最大高度才会穿透势垒。但按照量子力学,粒子是波,不管粒子的初始动能多大,遇到势垒后反射和透射总是同时存在。

为了简单化,这里只讨论比较简单的势场散射:台阶势垒和方势垒。

23.1.3.1 矩形台阶势垒

电子在遇到金属的表面时势能会骤然升高,可将其简化为一个矩形台阶(见图 23-7),势能函数为

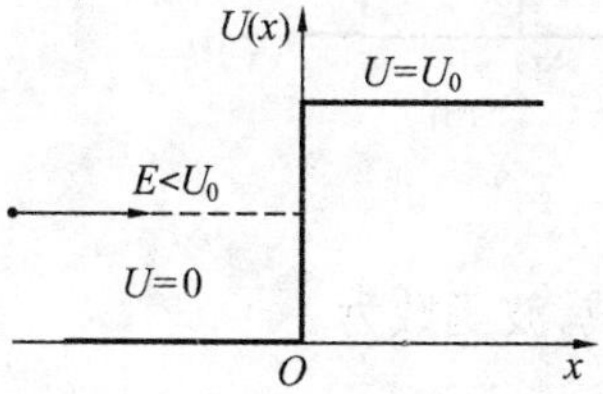

$$U(x) = \begin{cases} 0, & x<0 \\ U_0, & x>0 \end{cases} \quad (23\text{-}24)$$

图 23-7

现在考虑一个能量为 E 的自由粒子,从远处入射到该势场中,利用薛定谔方程确定粒子的波函数和位置分布。按照经典力学,当 $E>U_0$ 时,粒子可以进入 $x>0$ 区;当 $E<U_0$ 时,粒子不可能进入 $x>0$ 区,在垒壁处粒子被反弹回 $x<0$ 区。

量子力学结果如何？下面通过求解薛定谔方程来寻找答案。在 $x<0$ 区域，薛定谔方程为

$$\frac{d^2\Phi}{dx^2}+k_1^2\Phi=0$$

式中 $k_1^2=\dfrac{2mE}{\hbar^2}$。在 $x>0$ 区域，薛定谔方程为

$$\frac{d^2\Phi}{dx^2}-k_2^2\Phi=0$$

式中 $k_2^2=\dfrac{2m(U_0-E)}{\hbar^2}$。设在两个区域的解分别为

$$\Phi_1(x)=Ae^{+ik_1x}+Be^{-ik_1x}$$

$$\Phi_2(x)=Ce^{-k_2x}+De^{+k_2x}$$

当 $x\to\infty$，由波函数 Φ_2 有限可得系数 $D=0$，所以在两个区域的波函数分别为

$$\Phi_1(x)=Ae^{+ik_1x}+Be^{-ik_1x} \qquad (23\text{-}25)$$

$$\Phi_2(x)=Ce^{-k_2x} \qquad (23\text{-}26)$$

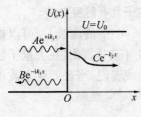

图 23-8

波函数各部分的含义很明确（见图 23-8）：Ae^{+ik_1x} 为入射波；Be^{-ik_1x} 为反射波；Ce^{-k_2x} 为透入势垒中的衰减波。也就是说，一个总能量 E 的粒子，可以透入 $U_0>E$ 的势垒中，这是经典理论无法解释的。

23.1.3.2 隧道效应（势垒贯穿）

若自由粒子遇到的势是有限高和有限宽的势垒，如图 23-9(a)所示，势能为

$$U(x)=\begin{cases}U_0, & 0<x<a \\ 0, & x<0, x>a\end{cases} \qquad (23\text{-}27)$$

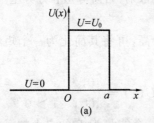
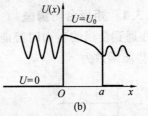

图 23-9

求解薛定谔方程要分三个区域，在势垒的左侧区域，波函数为

$$\Phi_1(x)=Ae^{+ikx}+Be^{-ikx}$$

式中 $k=\sqrt{2mE/\hbar^2}$，波函数由入射波和反射波组成。在势垒中波函数为

$$\Phi_2(x)=De^{-k'x}+Fe^{+k'x}$$

式中 $k' = \sqrt{\frac{2m(U_0-E)}{\hbar^2}}$，波函数为透入势垒中指数衰减的波。在势垒的右侧区域，波函数为

$$\Phi_3(x) = Ce^{+ikx}$$

为透射过势垒向右传播的波，图 23-9(b)给出了三个区域波函数的示意图。

待定常数 B,C,D,F 由波函数所满足的下列边界条件确定：

$$\Phi_1(0) = \Phi_2(0), \quad \Phi_2(a) = \Phi_3(a), \quad \Phi_1'(0) = \Phi_2'(0), \quad \Phi_2'(a) = \Phi_3'(a)$$

若定义反射系数 R 为反射波强度与入射波强度之比，$R = |B/A|^2$，定义透射系数 T 为透射波强度与入射波强度之比，$T = |C/A|^2$。则可以证明

$$R = \frac{(k^2+k'^2)^2 \sinh^2 k'a}{(k^2+k'^2)^2 \sinh^2 k'a + 4k^2 k'^2} \tag{23-28}$$

$$T = \frac{4k^2 k'^2}{(k^2+k'^2)^2 \sinh^2 k'a + 4k^2 k'^2} \tag{23-29}$$

上两式表明，粒子入射到势垒上时，有一定的概率被反射，同时亦有一定的概率穿过势垒，称这种粒子能够穿过，但按经典力学规律不可能穿过势垒区的现象为隧道效应或势垒贯穿。可以证明：当 $k'a \gg 1$ 时，粒子穿过势垒的概率为

$$T \approx e^{-\frac{2a}{\hbar}\sqrt{2m(U_0-E)}} \tag{23-30}$$

上式表明，粒子的质量越小、势垒越窄、粒子的能量与势垒高度相差越小，则穿透率 T 越大。

扫描隧穿显微镜(STM)是可以观测原子的超高倍显微镜，其工作原理是量子隧穿效应。当探针在样品表面扫描时，样品表面和针尖之间的间隙形成了电子的势垒，间隙越小势垒宽度越窄，穿透率 T 越大，隧道电流 I 越大。通过测量隧道电流，可推出样品表面和探针距离，最后绘出样品表面形貌图。由于扫描隧穿显微镜利用了电子的波动性，而电子的波长又很短，故 STM 的分辨率比光学显微镜高很多。利用 STM 不但可以观察原子，还可以操控原子。

23.2 氢原子量子理论

玻耳的氢原子理论很成功地解释了氢原子光谱的实验规律，但与量子理论仍有区别。氢原子由原子核和电子构成，准确地说它是一个二体问题。对任意二体问题总可以看成质心的运动和二体之间相对运动，后者是原子的内部运动，正是我们所关心的运动。所以氢原子问题就是电子在原子核的中心力场中的运动问题。哈密顿量算符为电子的动能算符、电子与原子的相互作用势能之和

$$\hat{H} = -\frac{\hbar^2}{2m}\nabla^2 + U$$

式中 U 为库仑势函数

$$U(r) = -\frac{e^2}{4\pi\varepsilon_0 r}$$

在球坐标系中上式变为

$$\hat{H} = -\frac{\hbar^2}{2m}\frac{1}{r^2}\frac{\partial}{\partial r}\left(r^2\frac{\partial}{\partial r}\right) + \frac{\hat{L}^2}{2mr^2} + U(r) \tag{23-31}$$

其中

$$\hat{L}^2 = -\frac{\hbar^2}{\sin\theta}\frac{\partial}{\partial\theta}\left(\sin\theta\frac{\partial}{\partial\theta}\right) + \frac{\hat{L}_z^2}{\sin^2\theta} \tag{23-32}$$

为电子绕核的轨道角动量平方算符，$\hat{L}_z$ 为轨道角动量的 z 分量算符

$$\hat{L}_z = -i\hbar\frac{\partial}{\partial\varphi} \tag{23-33}$$

定态薛定谔方程

$$\hat{H}\Phi(r,\theta,\varphi) = E\Phi(r,\theta,\varphi) \tag{23-34}$$

可利用分离变量法求解。将电子的波函数表示为两个函数的乘积

$$\Phi(r,\theta,\varphi) = R(r)Y(\theta,\varphi) \tag{23-35}$$

式中 $R(r)$ 只与半径有关，称为径向波函数；$Y(\theta,\varphi)$ 只与角度有关，称为角度波函数。

23.2.1 氢原子的能量和角动量

23.2.1.1 氢原子的能量

通过求解氢原子的定态薛定谔方程，可以得到哈密顿量的本征值，也就是氢原子的能量，下面将略去具体求解过程，而直接给出主要结论：

电子的能量本征值为

$$E_n = -\frac{me^4}{2\hbar^2(4\pi\varepsilon_0)^2}\frac{1}{n^2} = -13.6\frac{1}{n^2}(\text{eV}) \tag{23-36}$$

式中 $n = 1, 2, 3, \cdots$ 为整数，称为主量子数。上式与玻耳理论得到的结果完全一致，可见用量子理论同样可解释氢原子的光谱的实验规律。

23.2.1.2 氢原子的角动量

角度波函数是算符 $\hat{L}^2$ 和 $\hat{L}_z$ 的共同本征函数，可通过求解 $\hat{L}^2$ 和 $\hat{L}_z$ 的本征方程

$$\hat{L}^2 Y(\theta,\varphi) = L^2 Y(\theta,\varphi) \tag{23-37}$$

$$\hat{L}_z Y(\theta,\varphi) = L_z Y(\theta,\varphi) \tag{23-38}$$

得到相应的本征函数和本征值 (L^2, L_z)，具体过程此处忽略，下面只给出主要结论。

角动量平方算符 $\hat{L}^2$ 和角动量 z 分量算符 $\hat{L}_z$ 的本征值分别为

$$L^2 = l(l+1)\hbar^2 \tag{23-39}$$

$$L_z = m\hbar \tag{23-40}$$

式中 l 为角量子数；m 为磁量子数。在求解本征值方程时，为了满足波函数的自然条件，对参数 (l,m) 有要求：当电子的主量子数给定后，角量子数只能取

$$l = 0, 1, 2, \cdots, n-1 \tag{23-41}$$

例如，若电子处在基态，$n=1$，角量子数只能取 $l=0$；若电子处在第一激发态，$n=2$，角量子数可取 $l=0,1$ 两个值；若电子处在第二激发态，$n=3$，角量子数可取 $l=0,1,2$ 三个可能值。当 l 取定后，m 的绝对值不能超过 l，即 $m=0,\pm 1,\pm 2,\cdots,\pm l$，可能取值共 $(2l+1)$ 个。所以角动量的大小只能取

$$L = \sqrt{l(l+1)}\,\hbar = 0, \sqrt{2}\hbar, \sqrt{6}\hbar, \cdots \tag{23-42}$$

角动量 z 分量的可能取值为

$$L_z = 0, \pm\hbar, \pm 2\hbar, \cdots, \pm l\hbar \tag{23-43}$$

可见角动量的大小不能取任意值，取值是量子化的，最小值可以取零，这一点与玻尔理论不同。角动量大小确定，角动量 z 分量取值不同，可以理解为角动量在空间共有 $(2l+1)$ 种可能的不同取向，也就是说角动量在空间的取向是量子化的。总之，角量子数 l 确定电子的角动量大小，磁量子数 m 确定角动量在空间的取向。

可借用经典的矢量模型来理解角动量在空间取向的量子化行为。想象一长度为 $L=\sqrt{l(l+1)}\,\hbar$ 的经典矢量 $\boldsymbol{L}$ 绕 z 轴进动，角动量在空间取向量子化要求在进动时，$\boldsymbol{L}$ 与 z 轴的夹角不能为任意值，只能取下式所确定的角度

$$\cos\theta_{lm} = \frac{L_z}{L} = \frac{m}{\sqrt{l(l+1)}}$$

矢量 $\boldsymbol{L}$ 在 z 轴的投影的最大值为 $L_z = l\hbar$（见图 23-10(a)），不同的 L_z 对应进动矢量 $\boldsymbol{L}$ 所在的圆锥面的顶角不同（见图 23-10(b)）。

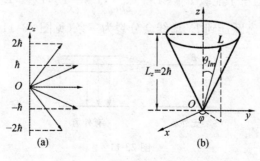

图 23-10

引入矢量模型完全是为了使角动量空间取向量子化的描述形象化,事实上电子根本没有确定的运动轨道,也无从谈起轨道的进动,电子的运动状态由波函数确定。

23.2.1.3 塞曼效应

荷兰物理学家塞曼(Pieter Zeeman,1865~1943年)在1896年发现:足够强的磁场可使光谱线分裂成几条谱线,称光谱的这种分裂现象为塞曼效应,塞曼效应从实验上验证了角动量空间取向的量子化。

在没有外磁场时氢原子从激发态($n=2, l=1$)跃迁到基态($n=1, l=0$)时,发射的光只有一条谱线,频率为$\nu=(E_2-E_1)/h$;加上外磁场该条谱线分裂为三条,这种分裂现象很易用角动量空间取向量子化解释。质量为m_0的电子绕原子核运动时,会形成电流,从而有磁矩,轨道角动量和轨道磁矩之间有如下关系:

$$\boldsymbol{\mu}_l = -\frac{e}{2m_0}\boldsymbol{L} \tag{23-44}$$

在外磁场中氢原子的附加磁能为

$$\Delta E = -\boldsymbol{\mu}_l \cdot \boldsymbol{B} = \frac{e}{2m_0}\boldsymbol{L} \cdot \boldsymbol{B} = \frac{e}{2m_0}L_z B$$

式中L_z为电子轨道角动量的z分量,取值为$m\hbar$,所以附加磁能为

$$\Delta E = m\left(\frac{e\hbar}{2m_0}\right)B$$

附加磁能与磁量子数m有关。对能级E_1没有修正,但对E_2的修正有三个可能值

$$\Delta E = \begin{cases} -\dfrac{e\hbar B}{2m_0} & (m=-1) \\ 0 & (m=0) \\ \dfrac{e\hbar B}{2m_0} & (m=1) \end{cases} \tag{23-45}$$

这将导致E_2分裂为三个能级 $E_{21}=E_2-\dfrac{e\hbar B}{2m_0}, E_{22}=E_2, E_{23}=E_2+\dfrac{e\hbar B}{2m_0}$。所以氢原子从$E_{21}, E_{22}$和$E_{23}$态跃迁到$E_1$谱线会分裂为三条(见图23-11)。

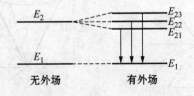

图 23-11

23.2.2 氢原子电子概率密度

通过求解氢原子的定态薛定谔方程(23-34),可以得到电子的径向波函数和角度波函数。电子的角度波函数为球谐函数 $Y_{lm}(\theta,\varphi)$,它是算符 $\hat{L}^2$ 和 $\hat{L}_z$ 的共同本征函数,并且与角量子数和磁量子数有关,本征方程为

$$\hat{L}^2 Y_{lm}(\theta,\varphi) = l(l+1)\hbar^2 Y_{lm}(\theta,\varphi)$$
$$\hat{L}_z Y_{lm}(\theta,\varphi) = m\hbar Y_{lm}(\theta,\varphi)$$

以下给出 l 比较小的几个球谐函数

$$Y_{0,0}(\theta,\varphi) = \frac{1}{\sqrt{4\pi}}$$

$$Y_{1,0}(\theta,\varphi) = \sqrt{\frac{3}{4\pi}}\cos\theta$$

$$Y_{1,\pm 1}(\theta,\varphi) = \mp\sqrt{\frac{3}{8\pi}}\sin\theta e^{\pm i\varphi}$$

......

电子径向波函数与主量子数和角量子数有关 $R(r) = R_{nl}(r)$,前几个径向波函数为

$$R_{1,0}(r) = \left(\frac{1}{a_0}\right)^{3/2} 2\exp\left(-\frac{r}{a_0}\right)$$

$$R_{2,0}(r) = \left(\frac{1}{2a_0}\right)^{3/2}\left(2-\frac{r}{a_0}\right)\exp\left(-\frac{r}{2a_0}\right)$$

$$R_{2,1}(r) = \left(\frac{1}{2a_0}\right)^{3/2}\frac{r}{a_0\sqrt{3}}\exp\left(-\frac{r}{2a_0}\right)$$

......

式中 $a_0 = \varepsilon_0 h^2/\pi m e^2$ 为玻耳半径。

电子出现在空间点 (r,θ,φ) 处、小体积元 $\mathrm{d}V$ 中概率为

$$|\Phi_{nlm}(r,\theta,\varphi)|^2 r^2 \sin\theta \mathrm{d}r\mathrm{d}\theta\mathrm{d}\varphi = |rR_{nl}(r)|^2 |Y_{lm}(\theta,\varphi)|^2 \sin\theta \mathrm{d}r\mathrm{d}\theta\mathrm{d}\varphi \quad (23\text{-}46)$$

上式对方向积分后给出电子处在 $r \sim r + \mathrm{d}r$ 球壳的概率(描述电子径向概率分布),即

$$W_{nl}(r)\mathrm{d}r = \left[\iint |Y_{lm}(\theta,\varphi)|^2 \mathrm{d}\Omega\right] R_{nl}^2(r) r^2 \mathrm{d}r$$

由于球谐函数是归一的: $\int |Y_{lm}(\theta,\varphi)|^2 \sin\theta \mathrm{d}\theta \mathrm{d}\varphi = 1$,所以

$$W_{nl}(r)\mathrm{d}r = R_{nl}^2(r) r^2 \mathrm{d}r = u_{nl}^2(r)\mathrm{d}r \quad (23\text{-}47)$$

式中 $u_{nl}^2(r) = r^2 R_{nl}^2(r)$ 称为电子的径向概率密度。

电子沿径向的概率分布是连续的。处在基态时,电子在 $r = a_0$ 处出现的概率最大,可见氢原子的经典轨道是量子理论中一个最概然位置分布。可以证明,电子径向概率分布的极大位置满足关系

$$r_n = n^2 a_0 \tag{23-48}$$

如图 23-12 给出了 $n = 1, 2$ 和 3 的径向概率分布。

式(23-46)对 r 积分,并利用径向波函数的归一化条件 $\int_0^\infty |rR_{lm}(r)|^2 dr = 1$,可得电子处在 (θ, φ) 附近、立体角 $d\Omega = \sin\theta d\theta d\varphi$ 内的概率

$$W_{nl}(\theta, \varphi) d\Omega = \left[\int_0^\infty R_{nl}^2(r) r^2 dr\right] |Y_{lm}(\theta, \varphi)|^2 d\Omega$$

$$= |Y_{lm}(\theta, \varphi)|^2 d\Omega \tag{23-49}$$

球谐函数 $Y_{lm}(\theta, \varphi)$ 的模平方代表电子处在 (θ, φ) 附近单位立体角的概率。特别是电子处在基态时角度波函数是常数,与方向无关,说明电子的角向概率分布是球对称的,如图 23-13(a)所示。图 23-13(b)给出了 $l = 1, m = 0$ 的角分布 $|Y_{10}(\theta, \varphi)|^2$。

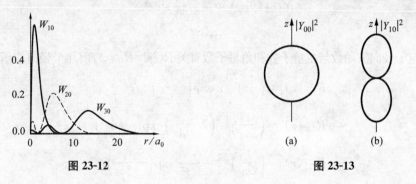

图 23-12   图 23-13

23.2.3 电子的自旋、泡利不相容原理

23.2.3.1 电子的自旋

早在 1922 年,斯特恩-盖拉赫(Otto Stern, Walther Gerlach)为了检验电子角动量量子化而设计了一个实验,实验装置如图 23-14 所示,一束很细的银原子射线束,进入非匀强磁场后打到底片上,整个装置放在真空中。实验发现在不加外磁场时,底片上沉积一条正

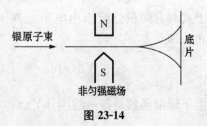

图 23-14

对狭缝的痕迹,加上外磁场后呈现出上下对称的两条痕迹。他们先后用银原子和氢原子做了类似的实验。

电子角动量不为零时磁矩也不为零,在非匀强外磁场中原子会受到作用力,原子束经过不匀强磁场时会发生偏转,在照相底片上原子沉积会偏离无外磁场时的位置。如果电子角动量是量子化的,对应的磁矩也是量子化的,在照相底片上不同角动量的原子会沉积到不同位置,实验结果的确在底片上得到了分立的原子沉积的条纹,这说明电子角动量的空间取向是量子化的。但按照角动量量子化理论,当 l 一定时,m 有 $(2l+1)$ 种可能,由于 $(2l+1)$ 是奇数,原子束通过非匀强外磁场后应有奇数条条纹,而不可能只有两条。根据实验制备的原子来看,绝大多数原子处在基态,这时银原子的总角动量为零,其轨道磁矩为零,原子束不应分裂。可见斯特恩-盖拉赫实验现象有些奇怪,无法单靠电子轨道角动量量子化思想得到解释。

1925 年,乌伦贝克(G. E. Uhlenbeck)和哥德斯密特(S. A. Goudsmit)在分析上述实验的基础上假设:电子除了"轨道"运动还有一种内秉的运动,称为自旋。相应地有自旋角动量 S 和自旋磁矩 μ。若自旋量子数 $s=\frac{1}{2}$,则电子的自旋角动量可表示为

$$S = \sqrt{s(s+1)}\hbar \tag{23-50}$$

电子自旋角动量在 z 方向(外磁场方向)的分量取

$$S_z = -\frac{\hbar}{2}, +\frac{\hbar}{2}$$

或

$$S_z = m_s \hbar \tag{23-51}$$

式中 m_s 称为自旋磁量子数,取两个可能值:

$$m_s = \pm s = \pm \frac{1}{2} \tag{23-52}$$

基于以上电子自旋假设,很容易解释斯特恩-盖拉赫实验。银原子原子序数 $Z=47$,处在基态时,内层共 46 个电子,两两配对后既无轨道角动量又无自旋角动量。最外层的价电子因为处在 $l=0$ 的轨道,其轨道角动量也为零,但因该价电子未配对,自旋角动量不为零,所以处于基态银原子的总角动量就是最外层价电子的自旋角动量,银原子的磁矩就是它最外层的价电子的自旋磁矩。在外磁场中由于自旋磁矩有两种取向,经过非匀强磁场磁力的作用在底片上就出现两条痕迹,这就是斯特恩-盖拉赫的实验结果。

电子自旋运动是一种内部"固有的"运动,是相对论效应带来的,经典物理学无法理解电子的自旋运动,电子自旋运动无经典对应。

但电子自旋运动可借用经典陀螺的运动表示:将电子想象为一个带电球,且具有确定的旋转角动量,角动量绕外磁场进动(见图23-15),并且角动量取向是量子化的,角动量在外磁场方向的投影有两种可能,分别对应电子自旋向上和向下。

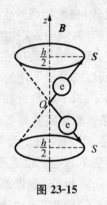

图 23-15

23.2.3.2 费米子和玻色子

实验表明,大多数微观粒子的自旋量子数取半整数,如电子、中子、质子,它们的自旋均为 $s=1/2$。也有一些微观粒子的自旋取整数,如:氘核和光子的自旋 $s=1$,π介子和K介子的自旋为 $s=0$。按照自旋的取值可以将微观粒子分为费米子和玻色子。凡自旋量子数取半整数($s=1/2,3/2,\cdots$)的粒子称为费米子。凡自旋量子数取整数($s=0,1,\cdots$)的粒子称为玻色子。

23.2.3.3 泡利不相容原理

1925年泡利(Pauli)发现,不可能有两个或两个以上的电子处在同一量子状态,将其称为泡利不相容原理。

氢原子的电子可以有很多状态,电子既有轨道运动,又有自旋运动,电子具有四个自由度,在量子力学中对应四个量子(n,l,m_l,m_s)。当电子的主量子数 n、轨道角量子数 l、轨道磁量子数 m_l 和自旋磁量子数 m_s 同时确定,电子的运动状态确定,对应的波函数有四个脚标 $\psi_{nlm_lm_s}$。泡利不相容原理要求不能有两个电子具有完全相同的(n,l,m_l,m_s)。

费米子服从泡利不相容原理,但玻色子不受该原理的限制。

23.2.3.4 各种原子核外电子的排布

由于泡利不相容原理的限制,原子核外电子不能全部处在能量最低的状态上,原子处于正常状态时,每一个电子都占据尽可能低的能级,然后按照能量由低到高逐渐填充原子的各个状态,使得电子在核外有确定的排布。当原子中电子的能量最小时,整个原子的能量最低,称原子处于基态。

能级的高低主要取决于主量子数 n,n 越小能级越低。原子中具有相同主量子

数 n 的电子属于同一主壳层,电子一般按照 n 由小到大的次序填入各能级。在每一主壳层中,具有相同角量子数 l 的电子称为属于同一支壳层,对应 $l=0,1,2,3,4$,各支壳层分别用 s,p,d,f,g 等表示。对每一支壳层的电子具有相同的角量子数 l,但它们的磁量子数 m_l 可以不同,共有 $(2l+1)$ 个可能的 m_l。当轨道磁量子数 m_l 确定后,电子的自旋磁量子数 m_s 又可以有 2 种可能。

所以当角量子数 l 确定后,可以有 $N_l=2(2l+1)$ 个不同的状态,或者说每一支壳层最多可容纳的电子数为 $N_l=2(2l+1)$ 个,例如在 s,p,d,f 各支壳层上最多可容纳的电子数为 $2,6,10,14$ 个。

第 n 个主壳层中最多可容纳的电子数为各支壳层最多可容纳的电子数之和

$$N_n = \sum_{l=0}^{n-1} 2(2l+1) = 2[1+3+5+\cdots+(2n-1)]$$
$$= 2 \cdot \frac{n[1+(2n-1)]}{2} = 2n^2 \tag{23-53}$$

例如,在 $n=1,2,3,4$ 各主壳层中可最多容纳的电子数为 $2,8,18,32$。铜原子共有 29 个电子,它们按如下规律填充各个能级:

$$1s^2 2s^2 2p^6 3s^2 3p^6 3d^{10} 4s^1$$

其中各支壳层前面的数字代表主量子数,上标表示对应支壳层上所填充的电子数。

应该说明,考虑到核外电子之间的作用,能级还和角量子数 l 有关,$E=E_{nl}$,所以在个别情况下,n 较小的壳层可能尚未填满,n 较大的壳层上就开始有电子填入了。例如钾(K)、钙(Ca)等原子就有这种情况,对原子序数大的原子,这种情况更多。

习 题 23

23-1 一个质子放在一维无限深阱中,阱宽 $L=10^{-14}$ m。
(1) 质子的零点能量有多大?
(2) 由 $n=2$ 态跃迁到 $n=1$ 态时,质子放出多大能量的光子?

23-2 质量为 m 的微观粒子处在宽为 l 的一维无限深势阱中,它的定态波函数为

$$\psi_n(x) = A \sin \frac{n\pi x}{l}.$$

(1) 确定归一化常量 A;
(2) 写出该势阱中粒子的定态薛定谔方程,并由此求粒子的能量表达式;
(3) 求粒子由第二激发态($n=3$)跃迁到基态所发射光的波长。

23-3 一粒子在一维势场

$$U(x) = \begin{cases} 0, & |x| \leqslant \dfrac{a}{2} \\ \infty, & |x| \geqslant \dfrac{a}{2} \end{cases}$$

中运动,求粒子的能级和对应的波函数。

23-4 在上题中如果把坐标原点沿 x 轴平移 L 距离,求阱中粒子的波函数和能级的表达式。

23-5 一粒子在一维势阱中

$$U(x) = \begin{cases} U_0 > 0, & |x| > a \\ 0, & |x| \leqslant a \end{cases}$$

运动,求束缚态($0 < E < U_0$)的能级所满足的方程。

23-6 试用:

(1) 德布罗意波的驻波条件;

(2) 不确定关系式;

(3) 定态薛定谔方程三种方法讨论宽为 a 的无限深一维势阱中质量为 m 的粒子的最小能量。

23-7 对于无限深势阱中运动的粒子,证明:

$$\bar{x} = \frac{a}{2}, \quad \overline{(x-\bar{x})^2} = \frac{a^2}{12}\left(1 - \frac{6}{n^2\pi^2}\right)$$

并证明当 $n \to \infty$ 时上述结果与经典结论一致。

23-8 在一维无限深势阱中运动的粒子,它的一个定态波函数如题图(a)所示,对应的总能量为 4 eV,若它处于另一个波函数(见题图(b))的态上时,它的总能量是多少? 粒子的零点能是多少?

(a)
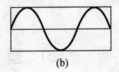
(b)

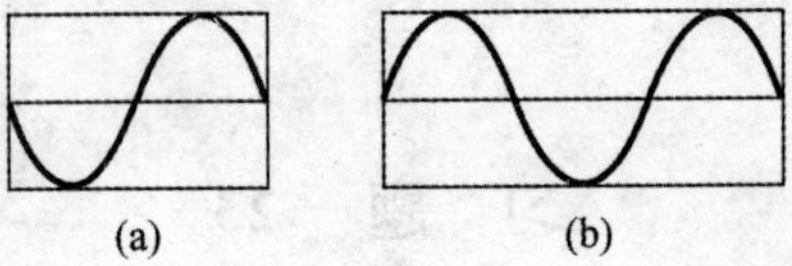

习题 23-8 图

23-9 设 $t=0$ 时,粒子的状态为

$$\psi(x) = A\left[\sin^2 kx + \frac{1}{2}\cos kx\right]$$

求此时粒子的平均动能。

23-10 设电子对势垒的穿透系数为 $T \approx e^{-\frac{2a}{\hbar}\sqrt{2m(V_0-E)}}$,其中 $a=0.7$ nm,$V_0 - E = 1$ eV,求电子的穿透系数。

23-11 已知一维谐振子基态波函数为 $\varphi_0(x) = a_0 e^{-\alpha x^2}$,其中 $\alpha = \sqrt{\dfrac{m\omega}{\dfrac{1}{\hbar}}}$,验证它满足定态薛定谔方程,并求出基态能量。

23-12 氢原子的定态波函数为 $\Psi_{nlm}(r,\theta,\varphi)$，$|\Psi_{nlm}(r,\theta,\varphi)|^2$ 代表什么？电子出现在 $r_1 \to r_2(r_2 > r_1)$ 球壳内的概率如何表示？电子出现在上半球空间的概率如何表示？

23-13 对应于氢原子中电子轨道运动，试计算 $n=3$ 时氢原子可能具有的轨道角动量。

23-14 氢原子处于 $n=2,l=1$ 的激发态时，原子的轨道角动量在空间有哪些可能取向？并计算各种可能取向的角动量与 z 轴的夹角。

23-15 根据量子力学理论，氢原子中电子的角动量大小为 $L=\sqrt{l(l+1)}\hbar$。当主量子数 $n=4$ 时，电子角动量大小的可能取值为哪些值？

思 考 题 23

23-1 什么是定态？定态有什么性质？

23-2 通常情况下，无限远处为零的波函数所描述的状态称为什么态？一般情况下，这种态所属的能级有什么特点？

23-3 请根据量子力学中一维无限深势阱中薛定谔方程解及德布罗意波的特点，试在题图中选择势函数为 $\frac{1}{2}kx^2$ 的谐振子，$n=2$ 的能级所对应的粒子概率分布图(提示：要考虑在 n 很大时过渡到经典情况)。

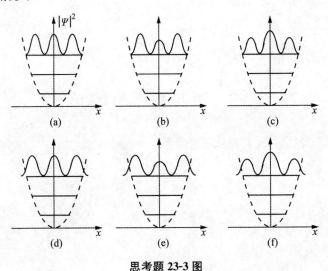

思考题 23-3 图

23-4 什么是隧道效应？

23-5 什么是全同性原理和泡利不相容原理？两者的关系是什么？

23-6 氢原子中的电子处在 $n=3,l=2,m_l=-2,s=\frac{1}{2}$ 的状态时，它的轨道角动量大小、轨道角动量在外磁场方向的投影、电子自旋角动量大小各为多少？

23-7 氢原子的电子处在 $l=3$ 的状态，其轨道角动量 L 为多少？在磁场方向的分量 l_z 的可能值为哪些?

23-8 证实电子存在自旋角动量的实验是(　)。
（A）戴维孙-革末实验　　　　　　（B）施特恩-格拉赫实验
（C）塞曼效应　　　　　　　　　　（D）康普顿散射实验

23-9 戴维孙—革末实验证实了(　)。
（A）电子具有自旋　　　　　　　　（B）德布罗意的物质波假设
（C）爱因斯坦的光量子假设　　　　（D）电子轨道角动量量子化

23-10 $\Psi(r,\theta,\varphi)$ 为归一化波函数,粒子在 (θ,φ) 方向、立体角 $d\Omega$ 内出现的概率如何表示?在半径为 r,厚度为 dr 的球壳内粒子出现的概率如何表示?

第 24 章 量子力学的应用

量子力学的建立揭开了微观世界的秘密,从单个的光子、电子、原子核到原子、分子、半导体芯片乃至整个宇宙都受量子力学的支配。从物质的磁性质、激光技术、超导应用、各种显微技术到量子计算、量子操控、时间定标等技术都和量子力学密切相关,量子力学已经成为现代科技的基础。本章作为小结先梳理量子力学的基本假设,然后简单介绍激光和量子信息知识。

24.1 量子力学的基本公设

前面介绍了一系列量子力学的概念、原理和结论,量子力学发展到今天,还有很多争论、有很多问题值得澄清。目前人们认为量子力学应该有 5 条基本假设。

第一条是波函数公设:微观粒子的状态由波函数描述,波函数模的平方代表粒子的概率密度;波函数满足单值、连续、有限和归一条件;若 ψ_1 和 ψ_2 是粒子的可能态,则它们的线性叠加也是粒子可能的状态。

第二条是算符公设:任何力学量均对应一个算符,例如坐标算符 $\hat{r}=r$、动量算符 $\hat{p}=-\mathrm{i}\hbar\left(\frac{\partial}{\partial x}\boldsymbol{i}+\frac{\partial}{\partial y}\boldsymbol{j}+\frac{\partial}{\partial z}\boldsymbol{k}\right)$,而且算符具有一系列性质(如厄米性、满足相应的对易关系等,关于这些性质的讨论此处略)。

第三条是测量公设:若微观粒子处在叠加状态 $\Psi=\sum_i c_i\varphi_i$ 上(其中 φ_i 是某力学量 F 对应算符 $\hat{F}$ 的本征值为 λ_i 的本征态),则在 Ψ 态上对力学量 F 测量,结果只可能是对应的本征值 λ_i 之一,并且出现的概率为 $|c_i|^2$。

测量会对状态 Ψ 产生严重干扰,使其突变到某本征态 φ_i 上,称这种突变为测量造成的波函数塌缩。波函数 Ψ 究竟向哪个本征态 φ_i 突变,是不能事先预言的,突变是随机的、不可逆的、非局域的,但塌缩到某本征态 φ_i 的概率是确定的、等于 $|c_i|^2$。

第四条是动力学演化方程公设:波函数的演化满足薛定谔方程。

第五条是全同性原理公设:全同粒子是不可分辨的。

以上 5 条基本公设是量子力学的基础，像力学量的量子化、微观粒子的零点能、不确定关系等均为基本公设的推论。

24.2 激光

自 20 世纪 60 年代第一台红宝石激光器问世后，现在已成功研制出数百种激光器，按照激光器的种类可划分为若干种，红宝石激光器为固体激光器，氦氖气体激光器、二氧化碳气体激光器为气体激光器，激光二极管为半导体激光器，还有染料激光器、光纤激光器等。与普通光源（像蜡烛、太阳、白炽灯等）相比，激光作为光源有一系列优点，如方向性好，发散角可以小到 10^{-4} 弧度。单色性好，线宽 $\Delta\lambda$ 约为 10^{-8} Å，波长范围大，从紫外谱线到亚毫米波范围。强度大，脉冲瞬时功率可达 10^{18} 瓦。

激光(LASER)的意思是"受激辐射的光放大(Light Amplification by Stimulated Emission of Radiation)"。光与物质相互作用可产生激光，激光的产生与物质的吸收和辐射过程有关，其中辐射又包括原子的自发辐射和原子的受激辐射。

24.2.1 自发辐射、受激吸收和受激辐射

原子处于激发态时，可以自发从高能态跃迁到低能态而发射频率为 $\nu=(E_2-E_1)/h$ 的光，称这种过程为自发辐射[见图 24-1(a)]。当原子吸收频率为 ν 的光子也可以从低能态 E_1 跃迁到激发态 E_2，称这一过程为受激吸收[见图 24-1(b)]。

爱因斯坦从理论上指出，当频率为 $\nu=(E_2-E_1)/h$ 的外来光子入射时，处于高能态 E_2 的原子除自发辐射外，原子还会迅速从能级 E_2 跃迁到能级 E_1，同时辐射一个与外来光子频率、相位、偏振态以及传播方向都相同的光子，这个过程称为受激辐射[见图 24-1(c)]。

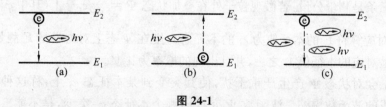

图 24-1

如果大量原子处在高能级 E_2 上，一个频率 $\nu=(E_2-E_1)/h$ 的入射光子，可产生两个完全相同的光子，两个光子又使其他原子受激辐射，产生 4 个相同的光子，如此反复激发，原来的光信号被放大了，这种在受激辐射过程中产生并被放大的光就是激光。

要实现光放大,必须有大量原子处在高能激发态上。但是由大量原子组成的系统,在热平衡时原子按能级分布的数目服从玻耳兹曼分布:

$$N_n \propto e^{-\frac{E_n}{k_B T}} \tag{24-1}$$

式中 N_n 为分布在能级 E_n 上的原子数目,服从指数分布(见图 24-2)。两能级 E_1,E_2 上分布的原子数目之比为

$$\frac{N_2}{N_1} = e^{-\frac{E_2-E_1}{k_B T}}$$

这个比值非常小,例如在常温下($T=300$ K)处在第一激发态的氢原子数与处在基态的原子数比为

$$\frac{N_2}{N_1} = e^{-395} \approx 10^{-171} \ll 1$$

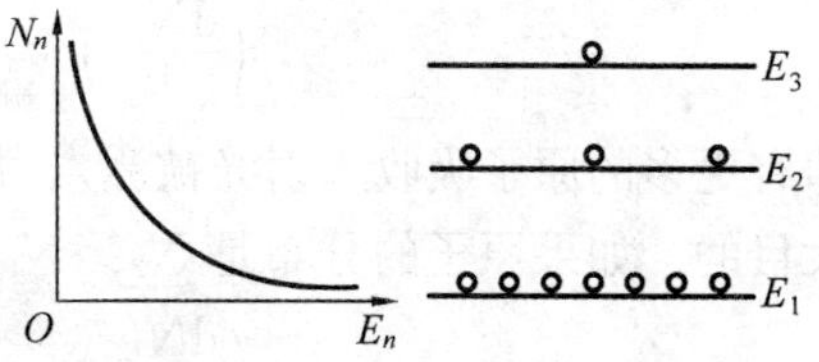

几乎所有原子都处于基态上。

图 24-2

处在热平衡的原子系统,三种辐射同时存在,并相互平衡。下面以两能级原子为例说明,设 E_1,E_2 为原子的基态能量和激发态的能量,N_1,N_2 为处于 E_1,E_2 能级的原子数。因自发辐射,单位时间内从 E_2 能级跃迁到 E_1 能级的原子数应与处在 E_2 能级的原子数成正比,即

$$-\left(\frac{dN_2}{dt}\right)_{自发} = A_{21} N_2 \tag{24-2}$$

将 A_{21} 称为爱因斯坦自发发射系数,其意义为单个原子在单位时间内发生自发辐射的概率。对于自发辐射,各原子辐射的光是相互独立的,是非相干的。

自发辐射频率为 $\nu=(E_2-E_1)/h$ 的光可以激发其他原子产生受激辐射,单位时间内从能级 E_2 跃迁到能级 E_1 的原子数与 N_2 成正比,除此之外还与具有频率为 ν 的光子数目有关即

$$\left(\frac{dN_{21}}{dt}\right)_{受激辐射} = W_{21} u(\nu) N_2 \tag{24-3}$$

式中 $u(\nu)$ 是与频率为 ν 的光子数目有关的一个函数(实际上是在频率 $\nu=(E_2-E_1)/h$ 附近单位频率间隔光子的能量密度函数),而比例系数 W_{21} 称为受激辐射系数。

频率为 $\nu=(E_2-E_1)/h$ 的光子,也会引起低能态的原子跃迁到高能态。单位时间从 E_1 跃迁到 E_2 的原子数应该与 N_1、频率为 ν 的光子数目有关,写为等式

$$\left(\frac{dN_{12}}{dt}\right)_{受激吸收} = W_{12} u(\nu) N_1 \tag{24-4}$$

式中 W_{12} 为吸收系数。爱因斯坦从理论上给出

$$W_{12} = W_{21} \tag{24-5}$$

24.2.2 粒子数反转和光放大

若要产生激光,必须对光进行放大,但由前面的分析可知,在一般情况下,发光媒质只有少数原子处在激发态上,当一束光射入媒质后,可同时引起受激吸收和受激辐射。设处在基态的原子数有 N_1 个,激发态有 N_2 个,因为 $N_1 > N_2$,由关系式(24-3)~式(24-5)有

$$\left(\frac{dN_{12}}{dt}\right)_{受激吸收} > \left(\frac{dN_{21}}{dt}\right)_{受激辐射}$$

即有更多的原子吸收入射光被激发,最终效果表现为对光的吸收,达不到对光的放大目的。如果原子的分布是 $N_2 > N_1$,称粒子数分布反转,则有关系

$$\left(\frac{dN_{12}}{dt}\right)_{受激吸收} < \left(\frac{dN_{21}}{dt}\right)_{受激辐射}$$

受激辐射占主导地位,最终效果表现为辐射光子,可实现光的放大。处于粒子数反转分布的介质称为激活介质,它是激光器的工作物质。

24.2.3 激光器的工作原理

24.2.3.1 激光器的结构

一台激光器主要由三部分组成:工作物质、光学谐振腔和激励能源。红宝石激光器的工作物质为两面带有反射镜的红宝石棒(见图 24-3),氙灯为激励能源,两反射镜构成一光学谐振腔。

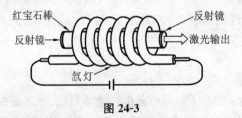

图 24-3

24.2.3.2 工作物质粒子数反转的实现

不同种类的激光器工作物质粒子数反转的方式不同。例如,对于氦氖气体激光器,粒子数反转主要是利用氦原子的亚稳态实现的。一般原子的激发态寿命为 10^{-8} s,但也有些激发态的寿命长达 10^{-3} s 甚至长达 1 s,称这种长寿命的激发态为亚稳态。

为简单起见,假设原子只有三个能级 E_1,E_2 和 E_3,其中 E_2 为亚稳态,称为三

能级模式。在激励能源的激励下,处在基态 E_1 上的粒子被抽运到激发态 E_3 上(见图 24-4),由于激发态 E_3 的寿命很短,粒子通过碰撞很快以无辐射的方式从 E_3 态转移到亚稳态 E_2 上(见图 24-5),这样一方面 E_2 能级上的粒子数增多,另一方面处在 E_1 态上的粒子数减少,使得 $N_2 > N_1$,结果出现了粒子数反转(见图 24-6),工作物质被激活。

实际工作物质原子能级结构要复杂得多,可能存在几对能级之间的粒子数分布反转,相应发射几种波长的激光。例如,氦氖激光器可以发射 $0.6328\,\mu m$,$1.15\,\mu m$ 和 $3.39\,\mu m$ 等波长的激光。

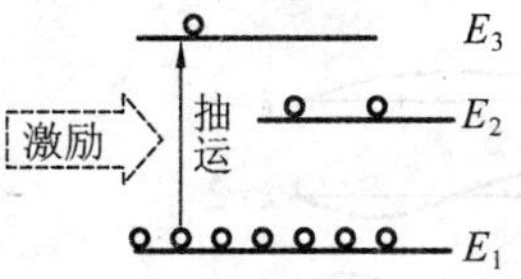

图 24-4 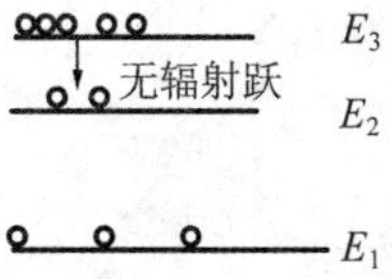　　　　图 24-5 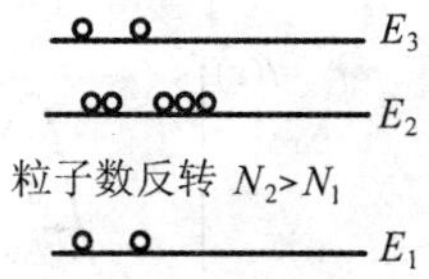　　　　图 24-6

24.2.3.3　光学谐振腔的作用

单有激活介质还不是一台激光器,激活介质内部自发辐射的光初始是杂乱无章的非相干光,而且辐射的光在传播方向上是各向同性。若在工作物质两侧加上反射镜,其中一面镜子的反射率很高,几乎为 100%。为了让激光输出,另一面镜子是部分反射的(见图 24-7)。这样由于反射镜的作用,只有传播方向与轴线平行的光才会在两个镜面之间往复反射、连锁放大,形成稳定的激光,最后从部分反射的反射镜输出,凡偏离轴线的光会散射出工作物质之外,不会被放大而形成激光。这就是说,光学谐振腔具有对激光束选择方向的作用。

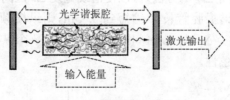

图 24-7

谐振腔的第二个作用是选频。图 24-8 为氦氖激光器氖原子的 $0.6328\,\mu m$ 受激辐射光的谱线自然展宽示意图,自然宽度高达 $\Delta\nu \approx 1.3 \times 10^9\,Hz$,单色性很差。但加上谐振腔后,可以只让满足共振条件的某几种单色光得到放大,其他频率的光被抑制,达到选频的目的。

设谐振腔的长度为 L,可以被放大的光一定满足驻波条件(共振条件),即

$$nL = k\frac{\lambda_k}{2} \tag{24-6}$$

式中 $k=1,2,3,\cdots$ 为整数;n 为谐振腔内媒质的折射率;λ_k 为真空中的波长。也可将上式写为

$$\lambda_k = \frac{2nL}{k} \qquad (24-7)$$

频率为

$$\nu_k = \frac{c}{\lambda_k} = k\frac{c}{2nL} \qquad (24-8)$$

可见,在光学谐振腔内只有某些频率的光才能形成稳定的驻波,称每一个谐振频率为振动纵模(见图 24-9)。

图 24-8　　　　　　　　　　图 24-9

相邻两个纵模频率的间隔为

$$\Delta\nu_k = \frac{c}{2nL} \qquad (24-9)$$

例如,对于 L 约 1 m 的氦氖激光器,$\Delta\nu \approx 1.5 \times 10^8$ Hz,波长为 $0.6328\ \mu m$ 的谱线宽度为 $\Delta\nu = 1.3 \times 10^9$ Hz,在该线宽内可以存在的纵模个数为

$$N = \frac{\Delta\nu}{\Delta\nu_k} \approx 8$$

利用加大纵模频率间隔 $\Delta\nu_k$ 的方法,可以使谱线宽度 $\Delta\nu$ 区间中只存在几个甚至一个纵模频率。比如将谐振腔管长 L 缩短到 0.1 m,则纵模频率间隔增大到 $\Delta\nu_k = 1.5 \times 10^9$ Hz,由于 $\Delta\nu_k > \Delta\nu$,在 $\Delta\nu$ 区间中,只可能存在一个纵模(见图 24-11),最后使激光具有极好的单色性。

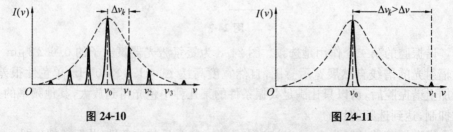

图 24-10　　　　　　　　　　图 24-11

总之,光学谐振腔主要有如下三个作用:①使激光具有极好的方向性(沿轴线);②增强光放大作用("延长"了工作物质);③使激光具有极好的单色性(选频)。

24.2.4 增益系数

此外，为了形成激光，激光器谐振腔必须具有一定的增益。受激辐射光在激光器的媒质内来回传播时，一方面可以被放大，媒质对光的放大作用可用增益系数描述；另一方面，由于媒质对光的吸收和散射以及反射镜的透射和吸收等因素，还存在损耗。如果损耗大于增益，不能形成激光，所以要想形成激光，谐振腔的增益系数必须大于某个阈值。

24.2.5 激光的应用

在自然界有很多现象是在极短的时间内发生的，如分子的碰撞时间仅为 ps，在化学反应过程中化学键的断裂时间甚至更短，称这类现象为超快现象。为了研究这些现象，需要本身具有同样尺度的时间测量工具。激光脉冲可以达到 ps, fs 甚至 as 数量级，用这样的激光器可以记录这类超快过程。

与超快过程相对是超慢过程或超慢运动，例如珊瑚的生长、细胞的分裂等过程非常缓慢。超慢运动的测量原理是多普勒效应：如果光源与观察者之间有相对运动，则观察者接收到光波的频率不同于光源的频率，频率的偏移量正比于物体的运动速度。速度越小频率的偏移量也越小，要求用频率非常稳定的光源照射物体，激光极高的频率稳定性可满足这种要求。利用激光可以观测每小时只有 3 mm 的超慢运动。

利用激光可以操控微小粒子、分子甚至原子，可以对细胞进行手术，称这种技术为光钳技术。其原理是依靠激光的辐射压力可以钳住细胞或分子，再用另一束激光作为激光刀对细胞、分子进行手术等操作。激光钳与激光刀联合使用还可以实现基因的重组和重排。

激光可以让原子冷却、使原子处于极低的温度状态。当原子在激光束中运动时，原子倾向于吸收与其运动方向相反的光子，然后再向各方向随机自发辐射，吸收、辐射的平均效果相当于激光对原子产生一个与其运动方向相反的阻力。若有指向某中心的 6 束激光，全方位的阻力使原子囚禁在中心附近的小区域，原子的运动逐渐减缓、冷却下来，称这种技术为激光冷却技术，它在原子各种参数的精确测量中有重要应用。

由于激光的单色性好、方向性强、相干性高等一系列优点，激光还在环境监测、资源调查、生物技术、医疗技术、高能物理、通信、信息存储等诸多领域有很多应用。由于篇幅所限相应的原理此处从略。

24.3 量子信息

量子信息学是信息科学与量子力学相结合的新兴交叉学科,包括量子计算机、量子通信、量子密码术等几个方面。量子力学中最奇妙的特性在量子信息学中可得到具体应用和体现,所以量子信息学的学习对正确理解量子力学基本原理具有深刻的意义。

作为入门知识,在这里只简单介绍量子信息学的一些基本概念,更深入的讨论读者可参考相关的专业文献。

24.3.1 量子计算机

计算机科学是 20 世纪一项伟大的成就,著名的数学家和计算机学家 Alan Turing 早在 1936 年提出了一种非常有效的数学模型——Turing 机,这一举世瞩目的成果宣告了现代计算机科学的形成。Turing 机提出不久,埃尼阿克(Eniac)、阿塔纳索夫-贝瑞(Atanasoff-Berry)等人利用真空管、电阻、继电器等元件组装出了电子计算机,实现了 Turing 机的全部功能。直到 1947 年 John Dardeen、Walter Brattain 和 William Shockley 发明了晶体管后,计算机硬件的能力以惊人的速度成长,在 1965 年英特尔创始人之一摩尔(Gordon Moore)预测集成电路上可容纳的晶体管数目大约每两年增加一倍,也就是说计算机的能力以固定的速率成长,但价格不变,把这种规律称为摩尔定律。从 20 世纪 60 年代开始,摩尔定律在几十年时间里都近似成立,然而当电子器件越做越小时,一方面由于能耗会导致芯片发热,极大地影响了芯片的集成度,从而限制了计算机的运行速度。另一方面当电子器件很小时,量子效应开始显现,量子力学不确定性因素的干扰使计算机的功能开始受到限制,摩尔定律最终失效。

解决摩尔定律失效问题的一个有效办法就是采用量子计算机,为此先介绍经典计算机和相应的计算原理。

所谓计算属于数学范畴,例如可以通过操控算盘、计算器、电脑等物理设备完成计算。在计算过程中有输入、运算和输出三个环节。可以说,经典计算机是对输入信息按一定运算规律进行变换的机器,其运算是由计算机的内部逻辑电路来实现的。

完成一项计算任务也可以通过一个物理系统所经历的过程实现,一个物理系统开始处在确定的初始状态(对应输入),然后按照一定规律演化(对应运算)变为末态,最终再对末态进行测量(对应输出),这样的物理系统就是一个计算机。经典计算机的初、末态是用经典方法描述的,演化规律是经典规律、对应的算法是经典算法。

量子计算是由量子系统所经历的过程完成,一个量子系统就是一台量子计算机。量子系统的初末状态用波函数描述,中间状态的演化遵从薛定谔方程,量子计算机所完成的计算任务完全遵循量子力学原理。

量子计算机具有一系列经典计算机无法逾越的优点,如无能耗、高速并行运算、大容量存储、保密传输等等。

经典计算机中有经典比特的概念,一个二进制数据的每一位可以取 0 或 1 两个值,在这两个选项中确定其中之一所需要的信息量称为一比特(bit,binary digit 的缩写),它是信息的最小单位。一个比特也可以指一个具有两个状态的物理系统,例如电容器带电或不带电状态(带电 1、不带电 0)、电器开关的开和关(开 1、关 0)、线圈磁矩的取向(向上 1、向下 0)等等。所以比特这个术语既指信息量的单位,也指双态物理系统,更一般地说比特是具有两个可识别状态的数学抽象体。

多个双态经典物理体系所构成的复合系统为多位比特,或者说多位比特是由多个一位比特组成。例如 n 个电容器、n 个开关、n 个磁性原子构成多位比特。n 位比特具有 2^n 个可识别的状态,如 n 个电容器均不带电、第一个带电、第二个带电……和全部带电,共有 2^n 种可能,可将这些状态表示为

$$\underbrace{000\cdots0}_{n\text{个}},\underbrace{100\cdots0}_{n\text{个}},\underbrace{010\cdots0}_{n\text{个}},\cdots,\underbrace{111\cdots1}_{n\text{个}}$$

n 个比特可以存储 n 比特的信息。

24.3.2 量子比特

量子比特(qubit)是量子计算中的信息单位,与经典比特的定义相似,一个双态量子系统称为单量子比特。例如具有两种偏振态的光子、具有两种自旋($\pm 1/2$)的电子或原子、具有两能级的微观粒子等等。然而量子比特的状态与经典比特有很大的不同,双态量子系统不但可以处于两个态中之一,也可以处于两个状态的叠加态,这是量子比特复杂、丰富和诱人的特性之一。

例如,一个自旋为 $1/2$ 的原子可以处在自旋向上的态,用狄拉克符号记为 $|0>$;可以处在自旋向下的态,用符号 $|1>$ 表示;还可以处在他们的叠加态,用符号 $|\Psi>$ 表示,即

$$|\Psi>=\alpha|0>+\beta|1> \qquad (24\text{-}10)$$

式中叠加系数 α,β 为复数,并且满足条件 $\alpha^*\alpha+\beta^*\beta=1$。因为状态 $|0>$、$|1>$ 是正交的,以它们为基矢量可张开一个二维复矢量空间,称为二维的 Hilbert 空间,一个量子比特的一个状态就是二维复矢量空间中的一个单位矢量。

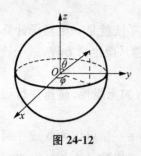

图 24-12

若将复数 α 和 β 表示为 $\alpha=\cos\left(\dfrac{\theta}{2}\right)$、$\beta=e^{i\varphi}\sin\left(\dfrac{\theta}{2}\right)$，则一个量子比特所处的状态可用布洛赫球(Bloch)面上的点来表示，如图 24-12 所示，作一个半径为 1 的单位球，球面上不同的点对应不同欧拉角 (θ,φ)，对应不同的 α 和 β，从而给出不同的量子比特的状态。布洛赫球的北极点对应 $\alpha=1,\beta=0$，这时量子比特处在本征态 $|0\rangle$ 上，布洛球的南极点对应 $\alpha=0,\beta=1$，这时量子比特处在本征态 $|1\rangle$ 上。

经典比特只有 0 和 1 两个可以选择的状态，正好对应量子比特的两个特殊状态(两个极点对应的状态)，可见经典比特是量子比特的特例。

由 n 个单量子比特可构成 n 位量子比特，其状态可以像 n 位经典比特一样处在 $|000\cdots0\rangle$，$|100\cdots0\rangle$，$\cdots$ $|111\cdots1\rangle$ 态上，更重要的是还可以处在这些状态的叠加态上：

$$|\Psi\rangle=\sum_{i=000\cdots0}^{111\cdots1} c_i |i\rangle \tag{24-11}$$

其中叠加系数 c_i 满足归一化条件

$$\sum_{i=000\cdots0}^{111\cdots1} c_i^* c_i = 1 \tag{24-12}$$

叠加系数共有 2^n 个，叠加态的存在可使 n 位量子比特可同时存储 2^n 个数据(而 n 位经典比特只能存储 2^n 个可能数据中的一个)。若取 $n=250$，可存储的数据个数就已超过整个宇宙原子总数，可见量子计算机将有无法想象的巨大存储能力。

量子计算机的另一个优势是超强的并行计算能力，因为运算就是对状态的操作或变换，当对状态 $|\Psi\rangle$ 进行一次变换，相当同时对 2^n 个基矢 $|i\rangle$ 进行变换，其效果等效经典计算机要重复实施 2^n 次变换，或者采用 2^n 个不同的处理器实行一次并行运算。可见量子计算机具有超强并行计算能力。

多位量子比特所处的状态 $|\Psi\rangle$ 可划分为纠缠态和非纠缠态，量子纠缠(Quantum entanglement)是量子力学另一个奇妙现象，是量子力学最重要的研究课题之一。

24.3.3 量子纠缠

量子纠缠态的思想最早于 1935 年由爱因斯坦(Albert Einstein)、波多斯基(Boris Podolsky)和罗森(Nathan Rosen)提出的 EPR 佯谬中便已出现雏形，当时纯粹为了与以玻耳为首的哥本哈根学派争论量子力学是否完备、是否是定域的问题而提出。争论的双方都没有洞悉到纠缠态的全部含义,在经过数十年的发展量子纠缠的重要性才逐渐地被认识到,量子纠缠态的名称实际上是由薛定谔后来命名的。下面以双量子比特为例说明量子纠缠态的概念。

单量子比特的状态可用可用狄拉克符号表示,也可用矩阵表示。例如自旋为 1/2 的状态可表示为 $|0>$ 和 $|1>$,也可表示为列矩阵 $|0>=\binom{1}{0}$ 和 $|1>=\binom{0}{1}$。双量子比特的状态可用狄拉克符号的直积表示,也可用列矩阵的直积表示。例如,双量子比特的状态可有下面四种组合、对应四个直积态:

$$|00>=|0>\otimes|0>=\binom{1}{0}\otimes\binom{1}{0}=\begin{pmatrix}1\\0\\0\\0\end{pmatrix}$$

$$|01>=|0>\otimes|1>=\binom{1}{0}\otimes\binom{0}{1}=\begin{pmatrix}0\\1\\0\\0\end{pmatrix}$$

$$|10>=|1>\otimes|0>=\binom{0}{1}\otimes\binom{1}{0}=\begin{pmatrix}0\\0\\1\\0\end{pmatrix}$$

$$|11>=|1>\otimes|1>=\binom{0}{1}\otimes\binom{0}{1}=\begin{pmatrix}0\\0\\0\\1\end{pmatrix}$$

如果一个量子比特处在状态 $(a|0>+b|1>)$ 上,而另一个量子比特处在状态 $|1>$ 上,则双量子比特所处的直积状态为

$$|\Psi>=(a|0>+b|1>)\otimes|1>=\left[\binom{a}{0}+\binom{0}{b}\right]\otimes\binom{0}{1}=\begin{pmatrix}0\\a\\0\\b\end{pmatrix}$$

并非双量子比特的所有状态均能表示为直积形式,例如以下四个状态

$$|\beta_{00}>=\frac{1}{\sqrt{2}}(|0>\otimes|0>+|1>\otimes|1>)$$

$$= \frac{1}{\sqrt{2}} \left[\begin{pmatrix} 1 \\ 0 \end{pmatrix} \otimes \begin{pmatrix} 1 \\ 0 \end{pmatrix} + \begin{pmatrix} 0 \\ 1 \end{pmatrix} \otimes \begin{pmatrix} 0 \\ 1 \end{pmatrix} \right] = \frac{1}{\sqrt{2}} \begin{pmatrix} 1 \\ 0 \\ 0 \\ 1 \end{pmatrix} \quad (24\text{-}13)$$

$$|\beta_{01}\rangle = \frac{1}{\sqrt{2}} (|0\rangle \otimes |1\rangle + |1\rangle \otimes |0\rangle)$$

$$= \frac{1}{\sqrt{2}} \left[\begin{pmatrix} 1 \\ 0 \end{pmatrix} \otimes \begin{pmatrix} 0 \\ 1 \end{pmatrix} + \begin{pmatrix} 0 \\ 1 \end{pmatrix} \otimes \begin{pmatrix} 1 \\ 0 \end{pmatrix} \right] = \frac{1}{\sqrt{2}} \begin{pmatrix} 0 \\ 1 \\ 1 \\ 0 \end{pmatrix} \quad (24\text{-}14)$$

$$|\beta_{10}\rangle = \frac{1}{\sqrt{2}} (|0\rangle \otimes |0\rangle - |1\rangle \otimes |1\rangle)$$

$$= \frac{1}{\sqrt{2}} \left[\begin{pmatrix} 1 \\ 0 \end{pmatrix} \otimes \begin{pmatrix} 1 \\ 0 \end{pmatrix} - \begin{pmatrix} 0 \\ 1 \end{pmatrix} \otimes \begin{pmatrix} 0 \\ 1 \end{pmatrix} \right] = \frac{1}{\sqrt{2}} \begin{pmatrix} 1 \\ 0 \\ 0 \\ -1 \end{pmatrix} \quad (24\text{-}15)$$

$$|\beta_{11}\rangle = \frac{1}{\sqrt{2}} (|0\rangle \otimes |1\rangle - |1\rangle \otimes |0\rangle)$$

$$= \frac{1}{\sqrt{2}} \left[\begin{pmatrix} 1 \\ 0 \end{pmatrix} \otimes \begin{pmatrix} 0 \\ 1 \end{pmatrix} - \begin{pmatrix} 0 \\ 1 \end{pmatrix} \otimes \begin{pmatrix} 1 \\ 0 \end{pmatrix} \right] = \frac{1}{\sqrt{2}} \begin{pmatrix} 0 \\ 1 \\ -1 \\ 0 \end{pmatrix} \quad (24\text{-}16)$$

称这四个态为贝尔(Bell)基,它们均不能表示为单比特态的直积。凡不能表示为直积的双量子比特态称为纠缠态,相反称为非纠缠态。

处于纠缠态的双量子比特称为 EPR 粒子对,这样的量子系统具有非常奇异的、完全没有经典对应的性质,其中最重要的性质之一就是 EPR 粒子对关联的非局域性。设有 A,B 两个粒子处在纠缠态:

$$|\Psi(A,B)\rangle = \frac{1}{\sqrt{2}} (|0\rangle_A \otimes |1\rangle_B + |1\rangle_A \otimes |0\rangle_B) \quad (24\text{-}17)$$

上,在该态每个粒子的状态很不确定,各有 50% 的概率取自旋向上或向下,一个粒子所处的状态完全依赖另一个粒子所处的状态,两个粒子的状态相互关联、纠缠在一起不能分割,即使它们空间距离相距很远也保持这种关联(非局域关联)。当对其中一个粒子(比如 A)测量时,A 粒子的状态立即塌缩到某态(比如自旋向上的单粒子态$|0\rangle$),而粒子 B 会同时发生相应的变化,取自旋向下的单粒子状态

$|1\rangle$。A,B 之间不是通过传递信号相互作用,不管 B 粒子距离 A 粒子有多遥远,瞬时"发生了鬼魅似的超距作用(Spooky Action-at-a-distance)"。粒子的这种非局域关联已被实验证实,这一特性正是量子隐形传态(Quantum Teleportation)的物理基础。

24.3.4 量子隐形传态

所谓量子隐形传态是指发送方和接收方在甚至没有量子通信信道情况下对量子状态移动的一项技术。如果对量子状态编码便实现了信息的传输,在传输过程中荷载量子状态的物理实体并没有移动,甚至发送方可以对要传送的量子态一无所知,完全利用 EPR 粒子对纠缠态的非定域性实现量子态的移动。

下面给出量子隐形传态的工作过程(见图 24-13),设 Alice 和 Bob 很早以前相遇并在一起产生了一对 EPR 粒子(1 和 2),并处在纠缠态 $|\beta_{11}\rangle$ 上,然后 Alice 陪伴粒子 1、Bob 陪伴粒子 2 分离开,若干年后 Alice 想给 Bob 发送信息,可将所发送的信息加载在另一粒子 3 上,设该粒子处在量子状态 $|\psi\rangle$ (Alice 可以对该态一无所知)。现在 Alice 要做的工作是将粒子 3 的量子状态 $|\psi\rangle$ 发给 Bob,即将量子态从甲地移到乙地。它可先让粒子 3 与手上的粒子 1 相互作用、发生纠缠,并对粒子

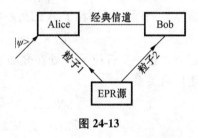

图 24-13

1,3 进行测量,确定 1,3 粒子对处在 4 个贝尔基中的那一个,然后 Alice 将测量结果通过电话或 email 告诉 Bob,Bob 通过手中的粒子 2 所处的状态和 Alice 告诉他的测量结果可以复原量子状态 $|\psi\rangle$,关于 Bob 复原量子态 $|\psi\rangle$ 的细节读者可参考相关的文献,此处从略。

量子隐形传态的上述方案最早由 Bennet 等人在 1993 年提出,在这一方案中量子隐形传态的传送有两条路径,一条是经典路径(比如电话、电报、邮件等),另一条是非局域关联的量子路径。由于在经典路径上信息的传播速度不可能超过光速,故量子隐形传态的速度也不会超过光速。利用量子隐形传态进行量子通信具有高度保密性和完全不可破译等优点,通信是绝对安全的,所谓绝对安全是指窃听者智商无论有多高、采用的窃听策略无论有多高明、使用的仪器无论有多先进,窃听总会留下痕迹而被合法用户所发现。因为任何对量子态的测量均会干扰量子态本身,换句话说未知的量子态是不能被复制的,将这一规律称为量子不可克隆原理(No-Cloning Theorem)。

24.3.5 量子不可克隆原理

设有一单量子比特处在自旋叠加态 $|\Psi\rangle = \alpha|0\rangle + \beta|1\rangle$ 上,按照量子力学的测量公设,如果对该态测量一定会使状态塌缩,比如塌缩到自旋向上的状态 $|0\rangle$ 上。如果再次对该量子比特测量,它已不处在叠加态 $|\Psi\rangle$ 上,可见不可能对状态 $|\Psi\rangle$ 进行重复测量。当然有人会想到,如果能复制大量处于 $|\Psi\rangle$ 态的样本,则可对状态 $|\Psi\rangle$ 重复测量,但这一方案又被量子不可克隆原理禁止:任何未知的量子态无法被复制。

量子不可克隆的根本原因是量子力学具有线性特征。现有两个粒子 A,B,分别处在状态 $|\varphi_A\rangle$ 和 $|Q_B\rangle$ 上,设存在一个线性变换 U 使得粒子 A 的状态可复制到粒子 B 上,即有如下变换关系:

$$U[|\varphi_A\rangle \otimes |Q_B\rangle] = |\varphi_A\rangle \otimes |\varphi_B\rangle \qquad (24\text{-}18)$$

成立。同理 U 可将粒子 A 的另一状态 $|\lambda_A\rangle$ 复制到 B 上,且有关系

$$U[|\lambda_A\rangle \otimes |Q_B\rangle] = |\lambda_A\rangle \otimes |\lambda_B\rangle \qquad (24\text{-}19)$$

成立。进一步若粒子 A 处在叠加态 $|\Psi_A\rangle = \alpha|\varphi_A\rangle + \beta|\lambda_A\rangle$ 上,将 $|\Psi_A\rangle$ 复制到 B 上应有关系

$$\begin{aligned} U[|\Psi_A\rangle \otimes |Q_B\rangle] \\ = |\Psi_A\rangle \otimes |\Psi_B\rangle \\ = (\alpha|\varphi_A\rangle + \beta|\lambda_A\rangle) \otimes (\alpha|\varphi_B\rangle + \beta|\lambda_B\rangle) \end{aligned} \qquad (24\text{-}20)$$

复制 $|\Psi_A\rangle$ 相当复制状态 $\alpha|\varphi_A\rangle + \beta|\lambda_A\rangle$,因为 U 是线性的,故应有关系

$$\begin{aligned} U[(\alpha|\varphi_A\rangle + \beta|\lambda_A\rangle) \otimes |Q_B\rangle] \\ = U(\alpha|\varphi_A\rangle \otimes |Q_B\rangle) + U(\beta|\lambda_A\rangle \otimes |Q_B\rangle) \\ = \alpha|\varphi_A\rangle \otimes |\varphi_B\rangle + \beta|\lambda_A\rangle \otimes |\lambda_B\rangle \end{aligned} \qquad (24\text{-}21)$$

比较式(24-20)和式(24-21),显然等号右侧不相等,这说明假设的线性变换 U 不可能存在,也就是说无法将粒子 A 的状态复制到粒子 B 上,从而量子不可克隆原理得到了证明。

量子不可克隆原理最早在 1982 年,由 Wootters 和 Zurek 在《Nature》上发表的一篇短文中提出,量子不可克隆与量子纠缠一起构成量子密码术的物理基础。

以上只是对量子计算以及量子通信的概念作了简单的介绍,做成真正意义上的量子计算机和实现真正意义上量子通信还有很多工作要做。迄今为止世界上还没有真正的量子计算机,但已经提出的方案有若干种:利用原子和光腔相互作用、冷阱束缚离子、电子或核自旋共振、量子点操纵、超导量子干涉等。现在还很难说

哪一种方案更有前景,不过可以预期量子计算、量子通信必将带来科学技术的大飞跃。

习 题 24

24-1 在光谱学中,经常用波数 $\tilde{\nu}=\dfrac{1}{\lambda}$ 表示频率,它的单位为 cm^{-1},试计算波长 $\lambda=1\ \mu\text{m}$、1 nm对应的波数。

24-2 砷化镓半导体激光器(GaAlAs),发射 $\lambda=8.0\times10^3\ \text{nm}$(红外)、功率为 5.0 mW 的连续激光,计算光子的产生率。

24-3 为使 He-Ne 激光器的相干长度达到 1 km,它的单色性 $\Delta\lambda/\lambda_0$ 应是多少?

24-4 一两个能级激光器可产生频率为 $\nu=3\,000\ \text{MHz}$ 的激光,求在温度为 $T=300\ \text{K}$ 时两能级上分布的粒子数密度之比 n_2/n_1 等于多少?

24-5 单个原子处在激发态 E_2 时会自发发射,设自发发射系数为 A_{21},试证明:由于自发辐射,原子在 E_2 能级的平均寿命 $t_s=1/A_{21}$。

思 考 题 24

24-1 什么叫自发辐射、受激吸收和受激辐射?

24-2 什么叫粒子数反转?

24-3 光学谐振腔的作用是什么?

24-4 你了解激光有哪些方面的应用?

24-5 什么叫量子比特?与经典比特有何异同?

24-6 什么叫量子纠缠态?

24-7 量子不可克隆原理是不是说任何量子态均不能复制?

第 25 章　固体量子理论简介

回顾第 23 章所讨论的内容可以发现,该章所研究的对象均是单粒子构成的系统,在第 24 章虽然介绍了多量子比特的概念,但没有通过求解薛定谔方程得到多粒子系统的波函数。

我们实际遇到的大部分系统是多体系统,比如固体系统是由多个原子构成的系统,固体可以分为晶体和非晶体。固体物理学是很多学科的基础,如半导体、微电子、纳米技术、超导、激光、信息和通信等很多学科都与固体物理学有关。本章将利用前面学过的量子力学理论定性地讨论晶体中电子的运动行为,包括能带的概念、空穴概念和超导现象。

25.1　晶体

晶体是指由大量分子、原子或离子有规则地在空间做周期性的排列而形成的空间点阵(简称晶格)。晶体具有确定的熔点,物理性质具有各向异性:如热导率、电导率、磁化率、折射率等沿不同方向的测量值可能是不同的。

晶体按空间点阵的形状和对称性可分为有简单立方格子、体心立方格子、面心立方格子等等。图 25-1 给出相应三种形式的晶格原子的排列情况,例如,Cu,Ag,Al 为面心结构,Li,Na,K 为体心立方结构。

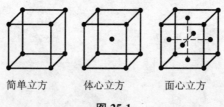

简单立方　　体心立方　　面心立方

图 25-1

按分子或原子的结合力的性质可分为:

离子晶体:原子的结合力为库仑力,结合力强度中等,例如 NaCl 为离子晶体,如图 25-2 所示。

共价晶体:原子的结合力为共价键,例如金刚石结构由两个面心结构套叠而成,结合力强,如图 25-3 所示。

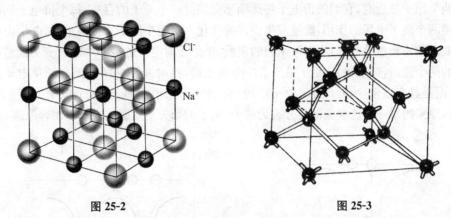

图 25-2   图 25-3

分子晶体:原子的结合力为范德瓦耳斯力,例如固态 CO_2,HCl 等为分子晶体。

金属晶体:原子的结合力与共价键类似,例如体心立方 Li,Na,K;面心立方 Cu,Ag,Au,Al 等属于金属晶体。

还有其他结构的晶体:如石墨结构(图 25-4)、C_{60}结构(见图 25-5,为正 20 面体切除 12 个顶角后得到 32 面体的 C_{60} 结构)、氢键晶体(冰)等。

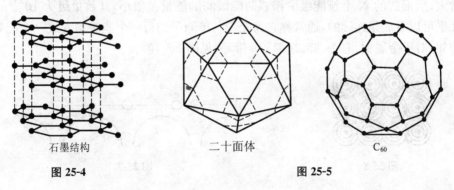

石墨结构   二十面体 C_{60}

图 25-4   图 25-5

25.2 固体的能带结构

25.2.1 能带

我们知道孤立原子的能级是分立的,电子在各个能级上的分布遵从泡利不相容原理,例如一个孤立铜原子的 29 个电子按如下规律填充各个能级:$1s^2 2s^2 2p^6 3s^2 3p^6 3d^{10} 4s^1$。

单个原子的势能曲线如图 25-6 所示,两个原子的势能曲线如图 25-7 实线所示,当两个原子靠近时,它们的价电子将逐渐感觉到另一个原子的存在,每个价电子同时受到两个离子电场的作用,能量发生少许的变化。当两个原子靠得很近时,外层电子的波函数将会重叠起来,由于波函数的重叠,单原子时电子的每一个能级变为能量接近的两个能级,或者说能级分裂开了。准确地讲,这时并不是两个孤立的单电子原子,而是具有很多个电子的双原子系统(对铜原子来说是具有 58 个电子的双原子系),原来的每一个能级全部要分裂为两个,电子的填充仍然服从泡利不相容原理。

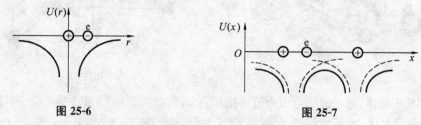

图 25-6　　　　　　　　　图 25-7

当 N 个原子作有规则排列而形成晶体时(图 25-8),晶体内形成了如图 25-9 的周期性势场,原来单原子的一个能级分裂成 N 个很接近的新能级。处于 N 个相互靠得很近的新能级上的电子不再具有相同的能量。由于晶体中原子数目 N 非常大,所形成的 N 个新能级中相邻两能级间的能量差很小,其数量级为 $10^{-22}\,\mathrm{eV}$,几乎可以看成是连续的,通常称它为能带。单原子的每一个能级均变成一个能带,例如,对于金属铜,有 $1s$ 带、$2s$ 带、$2p$ 带等(见图 25-10)。

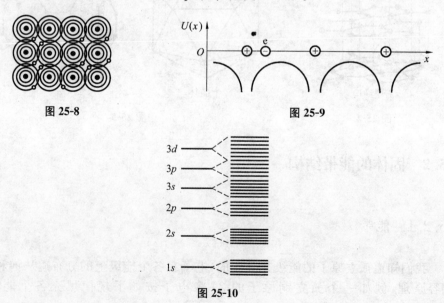

图 25-8　　　　　　　　　图 25-9

图 25-10

关于能带的成因,可通过求解薛定谔方程自然得到,为此先介绍共有化电子的概念。对于原子的内层电子来说,相当于处在图 25-9 的各个势阱中,由于能量小,相对来说势垒宽度宽、高度高,因此,穿透势垒的概率十分微小,基本上仍可看作是束缚在各自离子的周围,或者说内层电子的波函数几乎不重叠。但对于具有能量较大的价电子,其能量超过了势垒的高度,完全可以在晶体中自由运动,而不受特定离子的束缚。还有一些能量接近势垒高度的电子,虽不能越过势垒,但却可以通过隧道效应面进入相邻的原子中去。这样,晶体内便出现了一批属于整个晶体原子所共有的电子,这种由晶体中原子的周期性排列而使价电子不再为单个原子所有的现象,称为电子共有化。电子在晶体的运动,相当于共有化电子在周期性势场中的运动,通过求解周期性势场中的薛定谔方程,可得到周期性势场中运动的电子的能量本征值,结果是只能取一系列能带所许可的能量,而在两个相邻能带之间,可以有一个不存在电子稳定能态的能量区域,这个区域就称为禁带。

25.2.2 能带的宽度

晶体的每一个能带具有一定的能量范围,称为能带宽度。对于一定的晶体,由于原子内层的电子受到其他原子的影响小,外层的电子所受的影响大,所以由不同壳层的电子能级分裂形成的能级宽度各不相同,内层电子能级对应的能带很窄,而外层电子能级对应的能带较宽。原子间距(晶体点阵间距)越小,原子之间相互影响越大,能带越宽。所以能带的宽度与晶格常数、能带序数(s 带、p 带、d 带……)等因数有关。图 25-11 为 N 个钠原子结合为晶体时各能带宽度与晶格常数的关系图,当钠原子距离远大于 r_0 时,各能带宽度为零,与孤立的单原子能级结构一样,不过钠晶体的每一个能级是由 N 个孤立钠原子能级叠合而成。当钠原子距离逐渐减小,能级开始分裂,当达到 r_0 时,$3s$ 和 $3p$ 带甚至交叠起来,这称为能带的交叠。距离进一步减小,越来越多的能带会发生交叠。

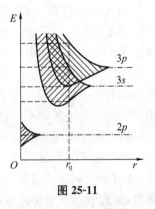

图 25-11

25.2.3 满带、导带和价带

由上所述,能带中的能级数取决于组成晶体的原子数 N,每个能带中能容纳的电子数可以由泡利不相容原理确定。由于每个能级可以填入自旋相反的两个电子,则 $1s$,$2s$ 等 s 能带最多只能容纳 $2N$ 个电子。同理可知,$2p$,$3p$ 等 p 能带可容

纳 $6N$ 个电子，d 能带可容纳 $10N$ 个电子等。

按照能量最小原理，电子从最低的能带开始填充（见图 25-12）。深层能级对应的能带是被电子填满的，对应的能带为满带；最外层价电子对应的能带为价带，该带可以是满带，也可以是被电子部分填充的；价带之上的能带没有分布电子，称这些带为空带。紧靠价带的空带又称为导带。

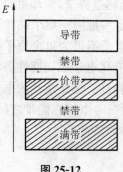

图 25-12

满带中的电子不能起导电作用。下面以一维晶体为例说明：现在考察一晶体，设只有一个能带被电子填满，其他能带全是空带，当晶体未加外电场，由于对称性，满带中的电子沿正反两个方向运动的电子数完全对称，相互抵消，不形成电流。当晶体加上外电场时，同时假定外电场不是很强，认为电子的状态不会在不同能带间跃迁，只能在同一能带中不同能级变化。由于外电场的存在，晶体的对称性被打破，所有的电子动量（或物质波的动量）均会沿着电场力方向增加，顺着和逆着电场方向运动的电子的状态均发生变化，但该能带的状态又是被电子填满的，没有多余的状态让电子"灵活"地去占据。若沿外场方向动量增加的电子数增多，沿反方向动量增加的电子数必然也要增多，以保证满带中的所有状态始终没有空态，结果沿两个方向运动的电子仍然对称，与不加电场时情况相同，对电流无贡献。

相反，如果晶体的某能带中的能级没有全部被电子填满，正反方向运动的电子各自均有空余的状态让电子灵活地变化，在外电场的作用下，沿两个方向运动的电子由于相对外电场的不对称性，导致了两种电子对能级的占据的不对称性，表现为正反方向电子的电流不能相互抵消，因而形成电流，这样的能带又称为导带。

如果由于某种原因（如热激发或光激发等），价带中有些电子被激发而进入空带，这时价带和空带均变为不满带而成为导带。有的晶体由于某种原因能带互相重叠，未交叠前本来是满带，交叠后变为导带。

25.2.4 导体、半导体和绝缘体

凡是电阻率为 $10^{-8}\,\Omega\cdot m$ 以下的物体，称为导体，电阻率为 $10^{12}\,\Omega\cdot m$ 以上的物体，称为绝缘体，而半导体的电阻率则介于导体与绝缘体之间。硅、硒、蹄、锗、硼等元素以及硒、蹄、硫的化合物，各种金属氧化物和其他许多无机物质都是半导体。

禁带的宽度对晶体的导电性起着相当重要的作用。从能带结构及电子的填充情况来看，导体：价带不满（见图 25-13）或价带与空带有交叠现象（见图 25-14）。半导体：价带满，但带隙小（见图 25-15）。绝缘体：价带满，且带隙大（见图 25-16）。

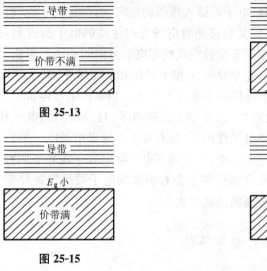

图 25-13 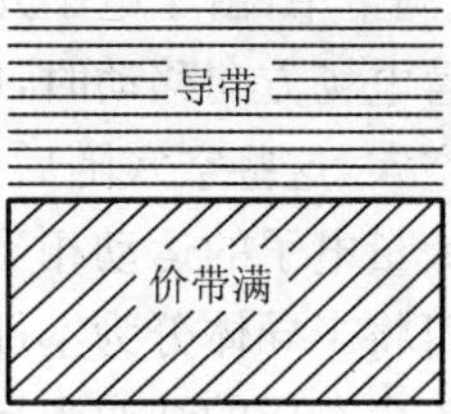　　　　　　　图 25-14

图 25-15 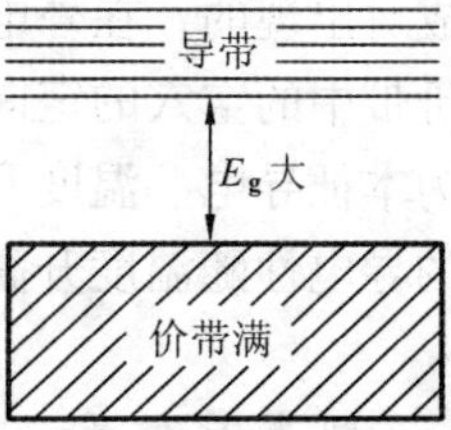　　　　　　　图 25-16

从能带结构上看,半导体与绝缘体在本质上是没有什么差别的,半导体和绝缘体都具有充满电子的满带和隔离导带与满带的禁带。半导体的禁带较窄,禁带宽度 E_g 约为 $0.1\sim1.5\,\text{eV}$,绝缘体的禁带较宽,禁带宽度 E_g 约为 $3\sim6\,\text{eV}$。

对于禁带较窄的半导体,由于电子的热运动,有相当数量的电子很易从电子填满的价带越过禁带,激发到导带里去,这时价带不满、导带不空,半导体具有导电性。热激发到导带去的电子数越多,电阻率较小。但因绝缘体的禁带一般很宽,在一般温度下,从满带热激发到导带的电子数是微不足道的,这样,它对外的表现是电阻率大。

导体和半导体比较,它们不仅在电阻率的数量上有所不同,而且还存在着质的区别。对于 Li,Na,K 等金属的 $2s,3s,4s$ 带是部分填满的,它们表现出导体特性。但对于二价金属,如 Mg、Be、Zn 等,可以推算它们的最高能带是满带,本应该是绝缘体,但实际表现出的是金属特性,原因是这些满带和它们的导带交叠在一起形成一个统一的不满能带,最终成为导体。

25.3　半导体的电子论

25.3.1　近满带和空穴

当半导体中少数电子从满带跃迁到导带中去后,在满带中留出了一些空的状态,通常称为空穴。这一近满带电子系统的运动行为可等价地用空穴的运动行为替代：在近满带中，由于电子几乎全部充满能级，只留出少数的空穴，当电子在电场作用下逆着电场方向移动时，电子将跃入相邻的空穴，而在它们原先的位置上留下了一新的空穴，这些空穴随后又会被逆着电场方向运动的电子所占据，由此看来，近满带中大量电子的运动相当于少数空穴顺着电场方向的移动。根据是否以空穴导电为主可将半导体分为本征半导体、n 型半导体和 p 型半导体。

对于不含杂质的纯净半导体称为本征半导体。当本征半导体价带电子被激发到空的导带上去时，价带出现空穴，导带上出现电子，且导带上的电子和价带上的空穴总是成对出现的。在外电场作用下，既有发生在导带中的电子的定向运动，又有发生在价带中的空穴的定向运动，它兼具有电子导电和空穴导电两种类型，这类导电性称为本征导电。温度升高价带上会有更多的电子被激发到导带上，所以本征半导体的导电性随温度升高而迅速增大。

25.3.2 p 型半导体和 n 型半导体

杂质半导体是指在纯净的半导体中掺有杂质，它的导电性因掺杂将发生显著的改变，掺杂既可提高半导体的导电能力，还能改变半导体的导电机构。杂质半导体包括：n 型半导体和 p 型半导体两类。

在四价本征半导体（如硅）中掺入五价杂质（如砷）形成电子型半导体，称为 n 型半导体（见图 25-17）。掺入的五价砷原子将在晶体中替代硅的位置构成与硅相同的四电子结构，结果就多出一个电子在杂质离子的电场范围内运动。量子力学的计算表明，这个杂质的能级是在禁带中，且靠近导带，能量差远小于禁带宽度。因在硅内，砷原子只是极少数，它们被准晶体点阵分隔开，所以在图中采用不相连续的线段表示这个杂质能级，每个短线代表一个杂质原子的能级（见图 25-18）。杂质价电子在杂质能级上时，并不参与导电。但是，在受到热激发时，由于这能级接近导带底，杂质价电子极易向导带跃迁，向导带供给电子，所以这种杂质能级又称为施主能级。即使掺入很少的杂质，也可使半导体导带中自由电子的浓度比同温度下纯净半导体导带中的自由电子浓度大很多倍，这就大大增强了半导体的导电性能。它的导电主要以电子导电为主。

在四价的本征半导体硅中掺有三价杂质（如镓）后形成 p 型半导体（见图 25-19）。计算表明，这时杂质能级离满带顶极近（见图 25-20），满带中的电子只要接受很小一份能量，就可跃入这个杂质能级，使满带中产生空穴。由于这种杂质能级是接受电子的，所以称为受主能级。这种掺杂使半导体满带中空穴浓度较纯净半导体空穴浓度增加了很多倍，从而使半导体导电性能增强。它的导电主要以空穴导电为主。

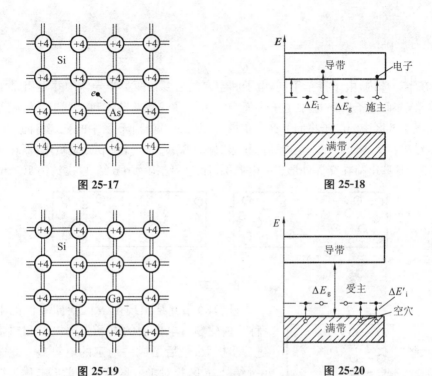

图 25-17　　　　　　　　图 25-18

图 25-19　　　　　　　　图 25-20

半导体电阻率的温度特性与导体也有很大区别,导体的电阻率随温度的升高一般增大,但半导体的电阻率随温度的关系恰好与导体相反,半导体的电阻率随温度的升高而下降,其主要原因是由于杂质半导体的施主能级(或受主能级)与导带(或价带)能量差很小,只有 10^{-2} eV 的数量级,随着温度的升高,受激进入导带的电子数(或价带的空穴数)增多,最后导致电阻的下降。有些半导体的载流子数目对温度变化十分灵敏,因而其电阻率随温度的变化灵敏地变化,利用半导体材料这一性质可以制成对温度、热量的反应极敏感的电阻,称为热敏电阻,在无线电技术、远距离控制与测量、自动化等许多方面都有广泛的应用价值。

改变温度可以使半导体的电阻率增加,用光照射半导体也可以使半导体的电阻率增加,称这一现象为光电导。半导体在光照下,半导体中的电子吸收光子的能量,可能引起电子从满带向导带的跃迁,也可能引起电子从施主能级向导带跃迁或者电子从满带向受主能级跃迁,所有这些都会造成载流子数的增加,从而增加电导。

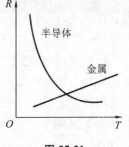

图 25-21

25.3.3　p-n结

在半导体内,由于掺杂不同,电子和空穴的密度在两类半导体中并不相同,即p区中空穴多而电子少,n区中电子多而空穴少。将p型半导体和n型半导体相互接触,会发生n区中的电子将向p区中扩散[见图25-22(a)],p区中的空穴将向n区中扩散,结果在交界处形成正负电荷的积累[见图25-22(b)],在p区是负电,而在n区是正电。这些电荷在交界处形成一电偶层,称这一结构为p-n结,厚度约为10^{-7}m。

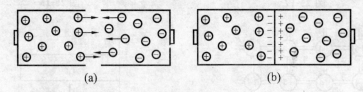

图 25-22

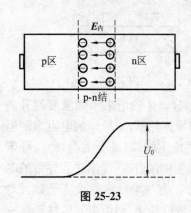

图 25-23

显然,在p-n结出现由n区指向p区的电场(称为内建场),电偶层的电场阻碍电子和空穴的进一步扩散,最后形成一稳定的电势差。此时在p-n结处,n区相对于p区有电势差U_0,称为接触电势差,通常为 0.1～1.0 eV。p-n结处的电势是由p区向n区递增的,它阻碍着n区的电子进入p区,同时也阻碍着p区的空穴进入n区,通常把这一势垒区称为阻挡层。

由于p-n结中阻挡层的存在,把电压加到p-n结两端时,阻挡层处的电势差将发生改变。如把正极接到p端,负极接到n端,称为正向偏压,外电场方向与p-n结中的电场方向相反,使结中电场减弱,势垒高度降低,阻挡层变薄,有利于空穴向n区运动,电子向p区运动,形成由p区流向n区的正向宏观电流,外加电压增加,电流也随之增大(见图25-24)。

反过来,如果把正极接到n端,负极接到p端(一般称为反向连接,如图25-25所示),外电场方向与p-n结中的电场方向相同。这时结中电场增强,势垒升高,阻挡层增厚。于是n区中的电子和p区的空穴更难通过阻挡层。但是p区中的少量电子和n区的少量空穴在结区电场的作用下却有可能通过阻挡层,分别向对方流动,形成了由n区向p区的反向电流。反向电流一般很小,电路几乎被阻断,这就是二极管的单向导电性。

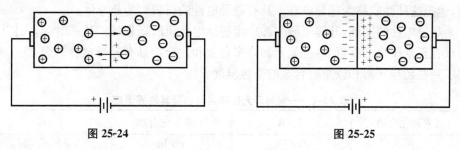

图 25-24　　　　　　　　　　　图 25-25

p-n 结两端电压和流过结的电流关系如图 25-26 所示，称为 p-n 结的伏安特性曲线。

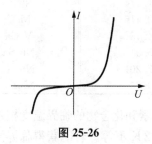

图 25-26

25.4　超导电现象

许多金属、合金甚至陶瓷材料，在低于某个临界温度时，电阻完全消失，固体的这种零电阻性质称为超导电性，它是人们特别感兴趣的性质之一。

25.4.1　零电阻

1911年，荷兰物理学家昂尼斯（H. Kammerlingh Onnes）在研究各种金属在低温时的电阻率的变化时，首次观测到了超导电性。他发现，当温度降到 4.2K 附近时，汞样品的电阻突然降到零，如图 25-27 所示。高于该温度时，电阻率有限，低于该温度时，电阻率小到实际上等于零的值。我们称超导材料电阻降为零的温度称为转变温度或临界温度，通常用 T_c 表示，当 $T > T_c$ 时，超导材料所处的状态与正常的金属一样，称为正常态；而当 $T < T_c$ 时，昂尼斯猜测超导材料处于一种新的状态，称为超导态。因昂尼斯发现这一现象，于1913年获得了诺贝尔物理学奖。不但纯汞，对于加入锡后的汞合金也具有这种性

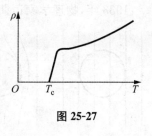

图 25-27

质,他把这种性质称为超导电性。具有超导电性的材料称为超导体。

超导电性的发现,开辟了研究和应用超导电性质的新领域。从那时起,人们已发现在正常压强下有近 30 种元素和许多合金和化合物具有超导电性。表 25-1 列出了一些超导元素和较重要合金的临界温度。

表 25-1 一些超导元素和化合物及其临界温度

元素和化合物	T_c/K	元素和化合物	T_c/K
W	0.012	Pb-In	3.39~7.26
Be	0.026	Pb-Bi	8.4~8.7
Cd	0.515	Nb-Ti	9.3~10.02
Al	1.174	Nb-Zr	10.8~11
In	3.416	MoC	14
Ta	4.48	V_3Ga	18.8
V	5.3	Nb_3Sn	18.1
Pb	7.201	Nb_3Al	18.8
Nb	9.26	Nb_3Ge	23.2

从表中可以看出,各种元素和化合物的临界温度相差很大,从 W 的 $T_c=0.012$ K 到 NB_3Ge 化合物的 $T_c=23.2$ K 不等。若能获得临界温度接近室温的超导材料将非常有用,为实现这一目标,人们已经付出了很多努力。

在 1986 年 IBM 苏黎世实验室发现临界温度达 35 K 的 Ba-La-Ca-O 系列超导材料,随后包括我国科学家在内的科学家们发现了 Y-Ba-Ca-O 系列超导临界温度高到 100 K 以上,称这些材料为高温超导材料。超导临界温度突破液氮沸点 77 K 大关,对人类具有划时代的意义,为超导技术实际应用展开了广阔的前景。

25.4.2 完全抗磁性

1933 年,物理学家迈斯纳(W. F. Meissner)和奥赫森菲尔德(R. Ochsenfeld)发现,对于超导体,当从正常态变到超导态后,原来穿过超导体的磁通被完全排出到超导体外(见图 25-28),在超导体内磁感应强度为零,称这一现象为迈斯纳效应。

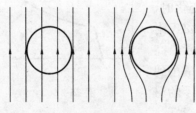

图 25-28

由于在超导体内有

$$B = 0$$

再由关系 $H = \dfrac{B}{\mu} - M$ 可得

$$M = -H$$

若将上式写为 $M = \chi_m H$，可得磁化率为

$$\chi_m = -1$$

这说明超导体具有完全抗磁性。

将一理想导体（电阻率为零）放在外磁场中，利用电磁感应定律可以证明：外加磁场的变化不会改变通过理想导体的磁通量，通过理想导体的磁通量可以是非零的常数，但不一定总是零，与其变化历史、及外磁场的作用历史有关。可见，完全抗磁性是超导体独立于零电阻性质的另一基本性质，换句话说，超导体并不能简单地看为理想导体。零电阻和完全抗磁性是判断超导体是否处在超导态的两个必要条件。

25.4.3 临界磁场与临界电流

昂尼斯观测到超导电性不久便发现，外加磁场可以破坏超导态，即使在临界温度之下，当逐渐增加外磁场时，超导样品会由超导态而转入正常态，这种破坏超导态所需的最小磁场强度称为临界磁场，以 H_c 表示。临界磁场与材料的种类和超导态所处的温度有关。人们发现临界磁场与温度的关系可用如下的经验公式描述

$$H_c(T) = H_c(0)\left[1 - \left(\frac{T}{T_c}\right)^2\right] \tag{25-1}$$

如图 25-29 所示。$H_c(0)$ 表示 $T = 0\,\mathrm{K}$ 时的临界磁场。不同材料的 $H_c(0)$ 不同。

在无外磁场时，让超导体通上电流，这电流也将产生磁场，当该电流超过一定数值 I_c 后，电流在超导体表面所产生的磁场强度超过 H_c，超导态也可被破坏，I_c 称为超导体临界电流，临界电流与温度的关系如下：

$$I_c(T) = I_c(0)\left[1 - \left(\frac{T}{T_c}\right)^2\right] \tag{25-2}$$

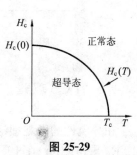

图 25-29

式中 $I_c(0)$ 表示 $T = 0\,\mathrm{K}$ 时超导体的临界电流。

25.4.4 两类超导体

若超导体在 $H > H_c$ 时，由超导态直接转变为正常态，这种超导体称为第 I 类超导体。还有一类超导体，在低于临界温度的一定温度下，有两个临界磁场 H_{1c} 和 H_{2c}，当材料处在磁场 $H < H_{1c}$ 下时，为超导态；当磁场增强至 $H > H_{1c}$ 时，它们不是从超导态直接转变为正常态，而是超导态和正常态混杂的混合态，直到磁场 $H >$

H_{2c}时才完全转变为正常态(如图 25-30 所示)。这类超导体称为第Ⅱ类超导体。

当第Ⅱ类超导体处于混合态时,整个材料是超导的,但在材料内部出现许多沿外磁场方向、半径极小的圆柱形正常态区域,称为正常芯。这些正常芯排列成一种周期性的规则图案(见图 25-31)。每根正常芯表面上围绕着涡旋状电流,这些电流屏蔽了芯中的磁场对外面超导区的作用。因此正常芯好像是外磁场的通道。实验证明,在每条芯中的磁通量都相等,且有一个确定的值 Φ_0,即

$$\Phi_0 = \frac{h}{2e} = 2.07 \times 10^{-15} \text{T} \cdot \text{m}^2 \tag{25-3}$$

式中 h 为普朗克常量;e 为电子的电荷量,这说明磁通量是量子化的。当外磁场增加时,不能增加每根正常芯内的磁通量,只能增加正常芯的数目。磁场越强,正常芯越多越密,直到磁场增大到 H_{2c} 时,正常芯将充满整个材料而使材料全部转变为正常态。

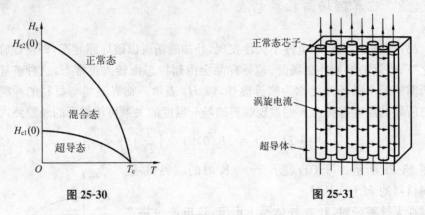

图 25-30   图 25-31

25.4.5 BCS 理论

超导电性的微观理论是由巴丁(J. Bardeen)、库珀(L. V. Cooper)和施里佛(J. R. Schrieffer)在 1957 年提出的,简称 BCS 理论,为此他们三人共获 1972 年诺贝尔物理学奖。

现在考虑这样一种情况:设想有两个电子,它们的运动方向相反,但存在相互吸引作用,由于吸引作用它们被束缚在一起,形成电子对,称这样的电子对为库珀对。当温度 $T<T_c$ 时,超导体内存在大量的库珀对。如果开始某一库珀对的总动量为 p,这样的库珀对在晶体中运动时,由于动量守恒,库珀对之间的作用不会改变库珀对的总动量(而晶格的作用最终归结为库珀对中两电子的相互作用),从而维持了恒定的电流

$$j = ne \frac{p}{2m}$$

式中 n 为电子数密度；m 为电子质量。可见，只要金属中的载流子是由这些束缚在一起的库珀对组成，则金属处在超导态。关于库珀对的成因，对于低温超导性，现在已经公认为是晶格振动的贡献，对于高温超导电性，现在还有许多问题有待解释。下面给出低温超导体中库珀对的成因。

电子在晶格中运动时，它把邻近的正离子吸向自己（这就是通常所说的电子-晶格相互作用或电-声相互作用），使得电子被正离子包围起来，电子被离子屏蔽起来（见图 25-32）。

设想有两个电子 1 和 2，在彼此靠得很近处通过，虽然电子 1 带负电，但由于屏蔽作用，电子 2 感受不到电子 1 的排斥作用。相反，等效地感受到的是吸引作用（见图 25-33），这就是形成库珀对所需要的吸引作用。

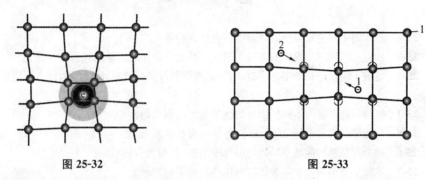

图 25-32　　　　　　　　　　图 25-33

研究表明，组成库珀对的两个电子的平均距离约为 10^{-6} m，而晶格的晶格间距约为 10^{-10} m，即库珀对在晶体要伸展到几千个原子的范围。库珀对是作为整体与晶格作用的。当温度低于临界温度时，会有更多的库珀对形成，当温度逐渐升高，这些库珀对会逐渐解体，直到大于临界温度时，所有的库珀对解体，超导态变为正常态。

习　题　25

25-1　铜、银、金、铝、铂等许多金属的晶格均为面心立方点阵结构。其边长 a 称为晶格常数，一般晶格常数并不一定代表原子间的最近距离。

(1) 分析面心立方点阵中每个原子周围有几个最近邻原子；

(2) 求最近邻原子间的距离与晶格常数的关系。

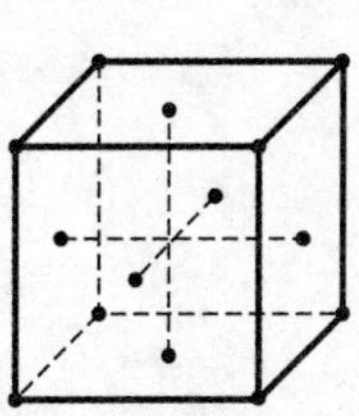

25-2　晶格常数为 a 的一维晶体中，电子布洛赫波函数为

$$\Psi(x) = e^{ikx}u(x)$$

其中 $u(x+Na)=u(x)$，写出位于 $x-a$ 和 $x+a$ 附近的电子布洛赫波函数。

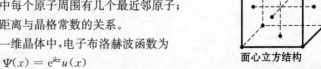

面心立方结构

习题 25-1 图

25-3 n型半导体 Si 中含有杂质磷 P 原子。在计算施主能级时,作为初级近似,可看作一个电子围绕离子 P^+ 运动,好似一个浸没在无限大电介质 Si 中的一个类氢原子。已知 Si 的相对介电常数 $\varepsilon_r = 11.5$,求此半导体的施主基态能级。

25-4 钒 V 是第Ⅰ类超导体,天然钒中同位素 V^{51} 占 99.76%,V^{50} 占 0.24%,它们的质量分别为 50.9440 u 和 49.9472 u。已知天然钒的转变温度为 5.300 K,试根据超导体的同位素效应:$M^{1/2}T_c = C$(M 为同位素质量,T_c 为转变温度,C 为常量),计算钒 V^{50} 的转变温度。

25-5 已知硅的禁带宽度为 1.14 eV,金刚石的禁带宽度为 5.33 eV,求能使之发生光电导的入射光最大波长。

25-6 发光二极管的半导体材料能隙为 1.9 eV,求它所发射光的波长。

思 考 题 25

25-1 晶体的 4 种主要类型的结合键各有什么特征?

25-2 如何从泡利不相容原理来说明当原子结合成晶体时原子能级会发生分裂?

25-3 当电子能量处在禁带之中时,电子的布洛赫波矢是复数,这电子为什么不能存在于晶体中?

25-4 能级与能带有何不同?固体的能带是怎么形成的?

25-5 从能带结构来看导体、绝缘体、半导体有什么差异?

25-6 掺杂与加热均能使半导体的电导率增加,但两者有何不同?

25-7 本征半导体与杂质半导体导电机构有何不同?

25-8 本征半导体掺何种杂质即可成为 n 型半导体,它的多数载流子是什么?又怎样成为 p 型半导体?它的多数载流子是什么?

25-9 p-n 结为何有单向导电性?

25-10 超导态的两个互相独立的基本属性是什么?

25-11 什么是超导体的临界温度、临界磁场和临界电流?

25-12 何谓迈斯纳效应?超导体与电阻率为零的理想导体有何不同?

25-13 超导材料和技术有哪些应用?超导磁体相对传统电磁铁,有什么优越性?

第 26 章 原子核物理和粒子物理简介

1911 年,卢瑟福根据实验事实提出了原子的核结构模型,原子核具有原子的全部正电荷和原子的绝大部分质量。之后,原子核很快就成为了人们新的研究对象。原子核物理学是研究原子核的结构、性质、内部运动、核辐射以及原子核相互作用、相互转化的科学。有关核的理论的快速发展,使人们认识到了核的极其广泛的实际应用,同时也把人类社会推进到核能时代。

在 20 世纪 30 年代,人们已经认识到原子核也是有结构的,原子核由质子和中子组成。于是电子、质子、中子、光子等成为构成千变万化的物质世界的基本单元,当时人们称之为"基本"粒子。从 20 世纪 50 年代起,实验上发现了数以百计的新粒子。这样,所谓的"基本"粒子越来越多,使得人们不得不重新检讨关于基本粒子的认识。现今,人们已经知道,这些基本粒子并不是物质世界的最基本单元,它们大多也是有其内部结构的。所谓"基本粒子"一词只反映了我们对客观世界认识阶梯上的某一层次而已。有关这些粒子的内部结构及其相互作用、相互转化规律的研究,逐步发展成为新的学科,称为粒子物理学。

本章将简单介绍原子核物理学和粒子物理学的一些基本内容。

26.1 原子核的基本性质

26.1.1 原子核的组成

原子核是由质子(p)和中子(n)组成的。质子和中子统称为核子,它们都是自旋为 1/2 的费米子,服从费米-狄拉克统计规律。氢原子核只包含一个质子,它具有最小的电荷数和质量数,其他原子核包含与原子序数相同数目的质子和数目不少于质子数的中子。原子核由如下一般形式表示

$$^A_Z X_N$$

式中 Z 表示原子序数或质子数(亦即电子数);N 为中子数;$A=Z+N$ 表示原子核

的质量数或核子数。电荷数 Z 和质量数 A 是标志原子核特征的两个重要物理量。A 为奇数的原子核是自旋为半整数的费米子；A 为偶数的原子核是自旋为整数的玻色子，服从玻色-爱因斯坦统计规律。对于轻核，中子数和质子数近乎相等，对于重核，中子数约为质子数的 1.5 倍，这是由核子之间作用力的性质所决定的。

我们知道，中子不带电，质子带正电荷，其电量与电子电量在数值上相等。因此，原子核带有正电荷，其电量 q 等于电子电量 e 的绝对值的整数倍，即，$q=Z|e|$。

Z 和 A 都相同的原子核称为某种核素，实验上还发现了大量的 Z 相同而 A 不同的原子核，这些 Z 相同而 A 不相同的原子核称为某种核素的同位素。例如氢有三种同位素，即 $^{1}_{1}H$(氢)、$^{2}_{1}H$(氘) 和 $^{3}_{1}H$(氚)。同一元素的同位素有几乎完全相同的化学性质，但由于它们有不同的中子数，其核的性质就会有较大的差别。如 $^{1}_{1}H$、$^{2}_{1}H$ 和 $^{3}_{1}H$ 的物理性质就有很大的差异。

原子核的质量同原子的质量(包括原子核的质量和核外各电子的质量)相差极小，因此常用原子的质量来表示相应原子核的质量。在原子核物理中，通常情况下，我们不用国际单位制中的千克去度量原子核的质量，而是采用特殊的"原子质量单位"。规定碳的同位素 $^{12}_{6}C$ 处于基态时的静止质量的 1/12 作为 1 个"原子质量单位"，以 u 表示，即

$$1\,u = m_{^{12}_{6}C}/12 = 1.660\,540\,2 \times 10^{-27}\,\text{kg} \tag{26-1}$$

或按照爱因斯坦质能关系表示成如下形式

$$1\,u = 931.494\,32\,\text{MeV}/c^2 \tag{26-2}$$

式中 $1\,\text{MeV}=1\times10^6\,\text{eV}$，$1\,\text{eV}=1.602\,177\,33\times10^{-19}\,\text{J}$。表 26-1 中列出了一些同位素的原子质量。

表 26-1　一些同位素的原子质量

同位素	原子质量/u	同位素	原子质量/u	同位素	原子质量/u
$^{1}_{1}H$	1.007 276	$^{10}_{5}Be$	10.129 39	$^{19}_{9}F$	18.998 405
$^{2}_{1}H$	2.013 553	$^{11}_{5}Be$	11.009 305	$^{23}_{11}Na$	22.989 773
$^{3}_{1}H$	3.016 050	$^{12}_{6}C$	12.000 00	$^{63}_{29}Cu$	62.929 594
$^{3}_{2}He$	3.016 030	$^{13}_{6}C$	13.003 354	$^{120}_{50}Sn$	119.902 198
$^{4}_{2}He$	4.001 506	$^{14}_{7}N$	14.003 074	$^{184}_{74}W$	183.951 025
$^{6}_{3}Li$	6.015 126	$^{15}_{7}N$	15.000 108	$^{238}_{92}U$	238.048 61
$^{7}_{3}Li$	7.016 005	$^{16}_{8}O$	15.994 915		
$^{9}_{5}Be$	9.012 186	$^{17}_{8}O$	16.999 133		

由表 26-1 可见,原子的质量以"原子质量单位"计量时都接近于某一个整数,这个整数就是该原子的原子核质量数 A。中子的质量为 $m_n = 1.008\,664\,904\,u$。

要说明的是,原子质量 $M(Z,A)$ 与原子核质量 $m(Z,A)$ 是不同的。主要是相差了核外的电子质量以及与原子结合能 $B_e(Z)$ 对应的质量,即

$$M(Z,A) = m(Z,A) + Zm_e - B_e(Z)/c^2 \tag{26-3}$$

例如,对于氢原子,我们有 $B_e(Z) = 13.6\,eV$,则

$$m_H c^2 + 13.6\,eV = m_p c^2 + m_e c^2$$

26.1.2 原子核的模型

最早获得有关原子核信息的实验是卢瑟福用 α 粒子轰击金箔的散射实验。由于 α 粒子与金原子核间的作用主要是电磁作用,原子核线度 R 的数量级可通过下式估计

$$\frac{1}{2}m_\alpha v^2 = \frac{1}{4\pi\varepsilon_0}\frac{(2|e|)(79|e|)}{2R} \tag{26-4}$$

式中 $\frac{1}{2}m_\alpha v^2$ 为 α 粒子的动能;$2|e|$、$79|e|$ 分别为 α 粒子和金原子核的电量。对于 α 粒子的入射动能 $5.3\,MeV$,α 粒子和金原子核的最小距离约为 $42.9\,fm$($1\,fm = 10^{-15}\,m$)。由此,我们可以通过实验数据估算出被 α 粒子轰击原子的核的大小。

由于 α 粒子的能量比较小,α 粒子很难真正到达原子核,因此,所获得的原子核的信息是不准确的。为了获得原子核的进一步信息,可以采用其他一些方法。人们利用加速器获得高能电子或质子,把高能电子或质子作为核探针轰击原子核。由于电子与原子核间的作用主要是电磁作用,高能电子不仅能测定原子核的半径,还能提供原子核中电荷的分布情况。我们也可以用中子作为核探针。由于中子不带电,它能更容易接近或进入原子核。当入射中子的能量 $E < 10\,MeV$ 时,其德布罗意波长大于原子核的大小,无法测出原子核半径,而 $E > 40\,MeV$ 的高能中子又由于穿过原子核的时间很短,结果不容易测量。所以,人们通常用能量为 $E = 10 \sim 40\,MeV$ 的中子束轰击原子核。中子与原子核的散射实验可以提供原子核中核物质分布的信息。

图 26-1 是一些原子核的物质分布图。可以看出:①核的密度几乎是均匀的;②其密度几乎与原子核的质量无关。

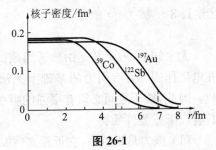

图 26-1

实验表明,大部分原子核是旋转椭球形状,但其长轴和短轴的比一般不大于 5/4,与球形差别不大,可以把这些原子核近似地看作球形。有一些原子核本身就具有球对称性,如 $^{16}_{8}O$ 等。通过对大量实验数据的分析,卢瑟福和查德威克(James Chadwick)发现原子核的体积总是正比于质量数 A。若原子核可看作球形,设其半径为 R,则有如下经验公式

$$R = R_0 A^{1/3} \tag{26-5}$$

式中 $R_0 \approx 1.2 \, \text{fm}$。根据此经验公式,我们可以估算出 $^{12}_{6}C$, $^{16}_{8}O$, $^{107}_{47}Ag$ 和 $^{238}_{92}U$ 原子核的半径分别为

$$R_{^{12}_{6}C} \approx 1.2 \times 12^{\frac{1}{3}} = 2.7 \, \text{fm} \qquad R_{^{16}_{8}O} \approx 1.2 \times 16^{\frac{1}{3}} = 3.0 \, \text{fm}$$

$$R_{^{107}_{47}Ag} \approx 1.2 \times 107^{\frac{1}{3}} = 5.7 \, \text{fm} \qquad R_{^{238}_{92}U} \approx 1.2 \times 238^{\frac{1}{3}} = 7.4 \, \text{fm}$$

历史上,人们提出了多种关于核结构的模型。主要有液滴模型、费米气体模型和核的壳层模型。液滴模型把原子核看成一个带电的液滴,由核子组成。原子核的半径随着核子数增多而增大,维持其密度不变。费米气体模型把核子看成几乎没有相互作用的气体分子,因为核子是费米子,原子核就可视作费米气体。

关于原子核的壳层模型思想,主要来源于实验上的一些特别现象。实验表明,如果原子核中质子或中子为某些特定数值或两者均符合这些数值时,原子核就异常稳定,人们将这些特殊数值称为"幻数"。迄今已经发现的幻数有 2,8,20,28,50,82 和 126。自然界广泛存在的氦、氧、钙、镍、锡、铝的质子和中子都符合幻数条件,它们原子核中的质子和中子以集团形式充满了某些"能级",因此这些元素异常稳定。

幻数的存在是原子核有"壳层结构"的反映,表示相同的粒子以集团的形式构成结合状态,就会出现某种秩序,并且决定原子核的性质。1949 年,德国的核物理学家迈耶(M. G. Mayer)等人引入核子的轨道和自旋耦合作用的概念,圆满解释了这种现象,因此获得了 1963 年的诺贝尔物理学奖。

26.1.3 核力和介子

大家知道,原子核是由核子组成的,而质子之间有着很强的库仑排斥力存在。在电磁作用和万有引力的基础上无法解释为什么自然界存在着大量稳定的原子核。因此,核子之间必须有很强的吸引力存在,这就是核力。实验结果表明,核力具有以下重要性质:

(1) 核力是吸引力,在近距离(约 2 fm)时大于电磁力。距离小于 0.4 fm 时,它表现为斥力。

(2) 核力是人们已知的最强的相互作用力。

(3) 核力是短程力，力程小于等于 3 fm。

(4) 核力具有"饱和"的性质。也就是说，一个核子只能和它紧邻的核子有核力的相互作用。

(5) 核力与核子的带电状况无关。无论中子之间，还是质子之间，或质子和中子之间，核力的大小和特性都相同。

1935 年，汤川秀树(H. Yukawa)提出了关于核力的模型，认为如同电磁作用是带电粒子通过交换光子 γ 而实现的一样，核力也是一种交换力，核子之间通过交换 π 介子实现核力作用，如图 26-2 和图 26-3 所示。

π 介子有三种荷电状态，即 π^+(带正电)、π^0(电中性)和 π^-(带负电)。因此，核子交换 π 介子可以有下列几种形式：中子与中子之间和质子与质子之间交换的是 π^0 介子，如图 26-2 所示。在质子与中子之间交换的是 $\pi^{\pm}$ 介子，如图 26-3 所示。在图 26-3(a)所示的过程中，质子放出一个 π^+ 介子同时转化为中子，中子吸收 π^+ 介子同时转化为质子。在图 26-3(b)所示的过程中，中子放出一个 π^- 介子同时转化为质子，质子吸收 π^- 介子同时转化为中子。

π 介子是在 1947 年被发现的，质量大约为 $140\,\mathrm{MeV}/c^2$，是电子质量的近 280 倍。

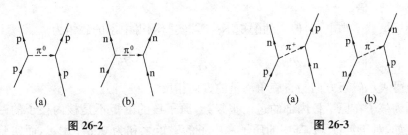

图 26-2 　　　　　　　　　　　图 26-3

要说明的是：虽然核力的介子交换理论可以定性解释一些核现象，但是核力并不是自然界的基本相互作用力。按照夸克理论，强相互作用发生在夸克之间，夸克通过交换胶子实现夸克间的强相互作用。核力实际上是夸克间的强相互作用力在核子层次上的综合体现，因此核力的表现很复杂。

26.2　原子核的量子性质

26.2.1　原子核的自旋

我们知道，原子核是由核子组成的，每个核子都是自旋为 1/2 的费米子，对应

于自旋角动量 $\frac{\sqrt{3}}{2}\hbar$。同时,每个核子在原子核内还有轨道运动,具有一定的轨道角动量。原子核的总角动量(或称核自旋 $\hat{L}$)由核子间的角动量的耦合而成。实验表明,当原子核的质量数 A 为偶数时,原子核的角动量是 $\hbar$ 的整数倍;当原子核的质量数 A 为奇数时,原子核的角动量是 $\hbar/2$ 的奇数倍。

26.2.2 原子核的磁矩

核子的自旋运动有相应的磁效应,表现为有一定的磁矩。实验测得质子的磁矩为

$$m_p = 2.793 \frac{e\hbar}{2m_p} = 2.793\mu_p \tag{26-6}$$

其中

$$1\mu_p = \frac{e\hbar}{2m_p} \tag{26-7}$$

式中 μ_p 称为核磁子。因为质子质量比电子约大 1 836 倍,核磁子要比电子的玻耳磁子小 1 836 倍。

中子虽然不带电荷,但它的磁矩不为零,实验测得中子的磁矩为

$$m_n = -1.913 \frac{e\hbar}{2m_p} = -1.913\mu_p \tag{26-8}$$

式中负号表示磁矩方向与自旋角动量的方向相反。

因为核子在原子核内部的运动很复杂,原子核的磁矩不是核内核子的磁矩之和。比如,对于氘核 $_1^2$H,其中的质子和中子的磁矩之和为 $0.879\,81\mu_p$,而实验测得氘核磁矩的值为 $0.857\,483\mu_p$,两者并不相等。到目前为止人们还不太清楚原子核内部核子的具体运动规律,因此也不清楚核子的自旋磁矩和轨道磁矩是如何耦合起来的。

我们将少数原子核的自旋和磁矩值列于表 26-2 中。

表 26-2 一些原子核的自旋和磁矩

原子核	自旋量子数	磁矩	原子核	自旋量子数	磁矩
$_1^2$H	1	$+0.856\,5\mu_p$	$_8^{16}$O	0	—
$_3^6$Li	1	$-0.821\,3\mu_p$	$_{11}^{23}$Na	3/2	$+1.16\mu_p$
$_3^7$Li	3/2	$+3.253\,2\mu_p$	$_{19}^{39}$K	3/2	$+1.136\mu_p$
$_7^{14}$N	1	$+0.403\mu_p$	$_{49}^{113}$In	9/2	$+1.16\mu_p$

实验表明,核自旋量子数 j 总是取 $0,1/2,1,3/2$ 等整数或半整数,而且发现核自旋量子数与原子核质量数 A 有关。当原子核的质量数 A 为奇数时,核有半整数的自旋;当原子核的质量数为 A 偶数时,核有整数的自旋。

26.2.3 核磁共振

当在物质所在的恒定磁场区域再叠加一个与恒定磁场相垂直的超高频电磁波时,如果恒定磁场的强度与电磁波的频率满足一定条件时,物质会强烈吸收高频电磁波的现象称为磁共振现象。

磁共振现象的理论可述如下:原子中电子的轨道磁矩和自旋磁矩合成原子总磁矩,它与相应的原子总角动量之比称为磁旋比 γ。在外磁场 B 中,原子总磁矩 m 受磁力矩 $m \times B$ 的作用,使原子绕磁场方向进动,其进动角频率 $\omega_L = \gamma B$,称为拉莫尔进动角频率。由于角动量的空间量子化,原子受恒定外磁场 B 作用而进动引起的附加能量使原子的基态能级劈裂成几个能级(具体情况与原子的角动量量子数有关),当超高频电磁波的频率 ν 调整到一个量子的能量 $h\nu$ 刚好等于原子在磁场中的相邻能级差时,电磁波能量便被强烈吸收,这就是磁共振现象。

当 m 是核磁矩时,所发生的磁共振现象就称为核磁共振。核磁共振现象来源于原子核的自旋角动量在外加磁场作用下的进动。原子核进动的频率由外加磁场的强度和原子核本身的性质决定。原子核发生进动的能量与磁场、原子核磁矩以及磁矩与磁场的夹角相关。根据量子力学原理,原子核磁矩与外加磁场之间的夹角并不是连续分布的,而是由原子核的磁量子数决定的,原子核磁矩的方向只能在这些磁量子数之间跳跃,而不能平滑地变化,这样就形成了一系列的能级。当原子核在外加磁场中接受其他来源的能量输入后,就会发生能级跃迁,也就是原子核磁矩与外加磁场的夹角会发生变化。这种能级跃迁是获取核磁共振信号的基础。

为了让原子核自旋的进动发生能级跃迁,需要为原子核提供跃迁所需要的能量,这一能量通常是通过外加射频场(高频电磁波)来提供的。当外加射频场的频率与原子核自旋进动的频率相同的时候,射频场的能量才能够有效地被原子核吸收。因此,某种特定的原子核在给定的外加磁场中,只吸收某一特定频率射频场提供的能量,这样就形成了一个核磁共振信号。

因为核磁矩只有原子磁矩的不到 $1/1000$,所用电磁波的频率比顺磁物质所用电磁波的频率也要小三个数量级。

实验中,通常有两种办法实现核磁共振:①保持外磁场 B 不变,而连续改变入射电磁波的频率;②用一定频率的电磁波照射而调节磁场的强弱。核磁共振时,样品吸收电磁波的能量,被接收器接收,记录下来,成为核磁共振谱。

人们在发现核磁共振现象之后很快就产生了实际用途,化学家利用分子结构对氢原子周围磁场产生的影响,发展出了核磁共振谱,用于解析分子结构。随着时间的推移,核磁共振谱技术不断发展,从最初的一维氢谱发展到二维核磁共振谱等高级谱图,核磁共振技术解析分子结构的能力也越来越强。进入 1990 年代以后,人们甚至发展出了依靠核磁共振信息确定蛋白质分子三维结构的技术,使得溶液相蛋白质分子结构的精确测定成为可能。

另一方面,医学家们发现水分子中的氢原子可以产生核磁共振现象,利用这一现象可以获取人体内水分子分布的信息,从而精确绘制人体内部结构。1973 年,开发出了基于核磁共振现象的成像技术(MRI),并且成功地绘制出了一个活体蛤蜊的内部结构图像。随着 MRI 技术日趋成熟,应用范围日益广泛,成为一项常规的医学检测手段,广泛应用于帕金森氏症、多发性硬化症等脑部与脊椎病变以及癌症的治疗和诊断。2003 年,保罗·劳特伯尔(P. C. Lauterbur)和彼得·曼斯菲尔(S. P. Mansfeild)因为他们在核磁共振成像技术方面的贡献获得了当年度的诺贝尔生理学和医学奖。

核磁共振效应已经广泛地应用在科学技术的各个领域里,利用核磁共振效应制成的各种测试设备,已成为进行物理、化学及其他科学研究的标准实验方法之一。核磁共振技术是直接测定原子核磁矩和研究固体结构的重要方法,通过对固体样品核磁共振谱线的研究,可以深入了解物质的结构,从而为新材料的开发提供实验依据。

26.3 原子核的放射性衰变

在人们发现的 2000 多种同位素中,大多数原子核是不稳定的。不稳定的原子核会自发地蜕变成另一种原子核,同时放出各种射线,这种现象称为放射性衰变。1896 年贝克勒耳(H. Bacquerel)首先发现了天然铀的放射性现象,被认为是核物理的开始。1934 年约里奥·居里夫妇(F. & I. Joliot-Curie)发现了人工放射性,为人工制备放射性元素以及核放射性的应用开辟了广阔前景。

迄今为止,人们已发现的核放射性衰变模式主要有 α 衰变、β 衰变和 γ 衰变。

26.3.1 放射性衰变规律

不稳定原子核会自发地发生衰变,放射出 α 粒子、β 粒子和 γ 光子等。当同一类核素的许多放射性原子核放在一起时,我们不能预测某个原子核在某个时刻将发生衰变,但对于整个放射性物质来说,原子核的衰变是一种统计规律,衰变事件

数 dN 和衰变时间 dt 成正比，即

$$\frac{-dN}{N} = \lambda dt \tag{26-9}$$

或

$$\frac{-dN}{dt} = \lambda N \tag{26-10}$$

式中负号表示为未衰变的原子核数目随着时间增大而减少；λ 为核的衰变常量，对不同的原子核，λ 不同。$R = \frac{-dN}{dt}$ 称为核的衰变率或活度。在国际单位制中，R 的单位是贝可(Bq)。1 贝可表示单位时间内有 1 个核衰变。放射性活度 R 的另一个常用单位是居里(Ci)，规定当某一物质每秒有 3.7×10^{10} 次核衰变时，其放射性活度为 1 Ci，则

$$1\,\text{Ci} = 3.7 \times 10^{10}\,\text{Bq} \tag{26-11}$$

将式(26-9)积分后可得

$$N(t) = N_0 e^{-\lambda t} \tag{26-12}$$

式中 N_0 是 $t=0$ 时刻放射源中原子核的总数目；$N(t)$ 表示 t 时刻放射源中原子核的数目。衰变常量 λ 表示单位时间内一个原子核发生衰变的概率，表征了某种放射性核衰变的快慢。

有时候，人们也用半衰期表征放射性衰变的快慢。所谓半衰期，是放射性核素衰变掉一半所需要的时间，通常用 $T_{1/2}$ 表示。根据定义，我们有

$$\frac{N_0}{2} = N_0 e^{-\lambda T_{1/2}}$$

则

$$T_{1/2} = \frac{\ln 2}{\lambda} = \frac{0.693}{\lambda} \tag{26-13}$$

式中 $T_{1/2}$ 是放射性同位素的特征常数，它与外界因素无关。表 26-3 列出了几种放射性同位素核的半衰期。

表 26-3　几种放射性同位素的半衰期

同位素	衰变方式	半衰期	同位素	衰变方式	半衰期
^{3}H	β	12.4 a	^{64}Cu	β	12.7 h
^{14}C	β	5 568 a	^{142}Ce	α	5×10^{15} a
^{42}K	β	12.4 h	^{212}Po	α	3×10^{-7} s
^{60}Co	β	5.27 a	^{238}U	α	4.51×10^9 a

26.3.2 α衰变

不稳定核自发地放出氦核$^4_2$He(即α粒子)而发生转变的过程称为α衰变。α衰变一般表示为

$$^A_ZX \rightarrow ^{A-4}_{Z-2}Y + \alpha \tag{26-14}$$

在α衰变过程中,母核X失去2个单位的正电荷,因此衰变成电荷比母核X少2个电荷单位的原子核Y。而子核Y在周期表上的位置将向前移2位,其质量数应减小4。比如,$^{226}_{88}$Ra(镭)核的α衰变过程为

$$^{226}_{88}Ra \rightarrow ^{222}_{86}Rn + ^4_2He$$

而$^{222}_{86}$Rn(氡)核的α衰变过程为

$$^{222}_{86}Rn \rightarrow ^{218}_{84}Po + ^4_2He$$

在α衰变过程中,若母核X原来静止,根据能量守恒定律我们有

$$m_Xc^2 = m_Yc^2 + m_\alpha c^2 + E_\alpha + E_r \tag{26-15}$$

式中m_X, m_Y和m_α分别是母核、子核和α粒子的静止质量;E_α和E_r分别为粒子的动能和子核的反冲动能。

定义E_α与E_r之和为"α衰变能",记作E_0,则

$$E_0 = E_\alpha + E_r = [m_X - (m_Y + m_\alpha)]c^2 \tag{26-16}$$

比如,在典型的核反应

$$^{238}_{92}U \rightarrow ^{234}_{90}Th + ^4_2He + 4.26 \text{ MeV}$$

中共释放能量$E_0 = 4.26$ MeV。对于不同原子核的α衰变过程,释放出的α粒子能量不同,但是对于某一种原子核,在任何时候,其α衰变过程中释放出的α粒子能量都相同。

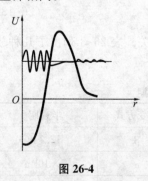

图26-4

原子核的α衰变可以由量子力学的隧穿理论作出定性的解释。可以考虑如下简单模型:α粒子在核内受到核力和电磁力的共同作用,而在核外,α粒子主要受到电磁力的排斥作用。因核力是吸引力,在核内又远大于电磁力,则α粒子感受到的作用势能可由如图26-4中粗线示意,在核表面附近形成一个势垒。原子核衰变时释放的α粒子动能远低于势垒的高度。尽管如此,按量子力学的隧穿理论,α粒子仍有一定的概率从核内逃出。

26.3.3 β衰变

在核的β衰变过程中释放出一个电子,原子核的电荷数 Z 增加 1 而质量数 A 不变。人们认识到,这样的β衰变过程中所释放出的电子并不是原来就存在于原子核内的,而是在原子核中发生了如下核子的衰变过程:

$$_0^1 n \rightarrow {}_1^1 p + {}_{-1}^0 e + \bar{\nu}_e$$

即中子衰变成一个质子、一个电子和一个反电子中微子。中微子是不带电的自旋为 1/2 的费米子。按照现代宇宙学理论,中微子曾在宇宙形成初期大量产生,是宇宙中最为丰富的粒子。中微子与物质的相互作用很弱,因此实验上检测很困难,并且地球对于中微子来说是完全"透明"的。

核的β衰变可一般表示为

$$_Z^A X \rightarrow {}_{Z+1}^A Y + {}_{-1}^0 e + \bar{\nu}_e \tag{26-17}$$

实验上还发现了如下核的衰变过程

$$_7^{12} N \rightarrow {}_6^{12} C + {}_{+1}^0 e + \nu_e$$

这称为核的正β衰变。核的正β衰变一般表示

$$_Z^A X \rightarrow {}_{Z-1}^A Y + {}_{+1}^0 e + \nu_e \tag{26-18}$$

正β衰变过程的物理机制现在还并不完全明确,我们不能认为正β衰变是由于核内的一个质子衰变成为中子引起的。到目前为止实验上还没有发现过质子的衰变事例,人们估计质子的寿命大于 2×10^{32} 年。因此,我们不能用质子衰变过程解释核的正β衰变。

26.3.4 γ衰变

一般情况下,原子核发生α,β衰变时,子核往往处于激发态。处于激发态的原子核向低激发态或基态跃迁过程中,会放出γ光子,这样的衰变过程称为γ衰变。

例如

$$_0^1 n + {}_{92}^{238} U \rightarrow {}_{92}^{239} U^* \rightarrow {}_{92}^{239} U + \gamma \tag{26-19}$$

式中 $_0^1 n$ 为慢中子; $_{92}^{239} U^*$ 为 $_{92}^{239} U$ 的激发态;γ为反应过程中放出的γ射线。γ射线的能量远远大于通常的原子过程中放出的光子能量。

常用的放射源 ^{60}Co 的β衰变过程中,先衰变到 ^{60}Ni 的激发态,然后向低激发态及其基态的跃迁过程中可以释放出能量分别为 1.17 MeV 和 1.33 MeV 的两种γ射线。说明 ^{60}Ni 的高激发态能量(即高于基态的能量)是 1.17 MeV+1.33 MeV=2.50 MeV。

26.4 核裂变和核聚变

26.4.1 原子核的结合能

我们知道,原子的结合能是 eV 量级,它所对应的是原子核与核外电子的电磁相互作用能量。原子核是由质子和中子组成,核子间存在比电磁相互作用强得多的核力。可以想象,原子核的结合能要比原子的结合能大得多,一般都是 MeV 的量级。

把质子和中子结合成稳定的原子核时,核力做正功,使原子核处于低能量状态,同时放出能量。同样,要把一个稳定的原子核分成单个质子和中子体系,外界就必须提供足够的能量,克服核力的作用。这个能量在数值上应和其反过程放出的能量相同。通常称之为原子核的结合能,用 E_B 表示。比如,对于 $_1^2\text{H}$ 核

$$m_{_1^2\text{H}}c^2 + E_B = m_n c^2 + m_p c^2$$

结合能为

$$E_B = (m_n c^2 + m_p c^2) - m_{_1^2\text{H}} c^2$$
$$= (939.56563 + 938.27331)\,\text{MeV} - 1875.61339\,\text{MeV}$$
$$\approx 2.23\,\text{MeV}$$

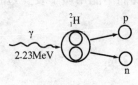

图 26-5

实验证实,对于 $_1^2\text{H}$ 核,当 γ 射线光子具有 2.23 MeV 时,就能将其分解为自由的中子和质子。图 26-5 形象地说明了这一过程。

以自由核子静能作为参考,原子核 $_Z^A\text{X}$ 的结合能满足

$$m(Z,A)c^2 + E_B(Z,A) = Zm_p c^2 + (A-Z)m_n c^2$$

即

$$E_B(Z,A) = Zm_p c^2 + (A-Z)m_n c^2 - m(Z,A)c^2 = \Delta m c^2 \quad (26\text{-}20)$$

其中

$$\Delta m = Zm_p + (A-Z)m_n - m(Z,A) \quad (26\text{-}21)$$

称为原子核质量亏损。由于原子核的质量一般不能直接测量,因此在计算原子核结合能时,我们通常用原子的质量去计算。如原子核 $_Z^A\text{X}$ 的质量亏损为

$$\Delta m = Zm_{\text{H原子}} + (A-Z)m_n - m_{\text{X原子}} \quad (26\text{-}22)$$

式中 $m_{\text{H原子}}$ 表示 $_1^1\text{H}$ 原子的质量;$m_{\text{X原子}}$ 表示 $_Z^A\text{X}$ 原子的质量。

不同原子核的结合能不同,有的稳定,有的不稳定,这与原子核的比结合能有

关。比结合能定义为原子核中单个核子的平均结合能,即

$$\varepsilon = \frac{E_B}{A} = \frac{\Delta mc^2}{A} \tag{26-23}$$

核子的比结合能愈大,原子核就愈稳定。图 26-6 示意了各种原子核的比结合能,其中横轴表示原子核所包含的核子数。

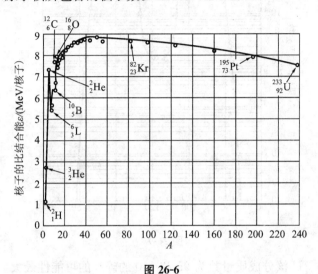

图 26-6

可以看出轻核和重核的比结合能较小,大多数中等质量原子核的比结合能比较大,所以中等质量的原子核最为稳定。利用上述性质,我们就可以有效地利用原子核的结合能。可能的方法是使重核裂变成中等质量的原子核或使轻核聚变成中等质量的原子核。这两种核反应过程中,都会有一定量的核子结合能释放出来。

26.4.2 重核的裂变

原子核裂变最早是 1938 年由哈恩(O. Hahn)和斯特拉斯曼(F. Strassmann)发现的。1932 年查德威克发现中子后,人们用中子照射原子核产生了一些新的放射性元素。1939 年,哈恩和斯特拉斯曼从反应物中分离出了 $_{57}La$ 和 $_{56}Ba$ 的同位素,并认为它们是由超铀元素分裂出来的。一个典型的重核的裂变过程是

$$^{235}_{92}U + ^{1}_{0}n \rightarrow X + Y + i^{1}_{0}n \tag{26-24}$$

式中 X,Y 为可能的核裂变碎片对;i 为裂变过程中可能放出的中子数目。对于 $^{235}_{92}U$ 核的不同裂变过程,i 的取值是不同的。平均来讲,$i=2.47$。$^{235}_{92}U$ 核裂变后形成的"碎片对"(X,Y)有许多种,碎片对的质量分布如图 26-7 所示。图中纵轴表示 $^{235}_{92}U$ 的不同裂变产物的百分数。

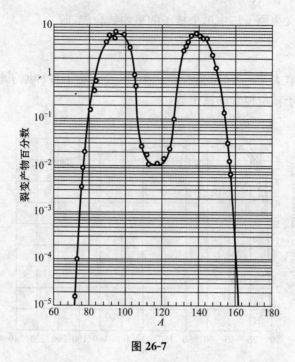

图 26-7

可以看出,$^{235}_{92}$U 核分成质量数为 95 和 140 的碎片的可能性最大。具体过程为

$$^{235}_{92}U + ^{1}_{0}n \rightarrow ^{140}_{54}Xe + ^{94}_{38}Sr + 2^{1}_{0}n$$

裂变时形成的原子核具有过多的中子,所以裂变产物仍然是不稳定的。通过以下一系列的衰变,最终转变为具有中等质量的稳定的原子核,如

$$^{140}_{54}Xe \rightarrow ^{140}_{55}Cs \rightarrow ^{140}_{56}Ba \rightarrow ^{140}_{57}La \rightarrow ^{140}_{58}Ce(稳定)$$

和

$$^{94}_{38}Sr \rightarrow ^{94}_{39}Y \rightarrow ^{94}_{40}Zr(稳定)$$

根据质量亏损定义,可以计算出在 $^{235}_{92}$U 的裂变过程中放出大约 200 MeV 的巨大能量。这一能量除了少部分被中微子带走外,大部分能量以衰变产物的动能形式释放出来。这些能量最后绝大部分转变为热能,可以被收集利用。

如果铀核在裂变过程中放出的中子全都被别的铀核吸收,又会引起新的裂变过程,形成铀核裂变的链式反应。由于裂变是释放原子核结合能的反应,因此,链式反应将剧烈地释放能量,这就是核爆炸。原子弹中发生的爆炸过程就是不断增强的核裂变链式反应情况。如果人为控制每个原子核裂变时产生的中子中只有一个中子引起新的裂变,就能维持稳定的链式反应。核反应堆中发生的裂变过程就是这种情况。在动力反应堆中,原子核的裂变反应释放出来的能量最终被转换成为热能或电能,被人们和平利用。目前,全世界已经投入商业运营的核电站已经超过400多座，使人们看到了核能利用的美好前景。同时，2011年日本地震引起的福岛核泄漏也使人们的心理蒙上了阴影。2011年德国宣布，将在2022年之前关闭其所有核电厂。

26.4.3 轻核的聚变

从图26-6可以看出，由于轻核的比结合能很小，因此当轻核通过核反应结合成质量较大的原子核时也能释放出巨大的能量。这种核反应称为轻核聚变。我们发现，在轻核区，$_1^2$H 和 $_2^3$He 的比结合能比 $_2^4$He，$_4^9$Be，$_6^{12}$C，$_8^{16}$O 等原子核的比结合能小很多。所以，当把 $_1^2$H 和 $_2^3$He 等轻原子核结合成上述几种原子核时，就能获得巨大的能量。典型的核聚变反应过程有

$$_1^2\text{H} + _1^2\text{H} \rightarrow _2^3\text{He} + _0^1\text{n} + 3.27 \text{ MeV}$$

$$_2^3\text{He} + _1^2\text{H} \rightarrow _2^4\text{He} + _1^1H + 18.3 \text{ MeV}$$

$$_1^2\text{H} + _1^2\text{H} \rightarrow _1^3\text{H} + _1^1\text{p} + 4.03 \text{ MeV}$$

$$_1^2\text{H} + _1^3\text{H} \rightarrow _2^4\text{He} + _0^1\text{n} + 17.59 \text{ MeV}$$

可以看出，就单个核子在核反应中平均释放出的能量来讲，聚变反应比裂反应的能量大得多。比如，在 $_1^2$H$+_1^3$H$\rightarrow _2^4$He$+_0^1$n 中共释放 17.59 MeV 的能量，平均每个核子释放出 4.40 MeV。而在 $_0^1$n$+_{92}^{235}$U 的 $_{92}^{235}$U 核裂变过程中共放出 200 MeV 的能量，平均每个核子释放出 0.85 MeV 的能量，两者相差数倍。另外，$_1^2$H 作为海水的成分，可以认为是取之不尽的。因此，核聚变有着更加广阔的应用前景。

在核聚变反应过程中，由于 $_1^2$H 核间的库仑排斥作用，$_1^2$H 核间有很高的库仑势垒，估算为

$$U_C = \frac{1}{4\pi\varepsilon_0} \frac{e^2}{2R} \sim 10^5 \text{ eV} \tag{26-25}$$

要实现核聚变反应，$_1^2$H 核必须具有一定的动能来克服这个势垒。但是，按照量子力学理论，当 $_1^2$H 核的动能比库仑势垒低时，由于隧穿效应，仍有一定数目的 $_1^2$H 核可以穿过势垒，导致聚变反应发生。比如，太阳中心的温度为 $T = 1.7 \times 10^7$ K，对应的核热运动平均能量为 $\overline{E}_k = \frac{3}{2} k_B T (=1.9 \times 10^3 \text{ eV})$。这个动能远远小于 $U_C (10^5 \text{ eV})$。但是，按照麦克斯韦分布律，有少量的 $_1^2$H 核具有比 $\overline{E}_k$ 大很多的动能，再考虑到隧穿效应，太阳内部具有实现核聚变反应的条件。

通过热运动动能克服库仑势能实现核聚变的方法称为热核聚变。氢弹的核聚变反应。氢弹中的热核聚变反应是不可控反应，能量释放的

要实现可控核聚变,除了上述条件外,还需要以下几个条件:①温度足够高,可以使氘离化成 $_1^2\text{H}$ 核和 e 的等离子体;②核的数密度足够大,以保证足够大的核子碰撞频率;③对等离子体约束持续足够长的时间。这种约束通常是通过磁约束的办法实现的,成功的方法有托克马克(TOKAMAK)热核聚变装置。科学家也探索了其他的方法来实现核聚变反应,如激光聚变和常温核聚变等。

恒星的能量来源于核聚变。巨大的星体物质的巨大引力会在恒星内部产生巨大的压强,使其中的各种元素处于高温的等离子状态,具备产生核聚变反应的条件。恒星中的热核聚变主要有两种循环过程,分别是质子-质子循环和碳-氮循环,即

$$p + p \rightarrow {}_1^2\text{H} + e^+ + \nu_e$$
$$p + {}_1^2\text{H} \rightarrow {}_2^3\text{He} + \gamma$$
$$_2^3\text{He} + {}_2^3\text{He} \rightarrow {}_2^4\text{He} + 2p$$

和

$$p + {}_6^{12}\text{C} \rightarrow {}_7^{13}\text{N}$$
$$_7^{13}\text{N} \rightarrow {}_6^{13}\text{C} + e^+ + \nu_e$$
$$p + {}_6^{13}\text{C} \rightarrow {}_7^{14}\text{N} + \gamma$$
$$p + {}_7^{14}\text{N} \rightarrow {}_8^{15}\text{O} + \gamma$$
$$_8^{15}\text{O} \rightarrow {}_7^{15}\text{N} + e^+ + \nu_e$$
$$p + {}_7^{15}\text{N} \rightarrow {}_6^{12}\text{C} + {}_2^4\text{He} + \gamma$$

质子-质子循环的反应结果是将四个质子结合成一个氦核,放出的能量大约为 26.7 MeV。在太阳中,质子-质子循环的周期约为 3×10^9 a。碳-氮循环的反应结果也是将四个质子结合成一个氦核,碳和氮的数目没有变化,它们只起一种中间作用。一个碳-氮循环释放出来的能量仍然是 26.7 MeV。在太阳中,碳-氮循环的周期大约为 6×10^6 a。

26.5　粒子物理简介

20 世纪 50 年代以前,人们对原子和原子核的研究取得了丰硕的成果。当时的物理学揭示了物质世界的微观构成,解释了几乎所有的实验现象。这些突出的成就使得人们认为电子、质子、中子、光子、π 介子等粒子是构成千变万化的物质世界的基本单元,统称为"基本粒子"。

从 20 世纪 50 年代起,实验发现了更多的"新粒子"。因此,"基本粒子"家族越来越庞大,使得人们不得不重新审视关于基本粒子的观念和理论。1964 年,美国

物理学家马雷·盖尔曼(M. Gellman)等提出新的理论:认为质子和中子并非物质世界最基本的单元,它们是由一种更小层次的夸克组成的。从此,经过物理学家不断丰富和完善,发展成为崭新的粒子物理学。

26.5.1 粒子及其分类

在20世纪,实验上发现了大量的粒子和它们的反粒子,人们习惯称之为基本粒子。反粒子和正粒子有相同的质量、自旋和寿命,但有相反的荷电性质和磁性质。反粒子和正粒子相互作用时会发生湮灭现象。

按照粒子的性质一般可分为:①规范粒子;②轻子;③介子;④重子,如表26-4所示。表中Δ^*表示核子的共振态,包括$\Delta^\pm$,Δ^0和Δ^{++}等粒子,分别带± 1,0和$+2$个单位的电荷。

表26-4 常见粒子分类表

粒子种类、名称		符号	质量(MeV/c^2)	电荷	自旋	奇异数
规范粒子	光子	γ	0	0	1	0
	中间玻色子	$W^\pm$	83.0×10^3	± 1	1	0
		Z^0	93.8×10^3	0	1	0
轻子	电子及电子中微子	e^-	0.511	-1	1/2	0
		ν_e	$\sim 10^{-6}$	0	1/2	0
	μ子及μ中微子	μ^-	105.7	-1	1/2	0
		ν_μ	$\sim 10^{-6}$	0	1/2	0
	τ子及τ中微子	τ^-	1784	-1	1/2	0
		ν_τ	$\sim 10^{-6}$	0	1/2	0
介子	π介子	$\pi^\pm$	139.6	± 1	1/2	0
		π^0	135.0	0	0	0
	K介子	$K^\pm$	493.7	± 1	0	± 1
		K^0	497.7	0	0	0
		J/Ψ	3100	0	0	0
		Υ	9458	0	1	0
重子	核子	p	938.3	1	1/2	0
		n	939.6	0	1/2	0
		Δ^*	1232	*	3/2	0
	超子	Λ^0	1115.6	0	1/2	-1
		Σ^+	1189.4	1	1/2	-1
		Ω^-	1672.2	-1	3/2	-3

规范粒子是传递各种基本作用的媒介粒子。在实验上已经确认的有γ光子,

$W^{\pm}$ 和 Z^0 粒子等。粒子通过交换 γ 光子实现相互间的电磁相互作用,通过交换 $W^{\pm}$ 和 Z^0 粒子实现相互间的弱作用。规范粒子的自旋都是整数,是玻色子,因此它们又称为规范玻色子(gauge boson),满足玻色-爱因斯坦统计规律。

轻子(lepton)最早得名于这些粒子较"轻",如电子、μ 子等,它们与重子相对。但是,后来实验上发现的 τ 子并不"轻",其质量比质子的质量还大。现在人们知道,轻子(包括它们的反粒子)共有 12 个

$$\begin{cases}(e^-,\nu_e),(\mu^-,\nu_\mu),(\tau^-,\nu_\tau)\\(e^+,\bar{\nu}_e),(\mu^+,\bar{\nu}_\mu),(\tau^+,\bar{\nu}_\tau)\end{cases} \quad (26\text{-}26)$$

它们的自旋都是 1/2,是费米子,满足费米-狄拉克统计规律。现在轻子的确切定义是不参与强相互作用的费米子。至今,人们尚未发现轻子有任何内部结构的特征。

所有的轻子两两构成一代,共分为三代,即 (e^-,ν_e)、(μ^-,ν_μ) 和 (τ^-,ν_τ),分别与夸克的三代相对应(见后讨论)。它们可直接参与弱作用,带电的轻子还参与电磁相互作用。中微子(以及反中微子)只参与弱作用,因为中微子与物质的作用非常小,它们几乎可以自由穿透地球,所以仪器很难检测到。直到 1962 年才由丹拜(G. Danby)等人在布鲁克海文实验室中得到证实。

强子(hadron)是指相互间有强相互作用的粒子,包括介子和重子,前者是玻色子,后者是费米子。强子也参与弱相互作用,荷电强子也参与电磁相互作用。重子包括核子(如质子和中子)和超子(如 Λ^0、Σ^+ 和 Ω^-)。人们已经发现,强子有内部结构,并提出了强子的夸克模型(见后讨论)。

20 世纪 50 年代,人们在宇宙线中发现了一些具有奇怪性质的粒子,它们就是 K 介子、Λ 超子、Σ 超子和 Ξ 超子,还有后来发现的 Ω 超子,这些粒子统称奇异粒子。奇异粒子与其他粒子不同之处在于:①这些粒子的产生过程非常迅速,而衰变过程却是缓慢的弱相互作用;②这些粒子总是成对地产生。因此,人们通过对实验事实的分析,除给这些粒子标以质量、电荷、自旋和磁矩等性质外,又引入一个称为"奇异数"的量子数,来反映它们的奇异性质。在粒子反应过程中,奇异数可以守恒,也可以不守恒。一般说来,强相互作用过程中奇异数守恒,而弱相互作用中奇异数不守恒。

26.5.2 强子的夸克模型

人们最早认识到强子具有内部结构是从核子的磁矩的实验测量值与理论预言存在巨大差距开始的。1932 年,斯特恩测得质子的磁矩为 $2.79\mu_p$,后来又测得中子的磁矩为 $-1.91\mu_p$,它们的数值都远离狄拉克理论的预言。特别是不带电的中

子居然也有磁矩！这只能使人猜想核子有内部结构。

1956年，霍夫斯塔特(R. Hofstadter)用高速电子轰击质子时，发现质子的电荷有分布，电荷半径约为 0.7 fm。后来又发现，中子虽然呈中性，但内部也有电荷分布，电荷分布半径为 0.8 fm。因此，人们认为核子不是点粒子。

夸克被提出后，最初解释强相互作用粒子的理论需要三种夸克，称为夸克的三种味，它们分别是上夸克(up-quark，简称 u 夸克)、下夸克(down-quark，简称 d 夸克)和奇异夸克(strange-quark，简称 s 夸克)。1974年发现了 J/Ψ 粒子，要求引入第四种夸克——粲夸克(charm-quark，简称 c 夸克)。1977年发现了 Υ 粒子，要求引入第五种夸克——底夸克(bottom-quark，简称 b 夸克)。1994年发现第六种夸克——顶夸克(top-quark，简称 t 夸克)，现在人们相信世界上只存在 6 种夸克，称为夸克的 6 种"味"，如表 26-5 所示。

表 26-5 夸克的基本性质

符号	中文名称	英文名称	电荷(e)	质量(MeV/c^2)	自旋	重子数
u	上夸克	up	+2/3	0.004	1/2	1/3
d	下夸克	down	−1/3	0.008	1/2	1/3
c	粲夸克	charm	+2/3	1.5	1/2	1/3
s	奇异夸克	strange	−1/3	0.15	1/2	1/3
t	顶夸克	top	+2/3	176	1/2	1/3
b	底夸克	bottom	−1/3	4.7	1/2	1/3

夸克理论认为，夸克具有分数电荷，是电子电量的 2/3 或 −1/3 倍。所有夸克都是自旋为 1/2 的费米子。所有的重子都是由三个夸克组成的，反重子则是由三个相应的反夸克组成的。比如：质子=uud，中子=udd。

夸克理论还预言了存在一种由三个奇异夸克组成的粒子 sss，这种粒子于 1964 年在氢气泡室中观测到，称为 Ω^- 粒子。顶夸克、底夸克、奇异夸克和粲夸克等由于质量太大，很短的时间内就会衰变成上夸克或下夸克。所以，人们日常生活中的物质完全由上夸克和下夸克组成。

夸克理论还认为，介子是由一个夸克和一个反夸克组成的束缚态。例如，汤川秀树预言的 π^+ 介子是由一个上夸克和一个反下夸克($u\bar{d}$)组成的，π^- 介子则是由一个反上夸克和一个下夸克组成的($\bar{u}d$)，而 π^0 介子是由 $u\bar{u}$ 或 $d\bar{d}$ 构成。

表 26-6 列出了部分介子和重子构成的夸克谱，其中每个强子夸克谱括号外的小箭头表示夸克自旋之间相互关系，↑表示夸克的自旋"向上"，↓表示夸克的自旋"向下"。

表 26-6 强子的夸克谱

介 子	重 子
$\pi^+ = (u\bar{d})_{\uparrow\downarrow}$	$p = (uud)_{\uparrow\uparrow\downarrow}$
$\pi^0 = \frac{1}{\sqrt{2}}(u\bar{u} - d\bar{d})_{\uparrow\downarrow}$	$n = (udd)_{\uparrow\uparrow\downarrow}$
$\pi^- = (d\bar{u})_{\uparrow\downarrow}$	$\Sigma^+ = (uus)_{\uparrow\uparrow\downarrow}$
$K^+ = (u\bar{s})_{\uparrow\downarrow}$	$Z^0 = \frac{1}{\sqrt{2}}(uds + sdu)_{\uparrow\uparrow\downarrow}$
$K^- = (s\bar{u})_{\uparrow\downarrow}$	$Z^- = (dds)_{\uparrow\uparrow\downarrow}$
$K^0 = (d\bar{s})_{\uparrow\downarrow}$	$\Xi^0 = (uss)_{\uparrow\uparrow\downarrow}$
$\bar{K}^0 = (s\bar{d})_{\uparrow\downarrow}$	$\Xi^- = (dss)_{\uparrow\uparrow\downarrow}$
$\eta = \frac{1}{\sqrt{6}}(u\bar{u} + d\bar{d} - 2s\bar{s})_{\uparrow\downarrow}$	$\Lambda^0 = \frac{1}{\sqrt{2}}(sdu - sud)_{\uparrow\uparrow\downarrow}$

夸克除了具有"味"的特性外,还具有三种"色"的特性,分别是红、绿和蓝,用 R,G,B 来标记。这里"色"并非指夸克真的具有颜色,而是借"色"这一词形象地描述夸克本身的一种物理属性。导致人们引入"色"自由度来描述夸克的原因是这样的:因为夸克是费米子(自旋 1/2),它们组成一个系统时应遵守泡利不相容原理。比如质子中有两个 u 夸克,按照泡利不相容原理,这两个 u 夸克不允许处于同一状态。又如中子中有两个 d 夸克,Ω^- 中有 3 个 s 夸克,也不允许处于同一状态。为了解决这个问题,人们对每个夸克引入一个新的量子数,用"色"来表示。例如 Ω^- 就可用一个红 s 夸克、一个绿 s 夸克和一个蓝 s 夸克组成,虽然这三个 s 夸克的自旋取向都相同,但因其"色"自由度不同,因而并不违反泡利不相容原理。

夸克理论认为,一般物质是没有"色"的,组成重子的三种夸克的"颜色"分别为红、绿和蓝,因此叠加在一起就成了无色的。计入 6 种味和 3 种色的属性,有 18 种夸克,另有它们对应的 18 种反夸克。因此,共有 36 种不同的夸克。

自夸克模型提出以来,人们企图利用各种办法寻找自由夸克。但是,人们的各种尝试都是失败的。然而,夸克模型的结果与一系列实验事实相符得很好,使得人们相信夸克是存在的。那么,自然界中为什么没有自由夸克呢?为了解释实验现象,夸克理论认为,所有夸克都是被囚禁在粒子内部的,不存在单独的、自由的夸克。这就是描述夸克相互作用规律的量子色动力学中的渐近自由的理论,又称为"夸克禁闭"理论。

与轻子的三代

$$\begin{pmatrix} \nu_e \\ e \end{pmatrix}, \begin{pmatrix} \nu_\mu \\ \mu \end{pmatrix}, \begin{pmatrix} \nu_\tau \\ \tau \end{pmatrix} \tag{26-27}$$

相对应,六味夸克也可以分成对应的三代,即

$$\begin{pmatrix}u\\d\end{pmatrix}, \quad \begin{pmatrix}s\\c\end{pmatrix}, \quad \begin{pmatrix}t\\b\end{pmatrix} \tag{26-28}$$

每一代轻子和夸克具有类似的性质,比如它们间的弱相互作用规律相同。

人们把规范粒子(共 12 种,包括 γ 光子,$W^{\pm}$,Z^0 粒子和描述夸克强相互作用的 8 种胶子)、12 种轻子和 36 种夸克一起统称为基本粒子。现在,基本粒子共有 60 种(注:描述引力作用的引力子不包括在内,实验上还没有发现引力子存在的证据)。

26.5.3 基本粒子的相互作用

人们认为,基本粒子世界中存在着四种基本相互作用,即引力相互作用、电磁相互作用、强相互作用和弱相互作用。表 26-7 列出了四种相互作用力的相对强度和作用力程的比较。

表 26-7 四种基本相互作用的性质

	强 力	电磁力	弱 力	万有引力
相对强度	1	10^{-2}	10^{-12}	10^{-40}
作用力程	10^{-15} m	长程	$<10^{-17}$ m	长程

四者之中,最弱的是引力,但它是长程力,按距离的平方而衰减,对于天文学中巨大尺度的现象极其重要。在微观物理中,由于粒子的质量都很小,粒子间的引力作用是极其微弱的,因此可以忽略不计。

电磁力是处处都有的,电磁相互作用在经典物理学中人们就作了深入的研究。所有带电粒子都参与电磁相互作用,这种作用通过电磁场交换 γ 光子来实现,作用时间约为 10^{-6} s。电磁作用力的大小随着粒子间距离的增加而逐渐减小。电磁作用是对凝聚态物理学中众多现象负责的唯一基本作用力。

当人们对物质结构的探索进入到比原子还小的亚微观领域中时,发现在核子之间存在一种强力。正是这种力把原子内的一些质子以及中子紧紧地束缚在一起,形成原子核。强力是比电磁力更强的基本力,两个相邻质子之间的强力比电磁力大 10^2 倍。强力是一种短程力,其作用力程很短。粒子之间距离超过 10^{-15} m 时,强力小得可以忽略;小于 10^{-15} m 时,强力占主要支配地位;而且直到距离减小到大约 0.4×10^{-15} m 时,它都表现为引力。距离再减小,强力就表现为斥力。强相互作用的时间极短(约为 10^{-23} s)。夸克通过强相互作用结合成强子,夸克通过交换胶子而实现彼此间的强相互作用。1978 年,丁肇中领导的实验小组在德国汉堡

电子同步加速器中心,观察到所谓胶子"三喷注"现象,为胶子的存在提供了一个实验证据。

在微观领域中,人们还发现一种短程力,叫弱力。弱力可以引起粒子之间的某些过程。弱相互作用分两种,一种是有轻子(电子 e,中微子 ν_e 等)参与的反应,例如中子和原子的放射性衰变。另一种是 K 介子和 Λ 超子的衰变。这两种相互作用的强度都比强相互作用弱 10^{12} 倍,相互作用时间约 $10^{-6} \sim 10^{-8}$ s 为,相对于强相互作用来讲是缓慢的过程。基本粒子通过交换中间玻色子 $W^{\pm}$ 和 Z^0 实现彼此间的弱相互作用。

爱因斯坦一生最大的愿望就是追求世界的和谐、简洁和统一,他试图把万有引力和电磁力统一起来,但一直没有成功。20 世纪 60 年代,格拉肖(S. L. Glashow)、温伯格(S. Weinberg)和萨拉姆(A. Salam)在杨振宁等人提出的规范场理论基础上,提出了弱力与电磁力统一的理论,并在 20 世纪 80 年代得到了欧洲核子中心的实验证明,这是物理学发展史上的一个里程碑。

大统一理论方案尝试将统一扩大到包括强力在内,通常称为大统一理论。人们提出了各种各样的大统一理论模型,但一直没有得到实验的支持。更进一步统一的尝试也在进行,例如雄心勃勃的超弦理论,不仅越出标准模型的框架对众多现象给予微观的解释,并最终将引力纳入进来。当今在粒子物理学家的圈子里正热烈地讨论所谓的"万事万物的理论"(theory of everything),表明了物理学家追求最终统一的愿望。这类理论的难度极大,而其致命伤是可用来参照的实验数据难以获得,而且称之为"万事万物的理论"并不恰当,容易引起误解。这类寻根问底的理论会对粒子物理学和宇宙论产生深远的影响是毫无疑问的,但对其他物理科学的价值究竟如何,则尚属可疑。

26.5.4 粒子的对称性和守恒定律

在经典物理学范围内,有几个大家熟知的守恒定律,包括能量(质量)守恒、动量守恒、角动量守恒和电荷守恒。能量(动量)守恒是与系统的时间(空间)平移不变性相关的,而角动量守恒与系统的空间旋转不变性联系。每一个守恒定律都对应于物理系统所具有的某一个对称性。

对称性和守恒定律也是粒子物理学研究中的重要课题。实验表明,在粒子运动、衰变、转化(包括产生和湮灭)等过程中,系统仍满足动量守恒、角动量守恒、能量守恒和电荷守恒定律。此外,还有一些特殊的守恒定律,如重子数守恒、轻子数守恒、奇异数守恒、同位旋守恒等。

下面我们分别介绍几种在粒子物理领域中新的守恒定律。

1) 重子数守恒

我们首先赋予每个基本粒子一个重子数,用 B 表示。对所有的重子(包括核子和超子等),$B=+1$;对所有的反重子,$B=-1$;对所有的介子和轻子,$B=0$;对于所有的夸克,$B=+1/3$;对于所有的反夸克,$B=-1/3$。那么,以下的过程都是重子数守恒允许的,如

$$\begin{cases} \Lambda^0 \to p+\pi^- \\ \Lambda^0 \to n+\pi^0 \end{cases}$$

和

$$p+p \to \begin{cases} p+n+\pi^+ \\ p+p+\pi^0 \\ p+n+\pi^++\pi^0 \\ p+p+\pi^++\pi^- \end{cases}$$

而如下过程重子数不守恒

$$p \to e^++\gamma$$
$$p+p \to p+\pi^+$$
$$p+p \to p+p+n$$

因此,这些过程都是不能发生的。

2) 轻子数守恒

从粒子反应过程中,人们也总结出了轻子数守恒定律。赋予每个轻子以不同的轻子数,如:对于 e^-, ν_e,$L_e=1$,对于 $e^+, \bar\nu_e$,$L_e=-1$。对于 μ^-, ν_μ,$L_\mu=1$,对于 $\mu^+, \bar\nu_\mu$,$L_\mu=-1$。对于 τ^-, ν_τ,$L_\tau=1$,对于 $\tau^+, \bar\nu_\tau$,$L_\tau=-1$。这样,下列各过程都是允许的

$$n \to p+e^-+\bar\nu_e$$
$$\mu^- \to \nu_\mu+e^-+\bar\nu_e$$

而如下过程都是禁止的

$$e^-+p \to n+\bar\nu_e$$
$$p \to e^++\gamma$$

另外,在如下过程中

$$\nu_\mu+n \to e^-+p$$
$$\bar\nu_\mu+p \to e^++n$$

虽然它们并不违反熟知的守恒律,重子数也保持守恒,但轻子数不守恒,人们从来没有观察到这样的反应过程。

迄今为止,在任何粒子反应过程中尚未发现重子数和轻子数守恒律破坏的

例子。

3) 同位旋守恒

核子间具有核力相互作用,其根本原因是核子内部夸克间有强相互作用。如果忽略电磁相互作用的话,质子和中子可以认为是同一种客体(核子),只不过质子和中子是核子的不同状态而已。因此,人们赋予核子一个新的量子数——同位旋,用 I 表示,$I=\frac{1}{2}$。质子和中子的同位旋 z 分量分别为 $I_z=+1/2$ 和 $-1/2$。它们的电荷数、重子数和同位旋间满足如下关系

$$Q = I_z + \frac{1}{2}B \tag{26-29}$$

同样,对于 π 介子,$I=1$,其同位旋 z 分量为 $I_z=+1,0$ 和 -1,分别对应于 $π^+$、$π^0$ 和 $π^-$。在不同的粒子反应过程中,同位旋的变化 ΔI 和 ΔI_z 有不同的选择定则。

4) 奇异数守恒

20 世纪 50 年代,人们发现了一类具有奇异特性的粒子,如 K,Λ,Σ,Ξ 和 Ω 子等,统称为奇异粒子。这些粒子在强相互作用过程中产生,而只在弱相互作用过程中衰变。为了描述这类粒子的奇异性质,在 1953 年,西岛和盖尔曼等人提出,这些粒子除了质量、电荷、自旋、重子数和轻子数等量子数以外,还应有新的量子数,称之为奇异数 S。对于不同的奇异粒子赋予不同的奇异数(见表 26-4)。并且,他们假定奇异数在强相互作用过程和电磁作用过程中守恒,而在弱相互作用过程中不守恒。按照奇异数守恒定律,$K^0 \rightarrow \gamma + \gamma$ 过程是禁止的。奇异数和其他量子数的关系是

$$S = 2(Q - I_z) - B \tag{26-30}$$

在粒子物理学中还有其他一些守恒定律,如:宇称守恒(弱相互作用过程中不成立)、CPT 不变性(C 为电荷共轭不变性、P 为空间反演不变性、T 为时间反演不变性)等。